U0723204

HTML5+CSS3
网页设计
任务驱动教程

◄◄◄

黑马程序员　主编

中国教育出版传媒集团
高等教育出版社·北京

内容提要

本书是高等职业教育计算机类专业基础课黑马程序员系列教材之一。

HTML5 与 CSS3 是目前广泛流行的网页制作技术，也是每个网页制作从业人员必须掌握的核心和基础技能。本书是面向网页设计初学者编写的入门级教材，以"项目导向、任务驱动"的方式和通俗易懂的语言，对网页设计的相关知识进行了讲解。

全书共 8 个项目，项目 1、项目 2 主要讲解 HTML5 与 CSS3 的基础知识，包括基础标签、常用属性和开发工具等；项目 3~项目 7 分别讲解了盒子模型、布局、表格、表单、音频、视频、动画和 canvas 等内容，这些内容是网页制作的核心；项目 8 是一个综合项目，结合前面学习的基础知识，带领读者制作黑马·国漫网的页面。本书结合教学需求将 HTML5 与 CSS3 的内容项目化，通过大量实践让读者在巩固所学知识的同时，快速提升网页制作实际应用能力。

本书配有数字课程、微课视频、教学大纲、教学设计、授课用 PPT、案例素材、习题答案、题库等丰富的数字化教学资源，读者可发邮件至编辑邮箱 1548103297@qq.com 获取。此外，为帮助初学者更好地学习本书中的内容，黑马程序员还提供了免费在线答疑服务。本书配套数字化教学资源明细及在线答疑服务，使用方式说明详见封面二维码。

本书可作为高等职业院校及应用型本科院校网页设计与制作课程的教材，也可作为网页制作、美工设计、网站开发、网页编程等行业人员的自学参考书。

图书在版编目（ＣＩＰ）数据

HTML5+CSS3网页设计任务驱动教程 / 黑马程序员主编. -- 北京 ： 高等教育出版社，2023.9
　ISBN 978-7-04-060210-4

　Ⅰ．①H… Ⅱ．①黑… Ⅲ．①超文本标记语言-程序设计-高等职业教育-教材②网页制作工具-高等职业教育-教材 Ⅳ．①TP312②TP393.092.2

中国国家版本馆CIP数据核字（2023）第040384号

HTML5+CSS3 Wangye Sheji Renwu Qudong Jiaocheng

| 策划编辑 | 刘子峰 | 责任编辑 | 刘子峰　白　颢 | 封面设计 | 张　志 | 版式设计 | 于　婕 |
| 责任绘图 | 李沛蓉 | 责任校对 | 胡美萍 | 责任印制 | 刘思涵 | | |

出版发行	高等教育出版社	网　　址	http://www.hep.edu.cn	
社　　址	北京市西城区德外大街 4 号		http://www.hep.com.cn	
邮政编码	100120	网上订购	http://www.hepmall.com.cn	
印　　刷	高教社（天津）印务有限公司		http://www.hepmall.com	
开　　本	787 mm×1092 mm　1/16		http://www.hepmall.cn	
印　　张	21.75			
字　　数	460 千字	版　　次	2023 年 9 月第 1 版	
购书热线	010-58581118	印　　次	2023 年 9 月第 1 次印刷	
咨询电话	400-810-0598	定　　价	55.00 元	

本书如有缺页、倒页、脱页等质量问题，请到所购图书销售部门联系调换

前言 >>>

为什么要学习本书

随着移动互联网技术不断发展和更新,海量的平台开发工作形成了巨大的人才需求缺口,尤其是掌握核心 Web 前端技术的人才尤为紧缺。HTML5 和 CSS3 是目前版本最新也是最为普及的网页设计与制作技术,并且被大部分浏览器所支持。这些新的技术标准给网页制作带来了更多的可能性。HTML5 和 CSS3 技术的创新应用,势必为网页前端设计师的职业生涯开拓出一片新天地。

作为该技术的入门教程,最重要也是最难的一件事情就是将一些复杂、难以理解的思想和问题简单化,让读者能够轻松理解并快速掌握。本书对各知识点进行了深入地分析,并针对每个知识点精心设计了相关的任务案例,让读者实际运用,真正做到了理论与实践相结合。

为推进党的二十大精神进教材、进课堂、进头脑,本书在任务案例中选取了如杂交水稻的研究与发展、北京冬奥会标志性场馆国家速滑馆"冰丝带"的建设等相关内容,让学生在学习新技术的同时,进一步了解我国的科研和建设成果,提升其民族自豪感;在拓展任务中有机融入高效学习的方法、严谨认真的工作习惯等德育元素,引导学生树立正确的世界观、人生观和价值观,提升其职业素养,落实德才兼备的高素质技术技能人才培养要求。另外,本书配套建设了数字课程、理论及实操微课、授课计划、授课用 PPT、案例素材、拓展阅读等丰富的教学资源,同时提供免费的在线答疑服务,推动现代信息技术与教育教学的深度融合,提升课堂教学效果。

如何使用本书

本书采用任务驱动的方式规划理论知识点,并用实际的操作案例展示学习过程,从而在内容选择、结构安排上更加符合学生的认知习惯,达到教师易教、学生易学的目的。

全书结合 HTML5 和 CSS3 的基础知识及应用,将整个知识体系划分为 8 个项目,具体内容如下。

项目 1 主要介绍 HTML5 常用的标签和属性,包括网页相关知识、HTML5 语法、代码编辑工具、文本控制标签、图像标签、列表标签等。

项目 2 主要介绍了 CSS3 的相关知识,包括 CSS 样式规则、引入 CSS 样式表、CSS 选择器等。

项目 3~项目 7 是学习网页制作的核心,分别讲解了盒子模型、布局、表格、表单、音频、视频、动画和 Canvas 等内容。读者只有掌握好这部分内容,才能在以后的网页制作中自由地控制各种网页元素。

项目 8 为数字化综合项目,结合前面学习的基础知识,带领读者开发黑马·国漫网页面。读者可扫描二维码按照思路和步骤动手实践,以便更好地掌握开发一个网站项目的流程。

本书按照网页结构细化知识点,用案例带动知识点的学习,在学习这些项目时,读者需要多上机实践,以加深对案例和知识点的理解。

教师在使用本书时,可以结合教学设计,采用任务式的教学模式,寓教于乐,激发学生的学习兴趣。在课时顺序的安排上,可以按照教材划分的步骤,分阶段完成整个项目的设计和制作。本书配有微课视频、授课用 PPT、案例素材、习题答案等数字化学习资源。在学习的过程中,读者应勤思考、勤练习,确保真正吸收所学知识。若在学习的过程中遇到无法解决的困难,建议读者不要纠结于此,可以先往后学习,或可豁然开朗。

致谢

本书的编写和整理工作由传智播客教育科技股份有限公司旗下工厂教育品牌黑马程序员团队完成,主要参与人员有王哲、孟方思等。团队成员在本书的编写过程中付出了很多辛勤的汗水,在此一并表示衷心的感谢。

意见反馈

尽管编写团队付出了最大的努力,但书中难免会有疏漏之处,欢迎广大读者提出宝贵意见,我们将不胜感激。在阅读本书时,如发现任何问题或有疑;可发送电子邮件至 itcast_book@vip.sina.com 与我们取得联系。再次感谢广大读者对我们的深切厚爱与大力支持!

黑马程序员
2023 年 6 月于北京

目录 ≫≫≫

项目 1

从零开始构建 HTML5 页面

学习目标

知识目标	● 熟悉网页的基础知识，能够使用 Visual Studio Code 创建 HTML5 页面。 ● 掌握 HTML 标签的基本用法，能够使用 HTML 标签搭建个人简介页面。 ● 掌握网页中图像的设置方法，能够使用图像标签搭建风云人物页面。 ● 掌握网页中超链接的设置方法，能够为电商页面添加超链接。 ● 掌握网页中列表的设置方法，能够使用列表标签搭建植物科普页面。
项目介绍	HTML 作为一门标签语言，主要用来定义网页中的内容，例如，文字、图片、视频等。HTML 最新的版本 HTML5 更是把 Web 技术推向了巅峰。HTML5 无论是在个人计算机（Personal Computer，PC）端还是在移动端，应用都非常广泛。本项目将详细讲解 HTML5 的基础内容，带领初学者从零构建 HTML5 页面。

任务 1-1 创建 HTML5 页面

本任务对网页的基础知识进行简单介绍，并通过创建 HTML5 页面案例带领初学者完成 Visual Studio Code 的安装、设置和使用，让初学者对网页制作有一个初步的认识和体验。HTML5 页面效果如图 1-1 所示。

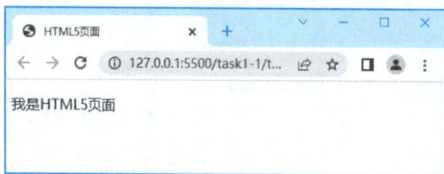

图 1-1 HTML5 页面效果

实操微课 1-1：
任务 1-1 创建
HTML5 页面

■ 任务目标

知识目标	• 了解网页，能够总结网页的构成元素
	• 了解浏览器，能够列举常用的浏览器
	• 熟悉 Web 标准，能够阐明 Web 标准的概念
	• 了解常用的网页制作工具，能够列举 3 种以上网页制作工具
技能目标	• 掌握 Visual Studio Code 工具的用法，能够安装、设置和使用 Visual Studio Code 搭建网页

■ 任务分析

根据效果图，可以按照以下思路完成 HTML5 页面案例。

① 在 Visual Studio Code 中创建 HTML5 页面的基本结构。

② 在 <tittle> 标签中输入 "HTML5 页面"。

③ 在 <body> 标签中添加代码 "<p> 我是 HTML5 页面 </p>"。

④ 使用浏览器预览网页效果。

■ 知识储备

1. 认识网页

说到网页，其实大家并不陌生，上网时浏览新闻、查询信息、看视频等都是在浏览网页。网页可以看作承载各种内容的容器，所有可视化的内容都可以通过网页展示给用户。

了解网页的构成，可以迅速厘清网页结构关系，运用对应技术完成网页的搭建。下面以某教程网站页面为例，对网页构成进行具体分析。

在浏览器地址栏中输入教程网站的地址，按 Enter 键，此时浏览器中显示的页面即为教程网站的首页。教程网站首页如图 1-2 所示。

理论微课 1-1：
认识网页

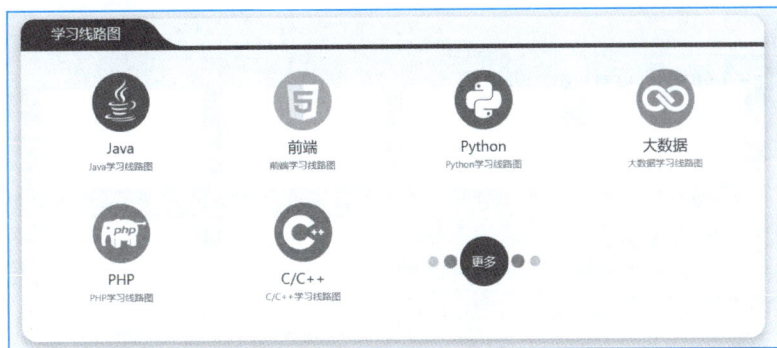

图 1-2 教程网站首页

分析教程网站首页可知，该网页主要由文字、图像和超链接等元素构成。超链接为单击可以跳转的其他页面的元素。当然除了前面提到的这些元素，网页中还可以包含音频、视频以及动画等元素。

为了让初学者快速了解网页的构成，接下来，查看网页的源代码。使用浏览器打开网页，按F12 键，浏览器中便会弹出当前网页的源代码。教程网站首页源代码如图 1-3 所示。

图 1-3 教程网站首页源代码

分析图 1-3 可知，教程网站首页的源代码是一个纯文本文件，仅包含一些特殊的符号和文本。而浏览网页时看到的图片、视频等，正是这些特殊的符号和文本组成的代码被浏览器渲染之后的结果。

除了首页之外，教程网站还包含多个子页面。例如，单击教程网站首页的导航，会跳转到其他子页面，如前端、Python 等。可见网站就是多个网页的集合，网页与网页之间可以通过超链接互相访问。

网页（这里指静态网页）的扩展名为 htm 或 html，二者在本质上并没有区别，一般使用 html 作为网页的扩展名。更改记事本文件的扩展名可以快速创建一个网页。例如，将记事本文件的扩展名 txt 更改为 html 即可得到一个网页文件，如图 1-4 所示。

图 1-4 将记事本文件的扩展名 txt 更改为 html

多学一招 静态网页和动态网页

网页有静态和动态之分。所谓静态网页是指用户无论何时何地访问，网页都会显示固定的信息，除非网页源代码被重新修改上传。静态网页更新不方便，但是访问速度快。而动态网页显示的内容则会随着用户操作和时间的不同而变化，这是因为动态网页可以和服务器数据库进行实时的数据交换。

现在互联网上的大部分网站都是由静态网页和动态网页混合组成的，两者各有特色，用户在开发网站时可根据需求酌情采用。本书讲解的 HTML5 和 CSS3 就是一种静态网页搭建技术。

2. 浏览器

浏览器是网页展示的平台，只有经过浏览器渲染，用户才能看到图文并茂的网页。在浏览器的发展历史中，主流浏览器有很多。表 1–1 列举了主流浏览器的基本信息。

理论微课 1–2：
浏览器

表 1–1　主流浏览器的基本信息

浏览器名称	发布时间	所属公司
Internet Explorer（IE）	1996	微软
Opera（欧朋）	1996	Telenor
Safari	2003	苹果
Firefox（火狐）	2004	Mozilla 基金会
Chrome（谷歌）	2008	谷歌
Edge	2015	微软

（1）Internet Explorer

Internet Explorer 简称 IE 浏览器，由微软公司推出，直接绑定在 Windows 操作系统中，无须下载安装。IE 浏览器有 6.0、7.0、8.0、9.0、10.0 等版本。IE 浏览器最后一个版本是 11.0。在 Windows 10 操作系统中，IE 浏览器被 Edge 浏览器所替代。但是由于各种原因，一些用户仍然在使用低版本的 IE 浏览器，例如，IE8、IE9 等。所以在制作网页时，针对不同用户群，也需要考虑低版本浏览器的兼容问题。图 1–5 所示为 IE 浏览器的图标。

（2）Opera

Opera（欧朋）浏览器是一款极为出色的浏览器，具有速度快、节省系统资源、订制能力强、安全性高以及体积小等特点，但兼容性略差。图 1–6 所示为 Opera 浏览器的图标。

（3）Safari

Safari 是苹果产品操作系统内置的浏览器，其具有外观时尚、速度快等特点。图 1–7 所示为 Safari 浏览器的图标。

（4）Firefox

Firefox（火狐）浏览器是 Mozilla 公司旗下的一款浏览器，该浏览器是一个自由并开源的网页浏览器，其可开发程度很高。具有编程知识的用户都可以为 Firefox 浏览器编写代码，增加一些个性化功能，因此该浏览器受到许多用户的青睐。在不少媒体和用户的口中，Firefox 浏览器一度成为优秀浏览器的代名词。图 1–8 所示为 Firefox 浏览器的图标。

　　尽管 Firefox 浏览器也在不断优化，但是由于存在响应速度慢、更新频率低、推广力度较差等问题，目前已经逐渐被边缘化，但其依然是网页制作中不可或缺的调试工具。

　　（5）Chrome

　　Chrome 浏览器基于其他开放原始码软件所撰写，很大地提升了浏览器的稳定性、安全性和响应速度。图 1–9 所示为 Chrome 浏览器的图标。

图 1–5　IE 浏览器的图标 　　图 1–6　Opera 浏览器的图标 　　图 1–7　Safari 浏览器的图标 　　图 1–8　Firefox 浏览器的图标 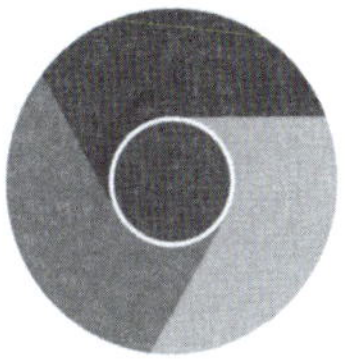　　图 1–9　Chrome 浏览器的图标

　　Chrome 浏览器虽然没有国产浏览器内置的功能丰富，但是依靠简约的界面、迅速的响应速度、优秀的屏蔽广告功能，深受广大用户青睐。图 1–10 所示为 2022 年 1 月统计浏览器的市场份额。

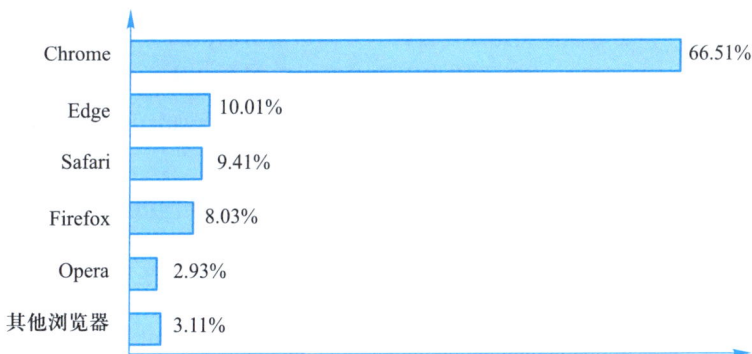

浏览器	市场份额
Chrome	66.51%
Edge	10.01%
Safari	9.41%
Firefox	8.03%
Opera	2.93%
其他浏览器	3.11%

图 1–10　各大浏览器市场份额占比

　　由于 Chrome 浏览器应用非常广泛，因此绝大部分网页制作人员都将其作为网页制作的调试工具。本书涉及的案例将全部在 Chrome 浏览器中演示和调试。

　　在 Chrome 浏览器中调试网页代码也非常简单，打开浏览器，按 F12 键，即可打开调试面板，如图 1–11 所示。

　　在图 1–11 所示的调试面板中，可以查看网页的内容结构和临时显示样式。单击 按钮后，将鼠标指针移到网页中的某个模块，即可查看该模块的网页代码。图 1–12 所示为公司 LOGO 模块的代码。

　　（6）Edge

　　Edge 同样是由微软公司推出的一款浏览器。图 1–13 所示为 Edge 浏览器的图标。

　　2015 年 3 月微软公司放弃 IE 浏览器，转而在 Windows 10 系统上内置 Edge 浏览器作为替代品。Edge 浏览器拥有比 IE 浏览器优化程度更高的代码结构，因此 Edge 浏览器的速度更快。现在的网页兼容调试也更倾向于 Edge 浏览器。

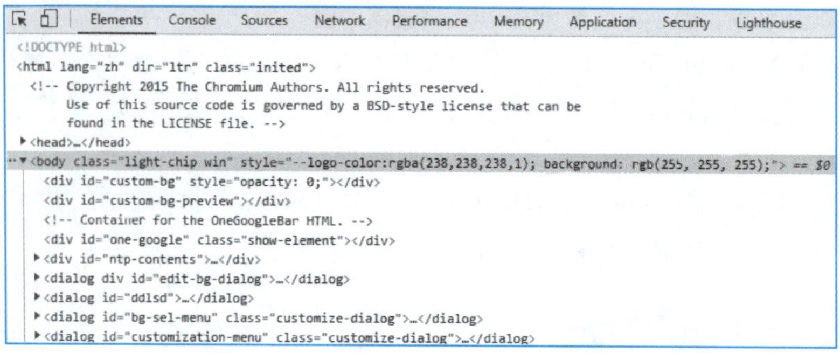

图 1-11 调试面板

图 1-12 公司 LOGO 模块的代码

图 1-13 Edge 浏览器的图标

除了上述浏览器外，还有很多浏览器也占据一定的市场份额，如 360 浏览器、猎豹浏览器等。虽然浏览器种类繁多，但不同浏览器之间根本的差异在于浏览器的内核。什么是浏览器的内核呢？起初浏览器内核包括渲染引擎和 JavaScript 引擎，不过随着 JavaScript 引擎越来越独立，现在的浏览器内核更倾向于单指渲染引擎。

浏览器内核是浏览器最核心的部分，主要负责渲染网页。渲染网页可以简单理解为将网页代码进行"翻译"，使其显示为图文效果。在渲染网页的过程中，浏览器内核决定了浏览器如何显示网页的内容以及页面的布局。不同的浏览器内核对网页代码的解释也不同，因此同一网页在不同内核的浏览器中显示效果也可能不同。目前常见的浏览器内核有 Trident、Gecko、Webkit、Presto、Blink5 种，具体介绍如下。

① Trident 内核。代表浏览器是 IE 浏览器，因此 Trident 内核又被称为 IE 内核。Trident 内核只能用于 Windows 平台，并且该内核不是开源的。

② Gecko 内核。代表浏览器是火狐浏览器。Gecko 内核是开源的，最大优势是可以跨平台。

③ Webkit 内核。代表浏览器是 Safari 浏览器以及老版本的 Chrome 浏览器。Webkit 内核也是开源的。

④ Presto 内核。代表浏览器是欧朋浏览器。Presto 内核是世界公认渲染速度最快的引擎，但其缺点就是为了提升响应速度而丢掉了一部分网页兼容性。

⑤ Blink 内核。于 2013 年 4 月发布，现在 Chrome 浏览器的内核是 Blink。此外 Edge 浏览器也采用 Blink 内核。

值得一提的是，在国内的一些浏览器大多采用双内核，例如 360 浏览器、猎豹浏览器采用 Trident（兼容模式）+Webkit（高速模式）。

多学一招 浏览器私有前缀

浏览器私有前缀是区分不同内核浏览器的标示。由于 W3C 组织（对网络标准制定的一个非营利组织）每提出一个新属性，都需要经过一个耗时且复杂的标准制定流程。在标准还未确定时，部分浏览器已经根据最初草案实现了新属性的功能，为了与之后确定的标准进行兼容，各浏览器使用了自己的私有前缀与标准进行区分，当标准确立后，各大浏览器再逐步支持不带前缀的 CSS3 新属性。表 1-2 列举了主流浏览器的私有前缀。

表 1-2　主流浏览器的私有前缀

私有前缀	浏览器	私有前缀	浏览器
-webkit-	Chrome 浏览器	-ms-	IE 浏览器
-moz-	Firefox 浏览器	-o-	Opera 浏览器

现在很多新版本的浏览器可以很好地兼容 CSS3 的新属性，因此很多私有前缀可以不写，但为了兼容老版本的浏览器，仍可以使用私有前缀。

3. Web 标准

由于不同的浏览器对同一个网页文件解析出来的效果可能不一致，为了让用户能够看到正常显示的网页，网页制作人员常常需要为兼容多个版本的浏览器而苦恼，当使用新的硬件和软件浏览网页时，这种情况会变得更加严重。为了 Web 更好地发展，在开发新的应用程序时，浏览器开发商和站点开发商共同

理论微课 1-3：
Web 标准

遵守标准，就显得很重要，为此 W3C 与其他标准化组织共同制定了一系列的 Web 标准。Web 标准并不是某一个标准，而是一系列标准的集合，主要包括结构、表现和行为 3 个方面，具体解释如下。

（1）结构

结构用于对网页中用到的信息进行分类与整理。在结构中用到的技术主要包括 HTML、XML 和 XHTML。

① HTML 语言设计的目的是创建结构化的文档并为这些结构化的文档提供语义。目前最新版本的是 HTML5。

② XML 语言设计目的是为了弥补 HTML 语言的不足，该语言具有强大的扩展性，例如，XML 语言能够自定义标签，可用于数据的转换和描述。

③ XHTML 语言是在 HTML4.0 的基础上，用 XML 语言的规则对其进行扩展建立起来的。XHTML 语言的设计目的是为了实现 HTML 语言向 XML 语言的过渡。目前 XHTML 语言已逐渐被 HTML5 所取代。

图 1-14 为网页焦点轮播图的结构，该结构使用 HTML5 搭建，4 张图片按照从上到下的次序罗列，没有任何布局样式。

（2）表现

表现是指网页展示给访问者的外在样式，一般包括网页的版式、颜色、字体样式等。在网页制作中，通常使用 CSS 来设置网页的样式。

CSS 标准建立的目的是以 CSS 为基础进行网页布局，控制网页的样式。图 1-15 是网页焦点轮播图加入 CSS 样式后的效果，此时轮播图只显示第 1 张图片，剩余的图片被隐藏。

在制作网页时，可以使用 CSS 对文字、图片、模块背景和模块布局进行相应的设置，后期如果需要更改样式只需要调整 CSS 代码即可。

（3）行为

行为是指网页模型的定义及交互效果的实现，包括 ECMAScript、BOM、DOM 3 个部分，具体介绍如下。

① ECMAScript。是 JavaScript 的核心，由 ECMA（European Computer Manufacturers Association）国际联合浏览器厂商制定。ECMAScript 规定了 JavaScript 的语法规则和核心内容，是所有浏览器厂商共同遵守的一套 JavaScript 语法标准。

② BOM。即浏览器对象模型。通过 BOM 可以操作浏览器窗口。例如，对话框弹出、导航跳转等。

③ DOM。即文档对象模型。DOM 允许程序和脚本动态地访问和更新文档的内容、结构和样式。网页设计者通过 DOM 可对页面中的各种元素进行操作。例如，设置元素的大小、颜色、位置等。

图 1-16 是网页焦点轮播图加入 JavaScript 代码后的效果截图。

每隔一段时间，焦点轮播图就会自动切换。当用户将鼠标指针移到按钮时，焦点轮播图会显示和该按钮对应的图片。用户将鼠标指针移开后，焦点轮播图又会按照默认的设置自动轮播，这就是网页的行为。

图 1-14　网页焦点轮播图的结构

图 1-15　网页焦点轮播图加入 CSS 样式后的效果

图 1-16　网页焦点轮播图加入 Javascript 代码后的效果截图

4. 网页制作工具

"工欲善其事，必先利其器"，为了方便网页制作，网页制作者通常会选择一些较便捷的辅助工具，如 EditPlus、Notepad++、Sublime Text、Hbuilder、Dreamweaver、Visual Studio Code 等。下面对这些工具作简单介绍。

理论微课 1-4：网页制作工具

（1）EditPlus

EditPlus 是一款小巧但是功能强大的代码编辑器，可以处理网页脚本代码和程序代码。例如，HTML、C、Java、PHP 等。

（2）Notepad++

Notepad++ 是 Windows 系统下的一款代码编辑器，同样可以处理网页脚本代码和程序代码，但该编辑器不支持 macOS 系统和 Linux 系统。

（3）Sublime Text

Sublime Text 是一款收费的代码编辑器，但该编辑器可以进行无期限的试用。Sublime Text 支持 Windows 系统、macOS 系统和 Linux 系统。

（4）HBuilder

HBuilder 是一款支持 HTML 的 Web 开发编辑器。HBuilder 具有 HTML、CSS、JavaScript 语法解析引擎，通过完整的语法提示和代码输入法等，大幅提升开发效率。但 HBuilder 的扩展功能并不突出，对插件的支持较差。

（5）Dreamweaver

Dreamweaver 是一款可视化的网页制作软件。和上面的代码编辑器相比，Dreamweaver 最大的特点是提供了可视化建站功能，通过视图化建站模式很大地降低了网站建设的难度，使得不同技术水平的设计师，都能搭建出美观的页面，是非专业建站人员的首选软件。但 Dreamweaver 体积较大，对插件的支持也并不友好。

（6）Visual Studio Code

Visual Studio Code（简称为 VS Code）是由微软公司推出的一款免费、开源的代码编辑器，支持 Windows 系统、macOS 系统和 Linux 系统。和 Sublime Text 相比，VS Code 拥有更丰富的插件生态系统，可通过安装插件来支持 C++、C#、Python、PHP 等语言。VS Code 依靠其轻巧便捷、免费开源，并且提供了插件扩展功能，深受网站制作人员的青睐，已成为热门的开发工具之一。本书所有的代码都将使用 VS Code 进行编辑。

需要注意的是，网页制作工具非常多，初学者往往会为选择哪种编辑器而烦恼。其实，学习网页制作的重点是掌握网页的标签和语法，各类网页制作工具只是辅助工具。在选择网页制作工具时，根据需要，选择主流的编辑器即可。

5. Visual Studio Code 的安装、设置

VS Code 的安装方法十分简单。进入 VS Code 官方网站。VS Code 官方网站的首页面如图 1-17 所示。

单击图 1-17 中线框标示的蓝色箭头按钮，弹出下拉菜单，如图 1-18 所示。

理论微课 1-5：Visual Studio Code 的安装、设置

在图 1-18 中，选择和计算机系统匹配的 VS Code 版本，这里推荐使用和计算机系统对应的 Stable 稳定版。单击↓按钮，下载 VS Code 安装包。下载完成后按照提示，安装即可。本课程使用 Windows x64 版本的 VS Code 安装包做示例演示。VS Code 安装完成后，启动软件，VS Code 界面结构如图 1-19 所示。

图 1-19 所示的 VS Code 界面结构主要包含 4 部分——菜单栏、工具栏、资源管理器、代码编辑区域，具体介绍如下。

① 菜单栏主要包括一些菜单命令。

② 工具栏主要包括一些工具操作选项。

③ 资源管理器主要包括一些项目文件。

④ 代码编辑区域主要用于编辑代码。

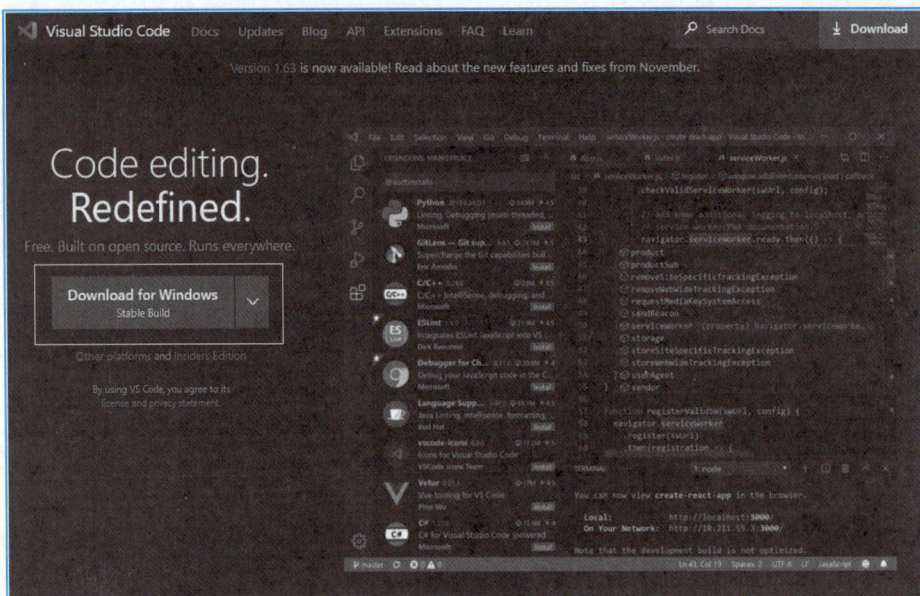

图 1-17　VS Code 官方网站的首页面

　　了解了 VS Code 界面结构，接下来需要对 VS Code 进行一些初始化设置，以便于后期使用。VS Code 的初始化设置主要包括设置中文显示模式、界面颜色和代码字号，具体介绍如下。

（1）设置中文显示模式

　　VS Code 界面菜单默认显示为英文。如果习惯中文菜单操作，可以安装中文扩展插件，将界面菜单设置为中文显示模式。在 VS Code 界面中，单击左侧工具栏中线框标示的扩展按钮▥，界面会显示图 1-20 所示的扩展插件面板。

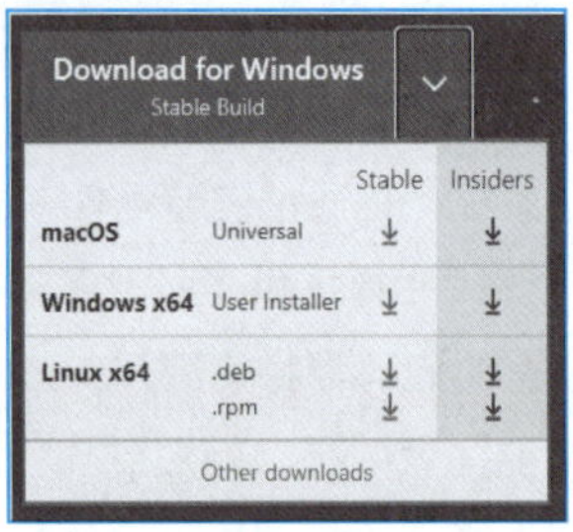

图 1-18　下拉菜单

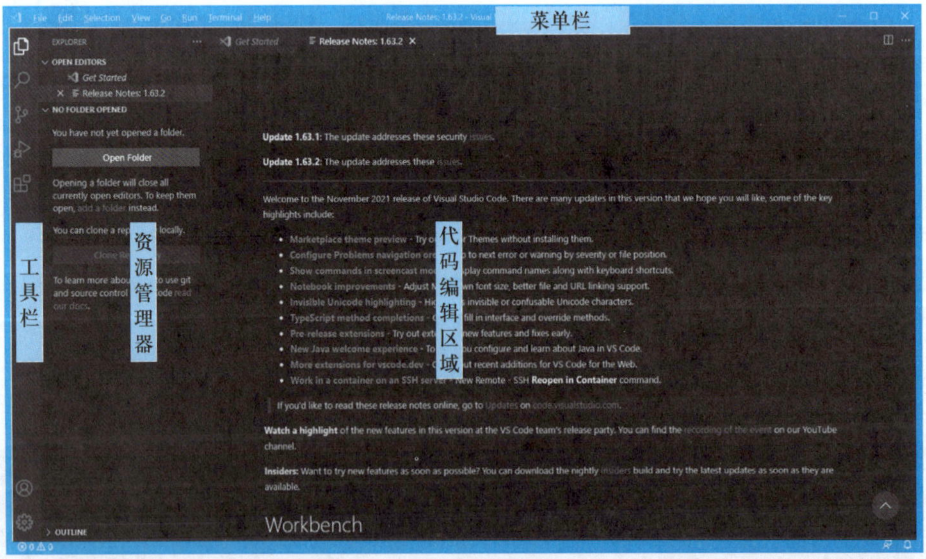

图 1-19　VS Code 界面结构

在图 1-20 的文本框中输入 Chinese，扩展插件面板会出现中文选项，如图 1-21 所示。

单击 Install 按钮，安装中文插件。安装完成后，重新启动 VS Code。此时 VS Code 界面菜单就会显示为中文。安装完成后，在扩展插件面板中的"已启用"列表内会有"中文（简体）"插件。

图 1-20　扩展插件面板

图 1-21　扩展插件面板

如果想要恢复英文菜单，可以直接通过"卸载"命令，将中文插件卸载即可，如图 1-22 所示。

（2）设置界面颜色

VS Code 默认的界面为黑色背景，如果想要更换界面颜色，可以单击工具栏左下方的管理按钮 🦋，弹出图 1-23 所示设置菜单，选择"颜色主题"选项。打开图 1-24 所示的颜色主题菜单，选择需要的主题颜色即可。本书使用软件的默认主题颜色做演示。

图 1-22　"卸载"命令

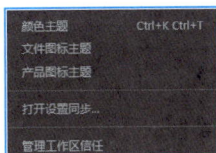

图 1-23　设置菜单

图 1-24　颜色主题菜单

（3）设置代码字号

VS Code 有默认的字号。如果感觉代码字号不合适可以自行设置。单击工具栏左下方的管理按钮 🦋，在弹出的设置菜单中，选择"设置"命令选项。在右侧的"控制字体大小（像素）"文本框中，输入代码字号即可，如图 1-25 所示。

6. Visual Studio Code 的使用

完成 VS Code 的安装和设置之后，就可以使用 VS Code 编写网页代码了。在使用 VS Code 时，会涉及一些基本操作，具体介绍如下。

（1）创建文件夹和文件

在计算机任意磁盘下创建一个文件夹。打开 VS Code，选择"文件→打开文件夹"选项，导入新建的文件夹作为项目的根目录，用于存放各类项目文件。资源管理器中的项目文件夹，可以执行"文件→关闭文件夹"命令删除文件夹选项。

打开文件夹后，可以选择"文件→新建文件"选项（或按 Ctrl+N 组合键）新建文件。

理论微课 1-6：
Visual Studio
Code 的使用

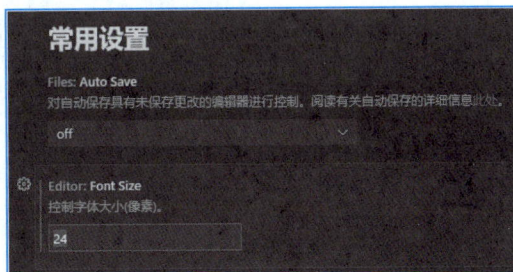

图 1-25　"控制字体大小（像素）"输入框

新建的文件默认是一个 TXT 格式的纯文本。在新建的文件名称上右击，在弹出的菜单中选择"重命名"（或按 F2 键），如图 1-26 所示。

通过"重命名"选项，将文件扩展名设置为 html，该文件就会变成 HTML 网页文件。此外，还可以在 VS Code 界面底部单击"纯文本"按钮，在打开的"语言模式"菜单中，选择不同类型的语言。图 1-27 所示为选择 HTML 语言的示例。

图 1-26　"重命名"文件

图 1-27　选择 HTML 语言

（2）保存和操作文件

选择"文件→保存"选项（或按 Ctrl+S 组合键），可以将新建或编辑中的文件保存。保存文件会以默认的文件夹作为根目录，显示在文件夹中，如图 1-28 所示。

选择文件，可以在"代码编辑区域"编辑文件；右击文件，在弹出的文件操作菜单中，可以对文件进行剪切、复制等操作，如图 1-29 所示。

（3）编写代码

在右侧的"代码编辑区域"中可以编写代码。本书主要涉及网页的 HTML 代码和 CSS 代码的编写。在编写这些网页代码时，有一些快捷操作技巧，具体介绍如下。

① 快速创建 HTML5 结构。打开 HTML 类型的文件，首先在第一行代码编辑区域输入一个英文感叹号！（演示使用的 VS Code 版本号为 1.63），在弹出的菜单中选择第 1 个选项（或按 Enter 键直接选择），如图 1-30 所示。

此时，可以快速创建一个固定的 HTML5 结构，如图 1-31 所示。

值得一提的是，使用 VS Code 创建的 HTML5 结构，第 5 行和第 6 行代码用于进行兼容和适配。其中第 5 行代码用于设置浏览器对网页的兼容模式。第 6 行代码用于适配移动端界面。在制

图 1-28　保存文件

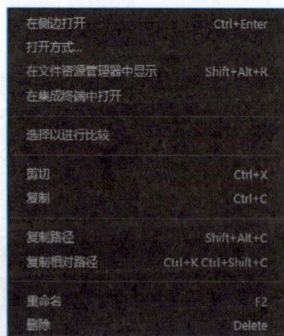

图 1-29　文件操作菜单

图 1-30　选择第 1 个选项

作 PC 端网页时，使用默认设置即可。

②快速创建标签。在编辑区域，首先输入标签的名称，然后按 Enter 键，即可快速创建标签。例如，输入 div，按 Enter 键，即可创建一个 <div> 标签，如图 1-32 所示。

图 1-31　固定的 HTML5 结构

图 1-32　创建一个 <div> 标签

如果想创建多个标签，可以采用"标签名 * 数量"的方式。例如，创建 4 个 <div> 标签，可以直接输入 div*4，然后按 Enter 键。使用这个方法可以一次创建多个标签。如果标签是嵌套关系，可以通过">"建立嵌套关系。例如，输入 ul>li*4，即可创建一个嵌套 4 个 <li> 子标签的 <ul> 标签。需要注意的是，使用 VS Code 编写代码时，缩进代码需要按 Tab 键，取消缩进按 Shift+Tab 组合键，不建议使用空格键缩进代码。

③快速创建注释。在编辑区域，按 Ctrl+/组合键可以在选中的位置快速创建注释；再次按 Ctrl+/组合键，可以取消当前的注释。

④快速预览文件。单击扩展按钮 🔡，在文本框中输入 live serve，选择图 1-33 中线框标示的选项，进行安装。

安装完成后，在文件的代码编辑区域，右击，在弹出的菜单中，选择线框标示的选项，如图 1-34 所示。

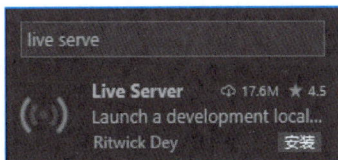

图 1-33　线框标示的选项

图 1-34　选择线框标示的选项

此时即可打开计算机设置的默认浏览器，预览当前 HTML 文件。

■ 任务实现

根据案例的实现思路，完成案例的制作，具体步骤如下。

① 新建一个名称为 task1-1 的文件夹。

② 打开 VS Code，选择"文件→打开文件夹"选项，打开 task1-1 文件夹。

③ 在 task1-1 文件夹内新建一个名称为 task1-1.html 的
HTML 文件。此时 VS Code 资源管理器里包含的文件如图 1-35
所示。

图 1-35　资源管理器里包含的文件

④ 在 VS Code 代码编辑区域输入英文"！"，按 Enter 键，
生成 HTML5 结构。

⑤ 在 <title> 标签中输入"HTML5 页面"，示例代码如下。

```
<title>HTML5 页面 </title>
```

⑥ 在 <body> 标签中添加如下代码。

```
<p> 我是 HTML5 页面 </p>
```

⑦ 按 Ctrl+S 组合键保存文件。右击，在弹出菜单中选择 Open with Live Server 预览页面。

任务 1-2　制作个人简介页面

HTML5 中包含了大部分 HTML 原有的标签和属性。这些标签使网页结构
更加清晰明确，这些属性使标签的功能更加强大，呈现差异化的样式。掌握这
些标签和属性是熟练使用 HTML5 构建网页的基础。本任务将通过制作个人简
介页面案例详细讲解 HTML 中标签和属性的基础知识。个人简介页面效果如
图 1-36 所示。

实操微课 1-2:
任务 1-2　个人
简介

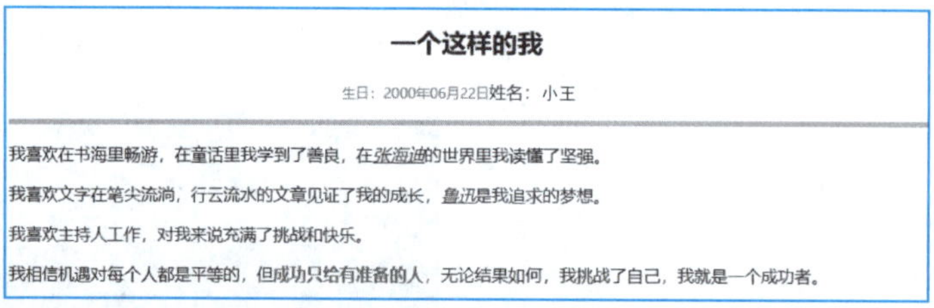

图 1-36　个人简介页面效果

任务目标

知识目标	● 了解 HTML，能够说出 HTML 在网页制作中的功能和作用 ● 熟悉 HTML 文档结构，能够区分 XHTML1.0 和 HTML5 文档结构的差异 ● 了解标签的分类，能够总结单标签和双标签的特点 ● 了解 HTML 文档头部相关标签，能够说出头部各标签的作用
技能目标	● 熟悉标签的属性，能够通过标签的属性为网页元素设置差异化样式 ● 掌握文本格式化标签的用法，能够使用文本格式化标签凸出显示文本 ● 掌握文本样式标签的用法，能够使用文本样式标签设置文本样式

■ 任务分析

根据效果图，可以将个人简介按照搭建页面结构和设置文本样式两部分进行制作，具体制作思路如下。

（1）搭建页面结构。

图 1-36 所示的个人简介页面由 4 部分构成，分别为标题、发布日期、水平线和简介文字。其中，标题可以使用 <h2> 标签定义，发布日期和简介文字使用 <p> 标签定义，水平线使用 <hr /> 标签定义。

（2）设置文本样式。

效果图所示的文本样式主要分为 4 个部分。

① 标题。对 <h2> 标签应用 align="center"，使标题居中；在 <h2> 中嵌套 <font> 标签，并对 <font> 标签应用 face=" 微软雅黑 "，来设置标题文本的特殊字体。

② 发布日期。对 <p> 标签应用 align="center" 使文本居中；另外，在 <p> 标签中嵌套两层 <font> 标签，分别控制字号和文字颜色。

③ 水平线。使用 <hr /> 标签的 size 属性和 color 属性定义其宽度和颜色。

④ 简介文字。简介文字由 4 个 <p> 标签组成。人名显示下画线、倾斜和蓝色。下画线可以使用 <ins> 标签设置，倾斜可以使用 <em> 标签设置，蓝色可以使用 <font> 标签的 color 属性设置。部分文字显示为加粗和红色。加粗可以使用 <strong> 标签设置，红色同样可以使用 <font> 标签的 color 属性设置。

■ 知识储备

1. 认识 HTML

HTML 是英文 Hyper Text Markup Language 的缩写，中文译为 "超文本标记语言" 或 "超文本标签语言"，主要是通过 HTML 标签对网页中的文本、图片、声音等内容进行定义。HTML 提供了许多标签，如段落标签、标题标签、超链接标签、图片标签等，网页中需要添加什么内容，就用相应的 HTML 标签定义即可。

理论微课 1-7：
认识 HTML

HTML 之所以称为超文本标签语言，不仅是因为它通过标签描述网页内容，同时也由于文本中包含了超链接。通过超链接将网站、网页以及各种网页元素链接起来，构成了丰富多彩的网站。接下来，通过一段网页的源代码截图来简单地认识 HTML，如图 1-37 所示。

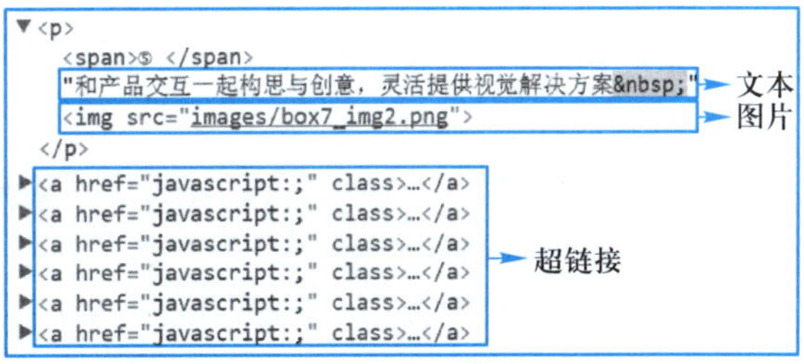

```
▼<p>
    <span>⑤ </span>
    "和产品交互一起构思与创意，灵活提供视觉解决方案 "    ← 文本
    <img src="images/box7_img2.png">    ← 图片
  </p>
▶ <a href="javascript:;" class>…</a>
▶ <a href="javascript:;" class>…</a>
▶ <a href="javascript:;" class>…</a>    ← 超链接
▶ <a href="javascript:;" class>…</a>
▶ <a href="javascript:;" class>…</a>
▶ <a href="javascript:;" class>…</a>
```

图 1-37　网页的源代码截图

通过图 1-37 可以看出，网页内容是通过 HTML 指定的文本符号定义的，网页文件其实是一个纯文本文件。作为一种描述网页内容的语言，HTML 经历了以下发展历史。

① HTML 第 1 版。1993 年 6 月 HTML 被作为互联网工程任务组（IETF）工作草案发布。众

多不同的 HTML 版本开始在全球陆续使用，这些初具雏形的版本可以看作是 HTML 第 1 版。因为此时 HTML 版本众多，并没有一个统一的标准，所以也不存在所谓的 HTML1.0。

② HTML2.0。1995 年 11 月 HTML2.0 发布，此时 HTML 标准逐渐统一。

③ HTML3.2。1997 年 1 月 14 日 HTML3.2 发布。HTML3.2 是首个完全由 W3C 开发并标准化的版本，也是第一个被广泛使用的标准。

④ HTML4.0。1997 年 12 月 18 日 HTML4.0 发布。HTML4.0 同样是 W3C 推荐的标准。1998年 4 月 24 日，HTML 4.0 进行微调，未增加版本号。

⑤ HTML4.01。1999 年 12 月 24 日 HTML 4.01 作为 W3C 推荐标准发布。HTML 4.01 同样是一个被广泛使用的标准。

⑥ XHTML1.0。2000 年 1 月 26 日 XHTML1.0 作为 W3C 推荐标准发布。XHTML1.0 是参照XML 1.0 和 HTML 4.01 衍生的新版本，被称为"可扩展超文本标签语言"。相比 HTML 的几个版本，XHTML1.0 语法规则更为严格和规范。

⑦ HTML5。2014 年 10 月 28 日 HTML5 作为 W3C 推荐标准发布。HTML5 是公认的下一代Web 语言。网页自此进入了 HTML5 开发的新时代。本书所讲解的 HTML 就是最新的 HTML5 版本。

从 HTML4.0 到 XHTML1.0 再到 HTML5，从某种意义上讲，这是 HTML 更加规范的过程。由于 HTML5 并不是一个从零开始的全新版本，所以 HTML5 并没有给网页制作人员带来多大的冲击，旧的 HTML 版本大部分内容在 HTML5 中依然适用。和旧的 HTML 版本相比，HTML5 的优势主要体现在以下 5 个方面。

（1）解决了跨浏览器、跨平台问题

在 HTML5 之前，各大浏览器厂商为了争夺市场占有率，会在各自的浏览器中增加各种各样的功能。这些功能并没有统一的标准。用户使用不同的浏览器，常常看到不同的页面效果。而HTML5 是由 W3C 推荐，众多知名公司共同遵守的标准。在 HTML5 中，纳入了众多扩展功能和标准，让不同的浏览器或者平台都可以使用 HTML5，并显示相同的页面效果。从而解决了跨浏览器、跨平台的问题

（2）新增了多个新标签

HTML 从 1.0 到 5.0 经历了巨大的变化，从单一的文本显示功能到图文并茂的多媒体显示功能。HTML 许多特性经过多年的完善，已经发展成为一种非常重要的标签语言。在 HTML5 中，增加了许多新标签和特性，具体如下。

① 新的结构标签，例如 <header>、<nav>、<section>、<article>、<footer>。

② 新的表单控件类型，例如 calendar、date、time、email、url、search。

③ 用于绘画的 <canvas> 标签。

④ 用于嵌入视频的 <video> 标签和用于嵌入音频的 <audio> 标签。

⑤ 对本地离线存储的更好的支持。

⑥ 地理位置、拖曳元素、摄像头等新的 API（应用程序接口）。

（3）安全机制的增强

为确保 HTML5 的安全，在制定 HTML5 时做了很多针对安全的设计。HTML5 中引入了一种新的基于来源的安全模型，该安全模型不仅操作方便，而且适用不同的 API（应用程序接口）。

（4）样式和结构分离更彻底

样式和结构分离是 HTML5 优势的重要体现之一。实际上，样式和结构的分离早在 HTML4.0

中就已涉及，但是分离得并不彻底。为了避免可访问性差、代码复杂度高、文件过大等问题，HTML5 规范中更细致、清晰地分离了样式和结构。但是考虑到 HTML5 的兼容性问题，一些陈旧的样式和结构的代码在 HTML5 中还是可以兼容使用的。

（5）化繁为简

相比于 HTML4.0、XHTML1.0 等版本，HTML5 严格遵循了"简单至上"的原则，化繁为简。HTML5 的简化主要体现在以下 3 个方面。

① 简化的字符集声明。

② 简化的 DOCTYPE。

③ 以浏览器原生功能，替代复杂的 JavaScript 代码。

为了实现这些简化操作，HTML5 规范需要比以前更加细致、精确。为了避免造成误解，HTML5 对每一个细节都有着非常明确的规范说明，不允许有任何歧义出现。

理论微课 1-8：
HTML 文档结构

2. HTML 文档结构

学习任何一门语言，首先要掌握它的基本结构，就像写信需要符合书信的格式要求一样。HTML5 语言也不例外，同样需要遵从一定的结构规范。下面通过 XHTML1.0 和 HTML5 结构对比详细讲解 HTML5 的基本结构。

XHTML1.0 基 本 结 构 主 要 包 含 <!DOCTYPE> 文档类型声明、<html> 根标签、<head> 头部标签和 <body> 主体标签等，如图 1-38 所示。

在图 1-38 中，<!DOCTYPE>、<html>、<head> 和 <body> 共同组成了 XHTML1.0 的结构，下面对它们具体介绍如下。

图 1-38 XHTML1.0 基本结构

（1）<!DOCTYPE>

<!DOCTYPE> 位于文档的最前面，也被称为文档类型声明，用于向浏览器说明当前文档使用哪种 HTML 版本。一份文档只有在开头处使用 <!DOCTYPE> 声明，浏览器才能将该文档识别为有效的 HTML 文档，并按指定的 HTML 文档类型进行解析。

（2）<html>

<html> 位于 <!DOCTYPE> 之后，也被称为根标签。根标签标示了网页文档的开始和结束，其中 <html> 标示网页文档开始，</html> 标示网页文档结束，在 <html> 和 </html> 之间是网页的头部内容和主体内容。

（3）<head>

<head> 用于定义网页文档的头部内容，也被称为头部标签，该标签紧跟在 <html> 之后。头部标签主要用来容纳其他位于网页文档头部的标签，用来描述文档的标题、作者以及该网页文档与其他网页文档的关系。例如 <title>、<meta>、<link> 和 <style> 等，都属于头部标签容纳的子标签。

（4）<body>

<body> 用于定义网页文档所要显示的内容，也被称为主体标签。在网页中，所有文本、图

像、音频和视频等内容代码都必须放在 `<body>` 内，才能最终呈现给用户。

在最新的 HTML5 版本中，网页文档基本结构有了一些变化。HTML5 在文档类型声明和根标签上做了简化。简化后的 HTML5 文档基本格式如图 1-39 所示。

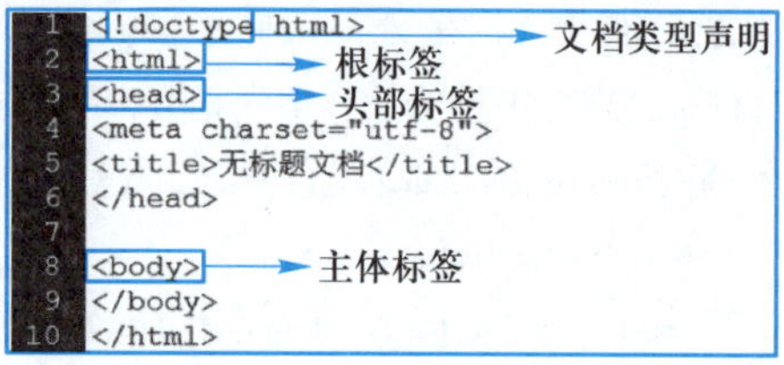

图 1-39　简化后的 HTML5 文档基本格式

通过图 1-39 可以看出，简化后的 HTML5 文档基本结构，不仅更加简单、清晰，而且语义指向也更加明确。本书的所有案例都将采用最新 HTML5 文档基本结构。值得一提的是，在后面使用的网页代码编辑工具会自动生成 HTML 文档基本格式。因此这些标签不需要死记硬背。

3. 标签分类

无论是 HTML5 页面还是其他版本的 HTML 页面，带有 "< >" 符号的字母或单词统一被称为标签，如上面提到的 `<html>`、`<head>`、`<body>` 都是标签。所谓标签就是放在 "< >" 符号中表示某个功能的编码命令，也称为标记，本书统一称作标签。HTML 中的标签分为 3 种，分别为单标签、双标签、注释标签，具体介绍如下。

理论微课 1-9：
标签分类

（1）单标签

单标签也称空标签，是指用一个标签符号即可完整地描述某个功能的标签。单标签语法格式如下。

```
<标签名 />
```

在上述语法格式中，"标签名" 和 "/" 之间有一个空格，在 HTML5 中，空格和斜线均可以省略。例如定义一条水平线，下面两种写法都是正确的。

写法 1：

```
<hr />
```

写法 2：

```
<hr>
```

（2）双标签

双标签也称体标记，是指由开始和结束两个标签符组成的标签。双标签的基本语法格式如下。

```
<标签名 > 内容 </标签名 >
```

在上述语法格式中 `<标签名 >` 表示该标签的作用开始，称为开始标签，`</标签名 >` 表示该标签的作用结束，称为结束标签。和开始标签相比，结束标签只是在标签名前面加了一个关闭符 "/"。例如。

```
<h2> 轻松学习 HTML5</h2>
```

其中 `<h2>` 表示一个标题标签的开始，而 `</h2>` 表示一个标题标签的结束，在它们之间是标题内容。

（3）注释标签

在 HTML 中还有一种特殊的标签——注释标签。如果需要在 HTML 文档中添加一些便于阅读和理解但又不需要显示在页面中的注释文字，就需要使用注释标签。注释标签的基本语法格式如下。

```
<!-- 注释语句 -->
```

例如，为 <p> 标签添加一段注释，示例代码如下。

```
<p> 这是一段普通的段落文本。</p>    <!--这是一段注释，不会在浏览器中显示。-->
```

需要说明的是，注释内容不会显示在浏览器窗口中，但是作为 HTML 文档内容的一部分，可以被下载到用户的计算机上。用户查看源代码时可以看到注释标签。

多学一招　标签和元素的差别

在 HTML 中标签和元素是经常出现的两个概念，很多初学者也容易将其混为一谈。在 HTML 中带有 "< >" 符号的字母或单词统一被称为标签。元素是指标签和标签包含的所有内容。书写元素时，通常不会带有三角符号。标签和元素的常见称谓应用示例如下。

```
<div> 小美爱学习 </div><hr />
```

- 开始标签：<div>。
- 结束标签：</div>。
- 标签：<div> 标签、<hr /> 标签。
- 元素：div 元素、hr 元素。
- 内容：小美爱学习。

4. 标签属性

使用 HTML5 制作网页时，如果想让 HTML5 标签具有更多的功能（例如，希望标题文本的字体为 "微软雅黑" 并且居中显示，段落文本中的某些名词显示为其他颜色加以突出），仅仅依靠 HTML5 标签的默认显示样式是不够的，这时可以通过为 HTML5 标签设置属性的方式来增加更多的样式。HTML5 标签设置属性的基本语法格式如下。

理论微课 1-10：
标签属性

```
< 标签名 属性 1=" 属性值 1" 属性 2=" 属性值 2" …> 内容 </ 标签名 >
```

在上述语法格式中，标签可以拥有多个属性，属性必须写在开始标签中，位于标签名后面。属性之间不分先后顺序，标签名与属性、属性与属性之间均以空格分开。如下示例代码，设置了一段居中显示的文本内容。

```
<p align="center"> 我是居中显示的文本 </p>
```

其中 <p> 标签用于定义段落文本，align 为属性，center 为属性值。该属性和属性值用于设置文本居中对齐。此外，通过 align 属性的属性值还可以设置文本左对齐或右对齐，对应的属性值分别为 left 和 right。需要注意的是大多数属性都有默认属性值，例如省略 <p> 标签的 align 属性，段落文本则按默认值左对齐显示，也就是说 <p></p> 等价于 <p align="left"></p>。

在 HTML5 中，不支持 align 属性，可以使用 CSS 样式替代 align 属性效果。

多学一招　认识键值对

在 HTML5 开始标签中，可以通过"属性 ="属性值 ""的方式为标签添加属性，其中"属性"和"属性值"就是以"键值对"的形式出现的。

所谓"键值对"可以简单理解为对"属性"设置"属性值"。键值对有多种表现形式，例如 color="red"、width:200px；等，其中 color 和 width 即为"键值对"中的"键"（key），red 和 200px 为"键值对"中的"值"（value）。

"键值对"广泛地应用于编程中，HTML5 属性的定义形式"属性 ="属性值 ""只是"键值对"中的一种。

5. HTML 文档头部相关标签

制作网页时，经常需要设置页面的基本信息。例如，页面的标题、作者、页面描述等。为此 HTML 提供了一系列的标签，这些标签通常都写在 <head> 标签内，因此被称为头部相关标签。下面将具体介绍常用的头部相关标签。

理论微课 1-11：
HTML 文档头部
相关标签

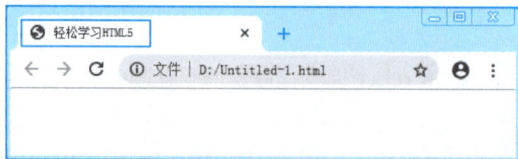

（1）<title> 标签

<title> 标签用于定义 HTML 页面的标题，即给网页取一个名字，该标签必须位于 <head> 标签之内。一个 HTML 文档只能包含一个 <title> 标签，<title> 开始标签和 </title> 结束标签之间的内容将显示在浏览器窗口的标题栏中。例如，将页面标题设置为"轻松学习 HTML5"，示例代码如下。

```
<title> 轻松学习 HTML5</title>
```

上述代码对应的页面标题效果如图 1-40 所示。

图 1-40　页面标题效果

（2）<meta /> 标签

<meta /> 标签用于定义网页的元信息，元信息不会显示在页面中，可重复出现在 <head> 标签中。在 HTML 中，<meta /> 标签是一个单标签，本身不包含任何内容，仅仅显示网页的相关信息。通过 <meta /> 标签的两个属性，可以设置网页的相关参数。例如，为搜索引擎提供网页的关键字、作者姓名、内容描述以及设置网页的刷新时间等。<meta /> 标签常用的几组设置，具体如下。

① <meta name=" 名称 " content=" 值 " />。在 <meta /> 标签中使用 name 属性和 content 属性可以为搜索引擎提供信息，其中 name 属性用于设置搜索信息的类型，content 属性用于设置搜索信息内容，示例代码如下。

- 设置网页关键字，例如，某图片网站的关键字设置。

```
<meta name="keywords" content=" 黑马教程，免费素材下载，黑马教程免费素材图库，
```

矢量图，矢量图库，图片素材，网页素材，免费素材，PS素材，网站素材，设计模板，设计素材，网页模板免费下载，素材中国，素材，免费设计，图片" />

其中 name 属性的值为 keywords，用于定义搜索信息的类型为网页关键字，content 属性的值用于定义关键字的具体内容，多个关键字内容之间可以用英文"，"分隔。

- 设置网页描述，例如，某图片网站的描述信息设置。

<meta name="description" content="专注免费设计素材下载的网站！提供矢量图素材，矢量背景图片，矢量图库，还有psd素材，PS素材，设计模板，设计素材，PPT素材，以及网页素材，网站素材，网页图标免费下载" />

其中 name 属性的值为 description，用于定义搜索信息的类型为网页描述，content 属性的值用于定义描述的具体内容。需要注意的是网页描述的文字不必过多，能够描述清晰即可。

- 设置网页作者，例如可以为网站增加作者信息。

<meta name="author" content="网络部" />

其中 name 属性的值为 author，用于定义搜索信息的类型为网页作者，content 属性的值用于定义具体的作者信息。

② <meta http-equiv="名称" content="值" />。在 <meta /> 标签中使用 http-equiv 和 content 属性可以设置服务器发送给浏览器的 HTTP 头部信息，为浏览器显示该页面提供相关的参数标准。其中，http-equiv 属性提供参数类型，content 属性提供对应的参数值。默认会发送 <meta http-equiv="Content-Type" content="text/html" />，通知浏览器发送的文件类型是 HTML。具体示例代码如下。

- 设置字符集，例如某图片官网字符集的设置。

<meta http-equiv="Content-Type" content="text/html;charset=gbk" />

其中 http-equiv 属性的属性值为 Content-Type，content 属性的属性值为 text/html 和 charset=gbk，两个属性值中间用"；"隔开。这段代码用于说明当前文档类型为 HTML，字符集为 gbk（中文编码）。目前最常用的国际化字符集编码格式是 utf-8，常用的国内中文字符集编码格式主要是 gbk 和 gb2312。当用户使用的字符集编码不匹配当前浏览器时，网页内容就会变成乱码。

值得一提的是，在 HTML5 中，简化了字符集的写法，简化后的字符集写法如下。

<meta charset="utf-8">

- 设置页面自动刷新与跳转，例如，定义某个页面 10 秒后跳转至百度。

<meta http-equiv="refresh" content="10;url= https://www.baidu.com/" />

其中 http-equiv 属性的值为 refresh，content 属性的值为数值和 url 地址，中间用"；"隔开，用于指定在特定的时间后跳转至目标页面，该时间默认以秒为单位。

6. 页面格式化标签

一篇结构清晰的文章通常都会通过标题、段落、分割线等对文章进行结构

理论微课 1-12：
页面格式化标签

排列，网页也不例外。为了使网页中的文字有条理地显示出来，HTML 提供了相应的页面格式化标签，如标题标签、段落标签、水平线标签、换行标签，对它们的具体介绍如下。

（1）标题标签

标题标签用于将文本设置为标题，HTML 提供了 6 个等级的标题标签，即 <h1>、<h2>、<h3>、<h4>、<h5> 和 <h6>，从 <h1> 到 <h6> 标题标签的重要性依次递减。标题标签的基本语法格式如下。

```
<hn> 标题文本 </hn>
```

在上述语法格式中，n 的取值为 1 到 6，代表 1~6 级标题。例如下面的示例代码。

```
<h1>1 级标题 </h1>
<h2>2 级标题 </h2>
<h3>3 级标题 </h3>
<h4>4 级标题 </h4>
<h5>5 级标题 </h5>
<h6>6 级标题 </h6>
```

示例代码对应效果如图 1–41 所示。

从图 1–41 可以看出，默认情况下标题文字加粗左对齐显示，并且从 1 级标题到 6 级标题字号依次递减。如果想让标题文字右对齐或居中对齐，可以使用 align 属性设置对齐方式。例如下面的示例代码。

```
1    <h1> 朝气蓬勃 </h1>
2    <h2 align="left"> 勇攀高峰 </h2>
3    <h3 align="center"> 勤学苦练 </h3>
4    <h4 align="right"> 真才实学 </h4>
```

图 1–41　标题标签

在上述代码中，<h1> 标签使用默认对齐方式，<h2> 标签设置左对齐，<h3> 标签设置居中对齐，<h4> 标签设置右对齐。需要注意的是，align 属性已经废弃，HTML5 中虽然可以显示属性效果，但建议使用后面学习 CSS 样式替代 align 属性。

💡 **注意：**

① 一个页面中最好只使用一个 <h1> 标签，该标签通常被用在网站的 LOGO 部分。

② 由于标题标签拥有特殊的语义。初学者切勿为了设置文字加粗或更改文字的大小而使用标题标签。

③ HTML 中一般不建议使用标题标签的 align 属性设置对齐方式，可使用 CSS 样式设置。

（2）段落标签

在网页中要把文字有条理地显示出来，离不开段落标签，就如同我们平常写文章一样，整个网页也可以分为若干个段落。在网页中使用 <p> 标签来定义段落。定义段落非常简单，只需使用 <p> 标签嵌套对应的文本即可。例如下面的示例代码。

```
<p>醉里挑灯看剑，梦回吹角连营。八百里分麾下炙，五十弦翻塞外声。沙场秋点兵。马作的卢飞快，弓如霹雳弦惊。了却君王天下事，赢得生前身后名。可怜白发生！ </p>
```

<p> 标签是 HTML 文档中最常见的标签，默认情况下，文本在一个段落中会根据浏览器窗口的大小自动换行。段落标签同样可以设置 align 属性，指定不同的对齐效果，建议使用后面学习 CSS 样式替代 align 属性。

（3）水平线标签

在网页中常常看到一些水平线将段落与段落之间隔开，使得文档结构清晰，层次分明。水平线可以通过 <hr /> 标签来定义，基本语法格式如下。

```
<hr 属性 =" 属性值 " />
```

<hr /> 是单标签，在网页中输入一个 <hr />，就添加了一条默认样式的水平线。此外通过为 <hr /> 标签设置属性和属性值，可以更改水平线的样式。<hr /> 标签的属性如表 1-3 所示。

表 1-3　<hr /> 标签的属性

属性	含义	属性值
align	设置水平线的对齐方式	left、right、center 三个值，默认属性值为 center
size	设置水平线的粗细	以像素为单位，默认属性值为 2 像素
color	设置水平线的颜色	颜色英文名称、十六进制颜色值、rgb（r，g，b）颜色值
width	设置水平线的长度	像素值或百分数，默认属性值为 100%

上述属性在 HTML5 中均已废弃，建议使用后面学习 CSS 样式替代这些属性。

（4）换行标签

在 word 中，按 Enter 键可以将一段文字换行显示，但在网页中，如果想要将某段文本强制换行显示，就需要使用换行标签
。换行标签的使用示例如下。

```
1    <p> 使用 HTML 制作网页时通过 br 标签 <br /> 可以实现换行效果 </p>
2    <p> 如果像在 word 文档中一样
3    按回车键换行就不起作用了 </p>
```

在上述示例代码中，第 1 行代码文本内容排列在同一行，但是文本内容中插入了
 标签。而第 2~3 行代码的文本内容换行排列，文本采用了按"Enter"键的方式换行。

示例代码对应效果如图 1-42 所示。

从图 1-42 可以看出，使用换行标签
 的文本，在浏览器中实现了强制换行的效果，而按 Enter 键换行的文本在浏览器中并没有换行，只是多出了一个空白字符。

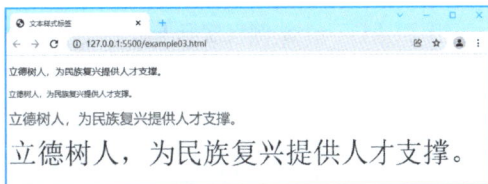

图 1-42　换行标签

💡 注意：

 标签虽然可以实现换行的效果，但并不能取代结构标签 <h>、<p> 等。

7. 文本格式化标签

文本格式化标签用于为文字设置粗体、斜体或下画线等一些特殊显示的文本效果，常用的文本格式化标签如表 1-4 所示。

<div align="center">表 1-4　常用文本格式化标签</div>

标签	显示效果
<b> 标签和 <strong> 标签	文本以粗体方式显示
<u> 标签和 <ins> 标签	文本以添加下画线方式显示
<i> 标签和 <em> 标签	文本以斜体方式显示
<s> 标签和 <del> 标签	文本以添加删除线方式显示

　　表 1-4 所示的文本格式化标签均为双标签，使用文本格式化标签嵌套文本，被嵌套的文本就会显示对应的样式。其中 <strong> 标签、<ins> 标签、<em> 标签、<del> 标签更符合 HTML 结构的语义（语义可以起强调作用），所以在 HTML5 中建议使用这 4 个标签设置文本样式。对常用的文本格式化标签具体介绍如下。

理论微课 1-13：
文本格式化标签

　　（1）<b> 标签和 <strong> 标签

　　<b> 标签和 <strong> 标签均用于设置文本以粗体方式显示。二者的差别在于，<b> 标签是物理标签，物理标签只是设置显示样式。<strong> 标签是逻辑标签，逻辑标签既可以设置显示样式，还可以将标签语义化。语义化用于强调文字的重要性。推荐使用 <strong> 标签。

　　（2）<u> 标签和 <ins> 标签

　　<u> 标签和 <ins> 标签均用于设置文本以添加下画线的方式显示。<u> 标签是物理标签，只用于设置文本以添加下画线方式显示。<ins> 标签是逻辑标签，除了设置文本以添加下画线方式显示，还可以将标签语义化。推荐使用 <ins> 标签。

　　（3）<i> 标签和 <em> 标签

　　<i> 标签和 <em> 标签均用于设置文本以斜体方式显示。<i> 标签是物理标签，<em> 标签是逻辑标签。推荐使用 <em> 标签。

　　（4）<s> 标签和 <del> 标签

　　<s> 标签和 <del> 标签均用于设置文本以添加删除线方式显示。<s> 标签是物理标签，<del> 标签是逻辑标签。推荐使用 <del> 标签。

　　下面通过一个案例来演示上述标签的用法，如例 1-1 所示。

<div align="center">例 1-1　example01.html</div>

```
1   <!DOCTYPE html>
2   <html lang="en">
3   <head>
4   <meta charset="UTF-8">
5   <meta http-equiv="X-UA-Compatible" content="IE=edge">
6   <meta name="viewport" content="width=device-width,initial-scale=1.0">
7   <title> 文本格式化标签 </title>
8   </head>
9   <body>
10      <p> 文本正常显示 </p>
11      <p><b> 文本加粗显示 </b></p>
```

```
12      <p><strong> 文本加粗显示，强调语义 </strong></p>
13      <p><u> 文本添加下画线显示 </u></p>
14      <p><ins> 文本添加下画线显示，强调语义 </ins></p>
15      <p><i> 文本斜体显示 </i></p>
16      <p><em> 文本斜体显示，强调语义 </em></p>
17      <p><s> 文本添加删除线显示 </s></p>
18      <p><del> 文本添加删除线显示，强调语义 </del></p>
19   </body>
20   </html>
```

在例 1-1 中，第 10 行代码文本正常显示。第 11~18 行代码为文本添加文本格式化标签。

运行例 1-1，效果如图 1-43 所示。

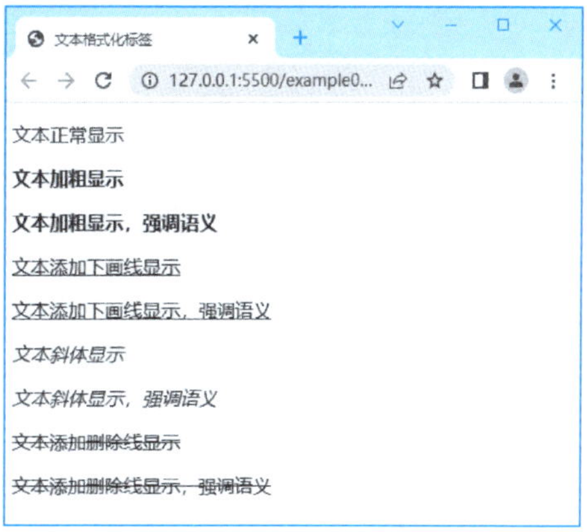

8. 文本样式标签

文本样式标签可以设置一些文字显示效果，例如，字体、字号、文字颜色，让网页中的文字样式变得更加丰富。文本样式标签的基本语法格式如下。

> <font 属性 =" 属性值 "> 文本内容 </font>

上述语法格式中，<font> 标签用于设置文本样式，该标签常用的属性有 3 个，如表 1-5 所示。

图 1-43　文本格式化标签

表 1-5　<font> 标签的常用属性

属性名	含义
face	设置字体，例如，微软雅黑、黑体、宋体等
size	设置字号，可以取 1~7 之间的整数值，无须添加单位
color	设置文字颜色，颜色值可以为英文单词、十六进制颜色值等

理论微课 1-14：
文本样式标签

了解了 <font> 标签的基本语法和常用属性，接下来通过一个案例来演示 <font> 标签的用法，如例 1-2 所示。

例 1-2　example02.html

```
1   <!DOCTYPE html>
2   <html lang="en">
3   <head>
4       <meta charset="UTF-8">
5       <meta http-equiv="X-UA-Compatible" content="IE=edge">
6       <meta name="viewport" content="width=device-width,initial-scale=1.0">
7       <title> 文本样式标签 </title>
8   </head>
9   <body>
10      <p> 宝剑锋从磨砺出，梅花香自苦寒来。</p>
11      <p><font size="2" color="blue"> 宝剑锋从磨砺出,梅花香自苦寒来。</font></p>
12      <p><font size="5" color="#f00"> 宝剑锋从磨砺出,梅花香自苦寒来。</font></p>
```

```
13        <p><font face="宋体" size="7" color="#00f">宝剑锋从磨砺出,梅花香自苦寒
来</font></p>
14    </body>
15    </html>
```

在例 1–2 中，共使用了 4 个 <p> 标签。第 10 行代码使用 <p> 标签默认样式，第 11~13 行代码分别使用 <font> 标签设置了不同的文本样式。

运行例 1–2，使用 font 标签设置文本样式的效果如图 1–44 所示。

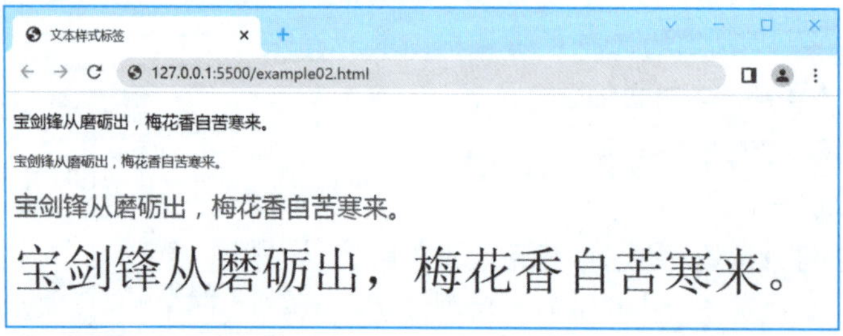

图 1-44　使用 font 标签设置文本样式

需要注意的是，<font> 标签设置文本样式时，需要在结构中嵌套文本，每个设置样式的文本都需要嵌套一个 <font> 标签，使用起来非常不方便。因此在 HTML5 中已将 <font> 标签弃用，使用 CSS 样式替代 <font> 标签。

■ 任务实现

下面将根据任务分析，按照制作页面结构和控制文本显示效果的顺序完成个人简介页面的制作。

1. 搭建页面结构

根据任务分析，使用相应的 HTML 标签来搭建网页结构。新建 task1–2 文件夹，在 task1–2 文件夹内新建一个名称为 task1–2.html 的 HTML 文件。在 HTML 文件中书写页面结构代码，具体代码如下。

```
1    <!doctype html>
2    <html>
3    <head>
4    <meta charset="utf-8">
5    <title>个人简介</title>
6    </head>
7    <body>
8       <h2>一个这样的我</h2>
9       <p>生日:2000 年 06 月 22 日 姓名：小王 p>
10      <hr />
11      <p>我喜欢在书海里畅游，在童话里我学到了善良，在张海迪的世界里我读懂了坚强。</p>
12      <p>我喜欢文字在笔尖流淌，行云流水的文章见证了我的成长，鲁迅是我追求的梦想。</p>
13      <p>我喜欢主持人工作，对我来说充满了挑战和快乐。</p>
14      <p>我相信机遇对每个人都是平等的，但成功只给有准备的人，无论结果如何，我挑战了自
己，我就是一个成功者。</p>
15   </body>
16   </html>
```

运行 task1-2.html，个人简介页面结构效果如图 1-45 所示。

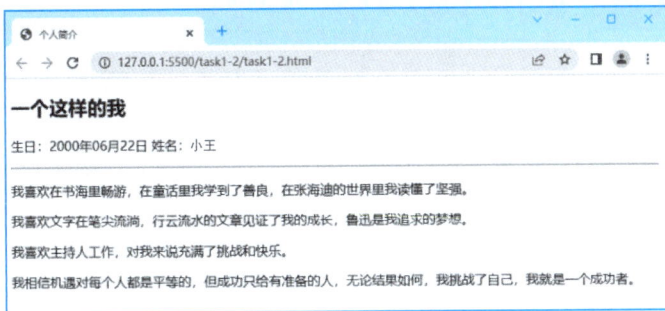

图 1-45　个人简介页面结构

2. 设置文本样式

下面通过标签的属性及 <font> 标签，对图 1-45 所示的页面进行修饰，实现效果图所示样式。具体代码如下。

```
1   <!doctype html>
2   <html>
3   <head>
4   <meta charset="utf-8">
5   <title> 个人简介 </title>
6   </head>
7   <body>
8       <h2 align="center"><font face=" 微软雅黑 "> 一个这样的我 </font></h2>
9       <p align="center"><font color="#979797" size="2"> 生日 :2000 年 06 月 22 日 </font><font color="blue"> 姓名 : 小王 </font></p>
10      <hr size="5" color="#CCC" />
11      <p> 我喜欢在书海里畅游，在童话里我学到了善良，在 <font color="blue"><ins><em> 张海迪 </em></ins></font> 的世界里我读懂了坚强。</p>
12      <p> 我喜欢文字在笔尖流淌，行云流水的文章见证了我的成长，<font color="blue"><ins><em> 鲁迅 </em></ins></font> 是我追求的梦想。</p>
13      <p> 我喜欢主持人工作，对我来说充满了挑战和快乐。</p>
14      <p> 我相信机遇对每个人都是平等的，但 <font color="red"><strong> 成功只给有准备的人 </strong></font>，无论结果如何，我挑战了自己，我就是一个成功者。</p>
15  </body>
16  </html>
```

保存文件，刷新页面，控制文本显示效果如图 1-46 所示。

图 1-46　控制文本显示效果

任务 1-3   制作风云人物页面

浏览网页时人们常常会被网页中的图像所吸引，在网页中巧妙地使用图像可以让网页更为丰富多彩。本任务将通过风云人物案例详细讲解 HTML 中的图像标签、相对路径和绝对路径等知识点。风云人物页面效果如图 1-47 所示。

实操微课 1-3：
任务 1-3   风云
人物

图 1-47   风云人物页面效果

任务目标

知识目标	• 了解常见的图像格式，能够总结常见图像格式的特点 • 熟悉相对路径和绝对路径，能够归纳相对路径和绝对路径的特点
技能目标	• 掌握图像标签的用法，能够使用图像标签为网页添加图片 • 了解特殊字符的设置方法，能够为网页添加特殊字符

任务分析

根据效果图，可以将风云人物按照搭建页面结构、控制图像、控制文本三部分制作，具体制作思路如下。

（1）搭建页面结构

在图 1-45 所示的效果图中，页面既包含图像又包含文字。其中，图像居左文字居右排列，图像和文字之间有一定的距离。文字由标题和段落文本组成。在页面中需要使用 <img /> 标签插入图像，同时使用 <h2> 标签和 <p> 标签分别设置标题和段落文本。

（2）控制图像

对 <img /> 标签应用 align 属性和 hspace 属性实现图像居左文字居右，图像和文字之间有一定距离的排列效果。

（3）控制文本

控制标题和段落文本的样式需要使用文本样式标签 <font>，并为 <font> 标签设置相应的属性。最后在每个段落前使用空格符" "实现首行缩进效果。

■ 知识储备

1. 常见图像格式

网页中图像太大会造成载入速度缓慢，太小又会影响图像的质量。因此，网页制作初学者经常会为该使用哪种图像格式而困惑。目前，网页上常用的图像格式主要有 GIF 格式、PNG 格式和 JPEG 格式 3 种，具体介绍如下。

理论微课 1-15：常见图像格式

（1）GIF 格式

GIF 格式最突出的特点是支持动画，同时 GIF 格式也是一种无损压缩的图像格式，即修改图像之后 GIF 格式的图像质量没有损失。且 GIF 格式支持透明，因此很适合在互联网上使用。但 GIF 格式只能处理 256 种颜色。因此在网页制作中，GIF 格式常常用于 Logo、小图标和其他色彩相对单一的图像。

（2）PNG 格式

PNG 格式包括 PNG-8 格式和真色彩 PNG 格式（PNG-24 格式和 PNG-32 格式），PNG 格式不支持动画。其中，PNG-8 格式与 GIF 格式类似，只能支持 256 种颜色，如果用作静态图可以取代 GIF 格式；PNG-24 格式和 PNG-32 格式可以支持更多的颜色，此外 PNG-32 格式支持半透明图像效果。

（3）JPEG 格式

JPEG 格式是一种有损压缩的图像格式，该格式的图像体积相对较小，但这也意味着每修改一次图像都会造成一些图像数据的丢失。JPEG 格式是特别为照片设计的文件格式，网页制作过程中类似于照片的图像，如横幅广告、商品图像等，都可以保存为 JPEG 格式。

2. 图像标签

网页中任何元素的实现都要依靠 HTML 标签，要想在网页中显示图像就需要使用图像标签。在 HTML 中使用 <img /> 标签来定义图像，其基本语法格式如下。

理论微课 1-16：图像标签

```
<img src="图像 URL" />
```

在上述语法格式中，src 属性用于指定图像的路径，它是 <img /> 标签的必备属性。

要想在网页中灵活地使用图像，仅仅依靠 src 属性是远远不够的。为此 HTML 还为 <img /> 标签提供了其他的属性，具体如表 1-6 所示。

表 1-6　<img /> 标签其他的属性

属性	属性值	描述
alt	文本	图像不能显示时的替换文本
title	文本	鼠标指针悬停时显示的内容
width	像素值	设置图像的宽度
height	像素值	设置图像的高度
border（已废弃）	数字	设置图像边框的宽度
vspace（已废弃）	像素值	设置图像顶部和底部的空白（垂直边距）

续表

属性	属性值	描述
hspace（已废弃）	像素值	设置图像左侧和右侧的空白（水平边距）
align（已废弃）	left	将图像对齐到左边
	right	将图像对齐到右边
	top	将图像的顶端和文本的第 1 行文字对齐，其他文字居图像下方
	middle	将图像的水平中线和文本的第 1 行文字对齐，其他文字居图像下方
	bottom	将图像的底部和文本的第 1 行文字对齐，其他文字居图像下方

表 2–5 对 <img /> 标签其他的属性做了简要的描述，下面对它们进行详细讲解。

（1）alt 属性

有时页面中的图像可能无法正常显示，例如，图片加载错误、浏览器版本过低等。因此需要为页面上的图像添加替换文本。在图像无法显示时告诉用户该图片的信息。在 HTML 中，alt 属性用于设置图像的替换文本。下面通过一个案例来演示 alt 属性的用法，如例 1–3 所示。

例 1–3　example03.html

```
1   <!DOCTYPE html>
2   <html lang="en">
3   <head>
4   <meta charset="UTF-8">
5   <meta http-equiv="X-UA-Compatible" content="IE=edge">
6   <meta name="viewport" content="width=device-width,initial-scale=1.0">
7   <title>图像标签</title>
8   </head>
9   <body>
10     <img src="images/tao.png" alt="陶行知，人民教育家、思想家" />
11  </body>
12  </html>
```

例 1–3 中，在当前 HTML 网页文件所在的文件夹中放入文件名为 tao.png 的图像，并且通过 src 属性插入图像，通过 alt 属性指定图像不能显示时的替代文本。

运行例 1–3，浏览器正常显示下的图像效果如图 1–48 所示。

如果图像不能显示，在浏览器中就会出现图 1–49 所示的效果。

由图 1–49 可见，当图片不能显示时，网页会显示 alt 属性设置的文字内容。

（2）title 属性

title 属性用于设置鼠标指针悬停时图像的提示文字，该属性和 alt 属性类似，下面通过一个案例来演示 title 属性的使用，如例 1–4 所示。

例 1–4　example04.html

```
1   <!DOCTYPE html>
2   <html lang="en">
3   <head>
4   <meta charset="UTF-8">
5   <meta http-equiv="X-UA-Compatible" content="IE=edge">
```

```
6    <meta name="viewport" content="width=device-width,initial-scale=1.0">
7    <title>图像标签</title>
8    </head>
9    <body>
10       <img src="images/tao.pn" title="陶行知，人民教育家、思想家" />
11   </body>
12   </html>
```

图 1-48　浏览器正常显示下的图像效果

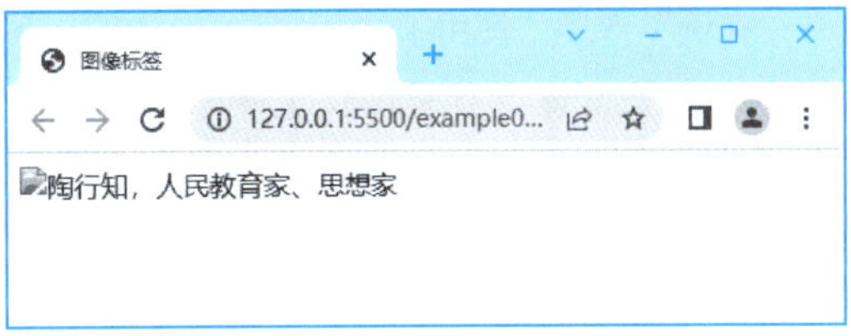

图 1-49　显示 alt 属性设置的文字内容

在例 1-4 中，第 10 行代码设置 title 属性，用于鼠标指针悬停时，显示图像的提示文字。

运行例 1-4，鼠标指针悬停时的图像效果如图 1-50 所示。

（3）width 属性和 height 属性

通常情况下，如果不为 <img /> 标签设置宽度属性和高度属性，图片就会按照它的原始尺寸显示。这时可以通过 width 属性和 height 属性来定义图像的宽度和高度。通常，只设置 width 属性和 height 属性中的一个即可。另一个属性会依据已设置的属性将原图等比例显示。如果同时设置两个属性，且设置的比例与原图的比例不一致，显示的图像就会变形。

图 1-50　鼠标指针悬停时的图像效果

（4）border 属性

默认情况下图像是没有边框的，通过 border 属性可以为图像添加边框，并且可以设置边框的宽度，但使用 HTML 的 border 属性无法更改边框颜色。border 属性的取值也无须添加单位。

接下来，通过一个案例来演示使用 border 属性、width 属性、height 属性对图像进行的修饰，如例 1-5 所示。

例 1-5　example05.html

```
1    <!DOCTYPE html>
```

```
2   <html lang="en">
3   <head>
4       <meta charset="UTF-8">
5       <meta http-equiv="X-UA-Compatible" content="IE=edge">
6       <meta name="viewport" content="width=device-width,initial-scale=
    1.0">
7       <title>图像标签</title>
8   </head>
9   <body>
10      <img src="images/tao.png" alt="陶行知，人民教育家、思想家" border="2" />
11      <img src="images/tao.png" alt="陶行知，人民教育家、思想家" width="300" />
12      <img src="images/tao.png" alt="陶行知，人民教育家、思想家" width="300"
height="100" />
13  </body>
14  </html>
```

在例 1–5 中，使用了 3 个 <img /> 标签。第 10 行代码中的 <img /> 标签设置 2 px 的边框，第 11 行代码中的 <img /> 标签仅设置宽度，第 12 行代码中的 <img /> 标签设置不等比例的宽度和高度。

运行例 1–5，图像设置边框、宽度以及同时设置宽度和高度的效果如图 1–51 所示。

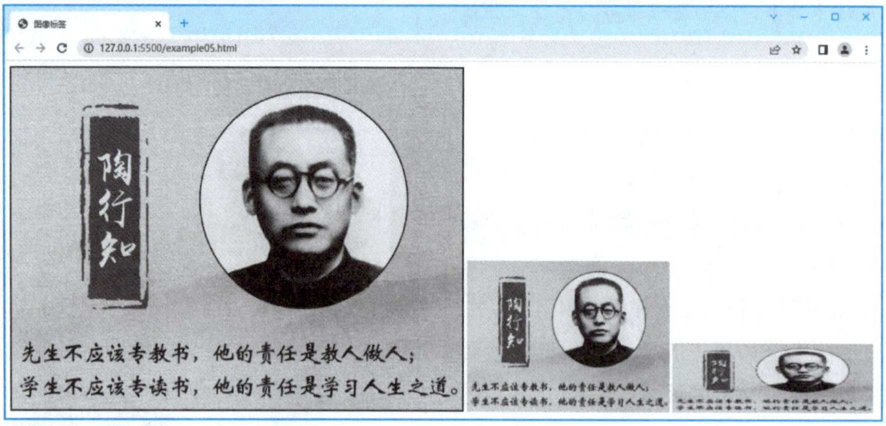

图 1–51 图像设置边框、宽度以及同时设置宽度和高度的效果

从图 1–51 可以看出，第 1 个图像显示效果为原尺寸大小，并添加了边框效果。第 2 个图像由于仅设置了宽度属性，高度会依据宽度属性的设置将原图像等比例显示。第 3 个图像由于设置了不等比例的宽度和高度属性，而导致图片变形。

（5）vspace 属性和 hspace 属性

在网页中，由于排版需要，有时候还需要调整图像的边距。HTML 中通过 vspace 属性和 hspace 属性可以分别调整图像的垂直边距和水平边距。

（6）align 属性

图文混排是网页中很常见的效果，默认情况下图像的底部会与文本的第一行文字对齐，如图 1–52 所示。

但是在制作网页时需要经常实现图像和文字环绕效果，例如，图像居左、文字居右。这就需要使用图像的对齐属性 align。下面，通过一个案例实现网页中图像居左、文字居右的效果，如例 1–6 所示。

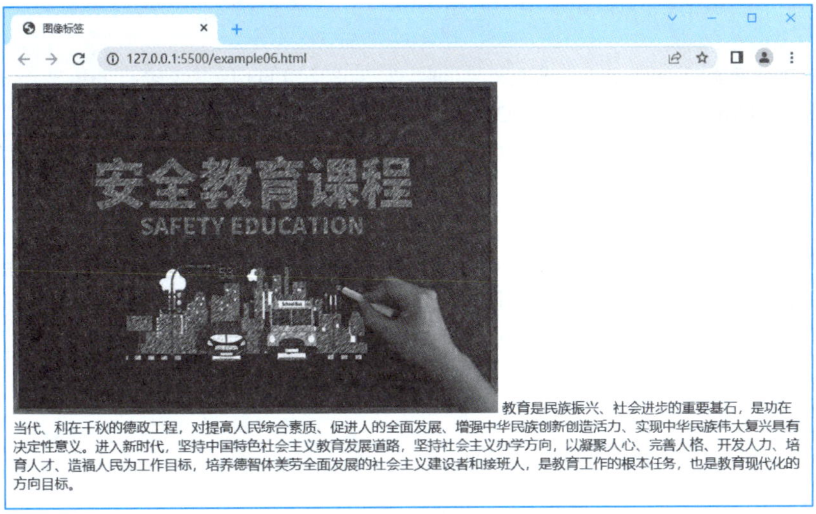

图 1-52 图像标签的默认对齐效果

例 1-6 example06.html

```
1    <!DOCTYPE html>
2    <html lang="en">
3    <head>
4        <meta charset="UTF-8">
5        <meta http-equiv="X-UA-Compatible" content="IE=edge">
6        <meta name="viewport" content="width=device-width,initial-scale=1.0">
7        <title>图像标签</title>
8    </head>
9    <body>
10       <img src="images/shu.png" width="300" border="1" hspace="10" vspace="10" align="left"/>
11       教育是民族振兴、社会进步的重要基石，是功在当代、利在千秋的德政工程，对提高人民综合素质、促进人的全面发展、增强中华民族创新创造活力、实现中华民族伟大复兴具有决定性意义。进入新时代，坚持中国特色社会主义教育发展道路，坚持社会主义办学方向，以凝聚人心、完善人格、开发人力、培育人才、造福人民为工作目标，培养德智体美劳全面发展的社会主义建设者和接班人，是教育工作的根本任务，也是教育现代化的方向目标。
12   </body>
13   </html>
```

在例 1-6 中，第 10 行代码使用 hspace 属性和 vspace 属性为图像设置水平边距和垂直边距。为了使水平边距和垂直边距的显示效果更加明显，使用 border 属性为图像添加了 1 px 的边框。使用 align="left" 使图像左对齐。

运行例 1-6，效果如图 1-53 所示。

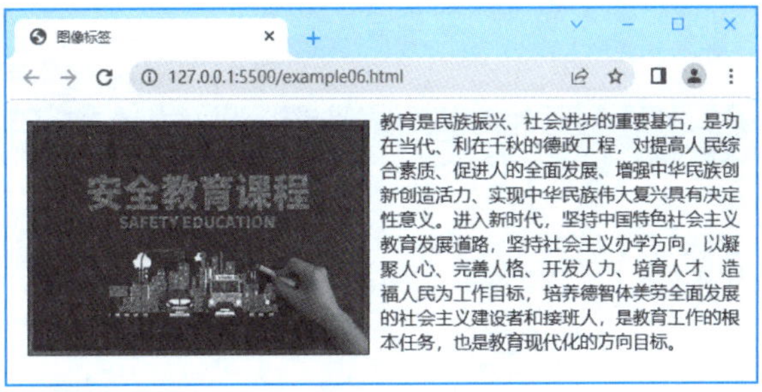

图 1-53 图像标签的边距和对齐属性

💡 注意：

1. 实际制作网页时，HTML5 并不支持 <img /> 标签中使用 border、vspace、hspace 和 align 属性，这 4 个属性在 HTML 4.01 已废弃，可用 CSS 样式替代。

2. 网页制作中，装饰性的图像不建议直接插入 <img /> 标签，最好通过 CSS 设置背景图像的方式来实现。

3. 相对路径和绝对路径

在计算机查找网页文档时，需要明确该网页文档所在位置。通常，人们把网页文档所在的位置称作路径。网页中的路径分为绝对路径和相对路径两种，具体介绍如下。

理论微课 1-17：
相对路径和
绝对路径

（1）绝对路径

绝对路径就是网页上的文档或目录在盘符中的真正路径，例如，"D:\ 案例源码 \chapter02\images\tao.png"是一个绝对路径。再如，完整的网络地址"https://www.zcool.com.cn/images/logo.gif"，也是一个绝对路径。

（2）相对路径

相对路径就是相对于当前文档的路径，相对路径通常是以 HTML 网页文档为起点，通过层级关系描述目标图像的位置。相对路径的设置分为以下 3 种。

① 图像和 HTML 文档位于同一文件夹。设置相对路径时，只需输入图像的名称即可，例如 <img src="logo.gif" />。

② 图像位于 HTML 文档的下一级文件夹。设置相对路径时，输入文件夹名和图像名，之间用"/"隔开，例如 <img src="img/img01/logo.gif" />。

③ 图像位于 HTML 文档的上一级文件夹。设置相对路径时，在图像名之前加入"../"，如果是上两级，则需要使用 ../../，以此类推。例如 <img src="../logo.gif" />。

需要说明的是，网页中并不推荐使用绝对路径，因为网页制作完成之后需要将所有的文档上传到服务器。在服务器中，路径存储根目录会发生改变，有可能不存在"D:\ 案例源码 \chapter02\images\banner1.jpg"这样一个很精准的路径。路径错误，网页也就没办法正常显示图像。使用相对路径，不会受到存储根目录的影响，可以很好地避免这个问题。

4. 特殊字符

浏览网页时经常会看到一些包含特殊字符的文本，如数学公式、版权信息等。那么如何在网页上显示这些包含特殊字符的文本呢？在 HTML 中为这些特殊字符准备了专门的代码。常用特殊字符对应代码如表 1-7 所示。

理论微课 1-18：
特殊字符

表 1-7　常用特殊字符对应代码

特殊字符	描述	字符的代码
	空格符	
<	小于号	&lt;
>	大于号	&gt;
&	和号	&amp;
¥	人民币	&yen;

续表

特殊字符	描述	字符的代码
©	版权	&copy;
®	注册商标	&reg;
°	度数符号	&deg;
±	正负号	&plusmn;
×	乘号	&times;
÷	除号	&divide;
²	平方（上标2）	&sup2;
³	立方（上标3）	&sup3;

从表 1-7 可以看出，特殊字符的代码通常由前缀 "&"、字符名称和后缀英文分号 "；" 组成。在网页中使用这些特殊字符时只需输入相应的字符代码替代即可。

■ 任务实现

下面将根据任务分析，按照制作页面结构、控制图像和控制文本的顺序完成风云人物页面的制作。

1. 搭建页面结构

根据任务分析，使用相应的 HTML 标签来搭建网页结构。新建 task1-3 文件夹，在 task1-3 文件夹内新建一个名称为 task1-3.html 的 HTML 文件。在 HTML 文件中编写页面结构代码，具体代码如下。

```
1   <!DOCTYPE html>
2   <html lang="en">
3   <head>
4   <meta charset="UTF-8">
5   <meta http-equiv="X-UA-Compatible" content="IE=edge">
6   <meta name="viewport" content="width=device-width,initial-scale=1.0">
7   <title> 风云人物 </title>
8   </head>
9   <body>
10  <img src="images/yuanlongping.png" alt=" 袁隆平、杂交水稻之父 "/>
11  <h2> 袁隆平 </h2>
12  <p> 袁隆平是我国研究与发展杂交水稻的开创者，也是世界上第一个成功地利用水稻杂交优势的
    科学家，被誉为 " 杂交水稻之父 "。他冲破经典遗传学观点的束缚，于 1964 年开始研究杂交水稻，
    成功选育了世界上第一个实用高产杂交水稻品种 " 南优二号 "。杂交水稻自 1976 年起在全国大面积推
    广应用，使水稻的单产和总产得以大幅度提高。</p>
13  <p> 几十年来，袁隆平带领团队开展超级杂交稻研究攻坚，分别于 2000 年、2004 年、2011 年、
    2014 年实现了大面积示范每公顷 10.5 吨、12 吨、13.5 吨、15 吨的目标。最新育成的第三代杂交稻叁
    优一号，2020 年作双季晚稻种植平均亩产达 911.7 千克，加上第二代杂交早稻亩产 619.06 千克，
    全年亩产达 1530.76 千克，实现了每年亩产稻谷 1500 千克的攻关目标。</p>
14  <p> 袁隆平先后获得了联合国知识产权组织 " 杰出发明家 " 金质奖、联合国教科文组织 " 科学奖 "、
    英国让克基金会 " 让克奖 "、美国费因斯特基金会 " 拯救世界饥饿奖 "、联合国粮农组织 " 粮食安全保障
    奖 " 等国际奖项。</p>
```

```
15    </body>
16    </html>
```

在 task1-3.html 中，第 10 行代码使用 `<img />` 标签插入图像。第 11~14 行代码通过 `<h2>` 标签和 `<p>` 标签分别定义标题和段落文本。

运行 task1-3.html，风云人物页面效果如图 1-54 所示。

2. 控制图像

接下来，对 task1-3.html 中的图像加以控制，使图像和文字左右排列，将第 10 行代码更改如下。

```
<img src="images/yuanlongping.
png" alt=" 袁隆平、杂交水稻之父 " align=
"left" hspace="30"/>
```

保存 HTML 文件，刷新网页，控制图像和文本左右排列效果如图 1-55 所示。

3. 控制文本

接下来，对文本加以控制，实现效果图 1-47 所示效果，具体代码如下。

图 1-54   风云人物页面效果

图 1-55   控制图像和文本左右排列效果

```
1    <!DOCTYPE html>
2    <html lang="en">
3    <head>
4    <meta charset="UTF-8">
5    <meta http-equiv="X-UA-Compatible" content="IE=edge">
6    <meta name="viewport" content="width=device-width,initial-scale=1.0">
7    <title> 风云人物 </title>
8    </head>
```

```
9   <body>
10  <img src="images/yuanlongping.png" alt="袁隆平、杂交水稻之父" align="left"
hspace="30"/>
11  <h2 align="center"><font face=" 微软雅黑 " size="6" color="#545454"> 袁隆
平 </font></h2>
12  <p>        <font size="4"
color="#00910c"><strong>袁隆平 </strong></font> 是我国研究与发展杂交水稻的
开创者，也是世界上第一个成功地利用水稻杂交优势的科学家，被誉为 <font size="4"
color="#00910c"><strong>" 杂交水稻之父 "</strong></font>。他冲破经典遗传学观点的束
缚，于 1964 年开始研究杂交水稻，成功选育了世界上第一个实用高产杂交水稻品种 " 南优二号 "。杂
交水稻自 1976 年起在全国大面积推广应用，使水稻的单产和总产得以大幅度提高。</p>
13  <p>         几十年来，袁隆平带领
团队开展超级杂交稻研究攻坚，分别于 <ins>2000 年 </ins>、<ins>2004 年 </ins>、<ins>2011
年 </ins>、<ins>2014 年 </ins> 实现了大面积示范每公顷 10.5 吨、12 吨、13.5 吨、15 吨的目标。
<font color="#00910c"> 最新育成的第三代杂交稻叁优一号，<ins>2020 年 </ins> 作双季晚
稻种植平均亩产达 911.7 千克，加上第二代杂交早稻亩产 619.06 千克，全年亩产达 1530.76 千
克，<strong> 实现了每年亩产稻谷 1500 千克的攻关目标。</strong></font></p>
14  <p>         袁隆平先后获得了联合
国知识产权组织 " 杰出发明家 " 金质奖、联合国教科文组织 " 科学奖 "、英国让克基金会 " 让克奖 "、美
国费因斯特基金会 " 拯救世界饥饿奖 "、联合国粮农组织 " 粮食安全保障奖 " 等国际奖项。</p>
15  </body>
16  </html>
```

保存文件，刷新页面，风云人物最终效果如图 1-56 所示。

图 1-56 风云人物最终效果

任务 1-4 制作电商页面

　　一个网站由多个页面构成，用户访问网站，首先看到的通常是首页。如果用户想从首页跳转到其他位置，就需要在首页的相应位置使用超链接标签添加超链接。

　　本任务将通过电商页面案例详细讲解超链接的相关知识。电商页面效果如图 1-57 所示。

实操微课 1-4：
任务 1-4 电商
页面

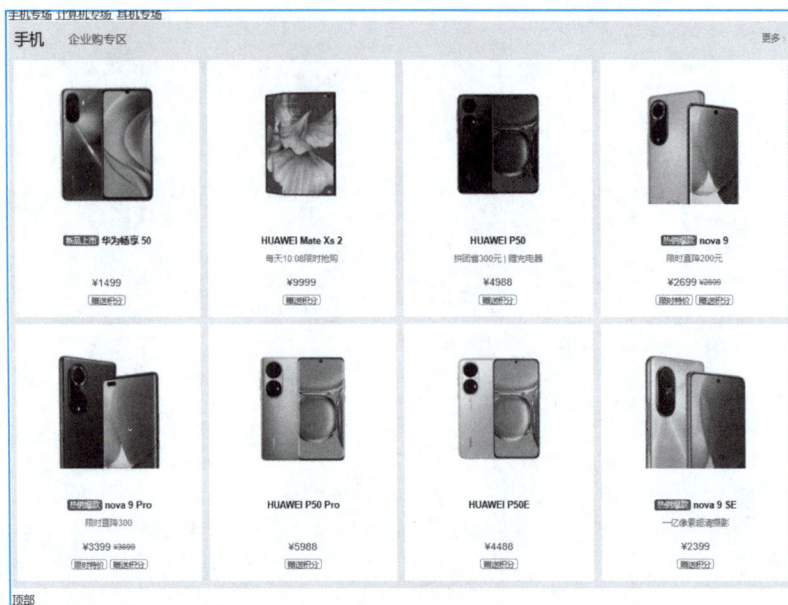

图 1-57　电商页面效果

■ 任务目标

技能目标	• 掌握创建超链接的方法，能够为网页元素添加超链接
	• 熟悉锚点链接的创建方法，能够为网页添加锚点链接
	• 掌握链接伪类控制超链接的方法，能够为超链接设置不同的显示状态

■ 任务分析

根据效果图，可以按照以下思路完成该案例。

① 设置"手机专场""计算机专场""耳机专场"3 个链接对象。

② 设置"手机专场""计算机专场""耳机专场"的跳转位置。

③ 为页面顶部设置跳转位置。

④ 分别在"手机专场""计算机专场""耳机专场"下方设置文字为"顶部"的链接对象。

■ 知识储备

1. 创建超链接

在 HTML 中创建超链接非常简单，只需用 <a> 标签嵌套需要链接的对象即可。创建超链接的基本语法格式如下。

理论微课 1-19：
创建超链接

```
<a href="跳转目标" target="目标窗口的弹出方式">文本或图像
</a>
```

在上述语法格式中，<a> 标签用于定义超链接，href 属性和 target 属性为其常用属性，具体解释如下。

- href 用于指定链接目标的 url 地址。当 <a> 标签应用 href 属性时，<a> 标签就具有链接的功能。

- target 用于指定链接页面的打开方式，其取值有 _self 和 _blank 两种，其中 _self 为默认值，表示在原窗口中打开链接页面，_blank 表示在新窗口中打开链接页面。

下面创建一个带有超链接功能的简单页面，如例 1-7 所示。

例 1-7　example07.html

```
1   <!DOCTYPE html>
2   <html lang="en">
3   <head>
4   <meta charset="UTF-8">
5   <meta http-equiv="X-UA-Compatible" content="IE=edge">
6   <meta name="viewport" content="width=device-width,initial-scale=1.0">
7   <title>创建超链接</title>
8   </head>
9   <body>
10     <a href="http://www.itcast.cn/" target="_self">教育</a> target="_self"
原窗口打开 <br />
11     <a href="https://www.huawei.com" target="_blank">华为</a> target=
"_blank" 新窗口打开
12  </body>
13  </html>
```

在例 1-7 中，创建了两个超链接，通过 href 属性将它们的链接目标分别指定为教育网站和华为网站。同时，通过 target 属性定义第 1 个链接页面在原窗口打开，第 2 个链接页面在新窗口打开。

运行例 1-7，创建超链接的页面效果如图 1-58 所示。

图 1-58　创建超链接的页面效果

在图 1-58 中，被超链接标签 <a> 嵌套的文本"教育"和"华为"颜色特殊且带有下画线效果，这是因为超链接标签本身有默认的显示样式。当鼠标指针移到链接文本时，鼠标指针变为 🖑 的形状，同时，页面的左下方会显示链接页面的地址。当单击链接文本"教育"和"华为"时，分别会在原窗口和新窗口中打开链接页面，如图 1-59 和图 1-60 所示。

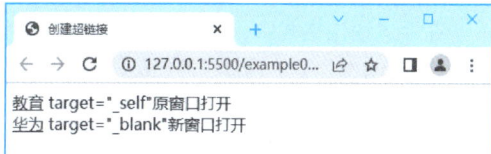

图 1-59　在原窗口打开链接页面

图 1-60　在新窗口打开链接页面

💡 **注意：**

　　① 暂时没有确定链接目标时，通常将 <a> 标签的 href 属性值定义为 "#"，即 href="#"，表示该链接暂时为一个空链接。

　　② 在网页中不仅可以创建文本超链接，各种网页元素（如图像、音频、视频等）都可以添加超链接。

2. 锚点链接

　　如果网页内容较多，页面过长，浏览网页时便需要不断地拖动滚动条来查看网页的内容。这样效率较低且不方便。为了提高信息的检索速度，HTML 语言提供了一种特殊的链接——锚点链接，通过创建锚点链接，用户能够快速定位到目标内容。创建锚点链接分为两步。

理论微课 1–20：
锚点链接

　　① 创建锚点链接对象，语法格式如下。

```
<a href="#id 名称 "> 链接文本 </a>
```

　　通过上述语法格式可以看出，创建锚点链接对象和创建超链接的语法格式类似，差异在于创建锚点链接对象的 href 属性，其属性值为 "#id 名称"。id 名称是指 CSS 中 id 选择器的名称，会在后面章节详细讲解，这里了解即可。

　　② 创建锚点跳转目标，具体语法格式如下。

```
< 标签 id="id 名称 "> 显示内容 </ 标签 >
```

　　在上述语法格式中，需要使用 id 名称标注跳转位置，此处的 id 名称要和创建锚点链接对象中的 id 名称一致。

　　下面通过一个具体的案例来演示页面中创建锚点链接的方法，如例 1–8 所示。

例 1–8   example08.html

```
1    <!DOCTYPE html>
2    <html lang="en">
3    <head>
4    <meta charset="UTF-8">
5    <meta http-equiv="X-UA-Compatible" content="IE=edge">
6    <meta name="viewport" content="width=device-width,initial-scale=
1.0">
7    <title>锚点链接 </title>
8    </head>
9    <body>
10   <h2>公司德育内容 :</h2>
11   <ul>
12       <li><a href="#one">1.民族精神教育 </a></li>
13       <li><a href="#two">2.理想信念教育 </a></li>
14       <li><a href="#three">3.道德品质、文明行为教育 </a></li>
15       <li><a href="#four">4.遵纪守法教育 </a></li>
16       <li><a href="#five">5.心理健康教育 </a></li>
17   </ul>
18   <h3 id="one">1.民族精神教育 </h3>
```

```
19    <p>以爱国主义为核心，培育和弘扬团结统一、爱好和平、勤劳勇敢、自强不息伟大民族精神的教
育；中华民族传统美德和革命传统的教育；创新精神的教育。</p>
20    <br /><br /><br /><br /><br /><br /><br /><br /><br /><br /><br /><br />
<br /><br />
21    <h3 id="two">2.理想信念教育 </h3>
22    <p>以毛泽东思想、邓小平理论、"三个代表"重要思想、科学发展观、习近平新时代中国特色社会
主义思想为主要内容的经济与政治基础知识教育；初步的辩证唯物主义和历史唯物主义基础知识教育；
立足岗位、奉献社会的职业理想教育。</p>
23    <br /><br /><br /><br /><br /><br /><br /><br /><br /><br /><br /><br />
<br /><br />
24    <h3 id="three">3.道德品质、文明行为教育 </h3>
25    <p>集体主义精神、社会主义人道主义精神教育；社会公德、家庭美德教育；以诚信、敬业为重点
的职业道德教育；学生日常行为规范、交往礼仪以及职业礼仪的教育与训练；珍爱生命、远离毒品的教
育；保护环境的教育。</p>
26    <br /><br /><br /><br /><br /><br /><br /><br /><br /><br /><br /><br />
<br /><br />
27    <h3 id="four">4.遵纪守法教育 </h3>
28    <p>法律基础知识教育；职业纪律和岗位规范教育；自觉遵守学校纪律和规章制度的教育。</p>
29    <br /><br /><br /><br /><br /><br /><br /><br /><br /><br /><br /><br />
<br /><br />
30    <h3 id="five">5.心理健康教育 </h3>
31    <p>心理健康基本知识教育；心理咨询、辅导和援助。</p>
32    </body>
33    </html>
```

在例 1–8 中，第 11~17 行代码用于创建锚点链接对象。第 18、21、24、27、30 行代码分别用于设置锚点跳转目标。

运行例 1–8，锚点链接效果如图 1–61 所示。

图 1–61 所示即为一个内容较长的网页，当单击"公司德育内容"下的链接时，页面会自动定位到相应的内容介绍部分。例如，单击"4.遵纪守法教育"时，页面效果如图 1–62 所示。

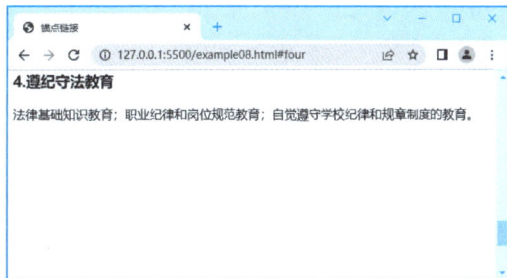

图 1-61　锚点链接效果　　　　图 1-62　页面定位到相应的位置效果

3. 链接伪类控制超链接

链接伪类主要用于在定义超链接时，配合鼠标指针操作，使超链接在单击前、单击后和鼠标指针悬停时显示不同的样式。在 CSS 中，常用的状态化伪类选择器主要有 4 种，分别为 :link、:visited、:hover、:active。表 1–8 列举了 4 种状态化链接伪类，具体如下。

理论微课 1-21：链接伪类控制超链接

表 1-8　4 种状态化链接伪类

状态化伪类选择器	描述
a:link{ CSS 样式 ;}	设置超链接的默认样式
a:visited{ CSS 样式 ;}	设置超链接被访问过之后的样式
a:hover{ CSS 样式 ;}	设置鼠标指针悬停时超链接的样式
a:active{ CSS 样式 ;}	设置鼠标指针单击不动时超链接的样式

了解了 4 种状态化伪类的作用，接下来，通过一个案例来演示效果，如例 1-9 所示。

例 1-9　example09.html

```
1   <!DOCTYPE html>
2   <html lang="en">
3   <head>
4   <meta charset="UTF-8">
5   <meta http-equiv="X-UA-Compatible" content="IE=edge">
6   <meta name="viewport" content="width=device-width,initial-scale=
1.0">
7   <title> 链接伪类控制超链接 </title>
8   <style>
9       a:link,a:visited{color:#000;}      /* 设置超链接默认和被访问之后的颜色为黑色 */
10      a:hover{color:#093;}               /* 设置鼠标指针悬停时超链接颜色为绿色 */
11      a:active{color:#FC0;}              /* 设置鼠标指针单击不动时超链接颜色为黄色 */
12  </style>
13  </head>
14  <body>
15      <a href="#"> 公司首页 </a>
16      <a href="#"> 公司简介 </a>
17      <a href="#"> 产品介绍 </a>
18      <a href="#"> 联系我们 </a>
19  </body>
20  </html>
```

在例 1-9 中，第 8~12 行代码通过链接伪类设置超链接不同状态的显示样式。其中，第 8 行
和第 12 行代码的 <style> 开始标签和 </style>
结束标签用于引用 CSS 样式。链接伪类控制的
超链接样式写在 <style> 标签中。关于 CSS 样
式的设置方法将会在项目 2 详细讲解，这里了
解即可。

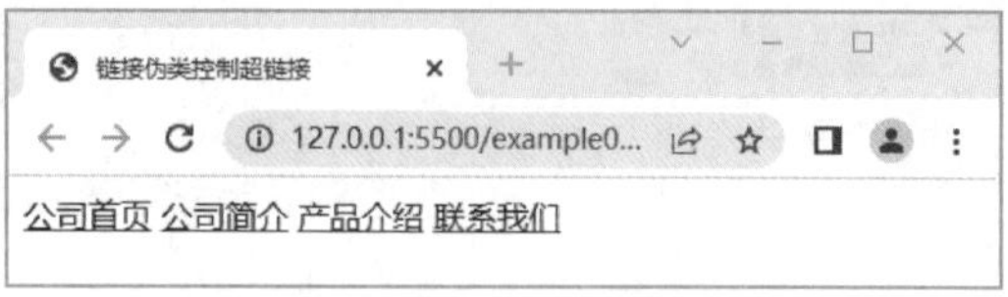

运行例 1-9，状态化伪类选择器效果如
图 1-63 所示。

图 1-63　状态化伪类选择器效果 1

通过图 1-63 可以看出，设置超链接的文本显示颜色为黑色。当鼠标指针悬停到链接文本时，
文本颜色变为绿色（#093），如图 1-64 所示。

当鼠标指针单击链接文本不放时，文本颜色变为黄色（#FC0），如图 1-65 所示。

值得一提的是，在实际工作中，通常只需要使用 a:link、a:visited 和 a:hover 定义超链接未访
问、访问后和鼠标指针悬停时的显示样式。并且经常将 a:link 和 a:visited 设置为相同的样式，使未

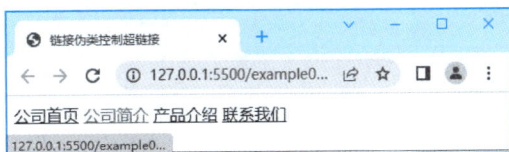

图 1-64　鼠标指针悬停到链接文本的效果

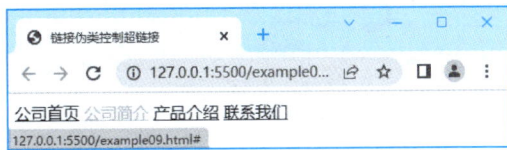

图 1-65　鼠标指针单击链接文本不放效果

访问和访问后的超链接样式保持一致。

> **注意:**
>
> 使用超链接的 4 种状态化伪类时，对排列顺序是有要求的。通常按照 a:link、a:visited、a:hover 和 a:active 的顺序书写，否则定义的样式可能不起作用。

■ 任务实现

根据任务分析，使用相应的 HTML 标签来搭建网页结构。新建 task1-4 文件夹，在 task1-4 文件夹内新建一个名称为 task1-4.html 的 HTML 文件。在 HTML 文件中编写页面结构代码，具体代码如下。

```
1   <!doctype html>
2   <html>
3   <head>
4   <meta charset="utf-8">
5   <meta http-equiv="X-UA-Compatible" content="IE=edge">
6   <meta name="viewport" content="width=device-width,initial-scale=
    1.0">
7   <title>锚点的使用</title>
8   </head>
9   <body>
10     <a name="top">
11     <a href="#shouji">手机专场</a>
12     <a href="#diannao">计算机专场</a>
13     <a href="#erji">耳机专场</a>
14     <br />
15     <a name="shouji"></a>
16     <a href="#"><img src="images/01.png"></a><br />
17     <a href="#top">顶部</a> <br />
18     <a name="diannao"></a>
19     <a href="#"><img src="images/02.png"></a><br />
20     <a href="#top">顶部</a>  <br />
21     <a name="erji"></a>
22     <a href="#"><img src="images/03.png"></a><br />
23     <a href="#top">顶部</a>  <br />
24   </body>
25   </html>
```

在 task1-4.html 中，href=" " 用于指定链接目标的名称，name=" " 用于设置跳转目标的位置。保存文件，电商页面如图 1-66 所示。

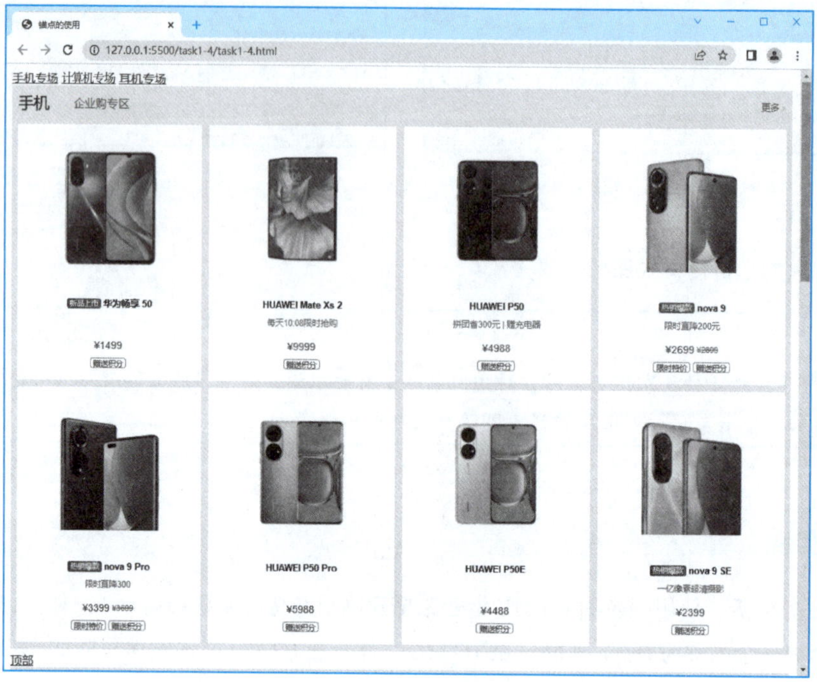

图 1-66　电商页面

当鼠标指针单击图 1-66 中的"手机专场""计算机专场""耳机专场"时，电商页面会自动跳到相应的内容位置。例如，当单击"耳机专场"时，电商页面跳转后的效果如图 1-67 所示。

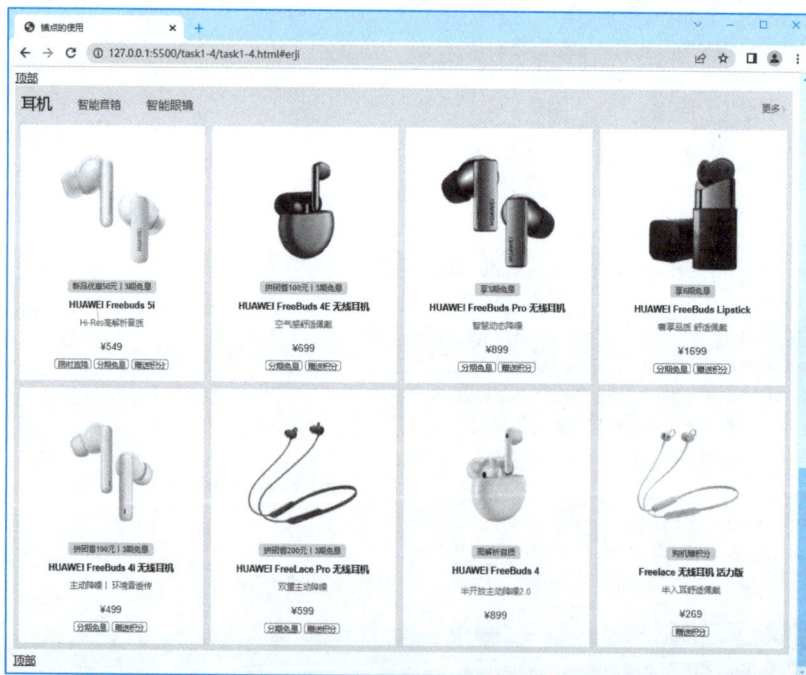

图 1-67　电商页面跳转后的效果

当鼠标指针单击"顶部"，电商页面会跳转回页面顶部。

任务 1-5　制作植物科普页面

一个网站由多个网页构成，每个网页上都有大量的信息。将这些信息以列表的方式呈现，可以使信息排列有序，条理清晰。HTML 语言提供了 3 种列表，分别为无序列表、有序列表和定义列表，本任务将通过制作植物科普页面案例对这 3 种列表以及列表的嵌套进行详细讲解。植物科普页面效果如图 1-68 所示。

实操微课 1-5：任务 1-5　植物科普

图 1-68　植物科普页面效果

■ 任务目标

技能目标	● 掌握无序列表的设置方法，能够为网页添加无序列表 ● 掌握有序列表的设置方法，能够为网页添加有序列表 ● 掌握定义列表的设置方法，能够使用定义列表实现图文混排效果 ● 掌握列表的嵌套应用，能够为网页设置复杂的列表效果

■ 任务分析

根据效果图，可以按照以下思路完成该案例。

① 植物科普整体可以通过一个定义列表进行控制。设置 1 个 <dl> 标签，内部嵌套 1 个 <dt> 标签，2 个 <dd> 标签。

② 在 <dt> 标签中添加 <img /> 标签设置向日葵图片。

③ 在第 1 个 <dd> 标签中添加 <h2> 标签、<h3> 标签设置标题，添加 <p> 标签设置段落文本。

④ 在第 2 个 <dd> 标签中添加 <h2> 标签设置标题，嵌套 <ol> 标签设置有序列表。

■ 知识储备

1. 无序列表标签

无序列表是网页中最常用的列表，之所以称为无序列表，是因为其各个列表项之间没有顺序级别之分，通常是并列的。定义无序列表的基本语法格式如下。

理论微课 1–22：无序列表标签

```
<ul>
    <li> 列表项 1</li>
    <li> 列表项 2</li>
    <li> 列表项 3</li>
    ......
</ul>
```

在上述语法格式中，<ul> 标签用于定义无序列表，<li> 标签嵌套在 <ul> 标签中，用于描述具体的列表项，每个 <ul> 标签中至少应包含 1 个 <li> 标签。

<ul> 标签和 <li> 标签都拥有 type 属性，用于指定列表项目符号。列表项目符号是列表项前显示符号。当为 type 属性设置不同的属性值，可以呈现不同的符号，表 1–9 列举了无序列表的 type 属性值。

表 1–9　无序列表的 type 属性值

type 属性值	显示效果
disc（默认值）	●
circle	○
square	■

了解了无序列表的基本语法和 type 属性，下面通过一个案例进行演示，如例 1–10 所示。

例 1–10　example10.html

```
1   <!DOCTYPE html>
2   <html lang="en">
3   <head>
4   <meta charset="UTF-8">
5   <meta http-equiv="X-UA-Compatible" content="IE=edge">
6   <meta name="viewport" content="width=device-width,initial-scale=1.0">
7   <title> 无序列表 </title>
8   </head>
9   <body>
10      <ul>
11          <li type="circle"> 爱国 </li>
12          <li> 创新 </li>
13          <li> 厚德 </li>
14          <li> 包容 </li>
15      </ul>
16  </body>
17  </html>
```

在例 1-10 中，第 10~15 行代码创建了一个无序列表。其中第 11 行代码通过 type 属性将列表项目符号设置为空心圆。

运行例 1-10，无序列表效果如图 1-69 所示。

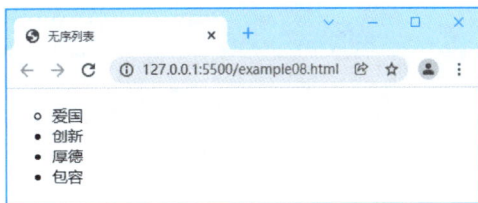

图 1-69　无序列表效果

> 📖 **注意：**
> ① HTML5 不再支持 <ul> 标签的 type 属性，通常使用 CSS 样式设置。
> ② <ul> 标签中需要嵌套 <li> 标签，不建议在 <ul> 标签中直接输入文本内容。

2. 有序列表标签

有序列表是指有排列顺序的列表，其各个列表项按照一定的顺序排列。例如，网页中常见的歌曲排行榜、游戏排行榜等都可以通过有序列表来定义。定义有序列表的基本语法格式如下。

理论微课 1-23：
有序列表标签

```
<ol>
    <li>列表项 1</li>
    <li>列表项 2</li>
    <li>列表项 3</li>
    ……
</ol>
```

在上述语法格式中，<ol> 标签用于定义有序列表，<li> 标签为具体的列表项，和无序列表类似，每个 <ol> 标签中也至少应包含 1 个 <li> 标签。

在有序列表中，除了 type 属性之外，还可以为 <ol> 标签定义 start 属性、为 <li> 标签定义 value 属性。有序列表属性和属性值如表 1-10 所示。

表 1-10　有序列表属性和属性值

属性	属性值/属性值类型	描述
type	1（默认）	项目符号显示为数字 1、2、3……
	a 或 A	项目符号显示为英文字母 a、b、c……或 A、B、C……
	i 或 I	项目符号显示为罗马数字 i、ii、iii……或 I、II、III……
start	数字	规定全部列表项的初始值
value	数字	规定当前列表项的初始值
reversed	reversed（可以省略）	规定列表顺序为降序

了解了有序列表的基本语法和属性。接下来，通过一个案例来演示有序列表的用法和效果，如例 1-11 所示。

例 1-11　example11.html

```
1    <!DOCTYPE html>
2    <html lang="en">
```

```
3    <head>
4    <meta charset="UTF-8">
5    <meta http-equiv="X-UA-Compatible" content="IE=edge">
6    <meta name="viewport" content="width=device-width,initial-scale=1.0">
7    <title> 有序列表 </title>
8    </head>
9    <body>
10       <ol>
11           <li> 国家 </li>
12           <li> 民族 </li>
13           <li> 家庭 </li>
14           <li> 个人 </li>
15       </ol>
16   </body>
17   </html>
```

在例 1-11 中，第 10~15 行代码创建了一个有序列表。

运行例 1-11，有序列表效果如图 1-70 所示。

如果需要更改列表编号的起始值，可以将第 10 行代码修改，具体代码如下。

```
<ol start="2">
```

保存后刷新页面，有序列表效果如图 1-71 所示。

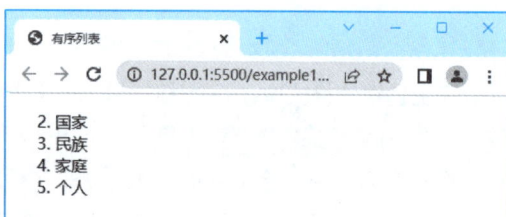

图 1-70　有序列表效果 1

图 1-71　有序列表效果 2

从图 1-71 中可以看出，列表编号的起始值变为数字 2。

如果希望列表进行降序排序，可继续修改第 10 行代码，具体代码如下。

```
<ol start="2" reversed>
```

保存后刷新页面，有序列表效果如图 1-72 所示。

从图 1-72 中可以看出，列表编号从 2 开始进行降序排序。

此外，也可以将某一个列表项设置初始值，进行排序。将第 12 行代码替换为如下代码。

```
<li value="9"> 民族 </li>
```

保存后刷新页面，有序列表效果如图 1-73 所示。

从图 1-73 中可以看出，第 2 个列表项从数字 9 开始作为初始值进行排序。

3. 定义列表标签

定义列表常用于对名词进行解释和描述，与无序列表和有序列表不同，定义列表的列表项前没有任何项目符号。定义列表的基本语法如下。

理论微课 1-24：
定义列表标签

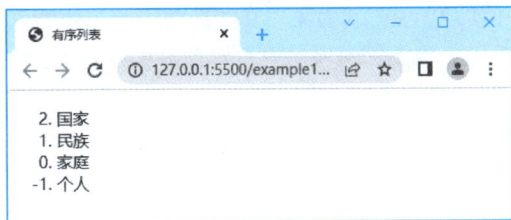

图 1-72　有序列表效果 3　　　　　　　　图 1-73　有序列表效果 4

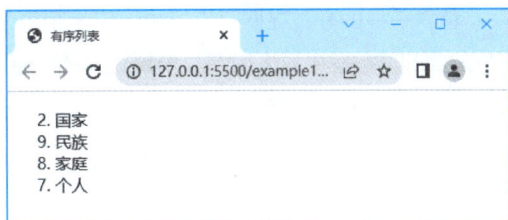

```
<dl>
    <dt>名词 1</dt>
    <dd>名词 1 解释 1</dd>
    <dd>名词 1 解释 2</dd>
    ……
    <dt>名词 2</dt>
    <dd>名词 2 解释 1</dd>
    <dd>名词 2 解释 2</dd>
    ……
</dl>
```

在上述语法格式中，<dl> 标签用于指定定义列表，<dt> 标签和 <dd> 标签并列嵌套于 <dl> 标签中。其中，<dt> 标签用于指定名词，<dd> 标签用于对名词进行解释和描述。一个 <dt> 标签可以对应多个 <dd> 标签，即可以对一个名词进行多项解释。

下面通过一个案例对定义列表的用法进行演示，如例 1–12 所示。

例 1–12　example12.html

```
1   <!DOCTYPE html>
2   <html lang="en">
3   <head>
4   <meta charset="UTF-8">
5   <meta http-equiv="X-UA-Compatible" content="IE=edge">
6   <meta name="viewport" content="width=device-width,initial-scale=1.0">
7   <title>有序列表</title>
8   </head>
9   <body>
10      <dl>
11          <dt>立德树人</dt>                    <!--定义名词-->
12          <dd>培养有品德的人才。</dd>            <!--解释和描述名词-->
13          <dd>坚持德育为先，通过正面教育来引导人、感化人、激励人。</dd>
14          <dd>坚持以人为本，通过合适的教育方式来塑造人、改变人、发展人。</dd>
15      </dl>
16  </body>
17  </html>
```

在例 1–12 中，第 10~15 行代码定义了一个定义列表。其中，<dt> 标签内为名词"立德树人"，其后紧跟着 3 个 <dd> 标签，用于对 <dt> 标签中的名词进行解释和描述。

运行例 1–12，定义列表效果如图 1–74 所示。

从图 1–74 中可以看出，相对于 <dt> 标签中的名词，<dd> 标签中解释和描述性的内容会产生一定的缩进效果。

值得一提的是，在网页设计中，定义列表常用于实现图文混排效果。其中，<dt> 标签中插入图片，<dd> 标签中放入对图片解释说明的文字。例如，下面的"艺术设计"模块就是通过定义列表来实现的，HTML 结构如图 1-75 所示。

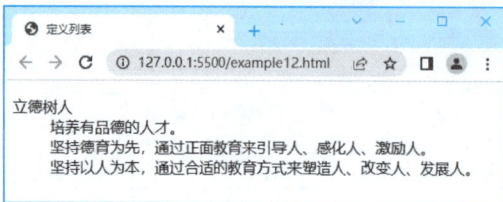

图 1-74 定义列表效果

图 1-75 "艺术设计"模块的 HTML 结构

> 注意：
> ① <dl>、<dt>、<dd>3 个标签之间不允许出现其他标签。
> ② <dl> 标签必须与 <dt> 标签相邻。

4. 列表的嵌套应用

在网上购物商城中浏览商品时，经常会看到商品被分为若干类别，这些商品类别通常还包含若干的子类。同样，在使用列表时，列表项中也有可能包含若干子列表项，要想在列表项中定义子列表项就需要将列表进行嵌套。列表嵌套的方法十分简单，只需将子列表嵌套在上一级列表的列表项中。例如，下面的代码是在无序列表中嵌套一个有序列表。

理论微课 1-25：
列表的嵌套应用

```
<ul>
    <li>列表项 1</li>
    <li>列表项 2</li>
    <li>
        <ol>
            <li>列表项 1</li>
            <li>列表项 2</li>
        </ol>
    </li>
</ul>
```

在上面的示例代码中，无序列表 ul 第 3 个子列表项中嵌套一个有序列表 ol。了解了列表嵌套的方法，下面通过一个案例对列表的嵌套进行演示，如例 1-13 所示。

例 1-13　example13.html

```
1   <!DOCTYPE html>
2   <html lang="en">
3   <head>
4   <meta charset="UTF-8">
5   <meta http-equiv="X-UA-Compatible" content="IE=edge">
6   <meta name="viewport" content="width=device-width,initial-scale=1.0">
7   <title> 列表的嵌套 </title>
8   </head>
9   <body>
```

```
10      <ul>
11        <li>咖啡
12          <ol>              <!--有序列表的嵌套-->
13            <li>拿铁 </li>
14            <li>摩卡 </li>
15          </ol>
16        </li>
17        <li>茶
18          <ul>              <!--无序列表的嵌套-->
19            <li>碧螺春 </li>
20            <li>龙井 </li>
21          </ul>
22        </li>
23      </ul>
24  </body>
25  </html>
```

在例 1–13 中，第 10~23 行代码首先定义了一个包含两个列表项的无序列表，第 12~15 行代码在第 1 个列表项中嵌套一个有序列表，第 18~21 行代码在第 2 个列表项中嵌套一个无序列表。

运行例 1–13，列表的嵌套效果如图 1–76 所示。

在图 1–76 中，咖啡和茶两种饮品又进行了第 2 次分类，咖啡分类为拿铁和摩卡；茶分类为碧螺春和龙井。

图 1-76　列表的嵌套效果

📌 **注意:**

在制作网页时，不建议直接使用列表标签的属性，通常使用 CSS 样式替代。

■ 任务实现

根据任务分析，使用相应的 HTML 标签来搭建网页结构。新建 task1–5 文件夹，在 task1–5 文件夹内新建一个名称为 task1–5.html 的 HTML 文件。在 HTML 文件中编写页面结构代码，具体代码如下。

```
1   <!DOCTYPE html>
2   <html lang="en">
3   <head>
4   <meta charset="UTF-8">
5   <meta http-equiv="X-UA-Compatible" content="IE=edge">
6   <meta name="viewport" content="width=device-width,initial-scale=1.0">
7   <title>植物科普 </title>
8   </head>
9   <body>
10  <dl class="box">
11      <dt><img  src="images/xiangrikui.png"  alt="向日葵 "></dt>  <!--插入
```

```
          图片-->
12      <dd>
13          <h2>向日葵介绍</h2>
14          <h3>向日葵是桔梗目、菊科、向日葵属的植物，因花序随太阳转动而得名。</h3>
15          <p>野生向日葵栖息地主要是草原等开阔地区，它们沿着路边、田野、沙漠边缘和草地生
长。在阳光充足、土壤潮湿的地方生长得最好。向日葵生长范围广泛，目前世界各国均有栽培。通过人工培
育的向日葵在不同环境中形成了许多品种，特别在头状花序的大小、色泽及果实形态方面有许多差异。</p>
16      </dd>
17      <dd>
18          <h2>向日葵生长周期</h2>
19          <ol>
20              <li>幼苗期。从出苗到现蕾，称为幼苗期。一般需要 35~50 天，夏播 28~35 天。
此时期是叶片、花原基形成和小花分化阶段。该阶段地上部生长迟缓，地下部根系生长较快，很快形成
强大根系，是向日葵抗旱能力最强的阶段。</li>
21              <li>现蕾期。向日葵顶部出现直径 1 厘米的星状体，俗称现蕾。从现蕾到开花，
一般约需 20 天，是营养生长和生殖生长并进时期，也是一生中最旺盛的阶段。这个时期向日葵需肥、水
最多，约占总需肥水量的 40%~50%。此期如果不能及时满足对肥、水的需要，将会严重影响产量。</li>
22              <li>开花期。田间有 75% 植株的舌状花开放，即进入开花期。一个花盘从舌状花
开放至管状花开放完毕，一般需要 6~9 天。从第 2 天至第 5 天是该花序的盛花期。这 4 天开花数约占
开花数量的 75%。花多在早晨 4~6 点开放，次日上午授粉。向日葵自花授粉结实率很低，仅为 3% 左右，
而异花授粉结实率高。气温高，雨水多，湿度大，光照不足，土壤干旱等会使结实率降低。因此，调
节播期，适时施肥、浇水，防治病虫害，以及采取放蜂或人工辅助授粉等措施，可提高结实率。</li>
23              <li>成熟期。从开花到成熟，春播 25~55 天，夏播 25~40 天。不同品种有差异。
开花授粉后 15 天左右是籽粒形成阶段。此期需天气晴朗，昼夜温差较大和适宜的土壤水分。</li>
24          </ol>
25      </dd>
26  </dl>
27  </body>
28  </html>
```

在 task1-5.html 中，第 11 行代码用于插入图片，第 12~25 行代码是对图片的解释说明。其中 19~24 行代码为嵌套在 <dt> 标签中的无序列表。

保存文件，植物科普页面如图 1-77 所示。

图 1-77　植物科普页面

项目小结

本项目重点介绍了 HTML5 的相关标签和属性,包括文本控制标签、图像标签、列表标签、超链接标签等。并通过相应的案例深度剖析 HTML5 标签和属性的用法。

通过本项目的学习,读者对网页设计和 HTML5 技术有了一个基础认识,为后面章节的学习打下坚实的基础。

课后练习

学习完前面的内容,下面来动手实践一下吧。

运用项目 1 所学的知识,结合素材,实现图 1-78 所示的图文混排效果。

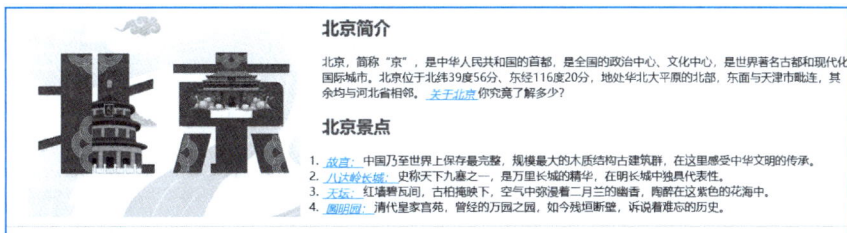

图 1-78　图文混排效果

当单击蓝色文字时,会打开对应的百度百科介绍,例如单击"故宫",即可打开故宫的百度百科介绍,如图 1-79 所示。

图 1-79　百度百科介绍

项目 2

运用 CSS3 美化网页

PPT 项目 2 运用 CSS3 美化网页

教学设计 项目 2 运用 CSS3 美化网页

PPT

学习目标

知识目标	• 熟悉 CSS 基础知识，能够运用 CSS 样式表和基础选择器制作数字变色案例。 • 掌握 CSS 样式属性的用法，能够使用这些样式属性搭建新闻报道页面。 • 掌握 CSS 高级特性，能够使用复合选择器、层叠性、继承性和优先级搭建黑马知道页面。 • 掌握结构化伪类选择器和伪元素选择器的用法，能够完成人物介绍页面的制作。
项目介绍	随着网页制作技术的不断发展，使用 HTML 属性设置的样式已经无法满足网页设计的需求。网页设计人员需要更多的字体、更方便的样式效果、更绚丽的图形动画。CSS 在不改变原有 HTML 结构的情况下，增加了丰富的网页样式效果，很大地满足了开发者的需求。项目中将详细讲解 CSS3 的基础内容，带领初学者运用 CSS3 美化网页。

任务 2-1　数字变色

在学习 CSS3 之前，首先要掌握 CSS 的基础知识，为学习 CSS3 夯实基础。本任务将通过数字变色案例详细讲解 CSS 样式规则、引入 CSS 样式表的方式和 CSS 基础选择器的相关知识。数字变色页面效果如图 2-1 所示。

123456

图 2-1　数字变色页面效果

实操微课 2-1：
任务 2-1　数字
变色

任务目标

知识目标	• 了解 CSS，能够说出 CSS 的功能和作用 • 熟悉 CSS 的样式规则，能够按照 CSS 样式规则正确编写 CSS 代码
技能目标	• 掌握引用 CSS 样式表的方法，能够在网页中引入 CSS 样式 • 掌握 CSS 基础选择器的设置方法，能够使用 CSS 基础选择器，设置差异化的网页样式

任务分析

通过图 2-1 可以看出，案例包含 6 个数字，这些数字的字号相同，颜色不同，样式加粗显示。可以通过 6 个 <strong> 标签设置数字加粗显示，并使用 CSS 的 font-size 属性和 color 属性进行设置。

知识储备

1. 认识 CSS

CSS 以 HTML 为基础，提供了丰富的样式效果，例如，字体/颜色/背景效果、网页整体的布局和排版等。图 2-2 所示为某教育网站的信息展示模块。

理论微课 2-1：
认识 CSS

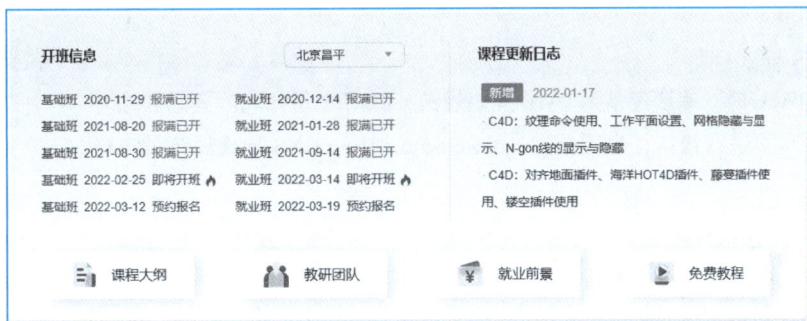

图 2-2　某教育网站的信息展示模块

图 2–2 中文字的颜色、粗体、背景效果、行间距和左右两列的页面布局等，都可以通过 CSS 进行控制。CSS 非常灵活，既可以嵌入 HTML 文件中，也可以是一个独立的外部文件。如果是独立的文件，则必须以 .css 为后缀名。

例如，图 2–3 所示的代码片段，即为嵌入 HTML 文件中的 CSS 代码。

```
5   <title>我的第一个网页</title>
6   <style type="text/css">
7       p{
8           font-size:36px;        /*设置字号为36像素*/
9           color:red;             /*设置字体颜色为红色*/
10          text-align:center      /*设置文本居中显示*/
11      }
12  </style>
13  </head>
14
15  <body>
16  <p>这是我的第一个网页哦。</p>
17  </body>
18  </html>
```

此处是CSS样式，用于控制段落文本的字号、颜色、对齐方式

此处是HTML内容

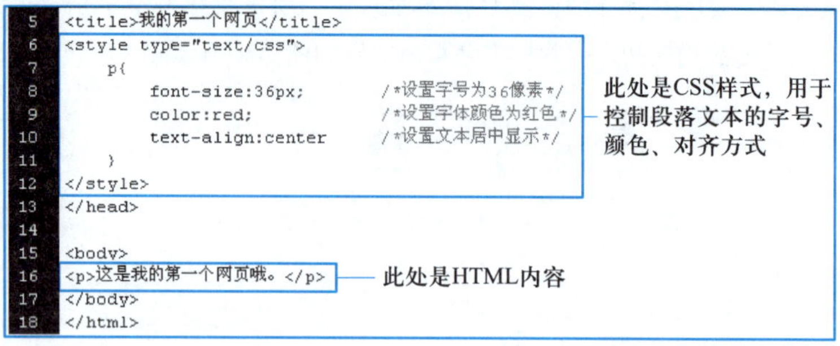

图 2–3 嵌入 HTML 文件中的 CSS 代码

在图 2–3 中，虽然 CSS 与 HTML 在同一个文件中，但 CSS 集中写在 HTML 文件的头部，将网页结构与网页样式进行分离。

如今大多数网页都是遵循 Web 标准开发的，即用 HTML 编写网页结构和内容，而页面布局、文本或图片的显示样式都使用 CSS 控制。CSS 发展至今主要出现了 4 个版本，具体介绍如下。

（1）CSS1

1996 年 12 月 W3C 发布了第 1 个有关样式规范的 CSS1。这个版本中，已经包含了 font 属性、颜色属性、文字属性等 CSS 样式属性。

（2）CSS2

1998 年 5 月，CSS2 正式推出，这个版本开始使用样式表结构。

（3）CSS2.1

2004 年 2 月，CSS2.1 正式推出，它在 CSS2 的基础上略微做了改动，删除了许多不被浏览器支持的属性。

（4）CSS3

早在 2001 年，W3C 就着手开始准备开发 CSS 第 3 版规范，也就是 CSS3。CSS3 是目前 CSS 的最新版本，在 CSS2.1 的基础上增加了很多强大的新功能。例如，过渡、变形、动画等效果。使用 CSS3 不仅可以设计美观的网页，还能提高网页性能。本书所有页面样式都将使用 CSS3 进行设置。

2. CSS 样式规则

使用 HTML 时，需要遵从 HTML 代码规范，CSS 也是如此。要想熟练地使用 CSS 对网页进行修饰，也需要遵从 CSS 样式规范。CSS 样式规范具体格式如下。

理论微课 2-2：
CSS 样式规则

选择器 { 属性 1: 属性值 1; 属性 2: 属性值 2; 属性 3: 属性值 3; }

在上述样式规范中，选择器用于指定需要改变样式的 HTML 标签，大括号内部是一条或多条声明。每条声明由一个属性和属性值组成，属性和属性值以键值对的形式出现。其中属性是指对

标签设置的样式属性。例如，字号、文本颜色等。属性和属性值之间用英文冒号"："连接，多个声明之间用英文分号"；"进行分隔。CSS 样式规范的结构示例如图 2-4 所示。

图 2-4 所示的代码是一个完整的 CSS 样式。其中 h1 为选择器，表示 CSS 样式作用的 HTML 对象为 <h1> 标签，color 和 font-size 为 CSS 属性，分别表示颜色和字号，green 和 14 px 是属性值。该 CSS 样式所呈现的效果是页面中的一级标题字号为 14 px、颜色为绿色（green）。CSS 样式对应的效果示例如图 2-5 所示。

图 2-4　CSS 样式规范的结构示例　　　　　　图 2-5　CSS 样式对应的效果示例

值得一提的是，在书写 CSS 样式时，除了要遵循 CSS 样式规范外，还必须注意 CSS 代码结构的特点。CSS 代码结构具有以下特点。

① CSS 样式中的选择器严格区分大小写，而声明不区分大小写，按照书写习惯一般采用小写编写选择器、声明。

② 多个属性之间必须用英文分号隔开，最后一个属性后的英文分号可以省略，但是为了便于增加新样式最好保留最后一个属性后的英文分号。

③ 如果属性的属性值由多个单词组成且中间包含空格，则必须为这个属性值添加英文引号。例如，下面的示例代码。

```
p{font-family:"Times New Roman";}
```

④ 在编写 CSS 代码时，为了提高代码的可读性，可使用注释语句对 CSS 代码进行注释。和 HTML 代码注释一样，CSS 代码注释也不会显示在浏览器窗口中。例如，上面的样式代码可添加如下注释。

```
p{font-family:"Times New Roman";}
/* 这是 CSS 注释文本，有利于方便查找代码，此文本不会显示在浏览器窗口中 */
```

⑤ 在 CSS 代码中空格是不被解析的，大括号以及分号前后的空格可有可无。因此可以使用 Tab 键、Enter 键对 CSS 代码进行排版，即所谓的格式化 CSS 代码，这样可以提高代码的可读性。例如，下面的示例代码。

代码段 1：

```
h1{color:green;font-size:14px;}    /* 定义颜色属性，定义字号属性 */
```

代码段 2：

```
h1{
    color:green;              /*定义颜色属性*/
    font-size:14px;           /*定义字号属性*/
}
```

上述两段代码所呈现的样式是一样的，但是"代码段 2"编写方式的可读性更高。

需要注意的是，CSS 代码的属性值和单位之间是不允许出现空格的，否则浏览器解析网页代码时会出错。例如，下面这行代码书写方式就是错误的。

```
h1{font-size:14 px;}                    /* 14 和单位 px 之间有空格，浏览器解析时会出错 */
```

3. 引入 CSS 样式表

要想使用 CSS 修饰网页，就需要在 HTML 文件中引入 CSS 样式表。引入 CSS 样式表的方式有 4 种，分别为行内式、内嵌式、链入式和导入式，具体介绍如下。

理论微课 2-3：
引入 CSS 样式表

（1）行内式

行内式也被称为内联样式，是通过标签的 style 属性来设置标签的样式。行内式只对样式所在的标签及嵌套在其中的子元素起作用。行内式的基本语法格式如下。

```
<标签名 style=" 属性 1: 属性值 1; 属性 2: 属性值 2; 属性 3: 属性值 3;"> 内容 </标签名 >
```

上述语法格式中，style 是标签的属性，用来设置行内式，实际上任何 HTML 标签都拥有 style 属性。属性和属性值的书写规范与 CSS 样式规则一样。

下面通过一个案例学习如何在 HTML 文件中使用行内式 CSS 样式，如例 2-1 所示。

例 2-1　example01.html

```
1   <!DOCTYPE html>
2   <html lang="en">
3   <head>
4   <meta charset="UTF-8">
5   <meta http-equiv="X-UA-Compatible" content="IE=edge">
6   <meta name="viewport" content="width=device-width,initial-scale=1.0">
7   <title> 行内式 </title>
8   </head>
9   <body>
10      <h2 style="font-size:20px;color:red;"> 认真严谨是一种为人处事的态度 </h2>
11  </body>
12  </html>
```

在例 2-1 中，第 10 行代码通过 <h2> 标签的 style 属性设置行内式 CSS 样式，用来修饰二级标题的字号和颜色。

运行例 2-1，行内式效果如图 2-6 所示。

需要注意的是，虽然行内式 CSS 代码能够设置样式，但行内式是写在 HTML 的各种结构标签中的，这样并没有做到结构与样式的分离，所以很少使用。

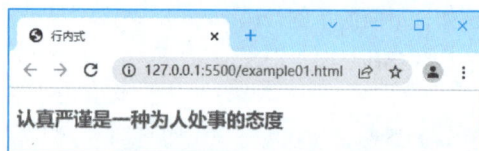

图 2-6　行内式效果

（2）内嵌式

内嵌式是将 CSS 代码集中写在 HTML 文件的 <head> 头部标签中，并且用 <style> 标签定义。内嵌式的基本语法格式如下。

```
<head>
```

```
<style type="text/css">
选择器 { 属性 1：属性值 1; 属性 2：属性值 2; 属性 3：属性值 3; }
</style>
</head>
```

上述语法中，<style> 标签一般位于 <head> 标签中，放置在 <title> 标签之后。也可以把 <style> 标签放在 HTML 文件的其他位置，但是由于浏览器是从上到下解析代码的，把 CSS 代码放在头部有利于 CSS 样式代码提前下载和解析，从而避免网页内容下载后没有样式修饰带来的版式问题。设置 type 的属性值为 text/css，能够让浏览器识别 <style> 标签包含的是 CSS 代码。在 CSS3 中，type 属性可以省略。

下面通过一个案例来学习如何在 HTML 文件中使用内嵌式 CSS 样式，如例 2-2 所示。

例 2-2　example02.html

```
1    <!DOCTYPE html>
2    <html lang="en">
3    <head>
4    <meta charset="UTF-8">
5    <meta http-equiv="X-UA-Compatible" content="IE=edge">
6    <meta name="viewport" content="width=device-width,initial-scale=1.0">
7    <title> 内嵌式 </title>
8    <style type="text/css">
9        h2{text-align:center;}          /* 定义标题标签居中对齐 */
10       p{                              /* 定义段落标签的样式 */
11           font-size:16px;
12           color:red;
13           text-decoration:underline;
14       }
15   </style>
16   </head>
17   <body>
18       <h2> 把细致和严谨带到 " 冰丝带 "</h2>
19       <p> 干净、整洁——中外运动员、记者等相关方评价国家速滑馆 " 冰丝带 " 的环境时，这两个
词的出现频率很高。在这赞誉背后，是 " 冰丝带 " 清废团队的辛勤付出。团队每个人都会竭尽全力，
把 " 冰丝带 " 最干净、整洁的一面展现给全世界。</p>
20   </body>
21   </html>
```

例 2-2 中，第 8~15 行代码使用 <style> 标签定义内嵌式 CSS 样式。其中第 9 行代码用于设置 <h2> 标签的对齐方式。第 10~14 行代码用于设置 <p> 标签的字号、颜色和下画线。

运行例 2-2，内嵌式效果如图 2-7 所示。

内嵌式 CSS 样式只对其所在的 HTML 页面有效，因此，仅设计一个页面时，使用内嵌式 CSS 样式是个不错的选择。但如果制作一个网站，则不建议使用内嵌式 CSS 样式，因为它不能充分发挥 CSS 代码的复用优势。

（3）链入式

链入式也叫外链式，是将所有的样式放在一

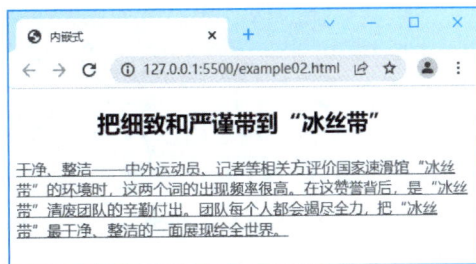

图 2-7　内嵌式效果

个或多个以 css 为扩展名的外部样式表文件中，通过 <link /> 标签将外部样式表文件链接到 HTML 文件中。链入式的基本语法格式如下。

```
<head>
    <link href="CSS 文件的路径 " type="text/css" rel="stylesheet" />
</head>
```

在上述语法格式中，<link /> 标签需要放在 <head> 头部标签中，并且必须指定 <link /> 标签的 3 个属性，具体介绍如下。

① href。定义所链接外部样式表文件的路径。文件路径可以是相对路径，也可以是绝对路径。

② type。定义所链接文件的类型，在这里需要指定为 text/css，表示链接的外部文件为 CSS 样式表。在 CSS3 中，type 属性可以省略。

③ rel。定义当前文件与被链接文件之间的关系，在这里需要指定为 stylesheet，表示被链接的文件是一个样式表文件。

下面通过一个案例演示如何通过链入式引入 CSS 样式，具体步骤如下。

① 创建 HTML 文件。在 VS Code 中，创建一个 HTML 文件，并在该文件中添加一个标题和一个段落文本，如例 2-3 所示。

例 2-3   example03.html

```
1   <!DOCTYPE html>
2   <html lang="en">
3   <head>
4   <meta charset="UTF-8">
5   <meta http-equiv="X-UA-Compatible" content="IE=edge">
6   <meta name="viewport" content="width=device-width,initial-scale=1.0">
7   <title> 链入式 </title>
8   </head>
9   <body>
10      <h2> 认真严谨是一种为人处事的态度 </h2>
11          <p> 不论干什么事情，其实，要做好，要做到精致，要创造上乘的业绩，都需要有一个严
谨的态度。态度严谨了，就不会敷衍了事，忽视细节，出现纰漏，以致酿成大错，遭受失败。</p>
12  </body>
13  </html>
```

将例 2-3 的 HTML 文件命名为 example03.html，保存在 chapter03 文件夹中。

② 创建样式表。在 VS Code 中，创建一个 CSS 文件，将 CSS 文件命名为 style03.css，保存在 chapter03 文件夹中。CSS 代码如下。

```
h2{ text-align:center;}
p{                                              /*定义文本修饰样式 */
        font-size:16px;
        color:red;
        text-decoration:underline;
}
```

③ 链接 CSS 样式表。在例 2-3 的 <head> 头部标签中，添加 <link /> 标签，将 style.css 外部样式表文件链接到 example03.html 文件中，具体代码如下。

```
<link href="style03.css" type="text/css" rel="stylesheet" />
```

保存 example03.html 文件，在浏览器中运行，链入式效果如图 2-8 所示。

链入式最大的优势是同一个 CSS 样式表可以被不同的 HTML 文件链接使用，同时一个 HTML 文件也可以通过多个 `<link />` 标签链接多个 CSS 样式表。

在实际网页制作中，链入式是使用频率最高，也最实用的引入方式。它将 HTML 代码与 CSS 代码分离为两个或多个文件，实现了结构和样式的完全分离，使得网页的前期制作和后期维护都十分方便。

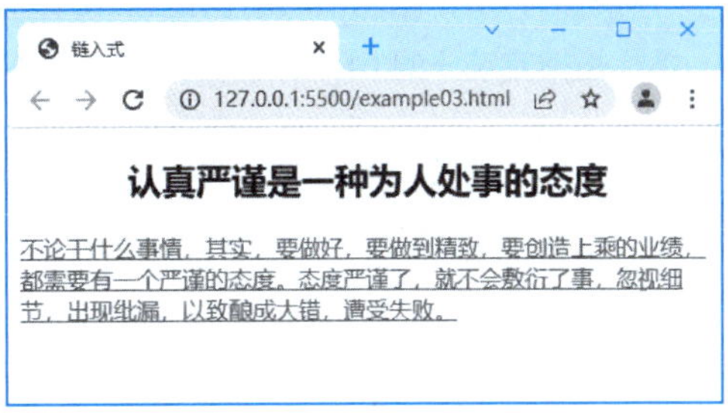

图 2-8　链入式效果

（4）导入式

导入式与链入式相同，都能够引入外部样式表文件。对 HTML 头部文档应用 `<style>` 标签，并在 `<style>` 标签内使用 @import 语句，即可导入外部样式表文件。导入式的基本语法格式如下。

```
<style type="text/css">
        @import url(css 文件路径 );或 @import "css 文件路径 ";
        存放其他 CSS 样式
</style>
```

在上述语法中，@import 语句有两种书写形式，这两种形式均可以导入 CSS 样式。此外，在 `<style>` 标签内还可以存放其他的内嵌式 CSS 样式，但 @import 语句需要位于其他内嵌样式的上方。例如下面的示例代码。

```
<style type="text/css">
    @import "style03.css";
    p{color:blue;}
</style>
```

上述代码效果等同于：

```
<style type="text/css">
    @import url(style03.css);
    p{color:blue;}
</style>
```

虽然导入式和链入式功能基本相同，但是大多数网站都是采用链入式引入外部样式表的。主要原因是导入式和链入式的加载时间和顺序不同。当一个页面被加载时，`<link />` 标签引用的 CSS 样式表将同时被加载，而 @import 引用的 CSS 样式表会等到页面全部下载完后再被加载。因此，当用户的网速比较慢时，使用导入式引入 CSS 样式，网页可能会先显示没有 CSS 修饰的 HTML 结构，造成不好的用户体验，而使用链入式则能够避免这个问题。

4. CSS 基础选择器

要想将 CSS 样式应用于特定的 HTML 标签，首先需要找到该标签。在

理论微课 2-4：
CSS 基础选择器

CSS 中，执行这一任务的样式对象被称为选择器。在 CSS 中的基础选择器有标签选择器、类选择器、id 选择器、通配符选择器，对它们的具体解释如下。

（1）标签选择器

标签选择器是指用 HTML 标签名称作为选择器。标签选择器会按标签名称分类，为页面中某一类标签指定统一的 CSS 样式，其基本语法格式如下。

```
标签名 { 属性1：属性值1；属性2：属性值2；属性3：属性值3；}
```

上述语法格式中，所有的 HTML 标签名都可以作为标签选择器，例如 body、h1、p、strong 等。用标签选择器定义的样式对页面中该类型的所有标签都有效。

例如，可以使用 p 选择器定义 HTML 页面中所有段落的样式，示例代码如下。

```
p{font-size:12px; color:#666; font-family:" 微软雅黑 ";}
```

上述 CSS 样式代码用于设置 HTML 页面中所有的段落文本样式，其中字号为 12 px、颜色为 #666、字体为微软雅黑。标签选择器最大的优点是能快速为页面中同类型的标签统一指定样式，同时这也是它的缺点，不能设计差异化样式。

（2）类选择器

类选择器使用 "."（英文点号）进行标识，后面紧跟类名，其基本语法格式如下。

```
. 类名 { 属性1：属性值1；属性2：属性值2；属性3：属性值3；}
```

上述语法格式中，类名即为 HTML 标签的 class 属性值，大多数 HTML 标签都可以定义 class 属性。类选择器最大的优势是可以为标签定义单独的样式。

下面通过一个案例进一步学习类选择器的使用，如例 2-4 所示。

例 2-4 example04.html

```
1  <!DOCTYPE html>
2  <html lang="en">
3  <head>
4  <meta charset="UTF-8">
5  <meta http-equiv="X-UA-Compatible" content="IE=edge">
6  <meta name="viewport" content="width=device-width,initial-scale=1.0">
7  <title> 类选择器 </title>
8  <style type="text/css">
9      .red{color:red;}
10     .green{color:green;}
11     .font22{font-size:22px;}
12     p{
13         text-decoration:underline;
14         font-family:" 微软雅黑 ";
15     }
16 </style>
17 </head>
18 <body>
19     <h2 class="red"> 二级标题文本 </h2>
20     <p class="green font22"> 段落一文本内容 </p>
21     <p class="red font22"> 段落二文本内容 </p>
```

```
22        <p> 段落三文本内容 </p>
23    </body>
24    </html>
```

在例 2-4 中，第 19 行代码和第 21 行代码为标题标签 <h2> 和第 2 个段落标签 <p> 添加相同类名 red。第 20 行代码和第 21 行代码为第 1 个段落和第 2 个段落添加相同的类名 font22，同时第 20 行代码单独为第 1 个段落文本添加类名 green。第 9~15 行代码统一为这些标签添加样式。

运行例 2-4，类选择器效果如图 2-9 所示。

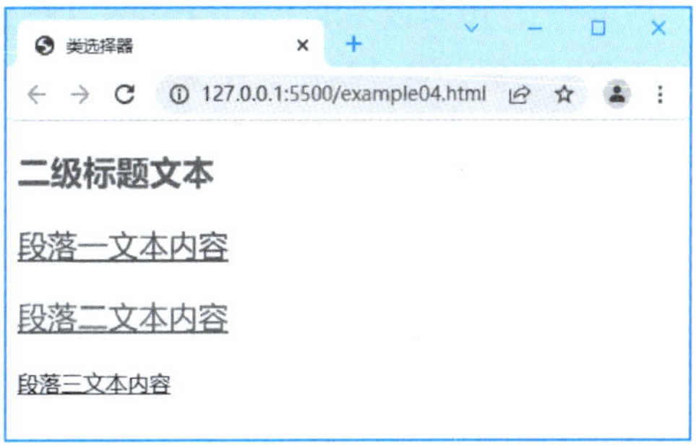

在图 2-9 中，"二级标题文本"和"段落二文本内容"均显示为红色（red），可见不同标签可以使用同一个类名来指定相同的样式。此外，同一个标签也可以应用多个类名，来设置差异化的样式。在 HTML 标签中多个类名之间需要用空格隔开。

图 2-9　类选择器效果

注意：
　类名的第一个字符不能使用数字，并且严格区分大小写，一般采用小写的英文字符。

（3）id 选择器

id 选择器使用 "#" 进行标识，后面紧跟 id 名，其基本语法格式如下。

#id 名 { 属性 1: 属性值 1; 属性 2: 属性值 2; 属性 3: 属性值 3; }

上述语法格式中，id 名即为 HTML 标签的 id 属性值，大多数 HTML 标签都可以定义 id 属性，标签的 id 名是唯一的，只能对应文件中某一个具体的标签。

下面通过一个案例进一步学习 id 选择器的使用，如例 2-5 所示。

例 2-5　example05.html

```
1   <!DOCTYPE html>
2   <html lang="en">
3   <head>
4   <meta charset="UTF-8">
5   <meta http-equiv="X-UA-Compatible" content="IE=edge">
6   <meta name="viewport" content="width=device-width,initial-scale=1.0">
7   <title>id 选择器 </title>
8   <style type="text/css">
9       #bold{font-weight:bold;}
10      #font24{font-size:24px;}
11  </style>
12  </head>
13  <body>
14      <p id="bold"> 段落 1 设置粗体文字。</p>
15      <p id="font24"> 段落 2 设置字号为 24px。</p>
16      <p id="font24"> 段落 3 设置字号为 24px。</p>
17      <p id="bold font24"> 段落 4 同时设置粗体文字, 字号为 24px。</p>
```

```
18    </body>
19    </html>
```

例 2–5 为 4 个 <p> 标签同时定义了 id 属性，并通过相应的 id 选择器设置粗体文字和字号大小。其中，第 15 行代码和第 16 行代码的 <p> 标签的 id 名相同，第 17 行代码 <p> 标签有两个 id 名。

运行例 2–5，id 选择器效果如图 2–10 所示。

从图 2–10 可以看出，第 2 行和第 3 行文本都显示了大字号。可见同一个 id 名也可以应用于多个标签，浏览器并不报错，但是这种做法是不被允许的。因为 JavaScript 等脚本语言调用 id 名时会因为 id 名重复而出错。此外，最后一行没有应用任何 CSS 样式，这意味着 id 选择器不可以像类选择器那样定义多个值，类似 id="bold font24" 的写法是错误的。

图 2–10　id 选择器效果

（4）通配符选择器

通配符选择器用 * 号表示，它是所有选择器中作用范围最广的，能匹配页面中所有的标签，其基本语法格式如下。

```
*{ 属性 1：属性值 1；属性 2：属性值 2；属性 3：属性值 3；}
```

例如，下面的代码，使用通配符选择器定义 CSS 样式，清除所有 HTML 标签的默认边距。

```
*{
    margin:0;                    /* 定义外边距 */
    padding:0;                   /* 定义内边距 */
}
```

但在实际网页开发中不建议使用通配符选择器设置 HTML 标签样式，因为通配符选择器设置的样式对所有的 HTML 标签都生效，不管标签是否需要该样式，这样反而降低了代码的执行速度。

■ 任务实现

下面将根据任务分析，按照搭建页面结构、添加 CSS 样式的顺序完成页面的制作。

1. 搭建页面结构

根据任务分析，使用相应的 HTML 标签来搭建网页结构。新建 task2-1 文件夹，在 task2-1 文件夹内新建一个名称为 task2-1.html 的 HTML 文件。在 HTML 文件中编写页面结构代码，具体代码如下。

```
1    <!DOCTYPE html>
2    <html lang="en">
3    <head>
4    <meta charset="UTF-8">
5    <meta http-equiv="X-UA-Compatible" content="IE=edge">
6    <meta name="viewport" content="width=device-width,initial-scale=1.0">
7    <title> 数字变色 </title>
```

```
8    </head>
9    <body>
10   <strong>1</strong>
11   <strong>2</strong>
12   <strong>3</strong>
13   <strong>4</strong>
14   <strong>5</strong>
15   <strong>6</strong>
16   </body>
17   </html>
```

运行 task2-1.html，数字变色结构如图 2-11 所示。

2. 添加 CSS 样式

下面使用 CSS 对图 2-11 所示的数字进行修饰，实现如图 2-1 所示效果。这里使用内嵌式 CSS 样式，具体步骤如下。

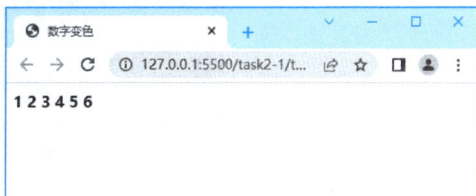

图 2-11　数字变色结构

（1）添加类名

为页面中需要单独控制的标签添加相应的类名和 id 名，具体代码如下。

```
<strong class="blue">1</strong>
<strong class="red">2</strong>
<strong id="orange">3</strong>
<strong class="blue">4</strong>
<strong id="green">5</strong>
<strong class="red">6</strong>
```

（2）控制文本大小

```
strong{font-size:100px;}
```

由于 6 个数字的大小相同，且都是用 \<strong\> 标签定义的，所以此处使用标签选择器 strong 直接控制。

（3）控制文本颜色

```
.blue{color:#2B75F5;}
.red{color:#D33E2A;}
#orange{color:#FFC609;}
#green{color:#00A45D;}
```

刷新页面，数字变色样式如图 2-12 所示。

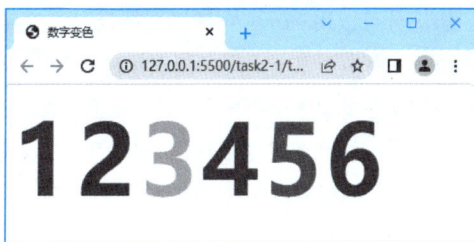

图 2-12　数字变色样式

任务 2-2　新闻报道

为了更方便地控制网页内容的显示样式，CSS 提供了字体样式属性、文本外观属性和列表样式属性。本任务将通过新闻报道案例详细讲解字体样式属性、文本外观属性和列表样式属性的相关知识。新闻报道页面效果如图 2-13 所示。

实操微课 2-2：
任务 2-2　新闻报道

图 2-13　新闻报道页面效果

■ 任务目标

| 技能目标 | • 掌握字体样式属性的用法，能够在网页中设置不同的字体样式 |
| | • 掌握文本外观属性的用法，能够在网页中设置不同的文本样式 |

■ 任务分析

根据效果图，可以将新闻报道页面按照搭建页面结构和添加 CSS 样式两部分进行制作，具体制作思路如下。

（1）搭建页面结构

新闻报道页面由图像和文字两部分构成，其中图像部分可以用 <img /> 标签进行定义，文字部分用两个 <p> 标签和一个无序列表标签 <ul> 定义。对于特殊显示的文本"导语""华为自主研发的 5G 技术"等可使用文本格式化标签 <em> 和 <strong> 进行定义。新闻报道页面对应的结构如图 2-14 所示。

（2）添加 CSS 样式

控制新闻报道效果图的样式主要分为 4 个

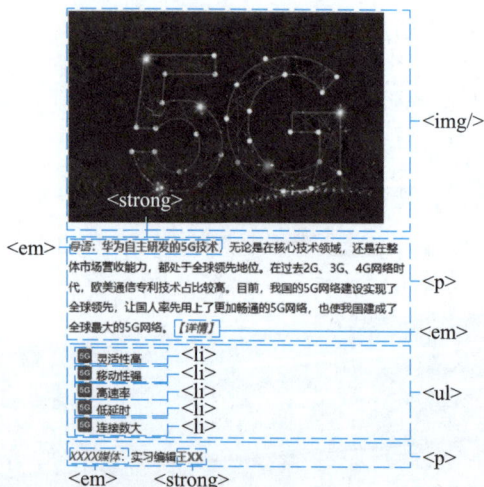

图 2-14　新闻报道页面对应的结构

部分。

　　① 控制段落文本的字体（font-family）、字号（font-size）、行高（line-height）及首行文本缩进（text-indent）。

　　② 控制特殊文本"导语""华为自主研发的 5G 技术""【详情】"的文本颜色（color）。

　　③ 使用 list-style-image 属性为无序列表各列表项添加图标项目符号。

　　④ 控制特殊文本"XXXX 媒体""王 XX"的文本颜色（color）。

　　⑤ 控制特殊文本"王 XX"的字号（font-size）。

■ 知识储备

1. 字体样式属性

　　为了更方便地控制网页中字体显示样式，CSS 提供了一系列的字体样式属性。本任务将对 CSS 字体样式属性进行详细讲解。

理论微课 2-5：
字体样式属性

　　（1）font-size：字号大小

　　font-size 属性用于设置字号，该属性的属性值可以为 px 值、百分数、倍率值等。表 2-1 列举了 font-size 属性常用的属性值单位，具体如下。

表 2-1　font-size 属性常用的属性值单位

单位	说明
em	倍率单位，指相对当前文本的倍率
px	px 单位，是网页设计中常用的单位
%	百分比单位，指相对于当前文本的百分比

　　在表 2-1 所示的属性值单位中，推荐使用 px 单位。例如，将网页中所有段落文本的字号设为 12 px，可以使用下面的 CSS 样式代码。

```
p{font-size:12px;}
```

　　（2）font-family：字体

　　font-family 属性用于设置字体。网页中常用的字体有宋体、微软雅黑、黑体等。例如，将网页中所有段落文本的字体设置为微软雅黑，可以使用下面的 CSS 样式代码。

```
p{font-family:" 微软雅黑 ";}
```

　　font-family 属性可以同时指定多个字体，各字体之间以逗号隔开。如果浏览器不支持第 1 种字体，则会尝试选择下一种，直到匹配到合适的字体。例如，下面的示例代码，同时指定了 3 种字体。

```
body{font-family:" 华文彩云 "," 宋体 "," 黑体 ";}
```

　　当应用上述代码中的字体时，浏览器会首选"华文彩云"字体，如果用户计算机上没有安装该字体，则浏览器选择"宋体"。以此类推，当 font-family 属性指定的字体都没有安装时，浏览器就会选择用户计算机默认的字体。

使用 font-family 设置字体时，需要注意以下几点。

① 各种字体之间必须使用英文逗号分隔。

② 中文字体需要加英文引号，但英文字体不需要加引号。当需要设置英文字体时，英文字体名必须位于中文字体名之前。例如，下面的代码。

```
body{font-family:Arial," 微软雅黑 "," 宋体 "," 黑体 ";}  /* 正确的书写方式 */
body{font-family:" 微软雅黑 "," 宋体 "," 黑体 ",Arial;}  /* 错误的书写方式 */
```

③ 如果字体名中包含空格、#、$ 等符号，则该字体必须加英文引号，例如，font-family: "Times New Roman";。

④ 尽量使用计算机系统默认字体或服务器定义的字体，保证网页中的文字在任何用户的浏览器中都能正确显示。

（3）font-weight：字体粗细

font-weight 属性用于定义文字的粗细，其属性值如表 2-2 所示。

表 2-2   font-weight 属性的属性值

属性值	描述
normal	默认属性值。定义标准样式的文字
bold	定义粗体文字
bolder	定义更粗的文字
lighter	定义更细的文字
100~900（100 的整数倍）	定义由细到粗的文字。其中 400 等同于 normal，700 等同于 bold，数值越大字体越粗

表 2-2 列举了 font-weight 属性的属性值。在实际工作中，常用的属性值为 normal 和 bold，分别用来定义正常显示和加粗显示的字体。

（4）font-variant：变体

font-variant 属性用于设置英文字符的变体，用于定义小型大写字体，该属性仅对英文字符有效。font-variant 属性的常用属性值如下。

● normal。默认值，浏览器会显示标准的字体。

● small-caps。浏览器会显示小型大写的字体，即所有的小写字母均会转换为大写。但是所有使用小型大写字体的字母和其余文本相比，字体尺寸更小。例如，图 2-15 框线标示的小型大写字母，就是使用 font-variant 属性设置的。

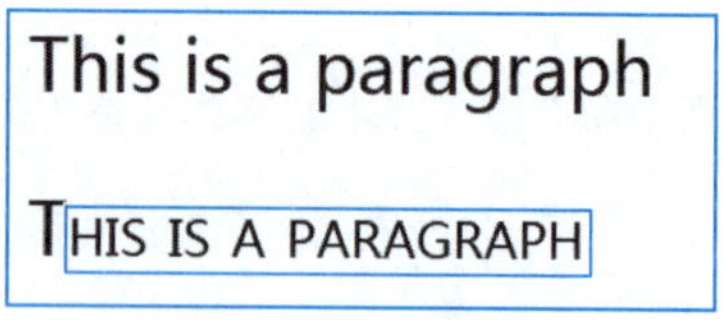

This is a paragraph

THIS IS A PARAGRAPH

图 2-15   小型大写字母

（5）font-style：字体风格

font-style 属性用于定义字体风格，如设置斜体、倾斜或正常字体，其可用属性值如下。

● normal。默认值，浏览器会显示标准的字体样式。

● italic。浏览器会显示斜体的字体样式。

● oblique。浏览器会显示倾斜的字体样式。

其中 italic 和 oblique 定义的文字，两者在显示效果上并没有本质区别，但 italic 是使用了文字本身的斜体属性，oblique 是让没有斜体属性的文字做倾斜处理。实际工作中常使用 italic。

（6）font：综合设置字体样式

font 属性用于对字体样式进行综合设置，其基本语法格式如下。

```
选择器 {font:font-style font-weight font-size/line-height font-family;}
```

使用 font 属性时，必须按上面语法格式中的顺序书写，各个属性以空格隔开。其中 line-height 指的是行高，在后面的知识中会详细讲解。例如，下面是单独设置字体样式的代码。

```
p{
font-family:Arial," 宋体 ";
font-size:30px;
font-style:italic;
font-weight:bold;
font-variant:small-caps;
line-height:40px;
}
```

上述示例代码效果等同于：

```
p{font:italic small-caps bold 30px/40px Arial," 宋体 ";}
```

在设置字体样式属性时，不需要设置的属性可以省略，该属性会自动取默认值，但必须保留 font-size 属性和 font-family 属性，否则 font 属性将不起作用。

下面使用 font 属性对字体样式进行综合设置，如例 2-6 所示。

例 2-6　example06.html

```
1   <!DOCTYPE html>
2   <html lang="en">
3   <head>
4   <meta charset="UTF-8">
5   <meta http-equiv="X-UA-Compatible" content="IE=edge">
6   <meta name="viewport" content="width=device-width,initial-scale=1.0">
7   <title>font 综合设置字体样式 </title>
8   <style type="text/css">
9       .one{ font:italic 18px/30px " 隶书 ";}
10      .two{ font:italic 18px/30px;}
11  </style>
12  </head>
13  <body>
14      <p class="one">段落 1：把做好每件事情的着力点放在每一个环节、每一个步骤上，不心浮气躁，不好高骛远。</p>
15      <p class="two">段落 2：把做好每件事情的着力点放在每一个环节、每一个步骤上，不心浮气躁，不好高骛远。</p>
16  </body>
17  </html>
```

在例 2-6 中，第 14~15 行代码设置了两个段落文本。并且在第 9~10 行代码同时使用 font 属性设置段落文本的样式。其中，第 10 行代码没有添加 font-family 属性。

运行例 2-6，font 综合设置字体样式效果如图 2-16 所示。

从图 2-16 可以看出，font 属性设置的样式并没有对段落 2 生效，这是因为对第 2 个段落的设置未设置字体属性 font-family。

（7）@font-face 规则

@font-face 是 CSS3 的新增规则，用于定义服务器字体。通过 @font-face 规则，网页设计师可以在用户计算机未安装字体时，使用任何喜欢的字体。使用 @font-face 规则定义服务器字体的基本语法格式如下。

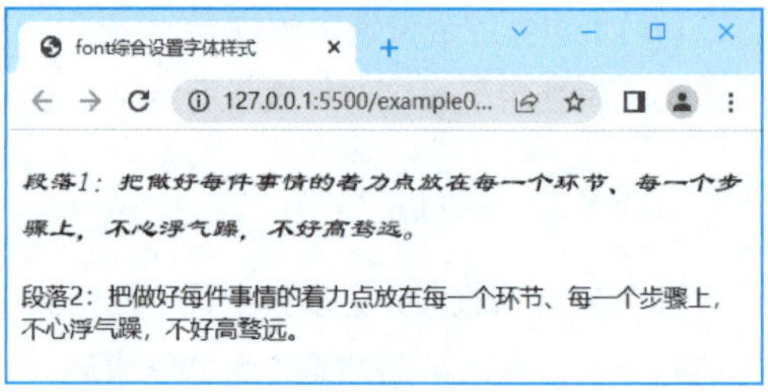

图 2-16　font 综合设置字体样式效果

```
@font-face{
    font-family:字体名称 ;
    src:字体路径 ;
}
```

在上述语法格式中，font-family 用于指定字体的名称，该名称可以随意定义。src 属性用于指定字体文件的路径。需要注意的是，font-family 自定义的字体名称要和标签调用的字体名称保持一致，这样设置的服务器字体才能生效。

下面通过一个剪纸字体的案例，来演示 @font-face 规则的具体用法，如例 2-7 所示。

例 2-7　example07.html

```
1   <!DOCTYPE html>
2   <html lang="en">
3   <head>
4   <meta charset="UTF-8">
5   <meta http-equiv="X-UA-Compatible" content="IE=edge">
6   <meta name="viewport" content="width=device-width,initial-scale=1.0">
7   <title>@font-face 规则 </title>
8   <style type="text/css">
9       @font-face{
10          font-family:jianzhi;            /*服务器字体名称 */
11          src:url(font/FZJZJW.TTF);       /*服务器字体名称 */
12      }
13      p{
14          font-family:jianzhi;            /*设置字体样式 */
15          font-size:32px;
16      }
17  </style>
18  </head>
19  <body>
20      <p> 为莘莘学子改变命运而讲课 </p>
21      <p> 为千万学生少走弯路而著书 </p>
22  </body>
23  </html>
```

在例 2-7 中，第 9~12 行代码用于定义服务器字体，第 14 代码用于为段落标签引用字体样式。

运行例 2-7，@font-face 规则定义服务器字体效果如图 2-17 所示。

从图 2-17 可以看出，当定义并设置服务器字体后，页面就可以正常显示剪纸字体。需要注意的是，服务器字体定义完成后，还需要对元素应用 font-family 字体样式。

总结例 2-7，可以得出使用服务器字体的步骤。

① 下载字体，并存储到相应的文件夹中。

② 使用 @font-face 规则定义服务器字体。

③ 对元素应用 font-family 字体样式。

2. 文本外观属性

使用 HTML 可以对文本外观进行简单的控制，但是效果并不理想。为此 CSS 提供了一系列的文本外观属性，用于设置更为丰富的文本外观样式，具体如下。

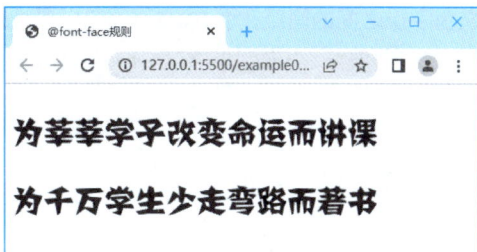

图 2-17　@font-face 规则定义服务器字体

（1）color：文本颜色

color 属性用于定义文本的颜色，其属性值有以下 3 种。

- 颜色英文单词。例如，red、green、blue 等。
- 十六进制颜色值。例如，#F00、#FF6600、#29D794 等。实际工作中，

十六进制颜色值是最常用的方式。在书写十六进制颜色值时，英文字母不区分大小写。

- RGB 颜色值。例如，红色可以表示为 rgb（255，0，0）或 rgb（100%，0%，0%）。

理论微课 2-6：
文本外观属性

> 💡 **注意：**
>
> 如果使用 RGB 代码的百分比颜色值，取值为 0 时也不能省略百分号，必须写为 0%。

🔵 多学一招　十六进制颜色值的缩写

十六进制颜色值是由 # 开头的 6 位十六进制数值组成，每 2 位数值为一个颜色分量，分别表示颜色的红、绿、蓝 3 个颜色分量。当 3 个颜色分量的 2 位十六进制数值都相同时，可使用 CSS 缩写。例如，#FF6600 可缩写为 #F60，#FF0000 可缩写为 #F00，#FFFFFF 可缩写为 #FFF。十六进制的颜色值不受字母大小写的影响，二者效果一致。

（2）letter-spacing：字间距

letter-spacing 属性用于定义字间距，所谓字间距就是字符与字符之间的空白距离。letter-spacing 属性的属性值可为不同单位的数值。例如，像素值单位 px、倍率值单位 em。

定义字间距时，允许使用负数，表示缩小字间距，字间距默认属性值为 normal。例如，下面的代码，分别为 <h2> 标签和 <h3> 标签定义不同的字间距。

```
h2{letter-spacing:20px;}
h3{letter-spacing:-0.5em;}
```

（3）word-spacing：单词间距

word-spacing 属性用于定义英文单词之间的间距，对中文字符无效。和 letter-spacing 一样，word-spacing 属性的属性值可为不同单位的数值。定义单词间距时允许使用负值，表示缩小单词间距，默认属性值为 normal。

word-spacing 属性和 letter-spacing 属性均可对英文进行设置。不同的是 letter-spacing 属性定

义为字母之间的间距，而 word-spacing 属性定义为英文单词之间的间距。

下面通过一个案例来演示 word-spacing 属性和 letter-spacing 属性的不同，如例 2-8 所示。

例 2-8　example08.html

```
1   <!DOCTYPE html>
2   <html lang="en">
3   <head>
4       <meta charset="UTF-8">
5       <meta http-equiv="X-UA-Compatible" content="IE=edge">
6       <meta name="viewport" content="width=device-width,initial-scale=
1.0">
7       <title>word-spacing 属性和 letter-spacing 属性 </title>
8       <style type="text/css">
9       .letter{letter-spacing:20px;}
10      .word{word-spacing:20px;}
11      </style>
12  </head>
13  <body>
14      <p class="letter">letter spacing( 字母间距 )</p>
15      <p class="word">word spacing word spacing( 单词间距 )</p>
16  </body>
17  </html>
```

在例 2-8 中，第 14~15 行代码设置了两个段落文本。第 9~10 行代码分别对段落文本应用 letter-spacing 属性和 word-spacing 属性。

运行例 2-8，word-spacing 属性和 letter-spacing 属性效果如图 2-18 所示。

（4）line-height：行间距

line-height 属性用于设置行间距，所谓行间距就是行与行之间的距离，即字符的垂直间距。图 2-19 所示背景颜色的高度即为这段文本的行间距。

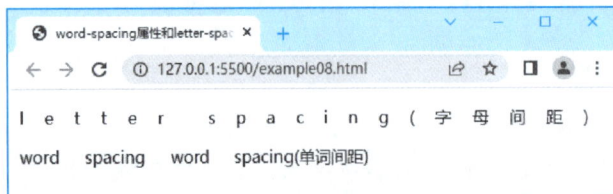

图 2-18　word-spacing 属性和 letter-spacing 属性效果

图 2-19　文本的行间距

line-height 常用的属性值单位有 3 种，分别为像素值单位 px，倍率值单位 em 和百分数单位 %，实际工作中使用最多的是像素值单位 px。

下面通过一个案例来学习 line-height 属性的使用，如例 2-9 所示。

例 2-9　example09.html

```
1   <!DOCTYPE html>
2   <html lang="en">
3   <head>
4   <meta charset="UTF-8">
5   <meta http-equiv="X-UA-Compatible" content="IE=edge">
```

```
6    <meta name="viewport" content="width=device-width,initial-scale=1.0">
7    <title>line-height</title>
8    <style type="text/css">
9        .one{
10           font-size:16px;
11           line-height:18px;
12       }
13       .two{
14           font-size:12px;
15           line-height:2em;
16       }
17       .three{
18           font-size:14px;
19           line-height:150%;
20       }
21   </style>
22   </head>
23   <body>
24       <p class="one">段落1：现实生活中，认真严谨的人往往被人认为迂腐、呆板。但交给
他们的事很放心，值得信赖。他们都会办理得妥妥当当。</p>
25       <p class="two">段落2：现实生活中，认真严谨的人往往被人认为迂腐、呆板。但交给
他们的事很放心，值得信赖。他们都会办理得妥妥当当。</p>
26       <p class="three">段落3：现实生活中，认真严谨的人往往被人认为迂腐、呆板。但交
给他们的事很放心，值得信赖。他们都会办理得妥妥当当。</p>
27   </body>
28   </html>
```

在例2-9中，分别使用像素值，倍率值和百分数设置3个段落的行间距。

运行例2-9，line-height属性效果如图2-20所示。

（5）text-transform：文本转换

text-transform属性用于控制英文字符的大小写转换，其可用属性值如下。

- none。不进行转换（默认值）。

- capitalize。首字母转换为大写。

- uppercase。全部字符转换为大写。

- lowercase。全部字符转换为小写。

（6）text-decoration：文本装饰

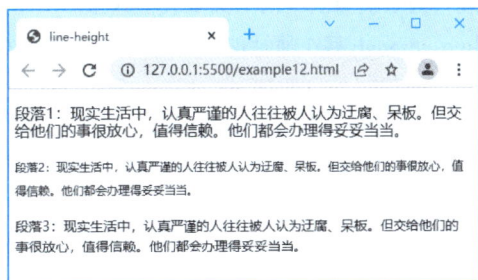

图 2-20　line-height 属性效果

text-decoration属性用于设置文本的下画线、上画线、删除线等装饰效果，其可用属性值如下。

- none。没有文本装饰（正常文本默认值）。

- underline。下画线。

- overline。上画线。

- line-through。删除线。

text-decoration属性可以添加多个属性值，用于给文本添加多种显示效果。例如，希望文字

同时有下画线和删除线效果，就可以将 underline 和 line-through 同时赋值给 text-decoration 属性。

下面通过一个案例来演示 text-decoration 各个属性值的显示效果，如例 2-10 所示。

例 2-10   example10.html

```
1  <!DOCTYPE html>
2  <html lang="en">
3  <head>
4  <meta charset="UTF-8">
5  <meta http-equiv="X-UA-Compatible" content="IE=edge">
6  <meta name="viewport" content="width=device-width,initial-scale=1.0">
7  <title>text-decoration</title>
8  <style type="text/css">
9      .one{text-decoration:underline;}
10     .two{text-decoration:overline;}
11     .three{text-decoration:line-through;}
12     .four{text-decoration:underline line-through;}
13 </style>
14 </head>
15 <body>
16 <p class="one">设置下画线 (underline)</p>
17 <p class="two">设置上画线 (overline)</p>
18 <p class="three">设置删除线 (line-through)</p>
19 <p class="four">同时设置下画线和删除线 (underline line-through)</p>
20 </body>
21 </html>
```

在例 2-10 中，第 16~19 行代码定义了 4 个段落文本。第 9~12 行代码分别使用 text-decoration 属性对它们添加不同的文本装饰效果。其中第 12 行代码对第 4 个段落文本同时设置 underline 和 line-through 两个属性值，添加两种文本装饰效果。

运行例 2-10，text-decoration 属性效果如图 2-21 所示。

（7）text-align：水平对齐方式

text-align 属性用于设置文本内容的水平对齐，和 HTML 中的 align 对齐属性类似，text-align 属性可用属性值也有 3 个，具体如下。

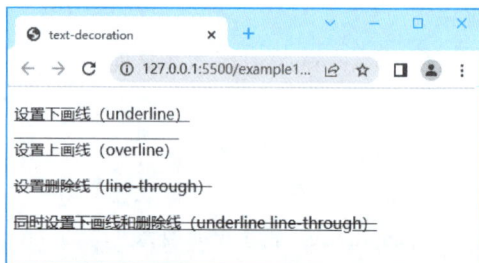

图 2-21   text-decoration 属性效果

- left。左对齐，为属性默认值。
- right。右对齐。
- center。居中对齐。

例如，设置二级标题居中对齐，可使用如下 CSS 代码。

```
h2{text-align:center;}
```

text-align 属性仅适用于块级元素，对行内元素无效。关于块元素和行内元素，在后面的章节将具体介绍。如果需要对图像设置水平居中，可以为图像添加一个父元素，然后对父元素应用 text-align 属性，即可实现图像的水平居中。

（8）text-indent：首行缩进

text-indent 属性用于设置首行文本的缩进，其属性值可为不同单位的数值。例如，像素值单位

px、倍率值单位 em、百分数单位 %，通常使用倍率值单位 em。设置首行缩进时，允许使用负值。

下面通过一个案例来学习 text-indent 属性的使用，如例 2-11 所示。

例 2-11　example11.html

```
1    <!DOCTYPE html>
2    <html lang="en">
3    <head>
4    <meta charset="UTF-8">
5    <meta http-equiv="X-UA-Compatible" content="IE=edge">
6    <meta name="viewport" content="width=device-width,initial-scale=1.0">
7    <title>text-indent</title>
8    <style type="text/css">
9        p{font-size:14px;}
10       .one{text-indent:2em;}
11       .two{text-indent:50px;}
12   </style>
13   </head>
14   <body>
15       <p class="one">段落 1：真正有价值的一生，总是需要你去行动，去做无数件别人不屑
尝试的小事。那些一直在一步一步往前走的人，终会过上更好的人生。</p>
16       <p class="two">段落 2：真正有价值的一生，总是需要你去行动，去做无数件别人不屑
尝试的小事。那些一直在一步一步往前走的人，终会过上更好的人生。</p>
17   </body>
18   </html>
```

在例 2-11 中，第 10 行代码对段落 1 文本应用 text-indent：2em;，无论字号多大，首行文本都会缩进两个字符。第 11 行代码对段落 2 文本应用 text-indent：50 px;，首行文本将缩进 50 px，该缩进同样与字号无关。

运行例 2-11，text-indent 属性效果如图 2-22 所示。

在图 2-22 中，段落 1 和段落 2 均实现了缩进效果。需要注意的是 text-indent 属性仅适用于块级元素，对行内元素无效。

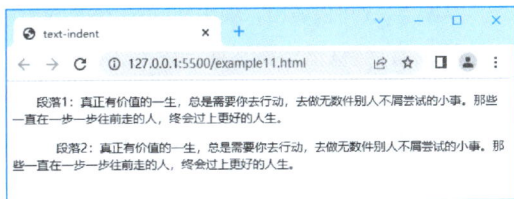

图 2-22　text-indent 属性效果

（9）white-space：空白符处理

使用 HTML 制作网页时，不论源代码中有多少个空格，在浏览器中只会显示一个空白符。在 CSS 中，使用 white-space 属性可设置空白符的处理方式。white-space 属性可以设置如下属性值。

● normal。常规显示，为属性的默认值，文本中的空格、换行无效，只显示一个空白符，文本满行（指到达模块区域边界）后自动换行。

● pre。按文本的书写格式保留空格、换行，文本将按照原格式显示。

● nowrap。空格、换行无效，强制文本不能换行，除非使用换行标签
。若文本超出浏览器边界，浏览器会自动增加滚动条。

下面通过一个案例来演示 white-space 各属性值的效果，如例 2-12 所示。

例 2-12　example12.html

```
1    <!DOCTYPE html>
2    <html lang="en">
```

```
3    <head>
4    <meta charset="UTF-8">
5    <meta http-equiv="X-UA-Compatible" content="IE=edge">
6    <meta name="viewport" content="width=device-width,initial-scale=1.0">
7    <title>white-space</title>
8    <style type="text/css">
9        .one{white-space:normal;}
10       .two{white-space:pre;}
11       .three{white-space:nowrap;}
12   </style>
13   </head>
14   <body>
15   <p class="one"> 段落 1：这个              段落中          有很多
16   空格。</p>
17   <p class="two"> 段落 2：这个              段落中          有很多
18   空格。此段落应用 white-space:pre;。</p>
19   <p class="three"> 段落 3：这是一个较长的段落。这是一个较长的段落。这是一个较长的段
落。这是一个较长的段落。这是一个较长的段落。这是一个较长的段落。这是一个较长的段落。这是一
个较长的段落。这是一个较长的段落。这是一个较长的段落。</p>
20   </body>
21   </html>
```

在例 2-12 中，第 15~19 行代码定义了 3 个段落文本，其中段落 1 和段落 2 中包含很多空白
符，段落 3 文本内容较多。第 9~11 行代码使用 white-space 属性分别设置段落中空白符的处理
方式。

运行例 2-12，white-space 属性效果如图 2-23
所示。

从图 2-23 可以看出，使用 white-space:pre; 定
义的段落 2，会保留空格和换行效果，在浏览器中
显示文本设置的格式。使用 white-space:nowrap;
定义的段落 3 未换行，并且浏览器窗口出现了滚
动条。

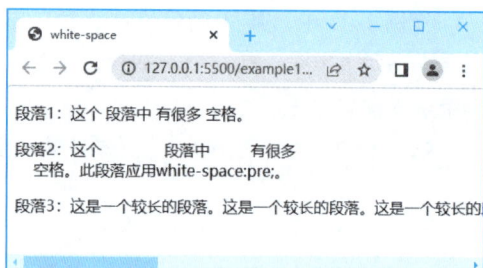

图 2-23　white-space 属性效果

（10）text-shadow：阴影效果

text-shadow 是 CSS3 新增属性，使用该属性可以为页面中的文本添加阴影效果。text-shadow
属性的基本语法格式如下。

选择器 {text-shadow:h-shadow v-shadow blur color;}

在上述语法格式中，h-shadow 用于设置水平阴影的距离，v-shadow 用于设置垂直阴影的距离，
blur 用于设置模糊半径，color 用于设置阴影颜色。各属性值之间使用空格分隔。

下面通过一个案例演示 text-shadow 属性的用法，如例 2-13 所示。

例 2-13　example13.html

```
1    <!DOCTYPE html>
2    <html lang="en">
3    <head>
4    <meta charset="UTF-8">
```

```
5    <meta http-equiv="X-UA-Compatible" content="IE=edge">
6    <meta name="viewport" content="width=device-width,initial-scale=1.0">
7    <title>text-shadow</title>
8    <style type="text/css">
9        P{
10           font-size:50px;
11           text-shadow:10px  10px  10px  red;            /*设置文字阴影的距离、模糊半径
和颜色 */
12       }
13   </style>
14   </head>
15   <body>
16       <p>Hello CSS3</p>
17   </body>
18   </html>
```

在例 2-13 中，第 11 行代码用于为文字添加阴影效果，设置阴影的水平和垂直偏移距离为 10 px，模糊半径为 10 px，阴影颜色为红色。

运行例 2-13，text-shadow 属性效果如图 2-24 所示。

通过图 2-24 可以看出，文本右下方出现了模糊的红色阴影效果。值得一提的是，当设置阴影的水平距离参数或垂直距离参数为负值时，可以改变阴影的投射方向。

图 2-24　text-shadow 属性效果

> 注意:
> 阴影的水平距离或垂直距离参数可以设为负值，但阴影的模糊半径参数只能设置为正值，并且数值越大阴影向外模糊的范围也就越大。

多学一招　设置多个阴影叠加效果

text-shadow 属性能够给文字添加多个阴影，从而产生阴影叠加的效果。设置阴影叠加的效果方法很简单，只需为文本设置多组阴影参数，中间用逗号分隔即可。例如，对例 2-13 中的段落设置红色和绿色阴影叠加的效果，可以将 <p> 标签的样式更改为。

```
P{
font-size:32px;
text-shadow:10px  10px  10px  red,20px
20px 20px green;   /*红色和绿色的阴影叠加 */
}
```

在上面的代码中，为文本依次指定了红色阴影和绿色阴影。示例代码对应的阴影叠加效果如图 2-25 所示。

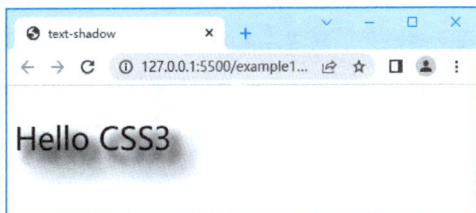

图 2-25　阴影叠加效果

（11）text-overflow：标示对象内溢出文本

text-overflow 属性同样为 CSS3 的新增属性，该属性用于处理溢出的文本。text-overflow 属性的基本语法格式如下。

> 选择器 {text-overflow: 属性值 ;}

在上述语法格式中，text-overflow 属性的常用取值有 clip 和 ellipsis，具体解释如下。

- clip。修剪溢出文本，不显示省略符号 "..."。
- ellipsis。用省略符号 "..." 替代被修剪文本，省略符号插入的位置在最后一个字符处。

下面通过一个案例来演示 text-overflow 属性的用法，如例 2-14 所示。

例 2-14   example14.html

```
1   <!DOCTYPE html>
2   <html lang="en">
3   <head>
4   <meta charset="UTF-8">
5   <meta http-equiv="X-UA-Compatible" content="IE=edge">
6   <meta name="viewport" content="width=device-width,initial-scale=1.0">
7   <title>text-overflow</title>
8   <style type="text/css">
9       P{
10          width:200px;
11          height:100px;
12          border:1px solid #000;
13          white-space:nowrap;           /* 强制文本不能换行 */
14          overflow:hidden;              /* 修剪溢出文本 */
15          text-overflow:ellipsis;       /* 用省略标签标示被修剪的文本 */
16      }
17      </style>
18  </head>
19  <body>
20  <p> 把很长的一段文本中溢出的内容隐藏 , 出现省略号 </p>
21  </body>
22  </html>
```

在例 2-14 中，第 13 行代码用于强制文本不能换行，第 14 行代码用于修剪溢出文本，第 15 行代码将被修剪的文本替换为省略标记。

运行例 2-14，text-overflow 属性效果如图 2-26 所示。

通过图 2-26 可以看出，当文本内容溢出时，会显示省略号。需要注意的是要实现省略号标示溢出文本的效果，"white-space:nowrap;" "overflow:hidden;" 和 "text-overflow:ellipsis;" 这 3 个样式必须同时使用，缺一不可。

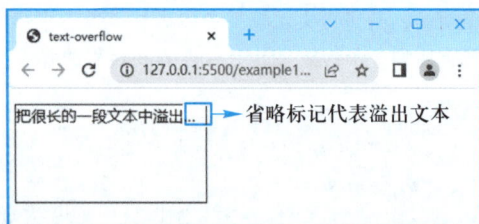

图 2-26 text-overflow 属性效果

总结例 2-17，可以得出设置省略标签标示溢出文本的具体步骤如下。

① 为包含文本的元素定义宽度。

② 应用 "white-space:nowrap;" 样式强制文本不能换行。

③ 应用 "overflow:hidden;" 样式隐藏溢出文本。

④ 应用 "text-overflow:ellipsis;" 样式显示省略符号。

（12）word-wrap 属性

word-wrap 是 CSS3 的新增属性，该属性用于实现长单词和 URL 地址的自动换行。word-wrap 属性的属性值有两种，如表 2-3 所示。

表 2-3　word-wrap 属性值

属性值	描述
normal	只在允许的断字点换行，浏览器保持默认处理
break-word	在长单词或 URL 地址内部进行换行

下面通过一个 URL 地址换行的案例演示 word-wrap 属性的用法，如例 2-15 所示。

例 2-15　example15.html

```
1  <!DOCTYPE html>
2  <html lang="en">
3  <head>
4  <meta charset="UTF-8">
5  <meta http-equiv="X-UA-Compatible" content="IE=edge">
6  <meta name="viewport" content="width=device-width,initial-scale=1.0">
7  <title>word-wrap</title>
8  <style type="text/css">
9      p{
10         width:100px;
11         height:100px;
12         border:1px solid #000;
13     }
14     .break_word{word-wrap:break-word;}   /* 网址在段落内部换行 */
15  </style>
16  </head>
17  <body>
18     <span>word-wrap:normal;</span>
19     <p>网页平面 ui 设计学院 http://icd.XXXXXXX.cn/</p>
20     <span>word-wrap:break-word;</span>
21     <p class="break_word">网页平面 ui 设计学院 http://icd.XXXXXXXXX.cn/</p>
22  </body>
23  </html>
```

在例 2-15 中，第 19 行代码和第 21 行代码定义了两个包含网址的段落，对它们设置相同的宽度、高度。第 14 行代码对第 2 个段落应用 word-wrap:break-word; 样式，使得网址在段落内部可以换行。

运行例 2-18，word-wrap 属性效果如图 2-27 所示。

通过图 2-27 可以看出，浏览器默认按照段落文本中的 URL 地址会溢出边框处理，当 word-wrap 属性值为 break-word 时，URL 地址会沿边框自动换行。

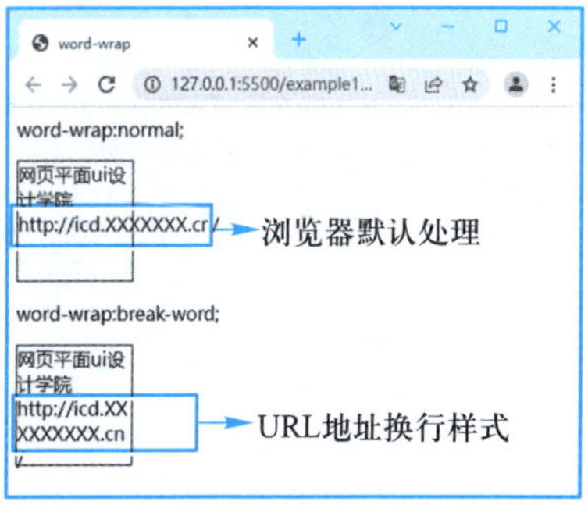

图 2-27　word-wrap 属性效果

3. 列表样式属性

定义无序或有序列表时，可以通过标签的属性控制列表的项目符号，但该方式不符合结构与样式相分离的网页设计原则，为此 CSS 提供了一系列的列表样式属性，来单独控制列表项目符号，本任务将对这些属性进行详细讲解。

理论微课 2-7：列表样式属性

（1）list-style-type 属性

在 CSS 中，list-style-type 属性用于控制列表项显示符号的类型，其取值有多种，它们的显示效果各不相同。list-style-type 属性的属性值和描述如表 2-4 所示。

表 2-4　list-style-type 属性的属性值和描述

属性值	描述	属性值	描述
disc	实心圆（无序列表使用）	none	不使用项目符号（无序列表和有序列表通用）
circle	空心圆（无序列表使用）	cjk-ideographic	简单的表意数字（有序列表使用）
square	实心方块（无序列表使用）	georgian	传统的乔治亚编号方式（有序列表使用）
decimal	阿拉伯数字（有序列表使用）	decimal-leading-zero	以 0 开头的阿拉伯数字（有序列表使用）
lower-roman	小写罗马数字（有序列表使用）	upper-roman	大写罗马数字（有序列表使用）
lower-alpha	小写英文字母（有序列表使用）	upper-alpha	大写英文字母（有序列表使用）
lower-latin	小写拉丁字母（有序列表使用）	upper-latin	大写拉丁字母（有序列表使用）
hebrew	传统的希伯来编号方式（有序列表使用）	armenian	传统的亚美尼亚编号方式（有序列表使用）

了解了 list-style-type 属性的属性值及其描述，接下来通过一个具体的案例来演示 list-style-type 属性的用法，如例 2-16 所示。

例 2-16　example16.html

```
1   <!DOCTYPE html>
2   <html lang="en">
3   <head>
4   <meta charset="UTF-8">
5   <meta http-equiv="X-UA-Compatible" content="IE=edge">
6   <meta name="viewport" content="width=device-width,initial-scale=1.0">
7   <title>list-style-type</title>
8   <style type="text/css">
9       ul{list-style-type:square;}
10      ol{list-style-type:decimal;}
11  </style>
12  </head>
13  <body>
14      <h3>红色</h3>
15      <ul>
16          <li>大红</li>
```

```
17          <li> 朱红 </li>
18          <li> 嫣红 </li>
19      </ul>
20      <h3> 蓝色 </h3>
21      <ol>
22          <li> 群青 </li>
23          <li> 普蓝 </li>
24          <li> 湖蓝 </li>
25      </ol>
26  </body>
27  </html>
```

在例 2-16 中，第 15~19 行代码定义了一个无序列表，第 21~25 行代码定义了一个有序列表。对无序列表应用 "list-style-type:square;"，将其列表项显示符号设置为实心方块。同时，对有序列表应用 "list-style-type:decimal;"，将其列表项显示符号设置为阿拉伯数字。

运行例 2-16，list-style-type 属性效果如图 2-28 所示。

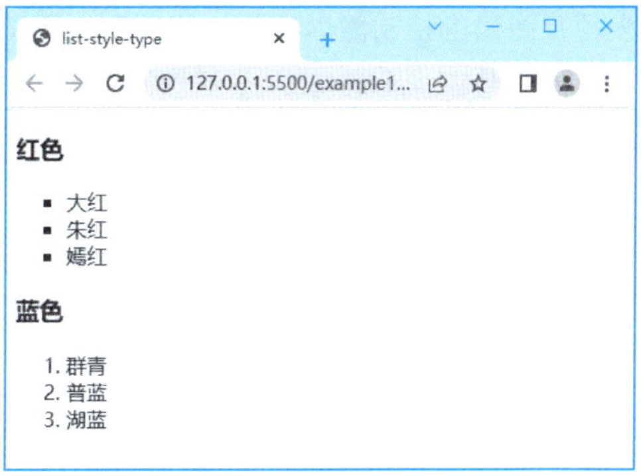

由于各个浏览器对 list-style-type 属性的解析不同。因此，在实际网页制作过程中不推荐使用 list-style-type 属性。

图 2-28　list-style-type 属性效果

（2）list-style-image 属性

一些常规的列表项显示符号并不能满足网页制作的需求，为此 CSS 提供了 list-style-image 属性，使用 list-style-image 属性可以为各个列表项设置图像符号，使列表的样式更加美观。list-style-image 属性的属性值为图像的 URL。

为了使初学者更好地应用 list-style-image 属性，接下来对无序列表 <ul> 定义列表项目图像，如例 2-17 所示。

例 2-17　example17.html

```
1  <!DOCTYPE html>
2  <html lang="en">
3  <head>
4  <meta charset="UTF-8">
5  <meta http-equiv="X-UA-Compatible" content="IE=edge">
6  <meta name="viewport" content="width=device-width,initial-scale=1.0">
7  <title>list-style-image</title>
8  <style type="text/css">
9      ul{list-style-image:url(images/fuhao.png);}
10  </style>
11  </head>
12  <body>
13      <h2> 认真严谨 </h2>
14      <ul>
15          <li> 从小事做起 </li>
```

```
16          <li> 从细节做起 </li>
17          <li> 从平凡做起 </li>
18      </ul>
19  </body>
20  </html>
```

在例 2-17 中，第 9 行代码通过 list-style-image 属性为列表项添加图片。

运行例 2-17，list-style-image 属性效果如图 2-29 所示。

通过图 2-29 可以看出，列表项目图像和列表项没有对齐，这是因为 list-style-image 属性对列表项目图像的控制能力不强。因此，实际工作中不建议使用 list-style-image 属性，常通过为 `<li>` 标签设置背景图像的方式实现列表项目图像。

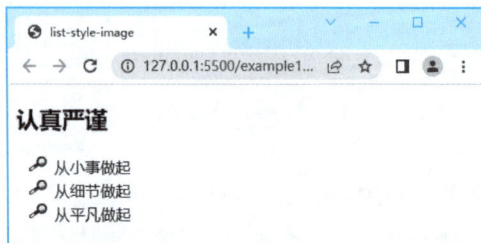

图 2-29 list-style-image 属性效果

（3）list-style-position 属性

设置列表项目符号时，有时需要控制列表项目符号的位置，即列表项目符号相对于列表文本的位置。在 CSS 中，list-style-position 属性用于控制列表项目符号的位置，其取值有 inside 和 outside 两个，对它们的解释如下。

- inside。列表项目符号位于列表文本以内。
- outside。列表项目符号位于列表文本以外，为属性的默认值。

为了使初学者更好地理解 list-style-position 属性，接下来通过一个具体的案例来演示 list-style-position 属性的用法和效果，如例 2-18 所示。

例 2-18 example18.html

```
1   <!DOCTYPE html>
2   <html lang="en">
3   <head>
4   <meta charset="UTF-8">
5   <meta http-equiv="X-UA-Compatible" content="IE=edge">
6   <meta name="viewport" content="width=device-width,initial-scale=1.0">
7   <title>list-style-position</title>
8   <style type="text/css">
9       .in{list-style-position:inside;}
10      .out{list-style-position:outside;}
11      li{border:1px solid #CCC;}
12  </style>
13  </head>
14  <body>
15      <h2> 中秋节 </h2>
16      <ul class="in">
17          <li> 中秋节，又称月夕、秋节、仲秋节。</li>
18          <li> 时在农历八月十五。</li>
19          <li> 始于唐朝初年，盛行于宋朝。</li>
20          <li> 自 2008 年起中秋节被列为国家法定节假日。</li>
21      </ul>
22      <ul class="out">
23          <li> 端午节 </li>
```

```
24        <li>除夕 </li>
25        <li>清明节 </li>
26        <li>重阳节 </li>
27     </ul>
28  </body>
29  </html>
```

在例 2-18 中，第 16~27 行代码定义了两个无序列表。第 8~12 行代码使用内嵌式 CSS 样式表对列表项目符号的位置进行设置。其中第 9 行代码对第 1 个无序列表应用 "list-style-position: inside;"，使其列表项目符号位于列表文本以内，第 10 行代码对第 2 个无序列表应用 "list-style-position:outside;"，使其列表项目符号位于列表文本以外。为了使显示效果更加明显，第 11 行代码中对 <li> 标签设置了边框样式。

运行例 2-18，list-style-position 属性效果如图 2-30 所示。

通过图 2-30 可以看出，第 1 个无序列表的列表项目符号位于列表文本以内，第 2 个无序列表的列表项目符号位于列表文本以外。

（4）list-style 属性

在 CSS 中，列表样式也是一个复合属性，可以将列表相关的样式都综合定义在一个复合属性 list-style 中。使用 list-style 属性综合设置列表样式的语法格式如下。

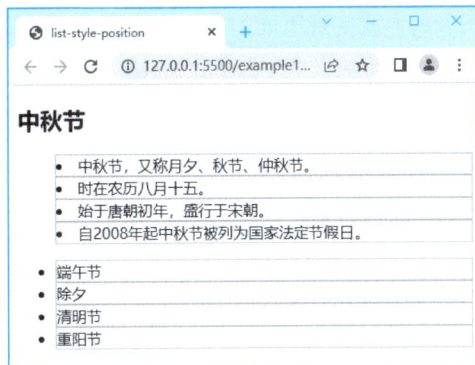

图 2-30　list-style-position 属性效果

```
list-style: 列表项目符号 列表项目符号的位置 列表项目图像；
```

使用复合属性 list-style 时，通常按上面语法格式中的顺序编写，各个样式之间以空格隔开，不需要的样式可以省略。接下来通过一个案例来演示 list-style 属性的用法和效果，如例 2-19 所示。

例 2-19　example19.html

```
1   <!DOCTYPE html>
2   <html lang="en">
3   <head>
4   <meta charset="UTF-8">
5   <meta http-equiv="X-UA-Compatible" content="IE=edge">
6   <meta name="viewport" content="width=device-width,initial-scale=1.0">
7   <title>list-style</title>
8   <style type="text/css">
9       ul{list-style:circle inside;}
10      .one{list-style:outside url(images/fuhao.png);}
11  </style>
12  </head>
13  <body>
14      <ul>
15        <li class="one"> 为人处事须认真严谨 </li>
16        <li> 对一切事情都有认真、负责的态度 </li>
17        <li> 不心浮气躁，不好高骛远 </li>
```

```
18        </ul>
19    </body>
20    </html>
```

在例 2-19 中，第 14~18 行代码定义了一个无序列表，第 9~10 行代码通过复合属性 list-style 属性分别控制 <ul> 标签和第 1 个 <li> 标签的样式。

运行例 2-19，list-style 属性效果如图 2-31 所示。

值得一提的是，在实际网页制作过程中，为了更高效地控制列表项目符号，通常将 list-style 的属性值定义为 none，然后通过为 <li> 设置背景图像的方式实现不同的列表项目符号。设置背景图像的相关知识将会在项目 3 讲解。

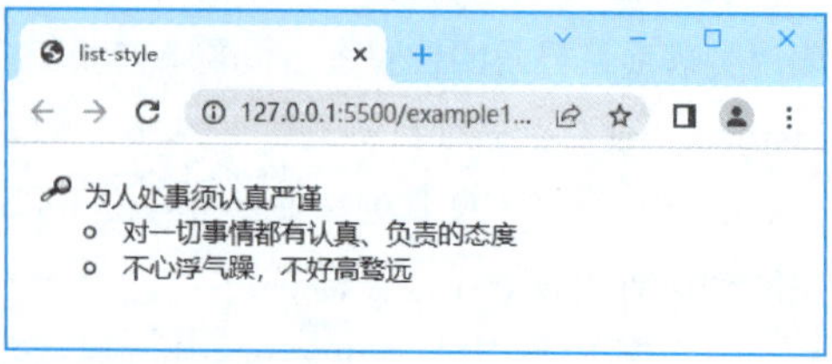

图 2-31 list-style 属性效果

任务实现

下面将根据任务分析，按照搭建页面结构、添加 CSS 样式的顺序完成页面的制作。

1. 搭建页面结构

根据任务分析，使用相应的 HTML 标签来搭建网页结构。新建 task2-2 文件夹，在 task2-2 文件夹内新建一个名称为 task2-2.html 的 HTML 文件。在 HTML 文件中编写页面结构代码，具体代码如下。

```
1    <!doctype html>
2    <html><head>
3    <meta charset="utf-8">
4    <title>新闻报道</title>
5    </head>
6    <body>
7    <img src="images/lide.jpg" alt=" 立德树人 " />
8    <p>
9        <em>导语</em>:<strong>华为自主研发的 5G 技术</strong>，无论是在核心技术领
域，还是在整体市场营收能力，都处于全球领先地位。在过去 2G、3G、4G 网络时代，欧美通信专利技
术占比较高。目前，我国的 5G 网络建设实现了全球领先，让国人率先用上了更加畅通的 5G 网络，也
使我国建成了全球最大的 5G 网络。<em>【详情】</em>
10   </p>
11   <ul>
12       <li>灵活性高 </li>
13       <li>移动性强 </li>
14       <li>高速率 </li>
15       <li>低延时 </li>
16       <li>连接数大 </li>
17   </ul>
18   <p>
19       <em>XXXX 媒体 </em>:实习编辑 <strong>王 XX</strong>
20   </p>
21   </body>
22   </html>
```

运行 task2-2.html，新闻报道页面结构如图 2-32 所示。

2. 添加 CSS 样式

使用 HTML 标签，得到了新闻报道页面的结构。要想实现效果图所示的样式，就需要使用 CSS 对文本进行控制。本案例使用实际工作中最常用的外链式引入 CSS 样式，步骤如下。

（1）新建 CSS 文件

新建一个 CSS 文件，命名为 task2-2.css，保存在 task2-2.html 所在的文件夹中。

（2）引入样式表文件

在 task2-2.html 文件的 <head> 头部标签内，<title> 标签之后，编写如下 CSS 代码，引入 task2-2.css。

```
<link rel="stylesheet" href="task2-2.
css" type="text/css" />
```

（3）添加类名

为页面中需要单独控制的标签添加相应的类名，具体代码如下。

图 2-32　新闻报道页面结构

```
<p>
    <em class="blue">导语</em>:<strong class="red">华为自主研发的 5G 技
术</strong>，无论是在核心技术领域，还是在整体市场营收能力，都处于全球领先地位。在过去
2G、3G、4G 网络时代，欧美通信专利技术占比较高。目前，我国的 5G 网络建设实现了全球领先，让
国人率先用上了更加畅通的 5G 网络，也使我国建成了全球最大的 5G 网络。<em class="blue">
【详情】</em>
    </p>
```

```
<p>
    <em class="blue">XXXX 媒体</em>。实习编辑 <strong class="red b">王
XX</strong>
    </p>
```

（4）书写 CSS 样式

书写 CSS 样式，具体代码如下。

```
@charset "utf-8";
/* CSS Document */
ul{
list-style:none;                    /*清除列表项目符号 */
list-style-image:url(images/shuren.png);
}
p{
font-size:16px;                     /*控制段落文本的字号 */
font-family:" 微软雅黑 ";            /*控制段落文本的字体 */
line-height:28px;                   /*控制段落文本的行高 */
```

```
text-indent:em;                    /* 控制段落文本首行缩进 */
}
.blue{color:#33F;}                 /* 特殊的蓝色文本 */
.red{color:#F00;}                  /* 特殊的红色文本 */
.money{font-size:26px;}            /* 名字的文本大小 */
```

刷新新闻报道页面，添加 CSS 样式的新闻报道页面如图 2-33 所示。

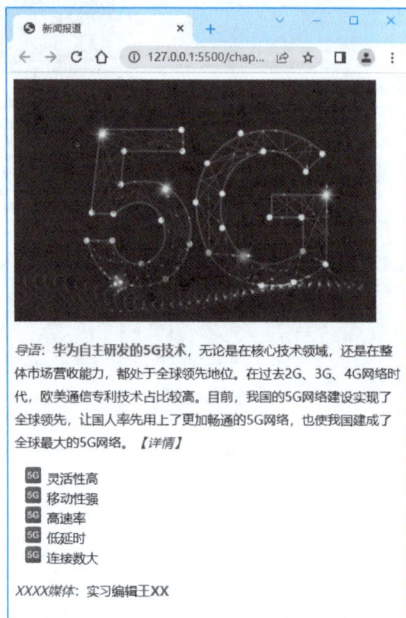

图 2-33　添加 CSS 样式的新闻报道页面

任务 2-3　搭建黑马知道页面

除了前面学习的 CSS 基础选择器外，在 CSS 中还包含一些复合选择器。这些复合选择器配合 CSS 层叠性、继承性和优先级可以制作一些复杂的网页样式。本任务将通过黑马知道案例详细讲解 CSS 复合选择器、CSS 层叠性和继承性的相关知识。黑马知道页面效果如图 2-34 所示。

实操微课 2-3：
任务 2-3　黑马
知道

图 2-34　黑马知道页面效果

■ 任务目标

知识目标	● 熟悉 CSS 层叠性，能够利用 CSS 层叠性设置差异化样式 ● 熟悉 CSS 继承性，能够利用 CSS 层叠性优化代码结构
技能目标	● 掌握 CSS 复合选择器的使用方法，可以快捷选择页面中的元素

■ 任务分析

根据效果图，可以将黑马知道页面按照搭建页面结构和添加 CSS 样式两部分进行制作，具体制作思路如下。

（1）搭建页面结构

黑马知道页面由标题和正文两部分构成，其中标题部分可以用 <h2> 标签进行定义，正文部分用两个 <p> 标签定义。对于特殊显示的文本"什么是有效学习""有效学习"等可使用文本格式化标签 <em> 进行定义。黑马知道结构如图 2-35 所示。

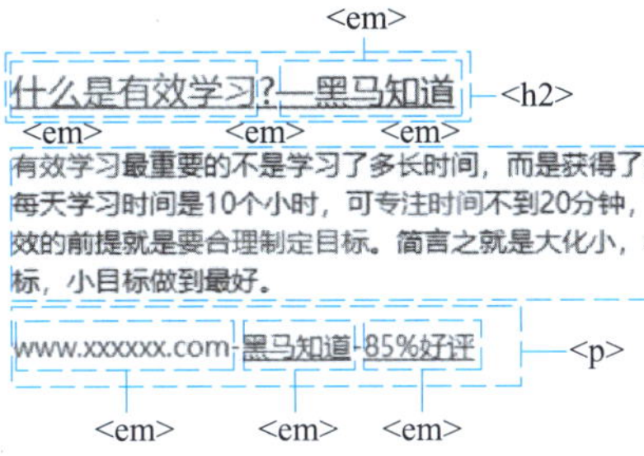

图 2-35　黑马知道结构图

（2）添加 CSS 样式

实现黑马知道页面样式的思路如下。

① 给 <body> 标签设置字体、字号及颜色样式。通过 CSS 的继承性使页面中的文本继承这些样式。

② 使用复合选择器选择样式特殊的文本，单独设置样式。

■ 知识储备

1. CSS 复合选择器

编写 CSS 样式表时，可以使用 CSS 基础选择器选中目标元素。但是在实际网站开发中，一个网页可能包含成千上万的元素，如果仅使用 CSS 基础选择器，是远远不够的。为此 CSS 提供了几种复合选择器，实现了更方便的选择功能。复合选择器是由两个或多个基础选择器，通过不同的方式组合而成的。在 CSS 中复合选择器包括标签交集选择器、并集选择器和后代选择器，具体介绍如下。

理论微课 2-8：
CSS 复合选择器

（1）交集选择器

交集选择器也被称为标签指定式选择器，可以为某些标签单独指定样式。交集选择器由两个基础选择器构成，其中第 1 个为标签选择器，第 2 个为类选择器或 id 选择器。交集选择器的两个选择器之间不能有空格，如 h3.special 或 p#one。

下面通过一个案例来进一步理解交集选择器的用法，如例 2-20 所示。

```
1   <!DOCTYPE html>
2   <html lang="en">
3   <head>
4   <meta charset="UTF-8">
5   <meta http-equiv="X-UA-Compatible" content="IE=edge">
6   <meta name="viewport" content="width=device-width,initial-scale=1.0">
7   <title> 交集选择器 </title>
8   <style type="text/css">
9       p{color:blue;}
10      .special{color:green;}
11      p.special{color:red;}        /* 交集选择器 */
12  </style>
13  </head>
14  <body>
15      <p> 段落文本（蓝色）</p>
16      <p class="special"> 段落文本（红色）</p>
17      <h3 class="special"> 标题文本（绿色）</h3>
18  </body>
19  </html>
```

在例 2-20 中，第 9~11 行代码定义了 <p> 标签、类选择器 .special 和交集选择器 p.special 的样式，分别控制段落文本和标题。其中，第 11 行代码用于设置文本显示为红色。

运行例 2-20，交集选择器效果如图 2-36 所示。

从图 2-36 可以看出，第 2 段文本变成了红色（red），第 3 段文本变成了绿色（green）。可见交集选择器 p.special 定义的样式仅仅适用于 <p class="special">，而不会影响使用了 .special 定义样式的其他标签。

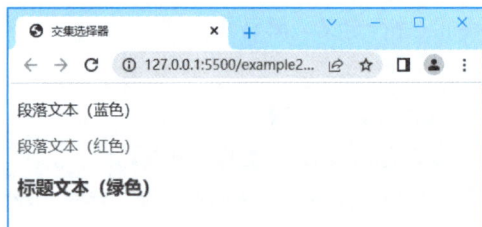

图 2-36　交集选择器效果

（2）并集选择器

并集选择器可以为多个标签统一设置相同的样式，从而避免代码的冗余。并集选择器是各个选择器通过逗号连接而成的。任何基础选择器，都可以作为并集选择器的一部分。如果某些基础选择器定义的样式相同，就可以利用并集选择器为这些基础选择器统一定义相同的样式。

例如，在页面中有 2 个标题和 3 个段落文本，它们的字号和颜色相同。其中一个标题和两个段落文本有下画线效果，这时就可以使用并集选择器定义 CSS 样式，如例 2-21 所示。

```
1   <!DOCTYPE html>
2   <html lang="en">
3   <head>
4   <meta charset="UTF-8">
5   <meta http-equiv="X-UA-Compatible" content="IE=edge">
6   <meta name="viewport" content="width=device-width,initial-scale=1.0">
7   <title> 并集选择器 </title>
8   <style type="text/css">
9       h2,h3,p{color:red;font-size:14px;}      /* 不同标签组成的并集选择器 */
```

```
10      h3,.special,#one{text-decoration:underline;}      /* 标签、类、id 组成的并集
选择器 */
11      </style>
12  </head>
13  <body>
14      <h2>2 级标题文本 </h2>
15      <h3>3 级标题文本 </h3>
16      <p class="special"> 段落文本 1</p>
17      <p> 段落文本 2</p>
18      <p id="one"> 段落文本 3</p>
19  </body>
20  </html>
```

在例 2-21 中，第 9 行代码使用由不同标签连接而成的并集选择器 h2, h3, p，控制所有标题和段落的字号和颜色。第 10 行代码使用由标签、类、id 连接而成的并集选择器 h3, .special, #one 定义文本的下画线效果。

运行例 2-21，并集选择器效果如图 2-37 所示。

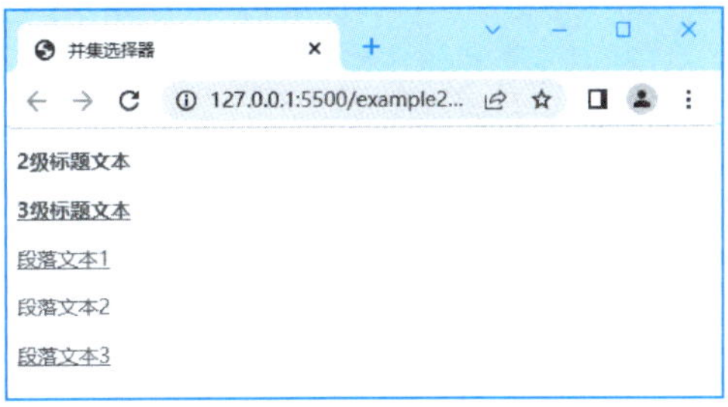

由图 2-37 可以看出，所有的标题文本和段落文本均显示为红色（red），固定大小字号。其中 3 级标题文本、段落文本 1、段落文本 3 都出现了下画线效果。可见使用并集选择器能实现标签选择器、类选择器、id 选择器定义的样式效果，并且使用并集选择器编写的 CSS 代码更简洁。

图 2-37　并集选择器效果

（3）后代选择器

后代选择器可以用来控制内部嵌套标签的样式。后代选择器的写法就是把外层标签写在前面，内层标签写在后面，外层标签和内层标签之间用空格分隔。当标签发生嵌套时，内层标签就成为外层标签的后代。

例如，当 <p> 标签内嵌套 <strong> 标签时，就可以使用后代选择器对其中的 <strong> 标签进行控制，如例 2-22 所示。

例 2-22　example22.html

```
1   <!DOCTYPE html>
2   <html lang="en">
3   <head>
4   <meta charset="UTF-8">
5   <meta http-equiv="X-UA-Compatible" content="IE=edge">
6   <meta name="viewport" content="width=device-width,initial-scale=1.0">
7   <title> 后代选择器 </title>
8   <style type="text/css">
9       p strong{color:red;}      /* 后代选择器 */
10      strong{color:blue;}
11  </style>
12  </head>
13  <body>
14      <p> 天下难事 ,<strong> 必作于易。</strong></p>
15      <strong> 天下大事 , 必作于细。</strong>
16  </body>
```

```
17   </html>
```

在例 2-22 中，第 14~15 行代码定义了两个 <strong> 标签。其中，第 14 行代码将第 1 个 <strong> 标签嵌套在 <p> 标签中。

运行例 2-22，后代选择器效果如图 2-38 所示。

由图 2-38 可以看出，第 2 行段落文字变为蓝色（blue）。可见后代选择器 p strong 定义的样式仅仅适用于嵌套在 <p> 标签中的 <strong> 标签，其他的 <strong> 标签不受影响。

图 2-38 后代选择器效果

后代选择器数量不受限制，如果需要加入更多的选择器，只需在选择器之间加上空格，按序排列即可。如例 2-22 中，如果 <strong> 标签中再嵌套一个 <em> 标签，要想控制这个 <em> 标签，就可以使用后代选择器 p strong em 选中 <em> 标签。

2. CSS 层叠性和继承性

层叠性和继承性是 CSS 的基本特征。在网页制作中，合理利用 CSS 的层叠性和继承性能够简化代码结构，提升网页代码的运行速度。下面将对 CSS 的层叠性和继承性进行详细讲解。

理论微课 2-9：
CSS 层叠性和
继承性

（1）层叠性

层叠性是指 CSS 样式具有相互叠加的特性。例如，当使用内嵌式 CSS 样式表定义 <p> 标签字号为 12 px，链入式 CSS 样式定义 <p> 标签颜色为红色，那么段落文本将显示字号为 12 px，颜色为红色，也就是说这两种样式产生了叠加。

下面通过一个案例更好地理解 CSS 的层叠性，如例 2-23 所示。

例 2-23 example23.html

```
1    <!DOCTYPE html>
2    <html lang="en">
3    <head>
4    <meta charset="UTF-8">
5    <meta http-equiv="X-UA-Compatible" content="IE=edge">
6    <meta name="viewport" content="width=device-width,initial-scale=1.0">
7    <title>CSS 层叠性 </title>
8    <style type="text/css">
9        p{font-size:18px;font-family:" 微软雅黑 ";}
10       .special{font-style:italic;}
11       #one{color:green;font-weight:bold;}
12   </style>
13   </head>
14   <body>
15       <p> 离离原上草，一岁一枯荣。</p>
16       <p class="special" id="one"> 野火烧不尽，春风吹又生。</p>
17   </body>
18   </html>
```

在例 2-23 中，第 15~16 行代码定义了 2 个 <p> 标签。第 9 行代码通过标签选择器统一设置段落的字号和字体，第 10~11 行代码通过类选择器和 id 选择器为第 2 个 <p> 标签单独定义字体风

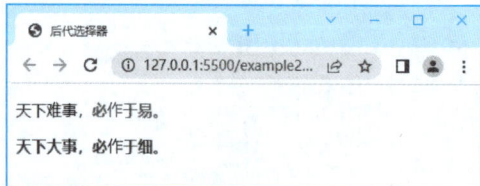

格、颜色、加粗效果。

运行例 2-23，CSS 层叠性效果如图 2-39 所示。

通过图 2-39 可以看出，第 2 段文本显示了标签选择器 p 定义的字体微软雅黑，id 选择器 #one 定义文本为绿色（green）、加粗效果，类选择器 .special 定义字体倾斜显示，可见这 3 个选择器定义的 CSS 样式产生了叠加。

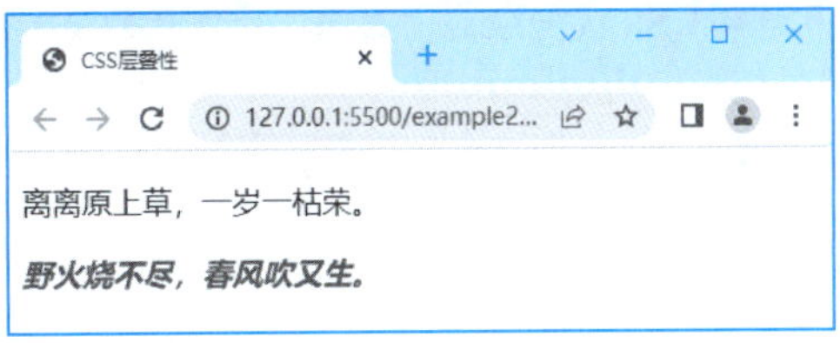

图 2-39　CSS 层叠性效果

（2）继承性

继承性是指书写 CSS 样式表时，子元素会继承父元素的某些样式。例如，定义主体标签 <body> 的文本颜色为黑色，那么页面中所有的文本都将显示为黑色，这是因为页面其他的标签都嵌套在 <body> 标签中，是 <body> 标签的子元素。这些子元素继承了父元素 <body> 的属性。

继承性非常有用，它使设计师不必在父元素的每个后代标签上添加相同的样式。如果设置的属性是一个可继承的属性，只需将它应用于父元素即可。例如下面的代码。

```
p,div,h1,h2,h3,h4,ul,ol,dl,li{color:black;}
```

上述代码也可写为：

```
body{color:black;}
```

使用 body 标签选择器直接控制的写法可以达到相同的控制效果，且代码更加简洁。

恰当地使用 CSS 继承性可以简化代码。但是在网页中如果所有元素都大量继承样式，判断样式的来源就会很困难。所以，在实际工作中，网页中通用的全局样式可以使用继承。例如，字体、字号、颜色、行距等可以在 body 标签选择器中统一设置，通过继承性控制文档中的文本样式。其他标签可以使用 CSS 选择器单独设置。

值得一提的是，并不是所有的 CSS 属性都有继承性，例如，下面这些属性就不具有继承性。

- 边框属性。
- 外边距属性。
- 内边距属性。
- 背景属性。
- 定位属性。
- 浮动属性。
- 宽度属性。
- 高度属性。

💡 **注意：**

标题标签有时不会采用 <body> 标签设置的字号，是因为标题标签自带默认字号样式，如果 <body> 标签设置字号过小，就会被标题标签覆盖。

3. CSS 优先级

定义 CSS 样式时，经常出现多个样式规则应用在同一标签上的情况。此时 CSS 就会根据样式规范的权重，优先显示权重最高的样式。CSS 优先级指的就是 CSS 样式规范的权重。在网页制作中，CSS 为每个基础选择器都指定了不同的权重，方便添加样式代码。为了深入理解 CSS 优先级，下面通过示例代码进行分析。CSS 样式代码如下。

理论微课 2-10：
CSS 优先级

```
p{ color:red;}                    /* 标签选择器指定样式 */
.blue{ color:green;}              /* 类选择器指定样式 */
#header{ color:blue;}             /*id 选择器指定样式 */
```

CSS 样式代码对应的 HTML 结构为下列代码。

```
<p id="header" class="blue">
帮帮我，我到底显示什么颜色?
</p>
```

在上面的示例代码中，使用不同的选择器对同一个标签设置文本颜色，这时浏览器会根据 CSS 选择器的优先级规则解析 CSS 样式。为了便于判断元素的优先级，CSS 为每一种基础选择器都分配了一个权重。

可以通过虚拟数值的方式为这些选择器匹配权重。假设标签选择器具有权重为 1，类选择器具有权重则为 10，id 选择器具有权重则为 100。这样 id 选择器 #header 就具有最大的优先级，因此文本显示为蓝色。

对于由多个选择器构成的复合选择器（并集选择器除外），其权重可以理解为这些基础选择器权重的叠加。例如，下面的 CSS 样式代码。

```
p strong{color:black}              /* 权重为 :1+1*/
strong.blue{color:green;}          /* 权重为 :1+10*/
.father strong{color:yellow}       /* 权重为 :10+1*/
p.father strong{color:orange;}     /* 权重为 :1+10+1*/
p.father .blue{color:gold;}        /* 权重为 :1+10+10*/
#header strong{color:pink;}        /* 权重为 :100+1*/
#header strong.blue{color:red;}    /* 权重为 :100+1+10*/
```

CSS 样式代码对应的 HTML 结构为下列代码。

```
<p class="father" id="header" >
<strong class="blue"> 文本的颜色 </strong>
</p>
```

这时，CSS 代码中的 #header strong.blue 选择器的权重最高，文本颜色将显示为红色。此外，在考虑权重时，还需要注意一些特殊的情况。

（1）继承样式的权重为 0

在嵌套结构中，不管父元素样式的权重多大，被子元素继承时，它的权重都为 0，也就是说子元素定义的样式会覆盖继承父元素的样式。

例如，下面的 CSS 样式代码。

```
strong{color:red;}
#header{color:green;}
```

CSS 样式代码对应的 HTML 结构如下。

```
<p id="header" class="blue">
<strong>继承样式不如自己定义的权重大</strong>
</p>
```

在上面的代码中，虽然 #header 具有权重 100，但被 <strong> 标签继承时权重为 0。而 strong 选择器的权重虽然仅为 1，但它大于继承样式的权重，所以页面中的文本显示为红色。

（2）行内样式优先

应用 style 属性的标签，其行内样式的权重非常高。换作虚拟权重数值，可以理解为权重值远大于 100。因此行内样式拥有比上面提到的选择器都高的优先级。

（3）权重相同时，CSS 的优先级遵循就近原则

靠近标签的样式具有最高的优先级，或者说按照代码排列上下顺序，当 CSS 样式写在头部时排在最下边的样式优先级最高。例如，下面为外部定义的 CSS 样式代码。

```
/*CSS 文档，文件名为 style_red.css*/
#header{color:red;}                    /* 外部样式 */
```

对应的 HTML 结构如下。

```
1   <title>CSS 优先级 </title>
2   <link rel="stylesheet" href="style_red.css" type="text/css"/>  /*引入外
部定义的 CSS 代码 */
3   <style type="text/css">
4       #header{color:gray;}                /* 内嵌式样式 */
5   </style>
6   </head>
7   <body>
8   <p id="header"> 权重相同时，就近优先 </p>
9   </body>
```

在上面的 HTML 代码中，第 2 行代码通过外链式引入 CSS 样式。该样式设置文本样式显示为红色。第 3~5 行代码通过内嵌式引入 CSS 样式，该样式设置文本样式显示为灰色。

上面的页面被解析后，段落文本将显示为灰色，即内嵌样式优先。这是因为内嵌样式比外链式样式更靠近 HTML 标签。同样的道理，如果同时引用两个外部样式表，则排在下面的样式表具有较高的优先级。如果此时将内嵌样式更改为。

```
p{color:gray;}                          /* 内嵌式样式 */
```

此时外链式的 id 选择器和嵌入式的标签选择器权重不同，#header 的权重更高，文字将显示为外部样式定义的红色。

（4）CSS 定义 !important 命令，会被赋予最高优先级

当 CSS 定义了 !important 命令后，将不再考虑权重和位置关系，使用 !important 的标签都具有最高优先级。例如，下面的示例代码。

```
#header{color:red!important;}
```

应用此样式的段落文本显示为红色，因为 !important 命令的样式拥有最高优先级。需要注意的是，!important 命令必须位于属性值和分号之间，否则无效。

　　复合选择器的权重为组成它的基础选择器权重的叠加，但是这种叠加并不是简单的数字之和。下面通过一个案例来具体说明，如例 2–24 所示。

例 2–24　example24.html

```
1   <!DOCTYPE html>
2   <html lang="en">
3   <head>
4   <meta charset="UTF-8">
5   <meta http-equiv="X-UA-Compatible" content="IE=edge">
6   <meta name="viewport" content="width=device-width,initial-scale=1.0">
7   <title>复合选择器权重的叠加</title>
8   <style type="text/css">
9       .inner{text-decoration:line-through;}   /*类选择器定义删除线，权重为10*/
10      div div div div div div div div div div div{text-decoration:underline;}
    /*后代选择器定义下画线，权重为 11 个 1 的叠加 */
11  </style>
12  </head>
13  <body>
14      <div>
15          <div><div><div><div><div><div><div><div>
16              <div class="inner">文本的样式</div>
17          </div></div></div></div></div></div></div></div>
18      </div>
19  </body>
20  </html>
```

　　在例 2–24 中，第 14~18 行代码共使用了 11 个 <div> 标签，它们层层嵌套。第 16 行代码对最里层的 <div> 标签定义类名 inner。第 9~10 行代码，使用类选择器和后代选择器分别定义最里层 <div> 标签的样式。此时浏览器中文本的样式到底如何显示呢？如果仅仅将基础选择器的权重相加，后代选择器 div 的权重为 11，大于类选择器 .inner 的权重 10，文本将添加下画线。

　　运行例 2–24，效果如图 2–40 所示。

　　在图 2–40 中，文本并没有像预期的那样添加下画线，而显示了类选择器 .inner 定义的删除线。可见无论在外层添加多少个 <div> 标签，复合选择器的权重无论为多少个标签选择器的叠加，其

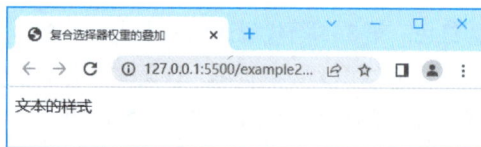

图 2–40　复合选择器权重的叠加

权重都不会高于类选择器。同理，复合选择器的权重无论为多少个类选择器和标签选择器的叠加，其权重都不会高于 id 选择器。

■ 任务实现

　　下面将根据任务分析，按照搭建页面结构、添加 CSS 样式的顺序完成页面制作。

1. 搭建页面结构

　　根据任务分析，使用相应的 HTML 标签来搭建网页结构。新建 task2-3 文件夹，在 task2-3 文件夹内新建一个名称为 task2-3.html 的 HTML 文件。在 HTML 文件中编写页面结构代码，具体代码如下。

```
1   <!doctype html>
2   <html>
3   <head>
4   <meta charset="utf-8">
5   <meta http-equiv="X-UA-Compatible" content="IE=edge">
6   <meta name="viewport" content="width=device-width,initial-scale=1.0">
7   <title> 黑马知道 </title>
8   </head>
9   <body>
10  <h2>
11      什么是有效学习 <em>? —黑马知道 </em>
12  </h2>
13  <p>
14      <em> 有效学习 </em> 最重要的不是学习了多长时间，而是获得了多少知识或者技能，如果
    每天学习时间是 10 个小时，可 <em> 专注时间 </em> 不到 20 分钟，那么日学习注定无效。有效的前
    提就是 <em> 要合理制定目标 </em>。简言之就是大化小，小变精。大目标变成小目标，小目标做到最好。
15  </p>
16  <p>
17  <em>www.xxxxxx.com</em>-<em> 黑马知道 </em>-<em>85% 好评 </em>
18  </p>
19  </body>
20  </html>
```

运行 task2-3.html，黑马知道结构如图 2-41
所示。

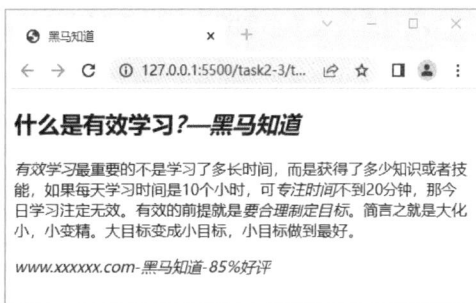

2. 添加 CSS 样式

下面使用 CSS 对黑马知道页面进行修饰，实
现图 2-34 所示效果。这里使用内嵌式 CSS 样式，
步骤如下。

（1）添加类名

图 2-41　黑马知道结构

```
1   <h2 class="header">
2       什么是有效学习 <em>? —黑马知道 </em>
3   </h2>
4   <p>
5       <em class="red"> 有效学习 </em> 最重要的不是学习了多长时间，可获得了多少知
    识或者技能，如果每天学习时间是 10 个小时，可 <em class="red"> 专注时间 </em> 不到 20 分钟，
    那今日学习注定无效。有效的前提就是 <em class="red"> 要合理制定目标 </em>。简言之就是大
    化小，小变精。大目标变成小目标，小目标做到最好。
6   </p>
7   <p>
8       <em class="green">www.xxxxxx.com</em>-<em class="gray"> 黑马知道 </em>-
    <em class="gray">85% 好评 </em>
9   </p>
```

（2）定义基础样式

```
body{font-family:' 微软雅黑 '; font-size:14px; color:#333;}    /* 全局控制 */
em{font-style:normal;}                                    /* 整体控制页面中的 em*/
```

（3）控制标题部分

```
.header{                        /* 控制标题 */
    font-size:18px;
    color:#D52D2D;
    text-decoration:underline;
    font-weight:normal;
}
.header em{                     /* 控制标题中的蓝色文本 */
    color:#2525D3;
    text-decoration:underline;
}
```

（4）控制文本

控制正文中的红色、绿色、灰色文本，CSS 代码如下。

```
.red{color:#D52D2D;}
.green{color:#167A16;}
.gray{
    color:#595959;
    text-decoration:underline;
}
```

刷新页面，黑马知道页面效果如图 2-42 所示。

图 2-42　黑马知道页面

任务 2-4　人物介绍

除了前面介绍的几种选择器外，在 CSS3 中还包含一些选择器，如结构化伪类选择器、伪元素选择器。使用这些选择器可以大幅度提高设计者编写和修改样式表的效率。本任务将通过人物介绍案例详细讲解结构化伪类选择器和伪元素选择器的用法。人物介绍页面效果如图 2-43 所示。

当鼠标指针悬浮于导航选项时，导航选项的文本颜色发生变化，且添加下画线效果。鼠标指针悬浮样式示例如图 2-44 所示。

当用鼠标指针单击导航选项后，会出现人物的相关介绍，例如，单击第 2 个导航选项，效果如图 2-45 所示。

实操微课 2-4：
任务 2-4　人物
介绍

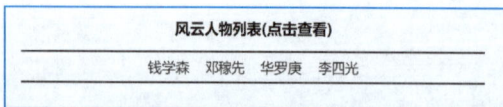

图 2-43　人物介绍页面效果 1

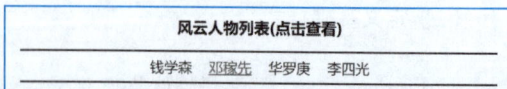

图 2-44　鼠标指针悬浮样式示例

图 2-45　单击第 2 个导航选项效果

任务目标

技能目标	• 掌握结构化伪类选择器的用法，能够使用结构化伪类选择器选择网页元素 • 掌握伪元素选择器的用法，能够使用伪元素选择器在网页中插入内容

任务分析

根据效果图，可以将人物介绍页面按照搭建页面结构和添加 CSS 样式两部分进行制作，具体制作思路如下。

（1）搭建页面结构

人物介绍页面由标题、导航栏及内容三部分组成。人物介绍页面结构示意图如图 2-46 所示。

在 HTML 结构页面中，可以使用标题标签 <h2> 定义标题，通过 <nav> 标签内部嵌套超链接标签 <a> 搭建导航结构，然后由定义列表标签 <dl> 定义内容部分，并为导航和内容设置锚点链接。同时为了设置某些特殊显示的文本可以通过嵌套 <em> 标签来定义。

（2）添加 CSS 样式

仔细观察效果图，可以发现页面中的

图 2-46　人物介绍页面结构示意图

标题、导航栏和内容均水平居中显示，这些样式可以使用 CSS 整体定义。其他样式可以按照由上到下的顺序分别定义。

① 定义导航栏中链接标签 <a> 的样式，包括访问前、访问后和鼠标指针悬停样式。

② 定义内容介绍部分，将页面加载完成时内容部分的显示状态设为隐藏，并统一设置内容部分的文字样式，文字前的小图标通过伪元素选择器定义。为了突出内容部分的文字效果，可以通过结构化伪类选择器搭配 <em> 标签进行定义。

③ 通过：target 选择器将链接到的内容设置为显示，从而实现单击导航选项时，显示该软件相对应的内容介绍信息。

■ 知识储备

1. 结构化伪类选择器

结构化伪类选择器可以根据 HTML 文档结构选择对应的标签，直接设置样式。在 CSS3 中增加了许多新的结构化伪类选择器，方便网页设计师精准地控制元素样式。常用的结构化伪类选择器有 :root 选择器、:not 选择器、:only-child 选择器、:first-child 选择器、:last-child 选择器等。下面将对这些常用的结构化伪类选择器做具体介绍。

理论微课 2-11：
结构化伪类
选择器

（1）:root 选择器

:root 选择器用于匹配文档根标签，在 HTML 中，根标签指的 <html> 标签。因此使用 :root 选择器定义的样式，对所有页面标签都生效。

下面通过一个案例对 :root 选择器的用法进行演示，如例 2-25 所示。

例 2-25　example25.html

```
1   <!DOCTYPE html>
2   <html lang="en">
3   <head>
4   <meta charset="UTF-8">
5   <meta http-equiv="X-UA-Compatible" content="IE=edge">
6   <meta name="viewport" content="width=device-width,initial-scale=1.0">
7   <title>:root 选择器 </title>
8   <style type="text/css">
9       :root{color:red;}
10      h2{color:blue;}
11  </style>
12  </head>
13  <body>
14      <h2>勇于探索，终将不凡 </h2>
15      <p> 从古至今，人类对宇宙的探索从未止步。只有对宇宙抱有探索欲，并为之付出脚踏实地的努力，我们才能更好地解答心中疑惑。</p>
16  </body>
17  </html>
```

在例 2-25 中，第 9 行代码使用 :root 选择器将页面中所有的文本设置为红色，第 10 行代码使用标签选择器将 <h2> 标签中的文本设置为蓝色，以覆盖第 9 行代码中设置的红色文本样式。

运行例 2-25，:root 选择器效果如图 2-47 所示。

如果不设置 <h2> 标签的字体颜色，仅仅使用 :root 选择器设置的样式（即删除第 10 行代码）:root 选择器效果如图 2-48 所示。

图 2-47　:root 选择器效果 1

图 2-48　:root 选择器效果 2

（2）:not 选择器

:not 选择器可以排除设置的标签或属性选择标签。例如，h3:not (.one) 会选取没有类名 .one 的 <h3> 标签。这样在使用 :not 选择器时可以进行差异化的样式设置。

下面通过一个案例具体演示 :not 选择器的用法，如例 2-26 所示。

例 2-26　example26.html

```
1   <!DOCTYPE html>
2   <html lang="en">
3   <head>
4   <meta charset="UTF-8">
5   <meta http-equiv="X-UA-Compatible" content="IE=edge">
6   <meta name="viewport" content="width=device-width,initial-scale=1.0">
7   <title>:not选择器 </title>
8   <style type="text/css">
9       p:not(.one){
10          color:orange;
11          font-size:20px;
12          font-family:" 宋体 ";
13      }
14  </style>
15  </head>
16  <body>
17      <h3>一切推理都需从观察与实践中得来 </h3>
18      <p>一切推理都需从观察与实践中得来 </p>
19      <p class="one">一切推理都需从观察与实践中得来 </p>
20      <p>一切推理都需从观察与实践得来 </p>
21      <strong>一切推理都需从观察与实践中得来 </strong>
22  </body>
23  </html>
```

在例 2-26 中，第 9~13 行代码使用 p:not (.one) 选择器为 class 属性值为 .one 之外的 <p> 标签设置样式。

运行例 2-26，:not 选择器效果如图 2-49 所示。

从图 2-49 中可以看出，第 2 段文本和第 4 段文本变成了橙色（orange）。第 3 段文本虽然使用 <p> 标签定义，但仍显示黑色。可见 p:not (.one) 选择器作用生效。需要注意的是，如果是排除标签，需要单独定义被排除标签的样式，否则 :not 选择器将为全部标签添加样式。下面通过一个案例做具体演示，如例 2–27 所示。

例 2–27　example27.html

```
1  <!DOCTYPE html>
2  <html lang="en">
3  <head>
4  <meta charset="UTF-8">
5  <meta http-equiv="X-UA-Compatible" content="IE=edge">
6  <meta name="viewport" content="width=device-width,initial-scale=1.0">
7  <title>:not 选择器 </title>
8  <style type="text/css">
9      :not(p){
10         color:orange;
11         font-size:20px;
12         font-family:" 宋体 ";
13     }
14 </style>
15 </head>
16 <body>
17     <h3> 一切推理都需从观察与实践中得来 </h3>
18     <p> 一切推理都需从观察与实践中得来 </p>
19     <p class="one"> 一切推理都需从观察与实践中得来 </p>
20     <p> 一切推理都需从观察与实践中得来 </p>
21     <strong> 一切推理都需从观察与实践中得来 </strong>
22 </body>
23 </html>
```

在例 2–27 中，第 9 行代码 :not (p) 用于选取除 <p> 标签之外的其他标签。

运行例 2–27，:not 选择器效果如图 2–50 所示。

图 2–49　:not 选择器效果 1

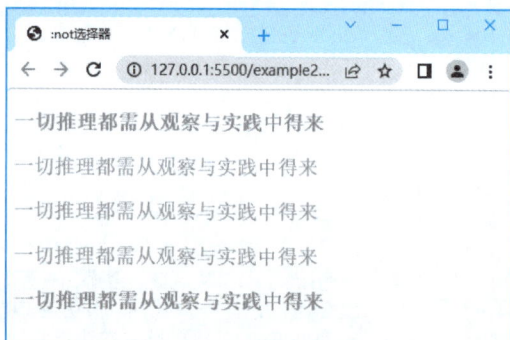

图 2–50　:not 选择器效果 2

通过图 2–50 可以看出，所有段落文字都变成橙色（orange），可见选择器为所有的标签都添加了样式。此时需要单独添加被 :not 选择器排除的 <p> 标签样式。例如在例 2–27 的第 8~9 行代码之间添加如下代码。

```
p{
    color:#000;
    font-size:12px;
}
```

保存文件，运行例 2-27，:not 选择器效果如图 2-51 所示。

通过图 2-51 可以看出，此时第 2~4 行段落文本显示黑色、较小字号，此时 :not 选择器设置样式生效。

（3）:only-child 选择器

:only-child 选择器用于选取父元素中的唯一子元素，也就是说，如果某个父元素仅有一个子元素，则使用 :only-child 选择器可以选择这个子元素。

图 2-51　:not 选择器效果 3

下面通过一个案例对 :only-child 选择器的用法进行演示，如例 2-28 所示。

例 2-28　example28.html

```
1   <!DOCTYPE html>
2   <html lang="en">
3   <head>
4   <meta charset="UTF-8">
5   <meta http-equiv="X-UA-Compatible" content="IE=edge">
6   <meta name="viewport" content="width=device-width,initial-scale=1.0">
7   <title>:only-child 选择器 </title>
8   <style type="text/css">
9       strong:only-child{color:red;}
10  </style>
11  </head>
12  <body>
13      <p>
14          <strong> 勇于探索 </strong>
15          <strong> 终将不凡 </strong>
16      </p>
17      <p>
18          <strong> 时代需要探索精神 </strong>
19      </p>
20      <p>
21          <strong> 世界需要探索精神 </strong>
22          <strong> 国家需要探索精神 </strong>
23          <strong> 社会需要探索精神 </strong>
24      </p>
25  </body>
26  </html>
```

在例 2-28 中，第 9 行代码使用了 :only-child 选择器 strong:only-child，选取 <p> 标签唯一子元素 <strong> 标签，并设置 <strong> 标签的文本颜色为红色。

运行例 2-28，:only-child 选择器效果如图 2-52 所示。

在图 2-52 中，第 2 段文本被设置为红色

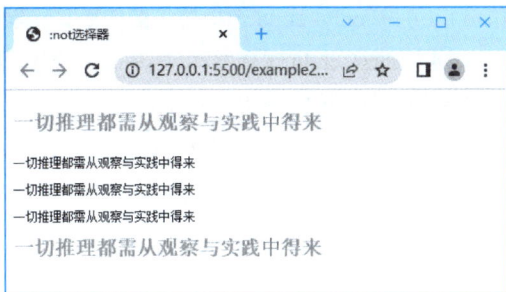

图 2-52　:only-child 选择器效果

（red），可见 :only-child 选择器只能选取父元素中的唯一一个子元素。

（4）:first-child 选择器和 :last-child 选择器

:first-child 选择器和 :last-child 选择器二者用法类似。:first-child 选择器用于选择父元素中的第 1 个子元素。:last-child 选择器用于选取父元素中的最后一个子元素。

下面通过一个案例来演示 :first-child 选择器和 :last-child 选择器的使用方法，如例 2-29 所示。

例 2-29　example29.html

```
1  <!DOCTYPE html>
2  <html lang="en">
3  <head>
4  <meta charset="UTF-8">
5  <meta http-equiv="X-UA-Compatible" content="IE=edge">
6  <meta name="viewport" content="width=device-width,initial-scale=1.0">
7  <title>:first-child选择器和 :last-child选择器</title>
8  <style type="text/css">
9     p:first-child{
10        color:pink;
11        font-size:16px;
12        font-family:" 宋体 ";
13     }
14     p:last-child{
15        color:blue;
16        font-size:16px;
17        font-family:" 微软雅黑 ";
18     }
19  </style>
20  </head>
21  <body>
22  <div>
23     <p>1.满招损，谦受益。</p>
24     <p>2.知人者智，自知者明。</p>
25     <p>3.敏而好学，不耻下问。</p>
26     <p>4.大道之行，天下为公。</p>
27     <p>5.锲而不舍，金石可镂。</p>
28  </div>
29  </body>
30  </html>
```

在 例 2-29 中， 第 9~13 行 代 码 使 用 p:first-child，为第 1 个 <p> 标签设置样式。第 14~18 行代码使用 p:last-child，为最后一个 <p> 标签设置样式。本案例中的父元素为 <div> 标签。

运行例 2-29，:first-child 选择器和 :last-child 选择器的效果如图 2-53 所示。

（5）:nth-child (n) 选择器和 :nth-last-child (n) 选择器

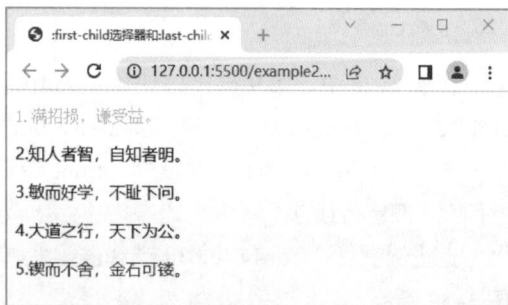

图 2-53　:first-child 选择器和 :last-child 选择器的效果

使用 :first-child 选择器和 :last-child 选择器可以选择父元素中第 1 个子元素和最后一个子元素，但是如果用户想要选择其他位置的子元素（例如，第 2 个或倒数第 2 个子元素）:first-child 选择器和 :last-child 选择器就不起作用了。为此，CSS3 引入了 :nth-child (n) 选择器和 :nth-last-child (n) 选择器，它们是 :first-child 选择器和 :last-child 选择器的扩展，可用于选择父元素中其他位置的子元素。

在 :nth-child (n) 选择器和 :nth-last-child (n) 选择器中，n 是一个用户自定义的属性值，用户可以直接将 n 设置为阿拉伯数字，即表示选取对应位置的子元素。例如，:nth-child (2) 即表示选取父元素中的第 2 个子元素。

在例 2-29 的基础上对 :nth-child (n) 选择器和 :nth-last-child (n) 选择器的用法进行演示，如例 2-30 所示。

例 2-30　example30.html

```
1   <!DOCTYPE html>
2   <html lang="en">
3   <head>
4   <meta charset="UTF-8">
5   <meta http-equiv="X-UA-Compatible" content="IE=edge">
6   <meta name="viewport" content="width=device-width,initial-scale=1.0">
7   <title>:nth-child(n) 选择器和 :nth-last-child(n) 选择器 </title>
8   <style type="text/css">
9       p:nth-child(2){
10          color:pink;
11          font-size:16px;
12          font-family:" 宋体 ";
13      }
14      p:nth-last-child(2){
15          color:blue;
16          font-size:16px;
17          font-family:" 微软雅黑 ";
18      }
19  </style>
20  </head>
21  <body>
22      <div>
23          <p>1. 满招损，谦受益。</p>
24          <p>2. 知人者智，自知者明。</p>
25          <p>3. 敏而好学，不耻下问。</p>
26          <p>4. 大道之行，天下为公。</p>
27          <p>5. 锲而不舍，金石可镂。</p>
28      </div>
29  </body>
30  </html>
```

在例 2-30 中，第 9~18 行代码分别使用选择器 p:nth-child (2) 和 p:nth-last-child (2)，选取父元素的第 2 个子元素和倒数第 2 个子元素，并为它们设置特殊的文本样式。

运行例 2-30，nth-child (n) 选择器和 nth-last-child (n) 选择器效果如图 2-54 所示。

（6）:first-of-type 选择器和 :last-of-type 选择器

:first-of-type 选择器和 :last-of-type 选择器均用于匹配父元素中特定类型的子元素。其

中 :first-of-type 选择器用于匹配父元素中第 1 个特定类型的子元素，:last-of-type 选择器用于匹配父元素中最后一个特定类型的子元素。

下面通过一个案例来对 :first-of-type 选择器和 :last-of-type 选择器的用法做具体演示，如例 2-31 所示。

例 2-31　example31.html

```
1   <!DOCTYPE html>
2   <html lang="en">
3   <head>
4   <meta charset="UTF-8">
5   <meta http-equiv="X-UA-Compatible" content="IE=edge">
6   <meta name="viewport" content="width=device-width,initial-scale=1.0">
7   <title>:first-of-type 选择器和 :last-of-type 选择器 </title>
8   <style type="text/css">
9       h2:last-of-type {color:#f09;}
10      p:first-of-type{color:#12ff65;}
11  </style>
12  </head>
13  <body>
14      <h2> 李四光 </h2>
15      <p> 科学工作者，对世界上的万事万物就是要问个为什么。</p>
16      <h2> 童第周 </h2>
17      <p> 科学世界是无穷的领域，人们应当勇敢去探索。</p>
18      <h2> 华罗庚 </h2>
19      <p> 科学的灵感，决不是坐等可以等来的。</p>
20      <h2> 李政道 </h2>
21      <p> 向还没有开辟的领域进军，才能创造新天地。</p>
22  </body>
23  </html>
```

在例 2-31 中，第 14~21 行代码设置了多个 <h2> 标签和 <p> 标签。第 9 行代码使用选择器 h2:last-of-type 为最后一个 <h2> 标签添加样式。第 10 行代码使用选择器 p:first-of-type 为第 1 个 <p> 标签添加样式。

运行例 2-31，:first-of-type 选择器和 :last-of-type 选择器效果如图 2-55 所示。

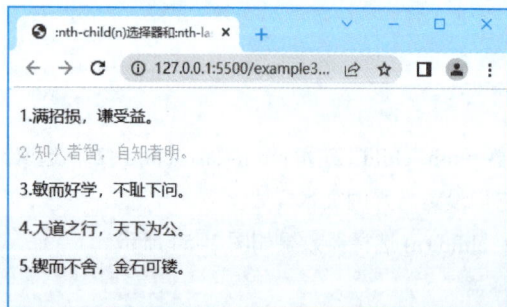

图 2-54　nth-child (n) 选择器和 nth-last-child (n) 选择器效果　图 2-55　:first-of-type 选择器和 :last-of-type 选择器

（7）:nth-of-type (n) 选择器和 :nth-last-of-type (n) 选择器

:nth-of-type (n) 选择器和 :nth-last-of-type (n) 选择器用于匹配属于父元素中特定类型的第 n 个子元素和倒数第 n 个子元素，n 的取值为阿拉伯数字。

下面通过一个案例对 :nth-of-type (n) 选择器和 :nth-last-of-type (n) 选择器的用法做具体演示，如例 2-32 所示。

例 2-32　example32.html

```
1   <!DOCTYPE html>
2   <html>
3   <head>
4   <meta charset="UTF-8">
5   <meta http-equiv="X-UA-Compatible" content="IE=edge">
6   <meta name="viewport" content="width=device-width,initial-scale=1.0">
7   <title>:nth-of-type(n) 选择器和 :nth-last-of-type(n) 选择器 </title>
8   <style type="text/css">
9       h2:nth-of-type(odd){color:#f09;}          /* 设置奇数行标题样式 */
10      h2:nth-of-type(even){color:#12ff65;}      /* 设置偶数行标题样式 */
11      p:nth-last-of-type(2){font-weight:bold;}
12  </style>
13  </head>
14  <body>
15      <h2> 李四光 </h2>
16      <p> 科学工作者，对世界上的万事万物就是要问个为什么。</p>
17      <h2> 童第周 </h2>
18      <p> 科学世界是无穷的领域，人们应当勇敢去探索。</p>
19      <h2> 华罗庚 </h2>
20      <p> 科学的灵感，决不是坐等可以等来的。</p>
21      <h2> 李政道 </h2>
22      <p> 向还没有开辟的领域进军，才能创造新天地。</p>
23  </body>
24  </html>
```

在例 2-32 中，第 9 行代码 h2:nth-of-type (odd){color:#f09;} 用于将所有奇数行 <h2> 标签的字体颜色设置为红色；第 10 行代码 h2:nth-of-type (even){color:#12ff65;} 用于将所有偶数行 <h2> 标签的字体颜色设置为绿色；第 11 行代码 p:nth-last-of-type (2){font-weight:bold;} 用于将倒数第 2 个 <p> 标签的字体加粗显示。

运行例 2-32，nth-of-type (n) 选择器和 nth-last-of-type (n) 选择器效果如图 2-56 所示。

从图 2-56 中可以看出，所有奇数行标题文本的字体颜色为红色（#f09），所有偶数行标题文本的字体颜色为绿色（#12ff65）。倒数第 2 个 <p> 标签定义的字体样式为粗体显示，和选择器设置的样式相符。

（8）:empty 选择器

:empty 选择器用来选择没有子元素或内容为空的所有标签。下面通过一个案例对 :empty 选择器的用法

图 2-56　nth-of-type（n）选择器和 nth-last-of-type（n）选择器效果

进行演示，如例 2-33 所示。

```
1   <!DOCTYPE html>
2   <html lang="en">
3   <head>
4   <meta charset="UTF-8">
5   <meta http-equiv="X-UA-Compatible" content="IE=edge">
6   <meta name="viewport" content="width=device-width,initial-scale=1.0">
7   <title>:empty 选择器 </title>
8   <style type="text/css">
9       p{
10          width:150px;
11          height:30px;
12      }
13      :empty{background-color:#999;}
14  </style>
15  </head>
16  <body>
17      <p> 探索未来 </p>
18      <p> 探索未来 </p>
19      <p> 探索未来 </p>
20      <p></p>
21      <p> 探索未来 </p>
22  </body>
23  </html>
```

在例 2-33 中，第 20 行代码定义空标签 <p>，第 11 行代码使用 :empty 选择器将页面中空标签的背景颜色设置为灰色。

运行例 2-33，:empty 选择器效果如图 2-57 所示。

从图 2-57 中可以看出，没有内容的 <p> 标签被添加了灰色（#999）背景色。

（9）:target 选择器

:target 选择器用于凸出显示当前活动的目标元素。只有用户单击页面中的超链接，并且跳转到 :target 选择器控制的元素后，:target 选择器所设置的样式才会起作用。

下面通过一个案例对 :target 选择器的用法进行演示，如例 2-34 所示。

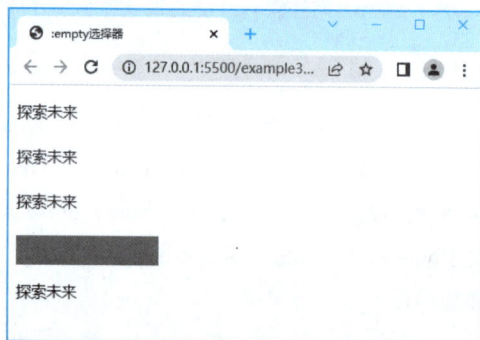

图 2-57　:empty 选择器效果

```
1   <!DOCTYPE html>
2   <html lang="en">
3   <head>
4   <meta charset="UTF-8">
5   <meta http-equiv="X-UA-Compatible" content="IE=edge">
6   <meta name="viewport" content="width=device-width,initial-scale=1.0">
```

```
7    <title>:target 选择器 </title>
8    <style type="text/css">
9        :target{background-color:#e5eecc;}
10   </style>
11   </head>
12   <body>
13       <h1> 这是标题 </h1>
14       <p><a href="#news1"> 跳转至内容 1</a></p>
15       <p><a href="#news2"> 跳转至内容 2</a></p>
16       <p> 请单击上面的超链接 ,:target 选择器会显示对应内容。</p>
17       <p id="news1"><b> 内容 1</b></p>
18       <p id="news2"><b> 内容 2</b></p>
19   </body>
20   </html>
```

在例 2-34 中，第 9 行代码用于为 :target 选择器指定背景颜色。当单击超链接时，链接到的内容将会被添加背景颜色效果。

运行例 2-34，:target 选择器效果如图 2-58 所示。

当单击"跳转至内容 1"时，效果如图 2-59 所示。

图 2-58　:target 选择器效果 1

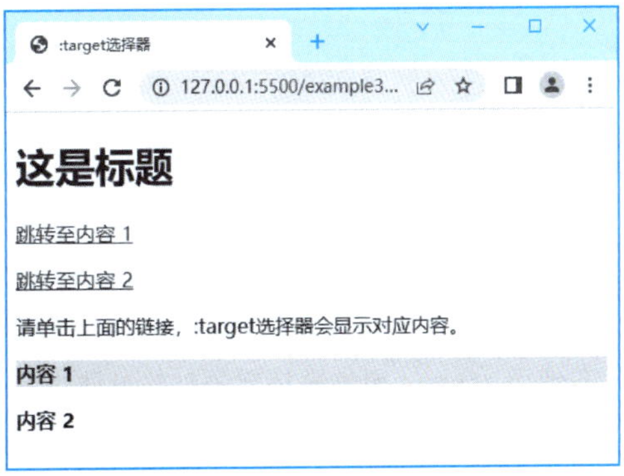

图 2-59　:target 选择器效果 2

在图 2-59 中，链接内容添加了背景颜色效果。

2. 伪元素选择器

伪元素选择器主要用来模拟 HTML 元素的效果，相当于在 HTML 元素中创建一个有内容的虚拟容器，从而在不增加 HTML 元素结构的情况下，设置对应的样式。本任务将重点介绍伪元素选择器常用的 :before 选择器和 :after 选择器。

理论微课 2-12：
伪元素选择器

（1）:before 选择器

:before 选择器用于在被选取标签的前面插入内容。在使用 :before 选择器时必须配合 content 属性来指定要插入的具体内容，其基本语法格式如下。

```
标签名称 :before
{
content: 文字/url();
}
```

在上述语法中，被选取标签位于 :before 之前，{ } 中的 content 属性用来指定要插入的具体内容，被插入的内容既可以为文字也可以为图片的 URL。

下面通过一个案例对 :before 选择器的用法进行演示，如例 2-35 所示。

例 2-35　example35.html

```
1   <!DOCTYPE html>
2   <html lang="en">
3   <head>
4   <meta charset="UTF-8">
5   <meta http-equiv="X-UA-Compatible" content="IE=edge">
6   <meta name="viewport" content="width=device-width,initial-scale=1.0">
7   <title>:before 选择器 </title>
8   <style type="text/css">
9       p:before{
10          content:" 勇于探索，终将不凡 ";
11          color:#c06;
12          font-size:20px;
13          font-family:" 微软雅黑 ";
14          font-weight:bold;
15      }
16      </style>
17  </head>
18  <body>
19      <p> 作为新世纪的青少年，尤其需要大胆的探索精神，我们只有迎接挑战，勇于探索，克
服困难，才能书写出中国新的篇章！ </p>
20  </body>
21  </html>
```

在例 2-35 中，第 9~15 行代码使用选择器 p:before 在段落文本前面添加内容。其中，第 10 行代码使用 content 属性来指定添加的具体内容。为了使插入效果更醒目，第 11~14 行代码设置了文本样式。

运行例 2-35，:before 选择器效果如图 2-60 所示。

（2）:after 选择器

:after 选择器用于在被选取元素的后面插入内容。使用方法与 :before 选择器相同。下面通过一个案例来做具体演示，如例 2-36 所示。

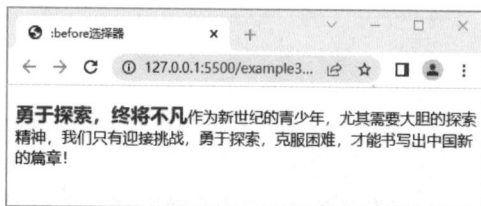

图 2-60　:before 选择器效果

例 2-36　example36.html

```
1   <!DOCTYPE html>
2   <html lang="en">
3   <head>
4   <meta charset="UTF-8">
5   <meta http-equiv="X-UA-Compatible" content="IE=edge">
6   <meta name="viewport" content="width=device-width,initial-scale=1.0">
7   <title>:after 选择器 </title>
8   <style type="text/css">
9       strong:after{content:url(images/1.png);}
```

```
10   </style>
11   </head>
12   <body>
13   <strong> 勇于探索 </strong>
14   </body>
15   </html>
```

在例 2-36 中，第 9 行代码 strong:after{content:url (images/1.png);} 用于在段落之后添加一张图片。

运行例 2-36，:after 选择器效果如图 2-61 所示。

需要注意的是，在 CSS3 中，规范了伪元素选择器的写法，用两个冒号来表示伪元素。即将 :before 改写为 ::before，将 :after 改写为 ::after。虽然二者都表示伪元素选择器，也都可以使用，但就目前情况来说 :before 和 :after 这种写法兼容性更好，::before 和 ::after 这种写法更规范。不过在 HTML5 和 CSS3 的页面开发中，建议遵循 CSS3 的规范要求，使用双冒号的写法表示伪元素选择器。

图 2-61　:after 选择器效果

多学一招　认识伪类和伪元素

在 HTML 学习中，经常出现伪类和伪元素的概念。那么伪类和伪元素又是什么呢？可以把伪类简单理解为不能被 CSS 获取到的抽象信息。例如，在图 2-62 中想要选择小明，可以直接通过名字（基础选择器）选中，也可以通过位置——第 2 排第 3 列的同学（伪类）选中。

同样在获取某个元素时，可以通过基础选择器直接获取该元素，但要获取第几个元素时（例如偶数行元素），是无法使用常规的 CSS 选择器获取的。例如，想要获取若干列表项的第 1 个元素，可以通过 :first-child 来获取，:first-child 就是一个伪类。使用伪类可以弥补选择器的不足。

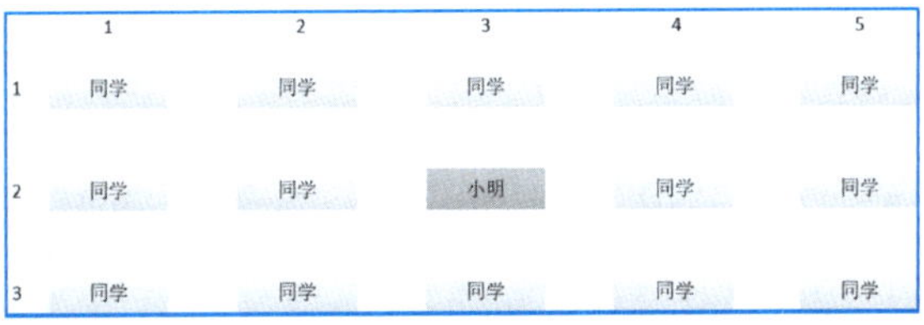

伪元素是依托现有元素，创建一个虚拟元素，可以为这个虚拟元素添加内容或样式。例如下面的 HTML 代码，为文本的第 1 个字母添加了 <span> 标签。

图 2-62　伪类图例

```
<p>
    <span class="first-letter">H</span>ello, World
</p>
```

可以通过指定类选择器的方式，为 HTML 文档中的第 1 个字母添加样式代码，具体代码如下。

```
.first-letter {
```

```
    color:red;
}
```

如果使用伪元素的话，可以不用设置专门的标签，将 HTML 代码改为如下样式。

```
<p>
    Hello, World
</p>
```

对应的 CSS 代码如下。

```
p:first-letter {
    color:red;
}
```

在上面的 CSS 代码中，:first-letter 就是一个伪元素，相当于为 H 字母设置了一个虚拟的标签，如 <span class="first-letter">H</span>。

■ 任务实现

下面将根据任务分析，按照搭建页面结构、添加 CSS 样式的顺序完成页面的制作。

1. 搭建页面结构

根据任务分析，使用相应的 HTML 标签来搭建网页结构。新建 task2-4 文件夹，在 task2-4 文件夹内新建一个名称为 task2-4.html 的 HTML 文件。在 HTML 文件中编写页面结构代码，具体代码如下。

```
1   <!DOCTYPE html>
2   <html lang="en">
3   <head>
4   <meta charset="UTF-8">
5   <meta http-equiv="X-UA-Compatible" content="IE=edge">
6   <meta name="viewport" content="width=device-width,initial-scale=1.0">
7   <title> 人物介绍 </title>
8   </head>
9   <body>
10  <h2> 人物介绍列表（单击查看）</h2>
11  <hr size="3" color="#5E2D00"  width="750px">
12  <nav>
13      <a href="#news1" class="one"> 钱学森 </a>
14      <a href="#news2" class="two"> 邓稼先 </a>
15      <a href="#news3" class="two"> 华罗庚 </a>
16      <a href="#news4" class="two"> 李四光 </a>
17  </nav>
18  <hr size="3" color="#5E2D00"  width="750px">
19  <dl id="news1">
20      <dt><img src="images/1.jpg"></dt>
21      <dd> 中国空气动力学家，中国科学院、中国工程院院士，<em> 中国 " 两弹一星 " 功勋奖章
获得者之一。</em></dd>
22      <dd> 为中国的导弹和航天计划作出过重大贡献，被誉为 <em>" 中国航天之父 " 和 " 火箭
之王 "。</em></dd>
23      <dd> 中国航天事业的奠基人，受人尊敬的科学家。</dd>
```

```
24        <dd> 在中国的发展和世界和平中发挥着重要作用的伟大科学家。</dd>
25    </dl>
26    <dl id="news2">
27        <dt><img src="images/2.jpg"></dt>
28        <dd> 著名核物理学家，中国科学院院士。<em>中国核武器理论研究工作的奠基者之一。</em>
</dd>
29        <dd> 为原子弹、氢弹原理的突破和试验成功及其武器化作出了重大贡献。</dd>
30        <dd> 为新的核武器重大原理突破和研制试验，作出了重大贡献。</dd>
31        <dd> 中国核武器研制与发展的主要组织者、领导者，<em> 被誉为 " 两弹元勋 "。</em></dd>
32    </dl>
33    <dl id="news3">
34        <dt><img src="images/3.jpg"></dt>
35        <dd> 中国著名数学家，<em> 中国科学院院士。</em></dd>
36        <dd> 中国解析数论、典型群、矩阵几何学、自守函数论与多元复变函数等方面研究的创始人与
奠基者。</dd>
37        <dd> 中国在世界上 <em> 最有影响的数学家之一。</em></dd>
38        <dd> 芝加哥科学技术博物馆中的 <em>88 位数学伟人之一。</em></dd>
39    </dl>
40    <dl id="news4">
41        <dt><img src="images/4.jpg"></dt>
42        <dd><em> 中国著名地质学家，</em> 毕业于英国伯明翰大学，获博士学位。</dd>
43        <dd> 首创地质力学，中国科学院院士。</dd>
44        <dd> 中国地质力学的创立者，中国现代地球科学和地质工作的主要领导人和奠基人之一。
</dd>
45        <dd>2009 年当选为 <em>100 位新中国成立以来感动中国人物之一。</em></dd>
46    </dl>
47    </body>
48    </html>
```

在 task2-4.html 中，第 11 行代码和第 18 行代码分别用于定义水平线，第 13~16 行代码用于为软件列表添加锚点链接。第 19~46 行代码用于定义图片和文字内容，其中 <dl> 标签用于定义所链接的内容介绍部分，图片内容嵌套在 <dt> 标签内部，文字内容嵌套在 <dd> 标签内部。

运行 task2-4.html，人物介绍结构效果如图 2-63 所示。

2. 添加 CSS 样式

搭建完页面的结构，接下来为页面添加 CSS 样式。下面采用从整体到局部的方式实现图 2-43 所示的效果，具体如下。

（1）定义基础样式

在定义 CSS 样式时，首先要清除浏览器默认样式，具体 CSS 代码如下。

图 2-63　人物介绍结构效果

```
/* 删除浏览器的默认样式 */
```

```
*{list-style:none;outline:none;}
/* 全局控制 */
body{font-family:" 微软雅黑 ";text-align:center;}
```

（2）定义 a 链接的样式

由于 a 链接的样式相统一，这里进行整体控制 a 链接样式，具体代码如下。

```
a{
text-indent:1em;
display:inline-block;
font-size:22px;
color:#5E2D00;
}
a:nth-child(1){text-indent:0;}  /* 设置第一个链接的首行缩进为 0 */
a:link,a:visited{text-decoration:none;}
a:hover{
text-decoration:underline;
color:#f03;
}
```

（3）整体控制内容部分

内容部分整体通过 <dl> 标签控制，当加载页面完成时显示效果为隐藏。此外文字内容前添加小图标，统一设置奇数行的文字颜色等，具体代码如下。

```
1   dl{display:none;}                           /* 内容隐藏 */
2   dd{
3       line-height:38px;
4       font-size:22px;
5       font-family:" 微软雅黑 ";
6       color:#333;
7       }
8   dd:before{content:url(images/11.png);}      /* 添加小图标 */
9   dd:nth-child(odd){color:#BDA793;}
10  dd:nth-child(2) em{
11      color:#f03;
12      font-weight:bold;
13      font-style:normal;
14      }
15  dd:nth-child(3) em{
16      color:#5E2D00;
17      font-weight:bold;
18      font-style:normal;
19      }
20  :target{display:block;}       /* 链接的内容显示 */
```

在上述代码中，第 1 行代码中的 display:none; 用于隐藏文本内容，第 20 行代码 display:block; 用于显示文本内容。

将 CSS 代码嵌入页面结构中，保存文件，刷新页面，页面显示效果如图 2-64 所示。

鼠标指针悬浮于导航选项时，页面显示效果如图 2-65 所示。

单击"钱学森"页面显示效果如图 2-66 所示。

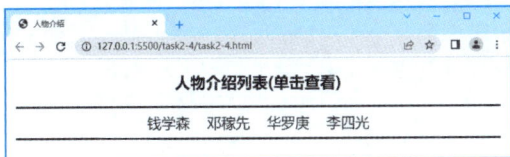

图 2-64　页面显示效果 1

图 2-65　页面显示效果 2

图 2-66　页面显示效果 3

项目小结

　　本项目首先讲解了 CSS 的基础知识，包括认识 CSS、CSS 样式规范、引入 CSS 样式表和 CSS 基础选择器。然后讲解了常用的 CSS 样式属性，包括字体样式属性、文本外观属性、列表样式属性、复合选择器、层叠性、继承性、优先级。最后讲解了 CSS 其他类型的选择器，包括结构化伪类选择器和伪元素选择器。

　　通过本项目的学习，能够充分理解使用 CSS 实现的结构与样式相分离的特性以及 CSS 样式的设置方法，可以熟练地使用 CSS 控制页面中内容显示样式。

课后练习

　　学习完前面的内容，下面来动手实践一下吧。

　　运用项目 2 所学知识，结合给出的素材，实现图 2-67 所示的图文混排效果。

图 2-67　图文混排效果

项目 3

运用盒子模型划分网页模块

PPT 项目3 运用盒子模型划分网页模块

教学设计 项目3 运用盒子模型划分网页模块

学 习 目 标

知识目标	● 熟悉盒子的基础知识，能够使用 \<div\> 标签和边框属性制作音乐模块案例。 ● 掌握盒子模型边距、宽度和高度属性的用法，能够使用这些属性制作用户中心模块案例。 ● 掌握背景属性的用法，能够使用各种背景属性制作代码拼合图片案例。 ● 掌握元素类型的相关知识，能够结合 \<span\> 标签制作图标导航栏案例。 ● 掌握颜色透明度、阴影和渐变的设置方法，能够完成相框案例。
项目介绍	盒子模型是网页布局的基础，只有掌握了盒子模型的各种规律和特征，才可以更好地控制网页中各个元素。项目中将详细讲解盒子模型的概念、盒子模型相关属性、元素类型、元素类型转换、\<div\> 标签、\<span\> 标签等知识，带领初学者运用盒子模型划分网页模块。

任务 3-1　制作音乐模块

在学习盒子模型之前，首先要对盒子模型有一个基本的认识。本任务将通过音乐模块案例带领初学者认识盒子模型，并掌握 <div> 标签和边框属性的用法。音乐模块效果如图 3-1 所示。

图 3-1　音乐模块效果

■ 任务目标

知识目标	• 熟悉盒子模型的概念，能够了解盒子模型的基本结构
技能目标	• 掌握 <div> 标签的用法，能够使用 <div> 标签搭建页面模块 • 掌握边框属性的用法，能够为网页元素设置不同的边框效果

■ 任务分析

根据效果图，可以将音乐模块按照搭建页面结构和添加 CSS 样式两部分进行制作，具体制作思路如下。

（1）搭建页面结构

在音乐模块案例中，整个音乐模块可以看作一个大盒子，使用 <div> 标签进行定义。大盒子上半部分为音乐缩略图，可以先定义一个 <div> 标签，然后在该 <div> 标签内部嵌套一个 <img /> 标签实现音乐缩略图效果。大盒子下半部分为文字内容，同样可以先定义一个 <div> 标签，然后在该 <div> 标签内部嵌套 <h2> 标签和 <p> 标签。音乐模块的结构如图 3-2 所示。

（2）添加 CSS 样式

实现音乐模块样式的思路如下。

图 3-2　音乐模块的结构

① 通过最外层的大盒子对音乐盒进行整体控制，需要对其设置宽度、高度、边框及文本居中等样式。

② 为图像添加圆角边框效果，使其显示为正圆形。

③ 设置文本模块中"祖国山河"的样式，主要控制其文本大小、字体、高、行高、边框。

④ 设置文本模块中"29548 人收听"的样式，主要控制其文本大小、颜色、高及行高。

■ 知识储备

1. 认识盒子模型

在浏览网站时，会发现网站页面的内容都是按照区域划分的。在网站页面中，每一块区域分别承载不同的内容，使得网站页面的内容虽然零散，但是在版式排列上依然清晰有条理。例如，图 3-3 所示的教育类网站页面。

理论微课 3-1：
认识盒子模型

在图 3-3 中，页面被划分为 2 个区域，页面内容全部放置在这 2 个区域中，这些承载内容的区域被称为盒子模型。盒子模型就是把 HTML 页面中的元素看作是一个方形的盒子，每个方形的盒子可以由内容、宽度（width）、高度（height）、内边距（padding）、边框（border）和外边距（margin）组成。

为了更形象地认识盒子模型，以生活中常见的手机盒子为例，分析盒子模型的构成。一个完整的手机盒子通常包含手机、填充泡沫和盛装手机的纸盒等。类比盒子模型结构如下。

- 内容：手机可以看作盒子模型的内容。
- 宽度和高度：手机盒子的宽度和高度代表盒子模型的宽度和高度。
- 内边距：填充泡沫可以看作盒子模型的内边距。
- 边框：纸盒的厚度可以看作盒子模型的边框。
- 外边距：当多个手机盒子放在一起时，它们之间的距离为盒子模型的外边距。

图 3-4 所示为手机盒子的结构划分。

网页中所有的盒子模型都是由图 3-4 所示的基本结构组成，并呈现出方形盒子效果。网页就是多个盒子嵌套排列的结果。

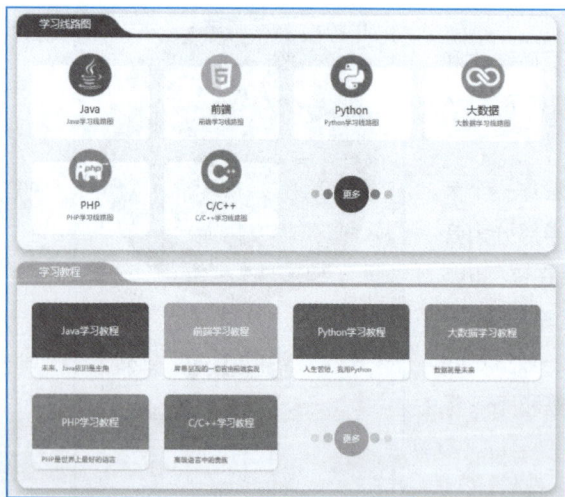

图 3-3　教育类网站页面

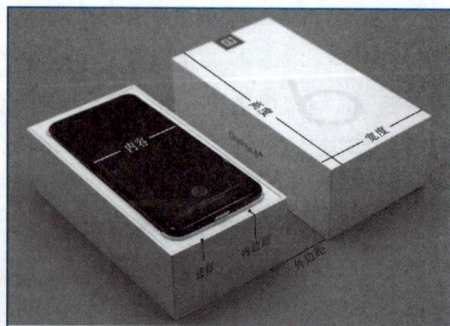

图 3-4　手机盒子的结构划分

需要注意的是，虽然盒子模型拥有内边距、边框、外边距、宽度和高度这些基本属性，但是并不要求每个元素都必须定义这些属性。

2. <div> 标签

理论微课 3-2：<div> 标签

div 英文全称为 division，中文为"分割、区域"。<div> 标签是 HTML 最基础的标签之一，通常用于划分网站页面的区域，完成网站页面的布局。

<div> 标签可以设置盒子模型的宽度、高度、内边距、边框以及外边距属性。还可以在 <div> 标签内部嵌套绝大多数的 HTML 标签，例如，段落标签、标题标签、表格标签、图像标签等。<div> 标签中也可以嵌套多层 <div> 标签，来划分更为复杂的网页结构。此外，<div> 标签还可以与 id、class 等属性结合，替代一些块级标签（例如 <nav> 标签、<footer> 标签），设置差异化的 CSS 样式。

下面通过一个简单的盒子模型案例演示 <div> 标签用法，如例 3-1 所示。

例 3-1 example01.html

```
1   <!DOCTYPE html>
2   <html lang="en">
3   <head>
4   <meta charset="UTF-8">
5   <meta http-equiv="X-UA-Compatible" content="IE=edge">
6   <meta name="viewport" content="width=device-width,initial-scale=1.0">
7   <title>div 标签 </title>
8   <style type="text/css">
9       .one{
10          width:600px;                    /* 设置宽度 */
11          height:50px;                    /* 设置高度 */
12          background:aqua;                /* 设置背景颜色 */
13          font-size:20px;                 /* 设置字体大小 */
14          font-weight:bold;               /* 设置字体加粗 */
15          text-align:center;              /* 设置文本内容水平居中对齐 */
16          }
17      .two{
18          width:600px;                    /* 设置宽度 */
19          height:100px;                   /* 设置高度 */
20          background:lime;                /* 设置背景颜色 */
21          font-size:14px;                 /* 设置字体大小 */
22          text-indent:2em;                /* 设置首行文本缩进 2 字符 */
23          }
24  </style>
25      </head>
26      <body>
27      <div class="one">
28          爱岗敬业，无私奉献
29      </div>
30      <div class="two">
31          <p> 青春在平凡的工作岗位上闪光。</p>
32      </div>
33      </body>
34      </html>
```

在例 3-1 中，第 27~29 行和第 30~32 行代码分别定义了 2 个 <div> 标签，其中第 2 个 <div>

标签中嵌套段落标签 <p>。第 27 行和第 30 行代码分别对 2 个 <div> 标签添加 class 属性，然后通过 CSS 代码控制 2 个 <div> 标签的宽度、高度、背景颜色和文字样式等。

运行例 3-1，<div> 标签效果如图 3-5 所示。

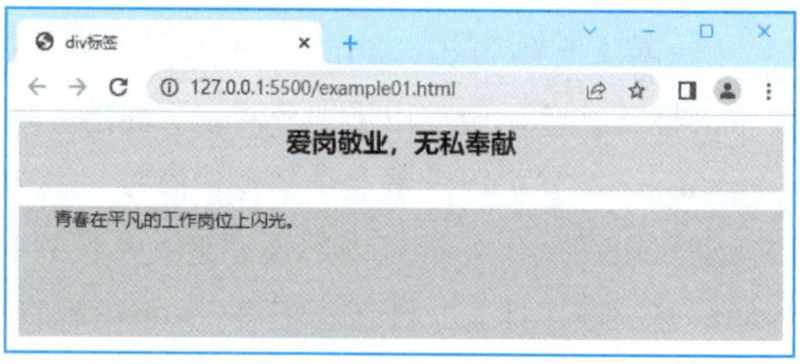

从图 3-5 中可以看出，通过对 <div> 标签设置相应的 CSS 样式实现了设置的样式效果。值得一提的是，<div> 标签通常会和浮动属性 float 配合，实现网页的布局，这就是常说的 DIV+CSS 网页布局。对于浮动和网页的布局这里了解即可，后面的章节将会详细介绍。此

图 3-5   <div> 标签效果

外，虽然 <div> 标签可以替代块级元素如 <h> 标签、<p> 标签等，但是它们在语义上有一定的区别。例如，<div> 标签和 <h2> 标签的不同在于 <h2> 标签具有特殊的含义，代表着标题，而 <div> 标签是一个通用的块级元素，用于网站页面布局。

3. 边框属性

边框属性是盒子模型的属性之一，用于给元素设置边框效果。在 CSS 中，边框属性包括边框样式属性、边框宽度属性、边框颜色属性、边框综合属性。同时为了进一步满足设计需求，CSS3 中还增加圆角边框属性、图片边框属性。表 3-1 列举常用的边框属性以及对应属性值。

表 3-1   常用的边框属性以及对应属性值

设置内容	样式属性	常用属性值
边框样式	border-style	none：无（默认） solid：单实线 dashed：虚线 dotted：点线 double：双实线
边框宽度	border-width	像素值
边框颜色	border-color	颜色的英文单词 十六进制颜色值 RGB 颜色值
边框综合属性	border	复合属性取值
圆角边框	border-radius	像素值或百分比数值
图片边框	border-images	复合属性取值

表 3-1 中列出了常用的边框属性，下面对表 3-1 中的属性和属性值进行具体讲解。

（1）边框样式（border-style）

边框样式指的是边框的显示效果，例如，实线边框、虚线边框等。在 CSS 属性中，border-style 属性用于设置边框样式。border-style 属性的基本语法格式如下。

理论微课 3-3：
边框属性-边框
样式（border-
style）

```
border-style:上边 [ 右边 下边 左边 ];
```

在上述语法格式中，上边、右边、下边、左边分别表示 4 条边框样式的属性值。设置边框样式时，必须按上、右、下、左的顺时针顺序设置边框样式的属性值，各属性值之间用空格分隔。其中第 1 个值代表上边框样式，第 2 个值代表右边框样式，第 3 个值代表下边框样式，第 4 个值代表左边框样式。

设置边框样式时既可以针对 4 条边分别设置，也可以统一设置 4 条边的样式。在统一设置 4 条边的样式时，可以按照值复制原则。所谓值复制原则，是指在设置属性值时，可以按既定规则，省略部分相同的属性值。在设置边框样式时，遵循的值复制原则如下。

- 设置 1 个属性值，代表 4 条边样式。
- 设置 2 个属性值，第 1 个属性值代表上边和下边，第 2 个属性值代表左边和右边。
- 设置 3 个属性值，第 1 个属性值代表上边，第 2 个属性值代表左边和右边，第 3 个值代表下边。

border-style 属性每一条边的属性值都相同，常用属性值有 4 个，分别用于定义不同的显示样式，具体如下。

- solid：边框样式为单实线。
- dashed：边框样式为虚线。
- dotted：边框样式为点线。
- double：边框样式为双实线。

例如，某个 <p> 标签上边为虚线（dashed），其他 3 条边为单实线（solid），可以使用 border-style 综合属性分别设置各边样式，示例代码如下。

```
p{borer-style:dashed solid solid solid;}
```

上述代码，按照值复制原则效果等同于。

```
p{borer-style:dashed solid solid;}
```

下面通过一个案例对边框样式属性进行演示。新建 HTML 页面，并在页面中添加标题和段落文本，然后通过边框样式属性控制标题和段落的边框效果，如例 3-2 所示。

例 3-2 example02.html

```
1   <!DOCTYPE html>
2   <html lang="en">
3   <head>
4   <meta charset="UTF-8">
5   <meta http-equiv="X-UA-Compatible" content="IE=edge">
6   <meta name="viewport" content="width=device-width,initial-scale=1.0">
7   <title>设置边框样式 </title>
8   <style type="text/css">
9       h2{border-style:double;}            /*4 条边框相同均为双实线 */
10      .one{border-style:dotted solid;} /* 上下边框为点线，左右边框为单实线 */
11      .two{border-style:solid dotted dashed;}  /* 上边框为实线、左右边框为点线、
下边框为虚线 */
12  </style>
```

```
13  </head>
14  <body>
15      <h2>爱岗敬业，无私奉献</h2>
16      <p class="one">段落1：当主人、创业绩，奉献在岗位上。</p>
17      <p class="two">段落2：奉献青春让我们用真诚的态度对待工作。</p>
18  </body>
19  </html>
```

在例 3-2 中，第 9~11 行代码。分别使用边框样式 border-style 设置标题和段落文本的边框样式。

运行例 3-2，设置边框样式效果如图 3-6 所示。

从图 3-6 可以看出，边框显示了既定的样式效果。需要注意的是，由于兼容性的问题，在不同的浏览器中点线 dotted 和虚线 dashed 的显示样式可能会略有差异。

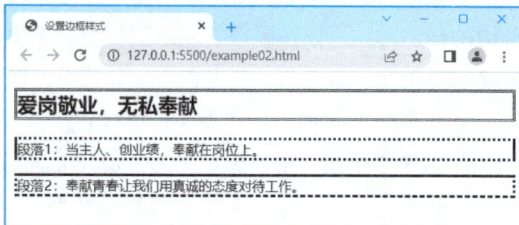

图 3-6　设置边框样式效果

理论微课 3-4：边框属性-边框宽度（border-width）

（2）边框宽度（border-width）

边框宽度指的是边框显示的粗细程度。在 CSS 中，border-width 属性用于设置边框的宽度，其基本语法格式如下。

```
border-width:上边 [右边 下边 左边];
```

在上述语法格式中，border-width 属性常用取值为像素值，单位为 px。border-width 属性值同样遵循值复制的原则，可以设置 1~4 个值，即 1 个值对应 4 条边框样式；2 个值对应上下和左右边；3 个值对应上、左右、下边；4 个值对应上、右、下、左边。

下面通过一个案例对边框宽度属性进行演示。新建 HTML 页面，并在页面中添加段落文本，然后通过边框宽度属性对段落进行控制，如例 3-3 所示。

例 3-3　example03.html

```
1   <!DOCTYPE html>
2   <html lang="en">
3   <head>
4   <meta charset="UTF-8">
5   <meta http-equiv="X-UA-Compatible" content="IE=edge">
6   <meta name="viewport" content="width=device-width,initial-scale=1.0">
7   <title>设置边框宽度</title>
8   <style type="text/css">
9       .one{border-width:3px;}
10      .two{border-width:3px 1px;}
11      .three{border-width:3px 1px 2px;}
12  </style>
13  </head>
14  <body>
15      <p class="one">奉献没有重量，却可以让人有泰山之重。</p>
16      <p class="two">奉献没有标价，却可以让人的心灵高贵。</p>
17      <p class="three">奉献没有体积，却可以让人的情绪高昂。</p>
```

```
18    </body>
19    </html>
```

在例 3-3 中，第 9~11 行代码对边框宽度属性分别定义了 1 个属性值、2 个属性值和 3 个属性值，来对比边框的变化。

运行例 3-3，设置边框宽度效果如图 3-7 所示。

在图 3-7 中，段落文本并没有显示设置的边框效果。这是因为在设置边框宽度时，必须同时设置边框样式，如果未设置样式或设置样式值为 none，则不论边框宽度值设置为多少，页面都不会显示边框效果。

在例 3-3 的 CSS 代码中，为 <p> 标签添加边框样式，代码如下。

```
p{border-style:solid;}    /*综合设置边框样式 */
```

保存 HTML 文件，刷新网页，效果如图 3-8 所示。

（3）边框颜色（border-color）

在 CSS3 中，border-color 属性用于设置边框的颜色，其基本语法格式如下。

理论微课 3-5：
边框属性-边框
颜色（border-
color）

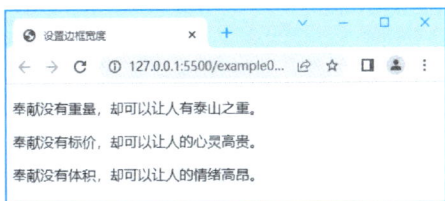

图 3-7 设置边框宽度效果 1

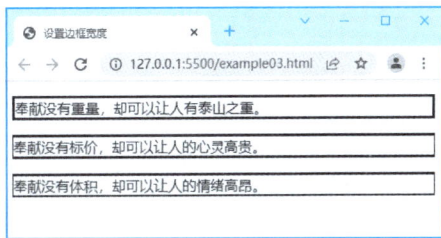

图 3-8 同时设置边框宽度和样式

```
border-color:上边 [ 右边 下边 左边 ];
```

在上述语法格式中，border-color 的属性值可为颜色的英文单词、十六进制颜色值 #RRGGBB 或 RGB 颜色值 rgb（r, g, b）。border-color 的属性值同样可以设置 1~4 个，遵循值复制的原则。

例如，设置段落的边框样式为实线，上下边框颜色为灰色，左右边框颜色为红色，代码如下。

```
p{
    border-style:solid;        /*综合设置边框样式 */
    border-color:#CCC #F00;    /*设置边框颜色 */
}
```

（4）综合设置边框（border）

使用 border-style、border-width、border-color 虽然可以实现丰富的边框效果，但是这种设置边框样式的方式，需要逐条编写代码，编写方式较为烦琐。为此 CSS 提供了边框综合属性——border，使用该属性可以在一行代码中直接设置边框的样式、宽度和颜色。border 属性的基本格式如下。

理论微课 3-6：
边框属性-综合
设置边框
（border）

```
border:样式 宽度 颜色;
```

在上述语法格式中，边框样式、宽度、颜色的顺序不分先后，可以只指定需要设置的边框属性，省略的属性将取默认属性值，但边框样式不能省略。

例如，将二级标题的边框设置为双实线、红色，宽度为3像素，代码如下。

```
h2{border:3px double red;}
```

当每一条边框样式都不相同，或者只需单独定义某一侧的边框时，可以使用单侧边框的综合属性 border-top、border-bottom、border-left 或 border-right 进行设置。例如单独定义段落的上边框，代码如下。

```
p{border-top:2px solid #CCC;}      /*定义上边框，各个值顺序任意 */
```

当4条边的边框样式都相同时，可以使用 border 属性进行综合设置。

像 border、border-top 等能够使用一个属性定义多种样式的属性，在 CSS 中称之为复合属性。复合属性在实际工作中经常会用到，它可以简化代码，提高页面的运行速度。常用的复合属性有 font、border、margin、padding 和 background 等。

了解 border 复合属性的用法后，下面使用 border 复合属性为标题和图像设置边框，如例3-4所示。

例3-4　example04.html

```
1   <!DOCTYPE html>
2   <html lang="en">
3   <head>
4   <meta charset="UTF-8">
5   <meta http-equiv="X-UA-Compatible" content="IE=edge">
6   <meta name="viewport" content="width=device-width,initial-scale=1.0">
7   <title>综合设置边框</title>
8   <style type="text/css">
9       h2{ /*单侧边框复合属性设置边框样式 */
10          border-top:3px dashed #F00;
11          border-right:10px double #900;
12          border-bottom:5px double #FF6600;
13          border-left:10px solid green;
14      }
15      .hua{border:15px solid #FF6600;}                /*border复合属性设置边框样式 */
16      </style>
17  </head>
18  <body>
19      <h2>在平凡的岗位也能做出不平凡的工作 </h2>
20      <img class="hua" src="images/hua.png" />
21  </body>
22  </html>
```

在例3-4中，第10~13行代码使用单侧边框复合属性为二级标题添加边框样式，使各侧边框显示不同样式。第15行代码使用复合属性 border 为图像设置4条相同的边框样式。

运行例3-4，综合设置边框效果如图3-9所示。

（5）圆角边框（border-radius）

在网页设计中，为了美化页面效果，经常会将边框设置为圆角样式。运用

理论微课3-7：
边框属性-圆角
边框（border-radius）

CSS3 中的 border-radius 属性可以将矩形边框圆角化。border-radius 属性的基本语法格式如下。

```
border-radius: 参数 1 / 参数 2
```

在上述语法格式中，border-radius 的属性值包含 2 个参数，它们的取值可以为像素值或百分比。其中"参数 1"表示圆角的水平半径，"参数 2"表示圆角的垂直半径，2 个参数之间用"/"分隔。

下面通过一个案例对 border-radius 属性的用法进行演示，如例 3-5 所示。

例 3-5 example05.html

```
1   <!DOCTYPE html>
2   <html lang="en">
3   <head>
4   <meta charset="UTF-8">
5   <meta http-equiv="X-UA-Compatible" content="IE=edge">
6   <meta name="viewport" content="width=device-width,initial-scale=1.0">
7   <title> 圆角边框 </title>
8   <style type="text/css">
9       img{
10      border:8px solid #75406a;
11      border-radius:100px/50px;   /* 设置水平半径为 100 像素，垂直半径为 50 像素 */
12      }
13  </style>
14  </head>
15  <body>
16      <img class="yuanjiao" src="images/tupian1.jpg" alt=" 圆角边框 " />
17  </body>
18  </html>
```

在例 3-5 中，第 11 行代码设置图片圆角边框的水平半径为 100 px，垂直半径为 50 px。运行例 3-5，圆角边框效果如图 3-10 所示。

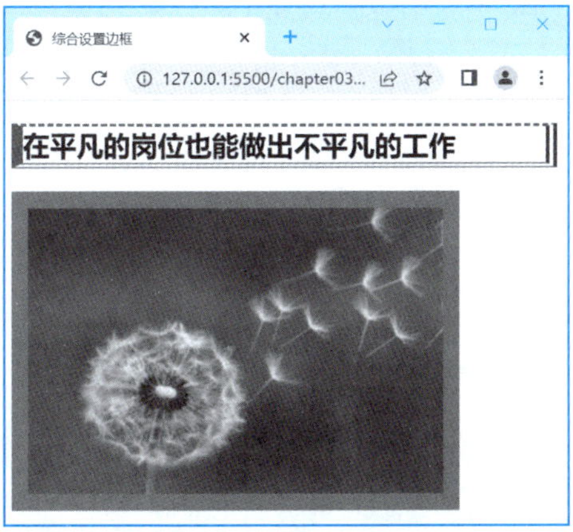

图 3-9 综合设置边框效果

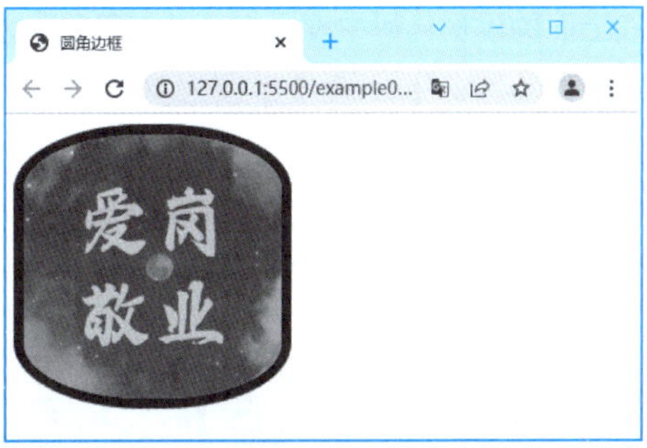

图 3-10 圆角边框效果 1

需要注意的是，在使用 border-radius 属性时，如果第 2 个参数省略，则会默认等于第 1 个参数。例如，将例 3-5 中的第 11 行代码替换为。

```
border-radius:50px;   /* 设置圆角半径为 50 像素 */
```

保存 HTML 文件，刷新页面，圆角边框效果如图 3-11 所示。

在图 3-11 中，圆角边框四角弧度相同，这是因为未定义"参数 2"（垂直半径）时，系统会将其取值设定为"参数 1"（水平半径）。值得一提的是，border-radius 属性同样遵循值复制的原则，其水平半径（参数 1）和垂直半径（参数 2）均可以设置 1~4 个参数值，用来表示四角的圆角半径大小，具体解释如下。

- 参数 1 和参数 2 设置 1 个参数值时，表式四角的圆角半径。
- 参数 1 和参数 2 设置 2 个参数值时，第 1 个参数值代表左上和右下圆角半径，第 2 个参数值代表右上和左下圆角半径，具体示例代码如下。

```
img{border-radius:50px 20px/30px 60px;}
```

在上面的示例代码中设置图像左上和右下圆角水平半径为 50 px，垂直半径为 30 px，右上和左下圆角水平半径为 20 px，垂直半径为 60 px。示例代码对应效果如图 3-12 所示。

图 3-11　圆角边框效果 2 　　　　图 3-12　2 个参数值的圆角边框

- 参数 1 和参数 2 设置 3 个参数值时，第 1 个参数值代表左上圆角半径，第 2 个参数值代表右上和左下圆角半径；第 3 个参数值代表右下圆角半径，具体示例代码如下。

```
img{border-radius:50px 20px 10px/30px 40px 60px;}
```

在上面的示例代码中设置图像左上圆角的水平半径为 50 px，垂直半径为 30 px，右上和左下圆角水平半径为 20 px，垂直半径为 40 px，右下圆角的水平半径为 10 px，垂直半径为 60 px。示例代码对应效果如图 3-13 所示。

- 参数 1 和参数 2 设置 4 个参数值时，第 1 个参数值代表左上圆角半径，第 2 个参数值代表右上圆角半径，第 3 个参数值代表右下圆角半径，第 4 个参数值代表左下圆角半径，具体示例代码如下。

```
img{border-radius:50px 30px 20px 10px/50px 30px 20px 10px;}
```

在上面的示例代码中设置图像左上圆角的水平垂直半径均为 50 px，右上圆角的水平和垂直半径均为 30 px，右下圆角的水平和垂直半径均为 20 px，左下圆角的水平和垂直半径均为 10 px。示例代码对应效果如图 3-14 所示。

当应用值复制原则设置圆角边框时，如果"参数 2"省略，则会默认等于"参数 1"的参数值。此时圆角的水平半径和垂直半径相等。例如，设置 4 个参数值的代码如下所示。

图 3-13　3 个参数值的圆角边框　　　　　图 3-14　4 个参数值的圆角边框

```
img{border-radius:50px 30px 20px 10px/50px 30px 20px 10px;}
```

可以简写为如下代码。

```
img{border-radius:50px 30px 20px 10px;}
```

值得一提的是，如果想要设置圆角边框显示效果为圆形，只需将第 11 行代码替换为如下代码。

```
img{border-radius:108px;}           /* 利用盒子宽度半径设置显示效果为圆形 */
```

或替换为如下代码。

```
img{border-radius:50%;}             /* 利用 % 设置显示效果为圆形 */
```

由于案例中盒子总的宽度和高度均为 216 px，所以图片的半径是 108 px。但使用百分比会比换算图片的半径更加方便。运行案例对应的效果如图 3-15 所示。

（6）图像边框（border-image）

在设置边框样式时，还可以使用自定义的图像作为边框。运用 CSS3 中的 border-image 属性可以轻松实现这个效果。border-image 属性是一个复合属性，内部包含 border-image-source、border-image-slice、border-image-width、border-image-outset 以及 border-image-repeat 属性。border-image 属性的基本语法格式如下。

图 3-15　圆角边框显示效果为圆形

```
border-image:border-image-source border-image-slice/
border-image-width/ border-image-outset border-image-repeat;
```

在上述语法格式中，border-image-slice、border-image-width 和 border-image-outset 用/分隔，其他属性用空格分隔，对上述语法中各属性的解释如表 3-2 所示。

理论微课 3-8：
边框属性-图像
边框（border-
image）

表 3-2   border-image 包含属性的解释

属性	描述	常用取值
border-image-source	指定图像的路径	url ()
border-image-slice	指定边框图像顶部、右侧、底部、左侧向内偏移量（可以简单理解为图像的裁切位置）	百分数
border-image-width	指定边框宽度	像素值
border-image-outset	指定边框图像向盒子外部延伸的距离（可以简单理解为边框图像和边框的距离）	阿拉伯数字
border-image-repeat	指定图像的填充方式	repeat（平铺）/stretch（拉伸）

下面通过一个案例来演示图片边框的设置方法，如例 3-6 所示。

例 3-6   example06.html

```
1   <!DOCTYPE html>
2   <html lang="en">
3   <head>
4   <meta charset="UTF-8">
5   <meta http-equiv="X-UA-Compatible" content="IE=edge">
6   <meta name="viewport" content="width=device-width,initial-scale=1.0">
7   <title>图片边框</title>
8   <style type="text/css">
9       p{
10          width:362px;
11          height:362px;
12          border-style:solid;
13          border-image-source:url(images/4.png); /*设置边框图像路径*/
14          border-image-slice:33%;        /*边框图像顶部、右侧、底部、左侧向内偏移量*/
15          border-image-width:40px;       /*设置边框宽度*/
16          border-image-outset:0;                 /*设置边框图像区域超出边框量*/
17          border-image-repeat:repeat;            /*设置图像填充方式为平铺*/
18      }
19  </style>
20  </head>
21  <body>
22      <p></p>
23  </body>
24  </html>
```

在例 3-6 中，第 12 行代码用于设置边框样式，如果想要正常显示图片边框，前提是先设置好边框样式，否则不会显示边框效果。第 13~17 行代码，通过设置图片、向内偏移量、边框宽度、超出边框量和填充方式定义了一个图片边框，图像素材如图 3-16 所示。

运行例 3-6，图像边框效果如图 3-17 所示。

对比图 3-16 和图 3-17 会发现，边框图片素材的四角位置，即数字 1、3、7、9 标示位置和盒子边框四角位置的数字是吻合的，也就是说在使用 border-image 属性设置边框图片时，会将素材分割成 9 个区域，即图 3-16 中所示的 1~9 数字。在显示时，将"1""3""7""9"作为四角位置的图片，将"2""4""6""8"作为四边的图片进行平铺，如果图片尺

图 3-16   图像素材

不够，则按照自定义的方式填充。而中间的"5"在切割时则被当作透明区域处理。

例如，将例 3-6 中第 17 行代码中图像的填充方式改为拉伸填充，具体代码如下。

```
border-image-repeat:stretch;          /*设置图像填充方式为拉伸 */
```

保存 HTML 文件，刷新页面，图像边框效果如图 3-18 所示。

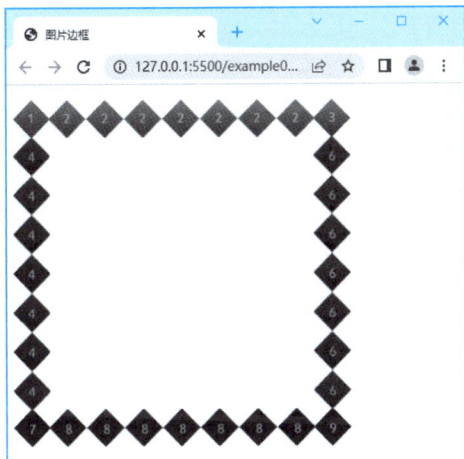

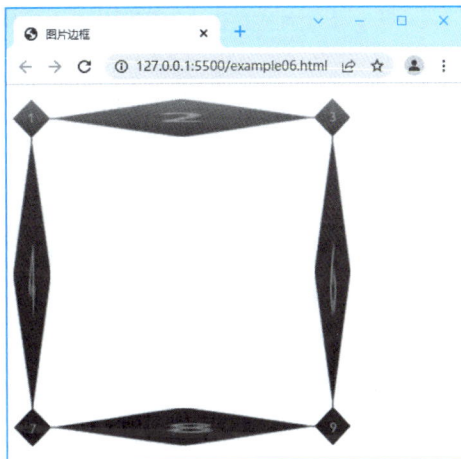

图 3-17　图像边框效果 1　　　　　　　　　图 3-18　图像边框效果

通过图 3-18 可以看出，"2""4""6""8"区域中的图片被拉伸填充边框区域。与边框样式和宽度相同，图像边框也可以使用综合属性设置样式。如例 3-6 中设置图案边框的第 13~17 行代码也可以简写为。

```
border-image:url(images/4.png) 33%/40px/0 repeat;
```

在上面的示例代码中，33% 表示边框的内偏移，40 px 表示边框的宽度，0 表示边框图像延伸距离，3 个属性需要用/隔开。

多学一招　轮廓属性的用法

使用轮廓属性会在元素周围绘制一条线框，该线框位于边框外围。轮廓属性设置的线框不会占用元素的空间，可以起到凸出元素的作用。表 3-3 列举了 CSS 的轮廓属性。

表 3-3　CSS 的轮廓属性

属性	描述	常用取值
outline-color	设置轮廓的颜色	颜色英文单位 十六进制颜色值
outline-style	设置轮廓的样式	dotted dashed solid double

续表

属性	描述	常用取值
outline-width	设置轮廓的宽度	像素值
outline	设置所有的轮廓属性	复合属性取值

表 3-3 中列举了 CSS 的轮廓属性，但在实际网页制作中。轮廓属性在 CSS 中应用较少，它主要在公共样式中用于清除浏览器默认的线框效果，具体代码如下。

```
outline:none;
```

■ 任务实现

下面将根据任务分析，按照搭建页面结构、添加 CSS 样式的顺序完成页面的制作。

1. 搭建页面结构

根据上面的分析，使用相应的 HTML 标签来搭建网页结构。新建 task3-1 文件夹，在 task3-1 文件夹内新建一个名称为 task3-1.html 的 HTML 文件。在 HTML 文件中编写页面结构代码，具体代码如下。

```
1   <!doctype html>
2   <html>
3   <head>
4   <meta charset="utf-8">
5   <meta http-equiv="X-UA-Compatible" content="IE=edge">
6   <meta name="viewport" content="width=device-width,initial-scale=1.0">
7   <title>音乐模块</title>
8   <link rel="stylesheet" href="task3-1.css" type="text/css">
9   </head>
10  <body>
11  <div class="all">
12      <div class="image">
13          <img src="images/music.jpg" alt="祖国山河 " />
14      </div>
15      <div class="text">
16          <h2 class="header">祖国山河</h2>
17          <p>29548 人收听</p>
18      </div>
19  </div>
20  </body>
21  </html>
```

运行 task3-1.html，音乐模块结构如图 3-19 所示。

2. 添加 CSS 样式

搭建完页面的结构，接下来为页面添加 CSS 样式。下面采用从整体到局部的方式实现页面效果，具体如下。

（1）整体控制最外层大盒子

```
.all{
```

```
        width:210px;
        height:300px;
        border:1px solid #E1E1E1;
        text-align:center;
    }
```

（2）分别控制图像和文本模块

```
1    img{border-radius:50%;}              /* 为图像设置圆角效果 */
2    .header{
3          font-size:18px;
4          font-family:" 微软雅黑 ";
5          height:40px;
6          line-height:40px;
7          border-bottom:1px dashed #E1E1E1;
8    }
9    .text p{
10         font-size:14px;
11         color:#CCC;
12         height:24px;
13         line-height:24px;
14   }
```

在上述代码中，第 1 行代码 border-radius 属性取值为 50% 时，图片将显示正圆形。第 7 行代码使用边框复合属性设置底部边框。

保存 HTML 文件，刷新页面，添加 CSS 样式的音乐模块效果如图 3-20 所示。

图 3-19　音乐模块结构

图 3-20　添加 CSS 样式的音乐模块效果

任务 3-2　制作用户中心页面

除了边框属性外，盒子模型还具有边距属性、宽度属性和高度属性。使用这些属性可以设置更为丰富的盒子模型样式。本任务将通过用户中心页面案例详细讲解内边距属性、外边距属性、宽度属性和高度属性。用户中心页面效果如图 3-21 所示。

实操微课 3-2：
任务 3-2　用户中心

■ 任务目标

技能目标	• 掌握内边距属性的用法，能够使用内边距属性设置元素和盒子边框的距离
	• 掌握外边距属性的用法，能够使用外边距属性设置盒子之间的距离
	• 掌握盒子宽度属性和高度属性的算法，能够计算盒子的实际宽度

任务分析

根据效果图，可以将用户中心页面按照搭建页面结构和添加 CSS 样式两部分进行制作，具体制作思路如下。

（1）搭建页面结构

用户中心页面可以看作一个大盒子，用 <div> 标签进行定义。大盒子的上面为图像，可以通过在 <div> 标签中嵌套 <img /> 标签来实现；大盒子的下面为用户资料，可通过在 <div> 标签中嵌套 <p> 标签来实现。用户中心页面的结构如图 3-22 所示。

图 3-21　用户中心
页面效果

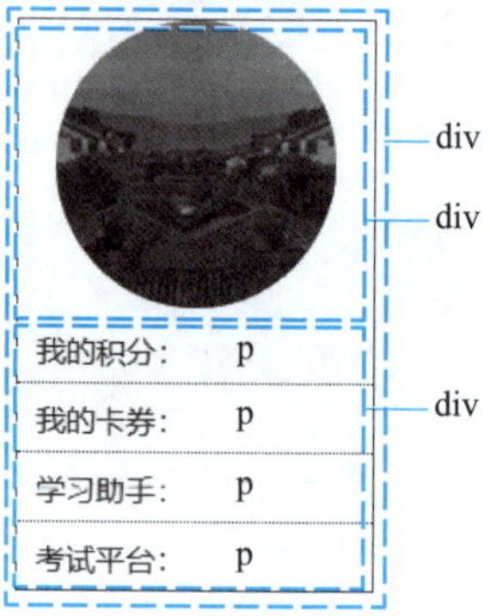

图 3-22　用户中心页面结构

（2）添加 CSS 样式

实现用户中心页面效果的思路如下。

① 控制最外层的大盒子，需要对其设置宽度、高度、字体、字号、外边距、边框等样式。

② 控制图像样式，需要对其设置圆角和外边距样式。

③ 控制信息文字样式，需要设置宽度、高度、行高、边框、内边距、外边距样式。

■ 知识储备

1. 内边距属性

为了调整内容在盒子中的显示位置，经常需要给元素设置内边距。内边距也被称为内填充，指的是元素内容与边框之间的距离。在 CSS 中 padding 属性用于设置内边距，和边框属性 border 一样，padding 属性也是复合属性。为元素添加内边距的设置方式如下。

理论微课 3-9：
内边距属性

```
padding：上内边距 [ 右内边距 下内边距 左内边距 ]；
```

在上面的设置中，padding 相关属性的取值可为 auto（默认属性值）、不同单位的数值、相对于父元素（或浏览器）宽度的百分比。在实际工作中 padding 属性最常用的属性值是像素值。padding 属性的属性值不能为负值。同边框相关属性一样，使用复合属性 padding 定义内边距时，必须按顺时针顺序采用值复制的原则（1 个值整体设置 4 边、2 个值设置上下、左右边，3 个值设置上、左右、下边）。

此外，也可以通过单边内边距属性精准设置元素某一边的内边距，设置方式如下。

```
padding-top: 上内边距；
padding-right: 右内边距；
padding-bottom: 下内边距；
padding-left: 左内边距；
```

在上面的设置中，单边属性 padding-top、padding-right、padding-bottom 和 padding-left 的取值和 padding 复合属性相同。

了解了内边距的相关属性，接下来通过一个案例来演示内边距属性的用法。新建 HTML 页面，在页面中添加一个图像和一段文本，然后使用 padding 相关属性，控制它们的显示位置，如例 3-7 所示。

例 3-7　example07.html

```
1   <!DOCTYPE html>
2   <html lang="en">
3   <head>
4   <meta charset="UTF-8">
5   <meta http-equiv="X-UA-Compatible" content="IE=edge">
6   <meta name="viewport" content="width=device-width,initial-scale=1.0">
7   <title>内边距属性</title>
8   <style type="text/css">
9       .border{border:5px solid #ccc;}              /* 为图像和段落设置边框 */
10      img{
11          padding:80px;                            /* 图像 4 个边的内边距相同 */
12          padding-bottom:0;                        /* 单独设置下边的内边距 */
13      }
14      p{padding:5%;}                               /* 段落内边距为父元素宽度的 5% */
15  </style>
16  </head>
17  <body>
18      <img class="border" src="images/padding_in.png" alt="内边距" />
19      <p class="border">段落内边距为父元素宽度的 5%。</p>
20  </body>
21  </html>
```

在例 3-7 中，第 10~14 行代码使用 padding 相关属性设置图像和段落的内边距，其中，第 14 行代码段落内边距使用百分比数值。第 11~12 行代码等价于 padding:80px 80px 0;。

运行例 3-7，内边距属性效果如图 3-23 所示。

通过图 3-23 可以看出，图片和段落文字都产生了内边距的效果。值得一提的是，由于段落文字的内边距设置为百分比数值，当改变浏览器窗口宽度时，段落文字的内边距会随之发生变化。

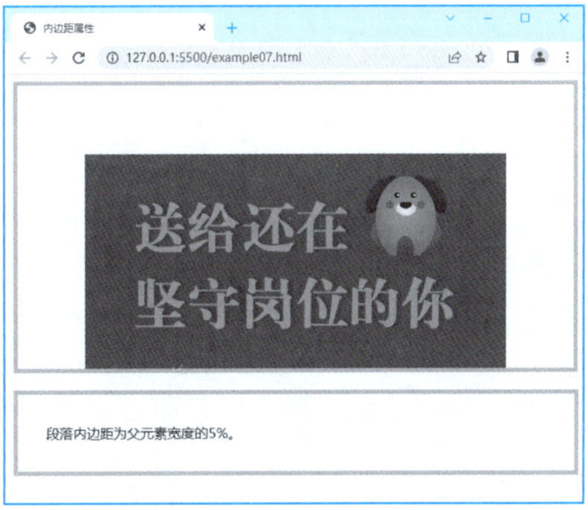

图 3-23　内边距属性效果

> 💡 **注意：**
> 　　内外边距属性值为百分比是相对于父元素宽度 width 的百分比，内边距随父元素 width 的变化而变化，和高度 height 无关。

2. 外边距属性

　　网页是由多个盒子排列而成的，要想拉开盒子与盒子之间的距离，合理地布局网页，就需要为盒子设置外边距。所谓外边距指的是相邻元素之间的距离。在 CSS 中 margin 属性用于设置外边距，它是一个复合属性，与内边距 padding 的用法类似，设置外边距的方法如下。

理论微课 3-10：外边距属性

```
margin: 上外边距 [ 右外边距  下外边距  左外边距 ];
```

　　在上面的设置方法中，margin 属性的取值遵循值复制的原则。和 padding 属性一样，margin 属性也可以设置 1~4 个属性值，代表不同边的外边距，但是外边距的属性值可以使用负值。当外边距设置为负值时，相邻元素会发生重叠。

　　当对块级元素应用宽度属性 width，并将左右外边距的属性值都设置为 auto，可使块级元素水平居中，实际工作中常用这种方式进行网页布局，示例代码如下。

```
.num{ margin:0 auto;}
```

　　此外，也可以通过单边外边距属性精准设置元素某一边的外边距，设置方式如下。

```
margin-top: 上外边距 ;
margin-right: 右外边距 ;
margin-bottom: 下外边距 ;
margin-left: 左外边距 ;
```

　　在上面的设置中，单边属性 margin-top、margin-right、margin-bottom 和 margin-left 的取值和 margin 复合属性相同。

　　了解外边距的相关属性后，下面通过一个案例来演示外边距属性的用法和效果。新建 HTML 页面，在页面中添加一个图像和一个段落，然后使用 margin 相关属性，对图像和段落进行排版，如例 3-8 所示。

例 3-8　example08.html

```
1   <!DOCTYPE html>
2   <html lang="en">
3   <head>
4   <meta charset="UTF-8">
5   <meta http-equiv="X-UA-Compatible" content="IE=edge">
6   <meta name="viewport" content="width=device-width,initial-scale=1.0">
7   <title> 外边距 </title>
8   <style type="text/css">
9       img{
10          border:5px solid #011d33;
11          float:left;                /* 设置图像左浮动 */
12          margin-right:50px;         /* 设置图像的右外边距 */
```

```
13        margin-left:30px;                    /* 设置图像的左外边距 */
14        /*上面两行代码等价于 margin:0 50px 0 30px;*/
15        }
16    p{text-indent:2em;}                      /* 段落文本首行缩进 2 字符 */
17  </style>
18  </head>
19  <body>
20    <img src="images/tupian2.png" alt="爱岗敬业" />
21    <p>爱岗敬业、无私奉献，让青春在平凡的工作岗位上闪光，这是对我们每个人在各自的岗
位上具备主人翁精神的基本要求，这也是一种 "当主人、创业绩、奉献在岗位上 " 的宽阔胸怀和崇高思想境界
的体现。何为敬业精神呢？就是一个人的事业心和责任感，说得更简单一点就是我们对待工作的态度</p>
22  </body>
23  </html>
```

在例 3-8 中，第 11 行代码使用浮动属性 float 将图像居左（浮动属性将在项目 4 详细讲解），而第 12 行和第 13 行代码设置图像的右外边距和左外边距分别为 50 px 和 30 px，使图像和段落文本之间拉开一定的距离，实现常见的排版效果。

运行例 3-8，外边距属性效果如图 3-24 所示。

通过图 3-24 可以看出，图像和段落文本之间拉开了一定的距离，实现了图文混排的效果。但是仔细观察效果图会发现，浏览器边界

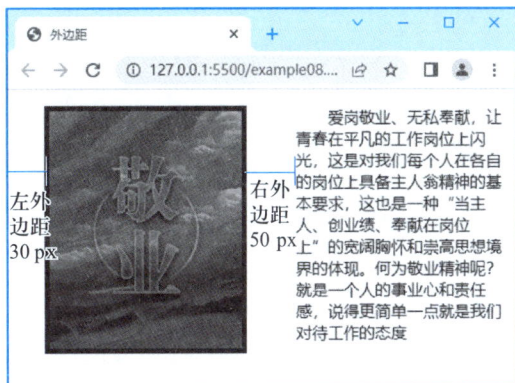

图 3-24　外边距属性效果

与网页内容之间也存在一定的距离，然而并没有对 <p> 标签或 <body> 标签应用内边距或外边距，可见这些标签默认就存在内边距和外边距样式。网页中默认存在内边距、外边距的标签有 <body> 标签、<h1>~<h6> 标签、<p> 标签等。

为了更方便地控制网页中的标签，制作网页时添加如下代码，即可清除标签默认的内外边距。

```
*{
    padding:0;              /*清除内边距 */
    margin:0;               /*清除外边距 */
}
```

注意：
如果没有明确定义标签的宽度和高度时，内边距比外边距的容错率高。

3. 盒子的宽与高

网页是由多个盒子排列而成的，每个盒子都有固定的大小，在 CSS 中使用宽度属性 width 和高度属性 height 可以对盒子的大小进行控制。width 和 height 的属性值可以为不同单位的数值或相对于父元素的百分比，实际工作中最常用的是像素值。

理论微课 3-11：
盒子的宽与高

下面通过 width 属性和 height 属性控制网页中的段落文本，如例 3-9 所示。

例 3-9　example09.html

```
1   <!DOCTYPE html>
2   <html lang="en">
3   <head>
4   <meta charset="UTF-8">
5   <meta http-equiv="X-UA-Compatible" content="IE=edge">
6   <meta name="viewport" content="width=device-width,initial-scale=1.0">
7   <title>盒子模型的宽度与高度</title>
8   <style type="text/css">
9       .box{
10          width:450px;                 /*设置段落的宽度*/
11          height:120px;                /*设置段落的高度*/
12          border:8px solid #00f;       /*设置段落的边框*/
13      }
14  </style>
15  </head>
16  <body>
17      <p class="box">奉献，就像是蒲公英的种子，随风飘散，落到哪里，就在哪里生根、成长。</p>
18  </body>
19  </html>
```

在例 3-9 中，第 10~11 行代码通过 width 属性和 height 属性分别控制段落文字的宽度和高度。第 12 行代码通过 border 属性为段落文字添加边框效果。

运行例 3-9，宽度属性和高度属性效果如图 3-25 所示。

在例 3-9 所示的盒子中，如果问盒子的宽度是多少，初学者可能会不假思索地回答 450 px。实际上这是错误的，因为 CSS 规范中，盒子的

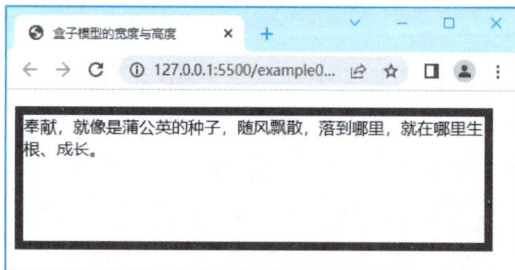

图 3-25　宽度属性和高度属性效果

width 属性和 height 属性仅指块级元素内容的宽度和高度，块级元素周围的内边距、边框和外边距是单独计算的。但浏览器都采用了 W3C 规范，盒子模型的宽度和高度按照以下原则计算。

- 盒子的宽度＝width 值＋左右内边距值＋左右边框宽度值＋左右外边距值
- 盒子的高度＝height 值＋上下内边距值＋上下边框宽度值＋上下外边距值

💡 注意：

宽度属性 width 和高度属性 height 仅适用于块级元素，对行内元素无效，但 <img /> 标签和 <input /> 标签除外。

■ 任务实现

下面将根据任务分析，按照搭建页面结构、添加 CSS 样式的顺序完成页面的制作。

1. 搭建页面结构

根据上面的分析，使用相应的 HTML 标签来搭建网页结构。新建 task3-2 文件夹，在 task3-2

文件夹内新建一个名称为 task3-2.html 的 HTML 文件。在 HTML 文件中编写页面结构代码，具体代码如下。

```
1  <!doctype html>
2  <html>
3  <head>
4  <meta charset="utf-8">
5  <meta http-equiv="X-UA-Compatible" content="IE=edge">
6  <meta name="viewport" content="width=device-width,initial-scale=1.0">
7  <title>用户中心</title>
8  </head>
9  <body>
10 <div class="all">
11    <div>
12       <img src="images/user.png" alt="用户图像" />
13    </div>
14    <div class="info">
15       <p>我的积分：</p>
16       <p>我的卡券：</p>
17       <p>学习助手：</p>
18       <p>考试平台：</p>
19    </div>
20 </div>
21 </body>
22 </html>
```

运行 task3-2.html，用户中心结构如图 3-26 所示。

2. 添加 CSS 样式

搭建完页面的结构后，接下来使用 CSS 对页面进行修饰。本任务采用从整体到局部的方式实现用户中心样式效果，具体如下。

（1）定义基础样式

```
/* 重置浏览器的默认样式 */
body,p,img{ padding:0; margin:0;
border:0;}
```

（2）整体控制最外层大盒子

```
/* 整体控制最外层大盒子 */
.all{
width:190px;
height:297px;
margin:50px auto;
font-family:"微软雅黑";
font-size:16px;
border:1px solid #2E3138;
}
```

图 3-26 HTML 结构页面效果

（3）控制图像样式

```
/* 控制图像样式 */
img{
border-radius:50%;
margin-left:20px;
}
```

（4）控制信息文字样式

```
1    /* 控制信息文字样式 */
2    .info p{
3        width:180px;
4        height:33px;
5        line-height:33px;
6        border-bottom:1px dotted #2E3138;
7        margin-top:2px;
8        padding-left:10px;
9    }
```

上面的代码用于控制"用户资料"模块中的段落文本。其中，第 7 行代码"margin-top:2px;"用于将每段文本拉开一定的距离。第 8 行代码"padding-left:10px;"用于使每段文本前都有一定的空间。

保存 HTML 文件，刷新页面，添加 CSS 样式的用户中心效果如图 3-27 所示。

图 3-27　添加 CSS 样式的用户中心效果

任务 3-3　制作背景拼图页面

网页能通过背景图像给人留下第一印象。例如，节日题材的网站一般采用喜庆祥和的图片来突出效果。所以在网页设计中，控制背景颜色和背景图像是一个重要环节。在 CSS 中提供了多种背景属性的设置方法。本任务将通过背景拼图页面案例详细讲解这些背景属性的设置方法。背景拼图页面效果如图 3-28 所示。

实操微课 3-3：
任务 3-3　背景
拼图

图 3-28　背景拼图页面效果

■ 任务目标

技能目标	● 掌握背景颜色的设置方法，能够为网页添加背景颜色 ● 掌握背景图像的设置方法，能够为网页添加背景图像 ● 掌握背景图像平铺的设置方法，能够为在网页中设置不同平铺方式的背景图像 ● 掌握背景图像位置的设置方法，能够在网页中更改背景图像的位置 ● 掌握固定背景图像的方法，能够在网页中固定背景图像 ● 掌握背景图像大小的设置方法，能够改变网页中背景图像的大小 ● 掌握设置背景显示区域的方法，能够在网页中调整背景的显示区域 ● 掌握背景区域的裁切方法，能够在网页中裁切背景 ● 掌握设置多重背景图像的方法，能够为网页添加多重背景图像 ● 掌握综合设置背景的方法，能够使用综合设置背景方式减少代码的冗余程度

■ 任务分析

根据效果图，可以将黑马知道页面按照搭建页面结构和添加 CSS 样式两部分进行制作，具体制作思路如下。

（1）搭建页面结构

背景拼图页面可以使用内外嵌套的两个 <div> 标签来定义。背景页面结构如图 3-29 所示

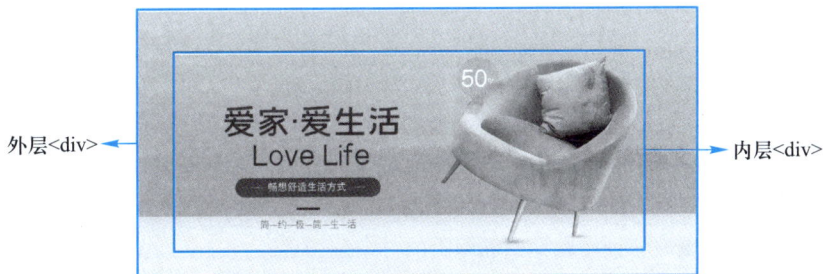

图 3-29　背景页面结构

（2）添加 CSS 样式

背景拼图页面的样式主要分为 2 个部分，具体制作思路如下。

① 给外面的 <div> 标签设置宽度、高度、背景图像等样式。需要注意的是，背景图像需要设置为沿水平方向平铺。

② 给里面的 <div> 标签设置宽度、高度、背景图像样式。需要注意的是，背景图像需要设置为不平铺，且距离外面盒子的左边和上边都有一定的距离。

■ 知识储备

1. 设置背景颜色

在 CSS 中，背景颜色使用 background-color 属性来设置，background-color 属性的取值与文本

颜色的取值一样，可使用颜色的英文单词、十六进制颜色值或 RGB 代码等。
background-color 属性的默认属性值为 transparent，即背景透明，这时设置背景
透明的子元素会透出其父元素的背景颜色。

理论微课 3-12：
设置背景颜色

　　了解了背景颜色属性 background-color，接下来通过一个案例来演
示其用法。新建 HTML 页面，在页面中添加标题和段落文本，然后通过
background-color 属性控制标题标签 <h2> 和主体标签 <body> 的背景颜色，如例 3-10 所示。

例 3-10　example10.html

```
1   <!DOCTYPE html>
2   <html lang="en">
3   <head>
4   <meta charset="UTF-8">
5   <meta http-equiv="X-UA-Compatible" content="IE=edge">
6   <meta name="viewport" content="width=device-width,initial-scale=1.0">
7   <title>设置背景颜色</title>
8   <style type="text/css">
9       body{background-color:#CCC;}        /*设置网页的背景颜色*/
10      h2{
11          font-family:" 微软雅黑 ";
12          color:#FFF;
13          background-color:#36C;          /*设置标题的背景颜色*/
14      }
15  </style>
16  </head>
17  <body>
18      <h2>热爱工作，具有奉献精神</h2>
19      <p> 奉献，就像是蒲公英的种子，随风飘散，落到哪里，就在哪里生根、成长，就会在哪里
开出美丽的金色小花，而我们的行动就像那传播种子的缕缕轻风，让我们拿出心中的热情，奉献我们
的青春，让我们用真诚的态度对待工作、对待生活、对待人生。</p>
20  </body>
21  </html>
```

　　在例 3-10 中，第 9 行代码和第 13 行代码通
过 background-color 属性分别控制标题和网页的
背景颜色。

　　运行例 3-10，设置背景颜色效果如图 3-30
所示。

　　在图 3-30 中，标题文字的背景颜色为蓝色
（#36C）。段落文字显示父元素 body 的背景颜色。
这是由于未对段落标签 <p> 设置背景颜色，其默
认属性值为 transparent（显示透明色），所以段落
文字将显示其父元素的背景颜色。

图 3-30　设置背景颜色效果

2. 设置背景图像

　　在网页设计中，不仅可以设置背景颜色，还可以设置背景图像。使用 CSS
中的 background-image 属性可以为网页设置背景图像。

　　以例 3-10 为基础，准备一张背景图像素材，如图 3-31 所示，将背景图

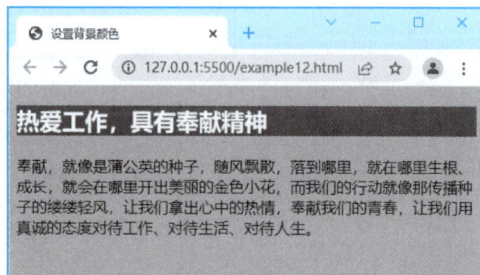

理论微课 3-13：
设置背景图像

像素材放置在 images 文件夹内，然后更改 <body> 标签的 CSS 样式代码。

```
body{
    background-color:#CCC;                    /* 设置网页的背景颜色 */
    background-image:url(images/bg.png);      /* 设置网页的背景图像 */
}
```

保存 HTML 页面，刷新网页，设置背景图像的效果如图 3-32 所示。

图 3-31 背景图像素材   图 3-32 设置背景图像的效果

通过图 3-32 可以看出，背景图像自动沿着水平和竖直两个方向平铺，充满整个页面，并且覆盖了部分 <body> 标签的背景颜色。

3. 设置背景图像平铺

默认情况下，背景图像会自动向水平和竖直两个方向平铺。如果不希望图像平铺，或者只沿着一个方向平铺，可以通过 background-repeat 属性来控制，该属性的取值如下。

理论微课 3-14：
设置背景图像
平铺

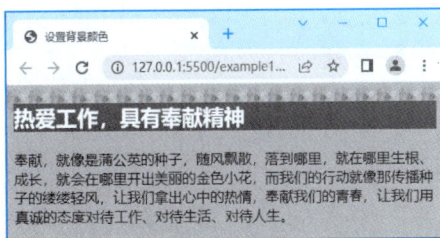

- repeat：沿水平和竖直两个方向平铺（默认属性值）。
- no-repeat：不平铺（图像位于元素的左上角，只显示一次）。
- repeat-x：只沿水平方向平铺。
- repeat-y：只沿竖直方向平铺。

例如，希望例 3-10 中的图像只沿着水平方向平铺，可以将 <body> 标签的 CSS 样式代码更改为如下代码。

```
body{
    background-color:#CCC;                    /* 设置网页的背景颜色 */
    background-image:url(images/bg.png);      /* 设置网页的背景图像 */
    background-repeat:repeat-x;               /* 设置背景图像的平铺 */
}
```

保存 HTML 页面，刷新页面，设置背景图像平铺效果如图 3-33 所示。

在图 3-33 中，图像只沿着水平方向平铺，背景图像覆盖的区域显示背景图像，背景图像没有覆盖的区域按照设置的背景颜色显示。可见当背景图像和背景颜色同时存在时，背景图像优先显示。

图 3-33 设置背景图像平铺效果

4. 设置背景图像的位置

如果将背景图像的平铺属性 background-repeat 的属性值定义为 no-repeat，背景图像将显示在元素的左上角位置。如果想要自由控制背景图像的位置，可以使用 CSS 中的 background-position 属性。background-position 属性用于精确元素的位置，其语法格式如下。

```
background-position: 属性值 1  属性值 2;
```

在上述语法格式中，background-position 属性的属性值可以设置 1~2 个，中间用空格隔开。当设置两个属性值时，"属性值 1"表示背景图像水平位置，"属性值 2"表示背景图像垂直位置。如果只设置一个属性值，表示背景图像垂直位置和水平位置一致。

background-position 属性的取值有多种，具体介绍如下。

（1）使用不同单位的数值

最常用的是像素值，可以使用像素值直接设置图像左上角在元素中的水平坐标和垂直坐标，例如，"background-position:20px 20px;"。

（2）使用方位名词

通过方位的英文单词指定背景图像在元素中的对齐方式，具体介绍如下。

① 水平方向值：left、center、right。

② 垂直方向值：top、center、bottom。

当使用方位名词作为属性值时，两个方位名词的顺序任意，若只有一个方位名词则另一个默认和前一个方位名词一致，例如下面的示例。

```
center 等价于 center center ( 水平和垂直均居中显示 )
top 等价于 top center 或 center top ( 水平居中、垂直居上 )
```

（3）使用百分比。按背景图像和元素的指定点对齐。

① 0% 0%：表示图像左上角与元素的左上角对齐。

② 50% 50%：表示图像 50% 50% 中心点与元素 50% 50% 的中心点对齐。

③ 20% 30%：表示图像 20% 30% 的点与元素 20% 30% 的点对齐。

④ 100% 100%：表示图像右下角与元素的右下角对齐。

如果取值只有一个百分数，将作为水平值，垂直值则默认为 50%。

了解了 background-position 属性的用法，下面通过一个案例做具体演示。为页面设置一个背景图像，背景图像平铺方式为不平铺，如例 3-11 所示。

理论微课 3-15：设置背景图像的位置

例 3-11　example11.html

```
1   <!DOCTYPE html>
2   <html lang="en">
3   <head>
4   <meta charset="UTF-8">
5   <meta http-equiv="X-UA-Compatible" content="IE=edge">
6   <meta name="viewport" content="width=device-width,initial-scale=1.0">
7   <title> 设置背景图像的位置 </title>
8   <style type="text/css">
9       body{
```

```
10          background-image:url(images/leifeng.png);  /* 设置网页的背景图像 */
11          background-repeat:no-repeat;                /* 设置背景图像不平铺 */
12      }
13  </style>
14  </head>
15  <body>
16      <h2> 爱岗敬业，乐于奉献 </h2>
17      <p> 当我们把爱岗敬业当作人生追求的一种境界时，我们就会在工作上少一些计较，多一
些奉献，少一些抱怨，多一些责任，少一些懒惰，多一些上进心，享受工作给自己带来的快乐和充实感。
有了这种境界，我们就会更加珍惜自己的工作，抱着感恩、努力的态度，把工作做得尽善尽美，最终赢
得大家的尊重和认可。</p>
18  </body>
19  </html>
```

在例 3-11 中，第 11 行代码将 <body> 标签的
背景图像定义为 no-repeat，即不平铺背景图像。

运行例 3-11，设置背景图像不平铺的效果如
图 3-34 所示。

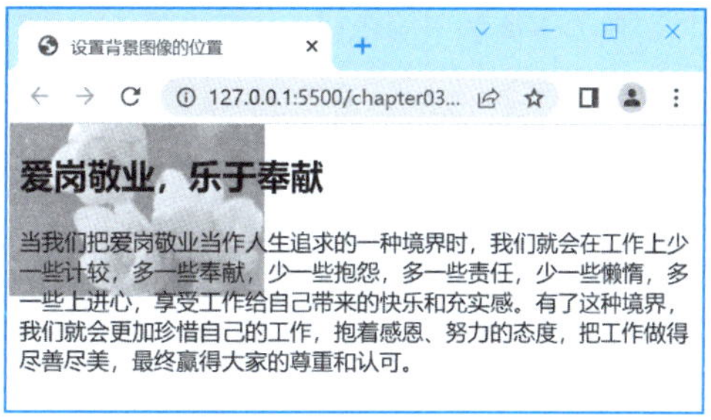

通过图 3-34 可以看出，背景图像位于 HTML
页面的左上角。如果希望背景图像出现在其他位
置，可以使用 background-position 属性设置背景图
像的位置。例如，将例 3-11 中的背景图像定义在
页面的右下角，可以更改 <body> 标签的 CSS 样
式代码。

图 3-34　设置背景图像不平铺的效果

```
body{
    background-image:url(images/leifeng.png);       /* 设置网页的背景图像 */
    background-repeat:no-repeat;                     /* 设置背景图像不平铺 */
    background-position:right bottom;                /* 设置背景图像的位置 */
}
```

保存 HTML 文件，刷新网页，设置背景图像位置效果如图 3-35 所示。

此时，背景图像出现在页面的右下角。接下来将 background-position 的属性值定义为像素值，
控制例 3-11 中背景图像的位置，body 元素的 CSS 样式代码如下。

```
body{
    background-image:url(images/leifeng.png);   /* 设置网页的背景图像 */
    background-repeat:no-repeat;                 /* 设置背景图像不平铺 */
    background-position:50px 80px;               /* 用像素值控制背景图像的位置 */
}
```

保存 HTML 页面，再次刷新网页，设置背景图像位置效果如图 3-36
所示。

在图 3-36 中，图像距离 body 元素的左边缘为 50 px，距离上边缘为 80 px。

5. 设置背景图像固定

当网页中的内容较多时，背景图像会随着页面滚动条的移动而移动，如果
希望背景图像固定在浏览器窗口的某个位置，就可以使用 background-attachment

理论微课 3-16：
设置背景图像
固定

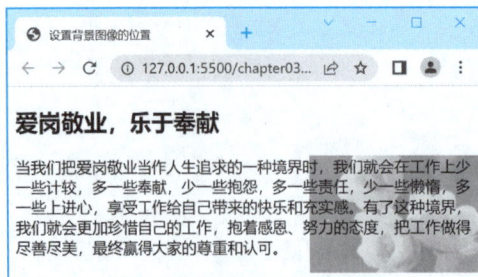

图 3-35　设置背景图像位置效果 1　　　　　　图 3-36　设置背景图像位置 2

属性。background-attachment 属性有两个属性值，分别代表不同的含义，具体解释如下。

- scroll。图像随页面一起滚动（默认属性值）。
- fixed。图像固定在屏幕上，不随页面滚动。

例如下面的示例代码，表示背景图像在距离浏览器窗口的左边缘为 50 px，距离上边缘为 80 px 的位置固定。

```
body{
    background-image:url(he.png);        /*设置网页的背景图像*/
    background-repeat:no-repeat;         /*设置背景图像不平铺*/
    background-position:50px 80px;       /*用像素值控制背景图像的位置*/
    background-attachment:fixed;         /*设置背景图像的位置固定*/
}
```

6. 设置背景图像的大小

在 CSS2 及之前的版本，背景图像的大小是不可以控制的。要想使背景图像填充元素区域，只能预设较大的背景图像或者让背景图像以平铺的方式填充，操作起来烦琐。在 CSS3 中，运用 background-size 属性可以设置背景图像的大小。background-size 属性用于控制背景图像的大小，其基本语法格式如下。

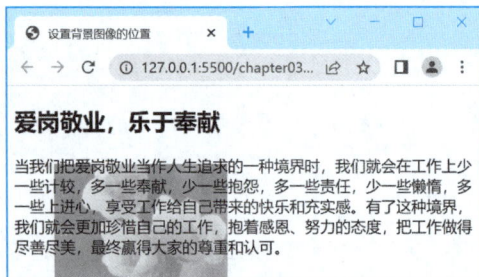

理论微课 3-17：
设置背景图像的
大小

```
background-size:属性值 1 属性值 2;
```

在上述语法格式中，background-size 属性可以设置一个或两个值定义背景图像的宽度和高度，其中"属性值 1"为必选属性值，"属性值 2"为可选属性值。属性值可以是像素值、百分数或 cover、contain 关键字，具体解释如表 3-4 所示。

下面通过一个案例对控制背景图像大小的方法进行演示，如例 3-12 所示。

表 3-4　background-size 属性值

属性值	说　明
像素值	设置背景图像的高度和宽度。第 1 个值设置宽度，第 2 个值设置高度。如果只设置一个值，则第 2 个值会默认为 auto
百分比	以父元素的百分比来设置背景图像的宽度和高度。第 1 个值设置宽度，第 2 个值设置高度。如果只设置一个值，则第 2 个值会默认为 auto
cover	把背景图像扩展至足够大，使背景图像完全覆盖背景区域。背景图像的某些部分可能无法显示在背景定位区域中
contain	按照某一边，把背景图像扩展至最大尺寸，背景图像会完全显示在区域中

例 3-12　example12.html

```
1   <!DOCTYPE html>
2   <html lang="en">
3   <head>
4   <meta charset="UTF-8">
5   <meta http-equiv="X-UA-Compatible" content="IE=edge">
6   <meta name="viewport" content="width=device-width,initial-scale=1.0">
7   <title>设置背景图像大小</title>
8   <style type="text/css">
9       div{
10          width:300px;
11          height:300px;
12          border:3px solid #666;
13          margin:0 auto;
14          background-color:#FCC;
15          background-image:url(images/hong.png);
16          background-repeat:no-repeat;
17          background-position:center center;
18          }
19  </style>
20  </head>
21  <body>
22      <div>300px 的盒子</div>
23  </body>
24  </html>
```

在例 3-12 中，第 10~11 行代码定义了一个宽和高均为 300 px 的盒子。第 15 行代码并为这个盒子填充一个居中显示的背景图片。

运行例 3-12，图像原始效果如图 3-37 所示。

在图 3-37 中，背景图像居中显示。由于背景图像较小，盒子较大，此时背景图像会居中显示，漏出盒子的背景颜色。

此时，运用 background-size 属性可以对图片的大小进行控制，为 <div> 标签添加 CSS 样式代码，具体如下。

```
background-size:100px 200px;
```

保存 HTML 文件，刷新页面，设置背景图像大小的效果如图 3-38 所示。

通过图 3-38 可以看出，背景图片被不成比例缩小。

7. 设置背景的显示区域

在默认情况下，background-position 属性总是以元素左上角为坐标原点 (0,0) 定位背景图像，运用 CSS3 中的 background-origin 属性可以改变这种定位方式，自行定义背景图像的相对位置。background-origin 属性的基本语法格式如下。

理论微课 3-18：
设置背景的
显示区域

```
background-origin: 属性值;
```

在上述语法格式中，background-origin 属性有 3 种取值，分别表示不同的含义，具体解释如下。

图 3-37   图像原始效果

图 3-38   设置背景图像大小的效果

- padding-box：背景图像相对于内边距区域定位。
- border-box：背景图像相对于边框定位。
- content-box：背景图像相对于内容边界定位。

下面通过一个案例对 background-origin 属性的用法进行演示，如例 3-13 所示。

例 3-13   example13.html

```
1   <!DOCTYPE html>
2   <html lang="en">
3   <head>
4   <meta charset="UTF-8">
5   <meta http-equiv="X-UA-Compatible" content="IE=edge">
6   <meta name="viewport" content="width=device-width,initial-scale=1.0">
7   <title>设置背景的显示区域</title>
8   <style type="text/css">
9       p{
10          width:300px;
11          height:200px;
12          border:8px solid #bbb;
13          padding:40px;
14          background-image:url(images/jiangzhang.png);
15          background-repeat:no-repeat;
16      }
17  </style>
18  </head>
19  <body>
20      <p>"一分耕耘一分收获""未必尽如人意，但求无愧我心"。不论是科学技术人员，还是普
通军人，不论是国家干部，还是环卫工人，只要对祖国赤诚，对事业追求，对工作挚爱，勤勤恳恳地
在自己的岗位上耕耘，就一定能释放出光和热，一定能绽放鲜艳的理想之花。</p>
21  </body>
22  </html>
```

在例 3-13 中，第 14 行代码为段落文本 <p> 标签添加背景图像。

运行例 3-13，背景图像显示区域效果如图 3-39 所示。

在图 3-39 中，背景图像在元素区域的左上角显示。此时对段落文本添加 background-origin 属性可以改变背景图像的位置。例如，使背景图像相对于文本内容来定位。CSS 代码如下。

```
background-origin:content-box;        /* 背景图像相对文本内容定位 */
```

保存 HTML 文件，刷新页面，背景图像显示区域效果如图 3-40 所示。

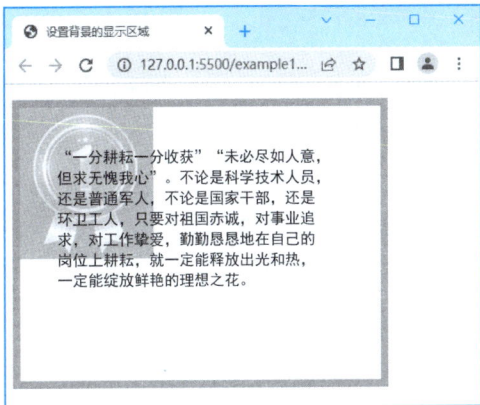

图 3-39　背景图像显示区域效果 1

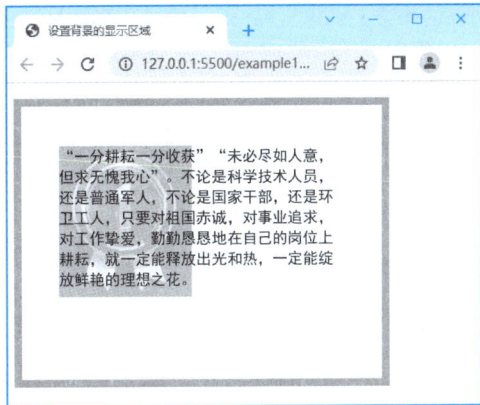

图 3-40　背景图像显示区域效果 2

8. 设置背景的裁剪区域

在 CSS 样式中，可以通过设置背景的裁剪区域来控制背景的显示位置。background-clip 属性用于定义背景图像的裁剪区域，其基本语法格式如下。

理论微课 3-19：
设置背景的
裁剪区域

```
background-clip:属性值；
```

在上述语法格式中，background-clip 属性可以设置 3 个属性值，具体如下。

- border-box：默认属性值，从边框区域向外裁剪背景。
- padding-box：从内边距区域向外裁剪背景。
- content-box：从内容区域向外裁剪背景。

下面通过一个案例来演示 background-clip 属性的用法，如例 3-14 所示。

例 3-14　example14.html

```
1   <!DOCTYPE html>
2   <html lang="en">
3   <head>
4   <meta charset="UTF-8">
5   <meta http-equiv="X-UA-Compatible" content="IE=edge">
6   <meta name="viewport" content="width=device-width,initial-scale=1.0">
7   <title>设置背景的裁剪区域</title>
8   <style type="text/css">
9       p{
10          width:300px;
11          height:150px;
12          border:8px dotted #666;
13          padding:40px;
14          background-color:#CF9;
15          background-repeat:no-repeat;
16          }
17  </style>
```

```
18    </head>
19    <body>
20        <p>"一分耕耘一分收获""未必尽如人意，但求无愧我心"。不论是科学技术人员，还是普
通军人，不论是国家干部，还是环卫工人，只要对祖国赤诚，对事业追求，对工作挚爱，勤勤恳恳地
在自己的岗位上耕耘，就一定能释放出光和热，一定能绽放鲜艳的理想之花。</p>
21    </body>
22    </html>
```

在例 3-14 中，第 14 行代码为段落文本 <p> 标签定义浅绿色的背景色。

运行例 3-14，设置背景效果如图 3-41 所示。

通过图 3-41 可以看出，背景颜色填充了包括边框和内边距在内的整个区域，这时如果想要绿色背景只填充文字部分，就需要设置背景图像的裁剪区域，为段落文本 <p> 标签添加如下所示的样式代码。

```
background-clip:content-box;    /* 从内容区域向外裁剪背景 */
```

保存 HTML 文件，刷新页面，裁切背景效果如图 3-42 所示。

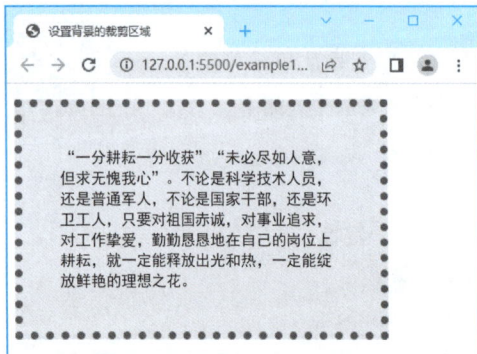

图 3-41　设置背景效果

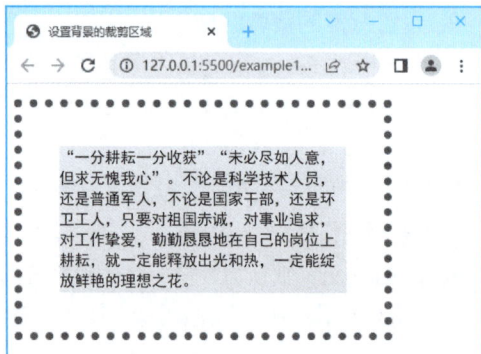

图 3-42　裁切背景效果

9. 设置多重背景图像

在 CSS3 之前的版本中，一个容器只能填充一张背景图片，如果重复设置，后设置的背景图片将覆盖之前设置的背景。CSS3 中增强了背景图像的功能，允许一个容器里显示多个背景图像，让背景图像效果更容易控制。但是 CSS3 中并没有为实现多背景图片提供对应的属性，而是通过 background-image、background-repeat、background-position 和 background-size 等属性的值来实现多重背景图像效果，各属性值之间用逗号隔开。

理论微课 3-20：
设置多重背景
图像

下面通过一个案例来演示多重背景图像的设置方法，如例 3-15 所示。

例 3-15　example15.html

```
1    <!DOCTYPE html>
2    <html lang="en">
3    <head>
4    <meta charset="UTF-8">
5    <meta http-equiv="X-UA-Compatible" content="IE=edge">
```

```
6    <meta name="viewport" content="width=device-width,initial-scale=1.0">
7    <title>设置多重背景图像</title>
8    <style type="text/css">
9        p{
10           width:300px;
11           height:300px;
12           border:1px solid black;
13           background-image:url(images/dog.png),url(images/bg1.png),url(images/
bg2.png);
14          }
15   </style>
16   </head>
17   <body>
18       <p></p>
19   </body>
20   </html>
```

在例 3-15 中,第 11 行代码通过 background-image 属性定义了 3 张背景图,需要注意的是排列在最上方的图像应该设置在第一位,其次是中间的装饰,最后才是背景图。

运行例 3-15,效果如图 3-43 所示。

10. 综合设置元素的背景

同边框属性一样,在 CSS 中背景属性也是一个复合属性,可以将背景相关的样式都综合定义在一个复合属性 background 中。使用 background 属性综合设置背景样式的语法格式如下。

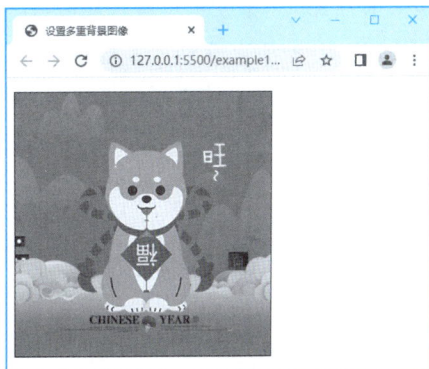

图 3-43　设置多重背景图像

```
background:[background-color] [background-image]
[background-repeat] [background-attachment] [background-
position] [background-size] [background-clip] [background-
origin];
```

理论微课 3-21:
综合设置元素的
背景

在上述语法格式中,各个样式顺序任意,对于不需要的样式可以省略。

下面通过一个案例对 background 背景复合属性的用法进行演示,如例 3-16 所示。

例 3-16　example16.html

```
1    <!DOCTYPE html>
2    <html lang="en">
3    <head>
4    <meta charset="UTF-8">
5    <meta http-equiv="X-UA-Compatible" content="IE=edge">
6    <meta name="viewport" content="width=device-width,initial-scale=1.0">
7    <title>背景复合属性</title>
8    <style type="text/css">
9        div{
10           width:200px;
```

```
11          height:200px;
12          border:5px dashed #B5FFFF;
13          padding:25px;
14          background:#B5FFFF url(images/caodi.png) no-repeat left bottom
padding-box;
15          }
16  </style>
17  </head>
18  <body>
19      <div>走过红尘的纷扰，弹落灵魂沾染的尘埃，携一抹淡淡的情怀，迎着清馨的微风，坐在
岁月的源头，看时光婆婆的舞步，让自己安静在时间的沙漏里，感受淡如清风、静若兰的唯美。</div>
20  </body>
21  </html>
```

在例 3–16 中，第 14 行代码运用背景复合属性为 <div> 标签定义了背景颜色、背景图像、图像平铺方式、背景图像位置以及裁剪区域等多个属性。

运行例 3–16，背景复合属性效果如图 3–44 所示。

图 3-44 背景复合属性效果

■ 任务实现

下面将根据任务分析，按照搭建页面结构、添加 CSS 样式的顺序完成页面的制作。

1. 搭建页面结构

根据上面的分析，使用相应的 HTML 标签来搭建网页结构。新建 task3–3 文件夹，在 task3–3 文件夹内新建一个名称为 task3–3.html 的 HTML 文件。在 HTML 文件中编写页面结构代码，具体代码如下。

```
1   <!doctype html>
2   <html>
3   <head>
4   <meta charset="UTF-8">
5   <meta http-equiv="X-UA-Compatible" content="IE=edge">
6   <meta name="viewport" content="width=device-width,initial-scale=1.0">
7   <link rel="stylesheet" href="task3-3.css">
8   <title>背景拼图 </title>
9   </head>
10  <body>
11      <div class="outer">
12      <div class="inner"></div>
13      </div>
14  </body>
```

```
15  </html>
```

运行 task3-3.html，此时页面中将不显示任何元素。

2. 添加 CSS 样式

搭建完页面的结构后，接下来使用 CSS 对页面的样式进行修饰。本任务采用从整体到局部的方式实现背景拼图的效果，具体如下。

（1）定义基础样式

```
/*将页面中所有元素的内外边距设置为0*/
*{padding:0; margin:0;}
```

（2）控制外层盒子

```
1  .outer{          /* 设置外面盒子的样式 */
2    width:1920px;
3    height:900px;
4    margin:50px auto;
5    background:url(images/bg.png) repeat-x;
6  }
```

在上面的代码中，第 5 行代码用于给外层的 <div> 标签设置背景图像。

（3）控制内层盒子

```
1  .inner{          /* 设置里面盒子的样式 */
2    width:1920px;
3    height:900px;
4    background:url(images/jiancai.png) no-repeat center 162px;
5  }
```

在上面的代码中，第 4 行代码用于给内层 <div> 标签添加不平铺的背景图像，该背景图像在内层 <div> 标签中水平居中且距离内层 <div> 标签上边缘 162 px。

保存 HTML 文件，刷新页面，添加 CSS 样式的背景拼图效果，如图 3-45 所示。

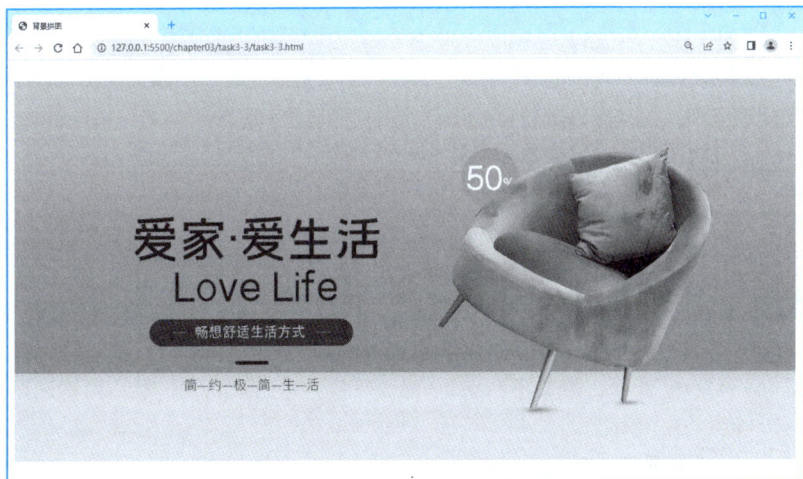

图 3-45　添加 CSS 样式的背景拼图效果

任务 3-4　制作图标导航栏

在网页制作中，块元素和行内元素属于元素的不同类型，它们都有着各自的特点。制作网页时经常需要将这些类型进行转换。本任务将通过图标导航栏案例详细讲解元素类型、<span> 标签和元素类型的转换。图标导航栏效果如图 3-46 所示。

实操微课 3-4：
任务 3-4　图标
导航栏

图 3-46　图标导航栏效果

任务目标

知识目标	• 了解元素类型，能够总结不同类型元素的特点
技能目标	• 掌握 <span> 标签的用法，能够使用 <span> 标签搭建页面模块 • 掌握元素类型转换的方法，能够对不同类型的元素进行类型转换

任务分析

根据效果图，可以将图标导航栏按照搭建页面结构和添加 CSS 样式两部分进行制作，具体制作思路如下。

（1）搭建页面结构

图标导航栏页面由 7 个导航图标组成，可以通过在 <div> 标签中嵌套 7 个 <span> 来实现。图标导航栏的结构如图 3-47 所示。

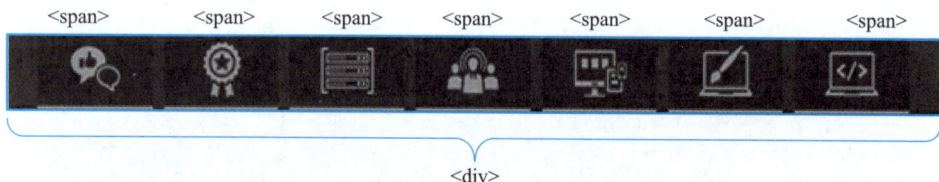

图 3-47　图标导航栏结构

（2）添加 CSS 样式

实现图标导航栏样式的思路如下。

① 控制 <div> 标签，为 <div> 标签设置宽度、高度、背景色、内边距、边框等。

② 整体控制 <span> 标签，需要将 <span> 标签转换为行内块元素，然后为其设置宽度、高度及边框样式。

③ 为 7 个 <span> 标签设置不同的背景图像。

■ 知识储备

1. 元素类型

HTML 提供了丰富的元素用于组织页面结构。为了使页面结构的组织更加轻松、合理，HTML 元素被定义成了不同的类型，一般分为块元素和行内元素，也称为块标签和行内标签，了解它们的特性可以为使用 CSS 设置样式和布局打下基础。

理论微课 3-22：元素类型

（1）块元素

块元素在页面中以区域块的形式出现，其特点是，每个块元素通常都会独自占据一行或多行，可以对其设置宽度、高度、对齐等属性，常用于网页布局和网页结构的搭建。

常见的块元素有 h1~h6、p、div、ul、ol、li 等，其中 div 是最典型的块元素。

（2）行内元素

行内元素也称内联元素或内嵌元素，其特点是，不必在新的一行开始，同时，也不强迫其他元素在新的一行显示。一个行内元素通常会和它前后的其他行内元素显示在同一行中，它们不占有独立的区域，仅仅靠自身的字体大小和图像尺寸来支撑结构，一般不可以设置宽度、高度、对齐等属性，常用于控制页面中文本的样式。

常见的行内元素有 strong、b、em、i、del、s、ins、u、a、span 等，其中 span 元素是最典型的行内元素。

下面通过一个案例来进一步认识块元素与行内元素，如例 3-17 所示。

例 3-17　example17.html

```
1   <!DOCTYPE html>
2   <html lang="en">
3   <head>
4   <meta charset="UTF-8">
5   <meta http-equiv="X-UA-Compatible" content="IE=edge">
6   <meta name="viewport" content="width=device-width,initial-scale=1.0">
7   <title> 块元素和行内元素 </title>
8   <style type="text/css">
9   h2{                      /* 定义 h2 的背景颜色、宽度、高度、文本水平对齐方式 */
10      background:#FCC;
11      width:350px;
12      height:50px;
13      text-align:center;
14  }
15  p{background:#090;}       /* 定义 p 的背景颜色 */
16  strong{                  /* 定义 strong 的背景颜色、宽度、高度、文本水平对齐方式 */
17      background:#FCC;
18      width:360px;
19      height:50px;
20      text-align:center;
21  }
22  em{background:#FF0;}       /* 定义 em 的背景颜色 */
23  del{background:#CCC;}      /* 定义 del 的背景颜色 */
24  </style>
```

```
25  </head>
26  <body>
27      <h2>h2 标签定义的文本。</h2>
28      <p>p 标签定义的文本。</p>
29      <strong>strong 标签定义的文本。</strong>
30      <em>em 标签定义的文本。</em>
31      <del>del 标签定义的文本。</del>
32  </body>
33  </html>
```

在例 3-17 中，第 27~31 行代码，使用 <h2> 标签、<p> 标签和 <strong> 标签、<em> 标签、<del> 标签定义文本，然后对它们应用不同的背景颜色，同时，对 <h2> 标签和 <strong> 标签应用相同的宽度、高度和对齐属性。

运行例 3-17，块元素和行内元素的显示效果如图 3-48 所示。

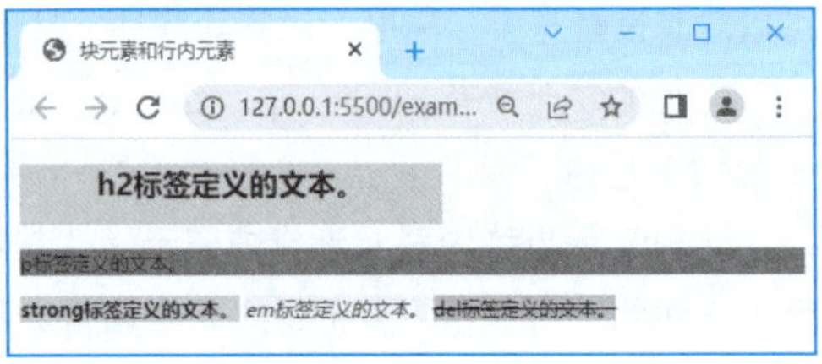

图 3-48　块元素和行内元素的显示效果

从图 3-48 可以看出，不同类型的元素在页面中所占的区域不同。块元素 h2 和 p 各自占据一个矩形的区域，虽然 h2 和 p 相邻，但是它们不会排在同一行中，而是依次竖直排列，其中，设置了宽度、高度和对齐属性的 h2 按设置的样式显示，未设置宽度、高度和对齐属性的 p 则左右撑满页面。然而行内元素 strong、em 和 del 排列在同一行，遇到边界则自动换行，虽然对 strong 设置了和 h2 相同的宽、高及对齐属性，但是在实际的显示效果中并不会生效。

值得一提的是，行内元素通常嵌套在块元素中使用，而块元素却不能嵌套在行内元素中。例如，可以将例 3-17 中的 <strong> 标签、<em> 标签和 <del> 标签嵌套在 <p> 标签中，代码如下。

```
<p>
    <strong>strong 标签定义的文本。</strong>
    <em>em 标签定义的文本。</em>
    <del>del 标签定义的文本。</del>
</p>
```

保存 HTML 文件，刷新网页，效果如图 3-49 所示。

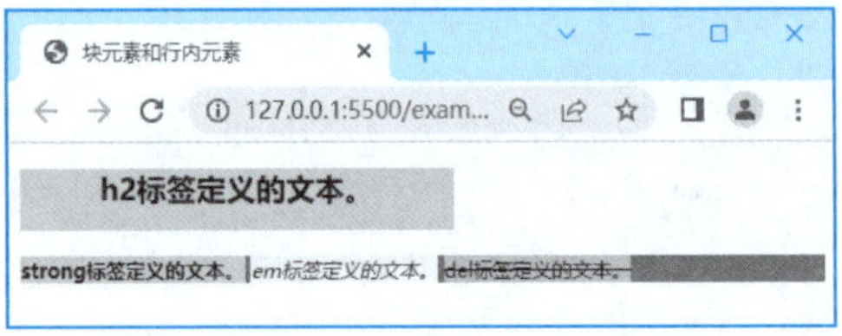

图 3-49　行内元素嵌套在块元素中

从图 3-49 可以看出，当行内元素嵌套在块元素中时，就会在块元素上占据一定的范围，成为块元素的一部分。

总结例 3-17 可以得出，块元素通常独占一行，可以设置宽度、高度和对齐属性，而行内元素通常不独占一行，不可以设置宽度、高度和对齐属性。行内元素可以嵌套在块元素中，而块元素不可以嵌套在行内元素中。

💡 **注意：**

在行内元素中有几个特殊的标签——<img /> 和 <input />，可以对它们设置宽度、高度和对齐属性，有些资料会称它们为行内块元素。

2. <span> 标签

与 <div> 标签一样，<span> 标签也作为容器标签被广泛应用在 HTML 语言中。和 <div> 标签不同的是 <span> 标签是行内元素，<span> 开始标签与 </span> 结束标签之间只能包含文本和各种行内标签，如加粗标签 <strong>、倾斜标签 <em> 等，<span> 标签中还可以嵌套多层 <span> 标签。

理论微课 3-23：
<span> 标签

<span> 标签常用于定义网页中某些特殊显示的文本，配合 class 属性使用。它本身没有固定的格式表现，只有应用样式时才会产生视觉上的变化。当其他行内标签都不合适时，就可以使用 <span> 标签。

下面通过一个案例来演示 <span> 标签的使用，如例 3-18 所示。

例 3-18 example18.html

```
1   <!DOCTYPE html>
2   <html lang="en">
3   <head>
4   <meta charset="UTF-8">
5   <meta http-equiv="X-UA-Compatible" content="IE=edge">
6   <meta name="viewport" content="width=device-width,initial-scale=1.0">
7   <title>span 标签 </title>
8   <style type="text/css">
9   #header{                    /* 设置当前 div 中文本的通用样式 */
10      font-family:" 黑体 ";
11      font-size:14px;
12      color:#515151;
13  }
14  #header .chuanzhi{          /* 控制第 1 个 span 中的特殊文本 */
15      color:#0174c7;
16      font-size:20px;
17      padding-right:20px;
18  }
19  #header .course{            /* 控制第 2 个 span 中的特殊文本 */
20      font-size:18px;
21      color:#ff0cb2;
22  }
23  </style>
24  </head>
25  <body>
26  <div id="header">
27      <span class="chuanzhi"> 科技兴国 </span>，肩负时代重任。<span class=
    "course"> 不忘使命 </span>，勇于攀登新的高峰
28  </div>
29  </body>
30  </html>
```

在例 3-18 中，第 26~28 行代码使用 <div> 标签定义一些文本，并且在 <div> 中嵌套两对 <span>，用于控制某些特殊显示的文本。第 9~22 行代码使用 CSS 分别设置这些标签的样式。

运行例 3-18，<span> 标签效果如图 3-50 所示。

图 3-50 <span> 标签效果

在图 3-50 中，特殊显示的文本"科技兴国"和"不忘使命"，都是通过 CSS 控制 <span> 标签设置的。

<span> 标签可以嵌套于 <div> 标签中，成为它的子元素，但 <span> 标签中不能嵌套 <div> 标签。从 <div> 标签和 <span> 标签之间的区别和联系，可以更深刻地理解块元素和行内元素的特点。

3. 元素类型的转换

网页是由多个块元素和行内元素构成的盒子排列而成的。如果希望行内元素具有块元素的某些特性（例如，可以设置宽高），或者需要块元素具有行内元素的某些特性（例如，不独占一行排列），可以使用 display 属性对元素的类型进行转换。display 属性常用的属性值及含义如下。

理论微课 3-24：
元素类型的转换

- inline：此元素将显示为行内元素（行内元素默认的 display 属性值）。
- block：此元素将显示为块元素（块元素默认的 display 属性值）。
- inline-block：此元素将显示为行内块元素，可以对其设置宽度、高度和对齐等属性，但是该元素不会独占一行。
- none：此元素将被隐藏，不显示，也不占用页面空间，相当于该元素不存在。

使用 display 属性可以对元素的类型进行转换，使元素以不同的方式显示。接下来通过一个案例来演示 display 属性的用法和效果，如例 3-19 所示。

例 3-19　example19.html

```
1   <!DOCTYPE html>
2   <html lang="en">
3   <head>
4   <meta charset="UTF-8">
5   <meta http-equiv="X-UA-Compatible" content="IE=edge">
6   <meta name="viewport" content="width=device-width,initial-scale=1.0">
7   <title> 元素的转换 </title>
8   <style type="text/css">
9   div,span{                        /* 同时设置 div 和 span 的样式 */
10      width:200px;                 /* 宽度 */
11      height:50px;                 /* 高度 */
12      background:#FCC;             /* 背景颜色 */
13      margin:10px;                 /* 外边距 */
14   }
15   .d_one,.d_two{display:inline;}    /* 将前两个 div 转换为行内元素 */
16   .s_one{display:inline-block;}     /* 将第 1 个 span 转换为行内块元素 */
17   .s_three{display:block;}          /* 将第 3 个 span 转换为块元素 */
18   </style>
19   </head>
20   <body>
21      <div class="d_one"> 第 1 个 div 中的文本 </div>
22      <div class="d_two"> 第 2 个 div 中的文本 </div>
23      <div class="d_three"> 第 3 个 div 中的文本 </div>
24      <span class="s_one"> 第 1 个 span 中的文本 </span>
25      <span class="s_two"> 第 2 个 span 中的文本 </span>
26      <span class="s_three"> 第 3 个 span 中的文本 </span>
27   </body>
28   </html>
```

在例 3-19 中，第 21~26 行代码定义了 3 个 <div> 标签和 3 个 <span> 标签，为它们设置相同的宽度、高度、背景颜色和外边距。第 15 行代码对前两个 <div> 标签应用 "display:inline;" 样式，使它们从块元素转换为行内元素。第 16~17 行代码对第 1 个和第 3 个 <span> 标签分别应用 "display:inline-block;" 和 "display:inline;" 样式，使它们分别转换为行内块元素和行内元素。

运行例 3-19，效果如图 3-51 所示。

从图 3-51 可以看出，前两个 <div> 标签排列在了同一行，依靠自身的文本内容支撑其宽高，这是因为它们被转换成了行内元素。而第 1 个和第 3 个 <span> 标签则按固定的宽高显示，不同的是第 1 个 <span> 标签不会独占一行，第 3 个 <span> 标签独占一行，这是因为它们分别被转换成了行内块元素和块元素。

在上面的例子中，使用 display 的相关属性值，可以实现块元素、行内元素和行内块元素之间的转换。如果希望某个元素不被显示，还可以使用 "display:none;" 进行控制。例如，希望上面例子中的第 3 个 <div> 标签不被显示，可以在 CSS 代码中增加如下样式。

```
.d_three{display:none;}                    /*隐藏第 3 个 div*/
```

保存 HTML 页面，刷新网页，隐藏第 3 个 <div> 标签的效果如图 3-52 所示。

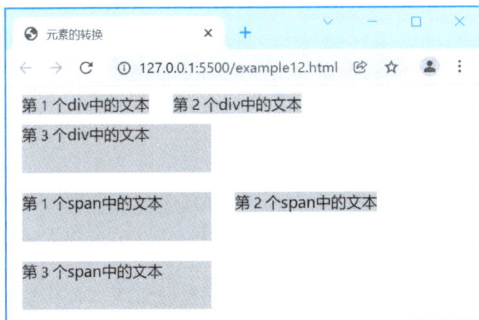

图 3-51　元素的转换效果　　　　　　　　图 3-52　隐藏第 3 个 div 的效果

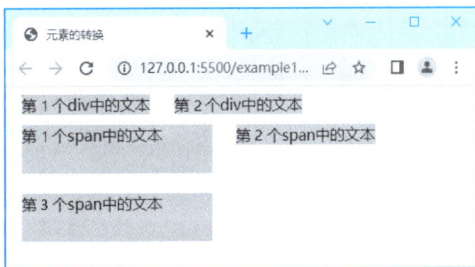

从图 3-52 可以看出，当设置元素的 display 属性为 none 时，该元素将从页面消失，不再占用页面空间。

注意：

　行内元素只可以定义左右外边距，定义上下外边距时无效。

任务实现

下面将根据任务分析，按照搭建页面结构、添加 CSS 样式的顺序完成页面的制作。

1. 搭建页面结构

根据上面的分析，使用相应的 HTML 标签来搭建网页结构。新建 task3-4 文件夹，在 task3-4 文件夹内新建一个名称为 task3-4.html 的 HTML 文件。在 HTML 文件中编写页面结构代码，具体代码如下。

```
1   <!doctype html>
2   <html>
3   <head>
4   <meta charset="utf-8">
5   <meta http-equiv="X-UA-Compatible" content="IE=edge">
6   <meta name="viewport" content="width=device-width,initial-scale=1.0">
7   <title>图标导航栏 </title>
8   </head>
9   <body>
10  <div class="all">
11      <span class="one"></span>
12      <span class="two"></span>
13      <span class="three"></span>
14      <span class="four"></span>
15      <span class="five"></span>
16      <span class="six"></span>
17      <span class="seven"></span>
18  </div>
19  </body>
20  </html>
```

运行 task3-4.html，此时页面中将不显示任何元素。

2. 添加 CSS 样式

搭建完页面的结构后，接下来使用 CSS 对页面的样式进行修饰。本任务采用从整体到局部的方式实现图标导航栏所示样式，具体如下。

（1）定义基础样式

```
/*将页面中所有元素的内外边距设置为 0*/
*{ padding:0; margin:0;}
```

（2）控制外面的大盒子

```
1   .all{              /*控制外面的大盒子 */
2       width:630px;
3       height:45px;
4       margin:50px auto;
5       background-color:#192132;
6       padding-left:20px;
7       border-bottom:3px solid #000;
8   }
```

上面的代码用于控制外面的大盒子（<div>），其中第 6 行代码"padding-left:20px;"用于使大盒子左侧有一定的留白，第 7 行代码"border-bottom:3px solid #000;"用于为大盒子设置下边框。

（3）整体控制小盒子

```
1   span{              /*整体控制小盒子 */
2       display:inline-block;
3       width:80px;
4       height:45px;
```

```
5        border-bottom:3px solid #1ba2c7;
6    }
```

上面的代码用于整体控制 <span> 标签，其中第 2 行代码"display:inline-block;"用于将 <span> 标签转换为行内块元素。

（4）给小盒子设置不同的背景图像

```
/*给小盒子设置不同的背景图像*/
.one{background:url(images/1.png) no-repeat;}
.two{background:url(images/2.png) no-repeat;}
.three{background:url(images/3.png) no-repeat;}
.four{background:url(images/4.png) no-repeat;}
.five{background:url(images/5.png) no-repeat;}
.six{background:url(images/6.png) no-repeat;}
.seven{background:url(images/7.png) no-repeat;}
```

保存 HTML 文件，刷新页面，添加 CSS 样式的图标导航栏效果如图 3-53 所示。

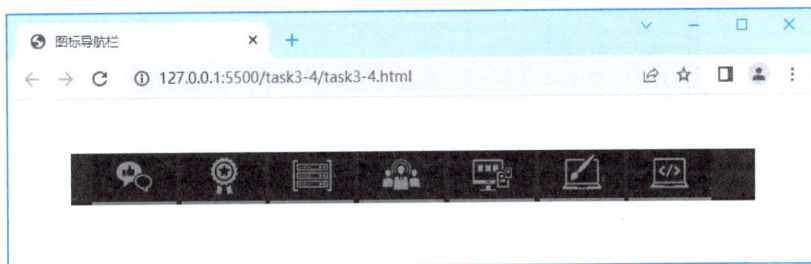

图 3-53　效果

任务 3-5　制作相框

在网页设计中，使用颜色透明度、阴影和渐变可以为网页元素设置更加丰富的光影效果。本任务将通过相框案例详细讲解颜色透明度、阴影和渐变的设置方法。相框效果如图 3-54 所示。

实操微课 3-5：
任务 3-5　相框

图 3-54　相框效果

■ 任务目标

技能目标	● 掌握颜色透明度的设置方法，能够为网页元素设置透明度 ● 掌握阴影的设置方法，能够为网页元素设置阴影效果 ● 掌握渐变的设置方法，能够为网页元素设置渐变效果

■ 任务分析

根据效果图，可以将相框按照搭建页面结构和添加 CSS 样式两部分进行制作，具体制作思路如下。

（1）搭建页面结构

相框可以使用两个嵌套的 <div> 标签来搭建结构。其中内层的 <div> 标签用来设置相框中的图片，外层的 <div> 标签用来设置相框的背景和边框。相框结构如图 3-55 所示。

图 3-55　相框结构

（2）添加 CSS 样式

实现相框样式的思路如下。

① 控制外层 <div> 标签的宽度、高度，并为该 <div> 标签添加渐变背景色、内边距、图片边框等。

② 控制内层 <div> 标签居中对齐，并为该 <div> 标签添加宽度、高度、背景图片和不透明度。

■ 知识储备

1. 颜色透明度

在 CSS3 之前，设置颜色的方式包含十六进制颜色、RGB 模式颜色或指定颜色的英文名称，但这些方法无法改变颜色的不透明度。在 CSS3 中新增了两种设置颜色不透明度的方法，一种是使用 RGBA 模式设置，另一种是使用 opacity 属性设置。下面将详细讲解两种设置方法。

理论微课 3-25：
颜色透明度

（1）RGBA 模式

RGBA 是 CSS3 新增的颜色模式，它是 RGB 颜色模式的延伸。RGBA 模式是在红、绿、蓝三原色的基础上添加了不透明度参数，其语法格式如下。

```
rgba(r,g,b,alpha);
```

上述语法格式中，前 3 个参数是 RGB 的颜色色值或者百分比，alpha 参数是一个介于 0.0（完全透明）和 1.0（完全不透明）之间的数字。

例如，使用 RGBA 模式为 <p> 标签指定透明度为 0.5，颜色为红色的背景，代码如下。

```
p{background-color:rgba(255,0,0,0.5);}
或
p{background-color:rgba(100%,0%,0%,0.5);}
```

（2）opacity 属性

opacity 属性是 CSS3 的新增属性，该属性能够使任何元素呈现出透明效果，作用范围要比 RGBA 模式大得多。opacity 属性的语法格式如下。

```
opacity: 参数;
```

上述语法中，opacity 属性用于定义标签的不透明度，参数表示不透明度的值，它是一个介于 0~1 之间的浮点数值。其中，0 表示完全透明，1 表示完全不透明，而 0.5 则表示半透明。

2. 阴影

在网页制作中，经常需要对盒子添加阴影效果。使用 CSS3 中的 box-shadow 属性可以轻松实现阴影的添加，其基本语法格式如下。

理论微课 3-26：
阴影

```
box-shadow:h-shadow v-shadow blur spread color outset;
```

在上面的语法格式中，box-shadow 属性共包含 6 个参数值，如表 3-5 所示。

表 3-5　box-shadow 属性参数值

参数值	描述
h-shadow	表示水平阴影的位置，可以为负值（必选属性）
v-shadow	表示垂直阴影的位置，可以为负值（必选属性）
blur	阴影模糊半径（可选属性）
spread	阴影扩展半径，不能为负值（可选属性）
color	阴影颜色（可选属性）
outset/ inset	默认为外阴影/内阴影（可选属性）

表 3-5 列举了 box-shadow 属性参数值，其中 h-shadow 和 v-shadow 为必选参数值不可以省略，其余为可选参数值。其中，"阴影类型"默认 outset 更改为 inset 后，阴影类型则变为内阴影。

下面通过一个为图片添加阴影的案例来演示 box-shadow 属性的用法和效果，如例 3-20 所示。

例 3-20　example20.html

```
1   <!doctype html>
2   <html>
3   <head>
4   <meta charset="utf-8">
5   <meta http-equiv="X-UA-Compatible" content="IE=edge">
6   <meta name="viewport" content="width=device-width,initial-scale=1.0">
7   <title>box-shadow 属性 </title>
8   <style type="text/css">
9   img{
10      width:200px;
11      padding:20px;              /*内边距 20px*/
12      border-radius:50%;         /*将图像设置为圆形效果 */
13      border:1px solid #666;
14      box-shadow:5px 5px 10px 2px #999 inset;
15      }
16  </style>
17  </head>
18  <body>
19  <img src="images/chengzi.jpg" alt=" 橙子 "/>
20  </body>
21  </html>
```

在例 3-20 中，第 14 行代码给图像添加了内阴影样式。需要注意的是，使用内阴影时需配合内边距属性 padding，让图像和阴影之间拉开一定的距离，不然图片会将内阴影遮挡。

运行例 3-20，效果如图 3-56 所示。

在图 3-56 中，图片出现了内阴影效果。值得一提的是，同 text-shadow 属性一样，box-shadow 属性也可以改变阴影的投射方向以及添加多重阴影效果，示例代码如下。

```
box-shadow:5px 5px 10px 2px #999 inset,-5px -5px 10px 2px #73AFEC inset;
```

示例代码对应效果如图 3-57 所示。

图 3-56　内阴影效果

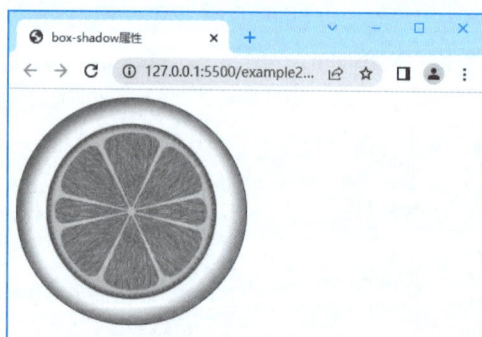

图 3-57　多重内阴影的使用

3. 渐变

在 CSS3 之前的版本中，如果需要添加渐变效果，通常要设置背景图像来实现。而 CSS3 中增加了渐变属性，通过渐变属性可以轻松实现渐变效果。CSS3 的渐变属性主要包括线性渐变、径向渐变和重复渐变，具体介绍如下。

理论微课 3-27：
渐变-线性渐变

（1）线性渐变

在线性渐变过程中，起始颜色会沿着一条直线按顺序过渡到结束颜色。运用CSS3中的 "background-image:linear-gradient（参数值）;" 样式可以实现线性渐变效果，其基本语法格式如下。

```
background-image:linear-gradient(渐变角度,颜色值1,颜色值2…,颜色值n);
```

在上面的语法格式中，linear-gradient用于定义渐变方式为线性渐变，括号内用于设定渐变角度和颜色值，具体解释如下。

① 渐变角度。渐变角度指水平线和渐变线之间的夹角，可以是以 deg 为单位的角度数值或使用 to 加 left、righ、top 和 bottom 等关键词。在使用角度设定渐变起点的时候，0 deg 对应 to top，90 deg 对应 to right，180 deg 对应 to bottom，270 deg 对应 to left，整个过程就是以 bottom 为起点顺时针旋转，具体如图 3–58 所示。

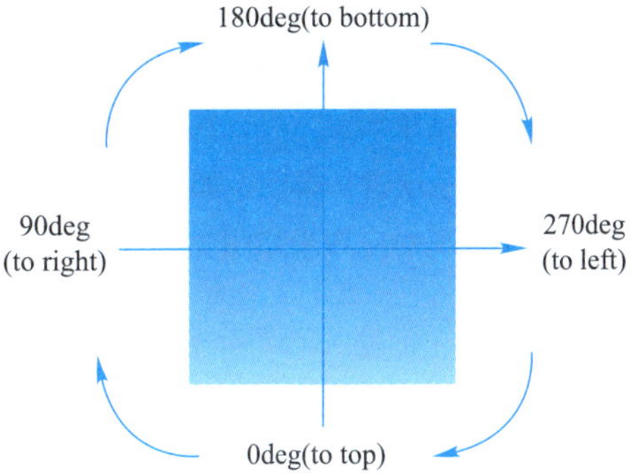

当未设置渐变角度时，会默认为 180 deg 等同于 to bottom。

图 3–58　渐变角度图

② 颜色值。颜色值用于设置渐变颜色，其中"颜色值 1"表示起始颜色，"颜色值 n"表示结束颜色，起始颜色和结束颜色之间可以添加多个颜色值，各颜色值之间用","隔开。

下面通过一个案例对线性渐变的用法和效果进行演示，如例 3–21 所示。

例 3-21　example21.html

```
1   <!doctype html>
2   <html>
3   <head>
4   <meta charset="utf-8">
5   <title>线性渐变</title>
6   <style type="text/css">
7   p{
8       width:200px;
9       height:200px;
10      background-image:linear-gradient(30deg,#0f0,#00F);
11  }
12  </style>
13  </head>
14  <body>
15  <p></p>
16  </body>
17  </html>
```

在例 3–21 中，第 10 行代码为 <p> 标签定义了一个渐变角度为 30 deg，绿色到蓝色的线性渐变。

运行例 3–21，效果如图 3–59 所示。

在图 3-59 中，实现了绿色（#0f0）到蓝色
（#00f）的线性渐变。值得一提的是，在每一个颜
色值后面还可以编写一个百分比数值，用于标示
颜色渐变的位置。例如，下面的示例代码。

```
background-image:linear-gradient
(30deg,#0f0 50%,#00F 80%);
```

在示例代码中，可以看作绿色（#0f0）由
50% 的位置开始出现渐变至蓝色（#00f）位于
80% 的位置结束渐变。可以用 Adobe Photoshop 软
件中的渐变色块进行类比，如图 3-60 所示。

示例代码对应效果如图 3-61 所示。

图 3-59　线性渐变 1

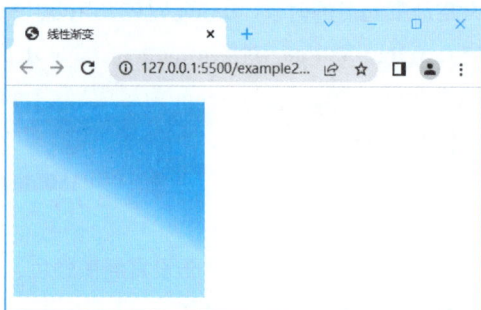

图 3-60　定义渐变颜色位置

图 3-61　线性渐变 2

（2）径向渐变

径向渐变同样是网页中一种常用的渐变，在径向渐变过程中，起始颜
色会从一个中心点开始，按照椭圆或圆形进行扩张渐变。运用 CSS3 中的
"background-image:radial-gradient（参数值）;"样式可以实现径向渐变效果，
其基本语法格式如下。

理论微课 3-28：
渐变-径向渐变

```
background-image:radial-gradient(渐变形状  圆心位置，颜色值 1，颜色值 2…，颜
色值 n);
```

在上面的语法格式中，radial-gradient 用于定义渐变的方式为径向渐变，括号内的参数值用于
设定渐变形状、圆心位置和颜色值，对各参数的具体介绍如下。

① 渐变形状。渐变形状用来定义径向渐变的形状，其取值既可以是定义水平和垂直半径的像
素值或百分比，也可以是相应的关键词。其中关键词主要包括 circle 和 ellipse 两个值，具体解释
如下。

●像素值/百分比：用于定义形状的水平和垂直半径，例如，80 px 50 px 即表示一个水平半径
为 80 px，垂直半径为 50 px 的椭圆形。

●circle：指定圆形的径向渐变。

●ellipse：指定椭圆形的径向渐变。

② 圆心位置。圆心位置用于确定元素渐变的中心位置，使用 at 加上关键词或参数值来定义

径向渐变的中心位置。该属性值类似于 CSS 中 background-position 属性值，如果省略则默认为 center。该属性值主要有以下几种。

- 像素值/百分比：用于定义圆心的水平和垂直坐标，可以为负值。
- left：设置左边为径向渐变圆心的横坐标值。
- center：设置中间为径向渐变圆心的横坐标值或纵坐标。
- right：设置右边为径向渐变圆心的横坐标值。
- top：设置顶部为径向渐变圆心的纵标值。
- bottom：设置底部为径向渐变圆心的纵标值。

③ 颜色值。"颜色值 1"表示起始颜色，"颜色值 n"表示结束颜色，起始颜色和结束颜色之间可以添加多个颜色值，各颜色值之间用","隔开。

下面运用径向渐变来制作一个球体，如例 3-22 所示。

例 3-22　example22.html

```
1   <!doctype html>
2   <html>
3   <head>
4   <meta charset="utf-8">
5   <meta http-equiv="X-UA-Compatible" content="IE=edge">
6   <meta name="viewport" content="width=device-width,initial-scale=1.0">
7   <title>径向渐变</title>
8   <style type="text/css">
9   p{
10      width:200px;
11      height:200px;
12      border-radius:50%;        /*设置圆角边框*/
13      background-image:radial-gradient(ellipse at center,#0f0,#030);/*设置径向渐变*/
14      }
15  </style>
16  </head>
17  <body>
18  <p></p>
19  </body>
20  </html>
```

在例 3-22 中，为 <p> 标签定义了一个渐变形状为椭圆形径向渐变位置在容器中心点绿色到深绿色的径向渐变；同时使用 border-radius 属性将容器的边框设置为圆角。

运行例 3-22，效果如图 3-62 所示。

在图 3-62 中，球体实现了绿色（#0f0）到深绿色（#030）的径向渐变。

值得一提的是，同"线性渐变"类似，在"径向渐变"的颜色值后面也可以编写一个百分比数值，用于设置渐变的位置。

（3）重复渐变

在网页设计中，经常会遇到在一个背景上重复应用渐变模式的情况，这时就需要使用重复渐

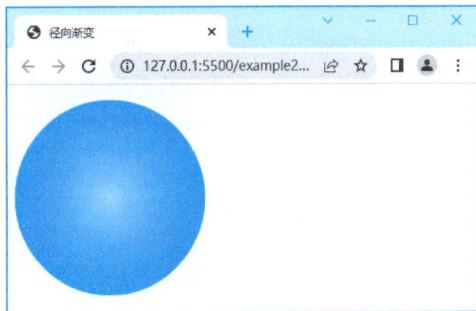

图 3-62　径向渐变

变。重复渐变包括重复线性渐变和重复径向渐变，具体解释如下。

① 重复线性渐变。在 CSS3 中，通过 "background-image:repeating-linear-gradient（参数值）;"样式可以实现重复线性渐变的效果，其基本语法格式如下。

理论微课 3-29: 渐变-重复渐变

```
background-image:repeating-linear-gradient(渐变角度,颜色值1,颜色值2…,颜色值n);
```

在上面的语法格式中,repeating-linear-gradient（参数值）用于定义渐变方式为重复线性渐变，括号内的参数取值和线性渐变相同，分别用于定义渐变角度和颜色值。颜色值同样可以使用百分比定义位置。

下面通过一个案例对重复线性渐变进行演示，如例 3-23 所示。

例 3-23　example23.html

```
1   <!doctype html>
2   <html>
3   <head>
4   <meta charset="utf-8">
5   <meta http-equiv="X-UA-Compatible" content="IE=edge">
6   <meta name="viewport" content="width=device-width,initial-scale=1.0">
7   <title>重复线性渐变</title>
8   <style type="text/css">
9   p{
10      width:200px;
11      height:200px;
12      background-image:repeating-linear-gradient(90deg,#E50743,#E8ED30 10%,#3FA62E 15%);
13  }
14  </style>
15  </head>
16  <body>
17  <p></p>
18  </body>
19  </html>
```

在例 3-23 中，为 <p> 标签定义了一个渐变角度为 90 deg，红、黄、绿 3 色的重复线性渐变。

运行例 3-23，效果如图 3-63 所示。

② 重复径向渐变。在 CSS3 中，通过 "background-image:repeating-radial-gradient（参数值）;"样式可以实现重复线性渐变的效果，其基本语法格式如下。

```
background-image:repeating-radial-gradient(渐变形状 圆心位置,颜色值1,颜色值2…,颜色值n);
```

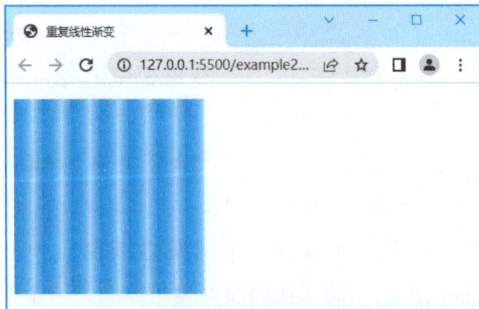

图 3-63　重复线性渐变

在上面的语法格式中,repeating-radial-gradient（参数值）用于定义渐变方式为重复径向渐变，括号内的参数取值和径向渐变相同，分别用于定义渐变形状、圆心位置和颜色值。

下面通过一个案例对重复径向渐变进行演示，如例 3-24 所示。

例 3-24　example24.html

```
1   <!doctype html>
2   <html>
3   <head>
4   <meta charset="utf-8">
5   <meta http-equiv="X-UA-Compatible" content="IE=edge">
6   <meta name="viewport" content="width=device-width,initial-scale=1.0">
7   <title> 重复径向渐变 </title>
8   <style type="text/css">
9   p{
10      width:200px;
11      height:200px;
12      border-radius:50%;
13      background-image:repeating-radial-gradient(circle at 50% 50%,#E50743,
#E8ED30 10%,#3FA62E 15%);
14      }
15  </style>
16  </head>
17  <body>
18  <p></p>
19  </body>
20  </html>
```

在例 3-24 中，为 <p> 标签定义了一个渐变形状为圆形，径向渐变位置在容器中心点，红、黄、绿 3 色径向渐变。

运行例 3-24，效果如图 3-64 所示。

图 3-64　重复径向渐变

■ 任务实现

下面将根据任务分析，按照搭建页面结构、添加 CSS 样式的顺序完成页面的制作。

1. 搭建页面结构

根据上面的分析，使用相应的 HTML 标签来搭建网页结构。新建 task3-5 文件夹，在 task3-5 文件夹内新建一个名称为 task3-5.html 的 HTML 文件。在 HTML 文件中编写页面结构代码，具体代码如下。

```
1   <!doctype html>
2   <html>
```

```
3    <head>
4    <meta charset="UTF-8">
5    <meta http-equiv="X-UA-Compatible" content="IE=edge">
6    <meta name="viewport" content="width=device-width,initial-scale=1.0">
7    <title> 相框 </title>
8    </head>
9    <body>
10   <div class="wai">
11      <div class="nei"></div>
12   </div>
13   </body>
14   </html>
```

运行 task3-5.html，此时页面中将不显示任何元素。

2. 添加 CSS 样式

搭建完页面的结构后，接下来使用 CSS 对页面的样式进行修饰。本任务采用从整体到局部的方式实现相框的样式，具体如下。

（1）定义基础样式

```
/* 将页面中所有元素的内外边距设置为 0*/
*{padding:0; margin:0;}
```

（2）控制外层 <div> 标签的样式

```
1    .wai{
2       width:700px;
3       height:347px;
4       background-image:linear-gradient(90deg,#3d7ea5 50%,#ce4b4b 50%);
5       border-style:solid;
6       border-image:url(images/1.jpg) 22%/40PX repeat;
7       padding:38px 0;
8       box-shadow:3px 3px 8px 2px #999;
9    }
```

上面的代码中，第 4 行代码用于为外层 <div> 标签设置渐变背景。第 6 行代码用于为外层 <div> 标签设置图片边框。

（3）控制内层 <div> 标签的样式

```
1    .nei{
2       width:100%;
3       height:100%;
4       background:url(images/zuqiu.png) center center no-repeat;
5       opacity:0.4;
6    }
```

在上面的样式代码中，第 5 行代码"opacity:0.4;"用于设置小盒子整体的不透明度为 0.4。

保存 HTML 文件，刷新页面，添加 CSS 样式的相框效果如图 3-65 所示。

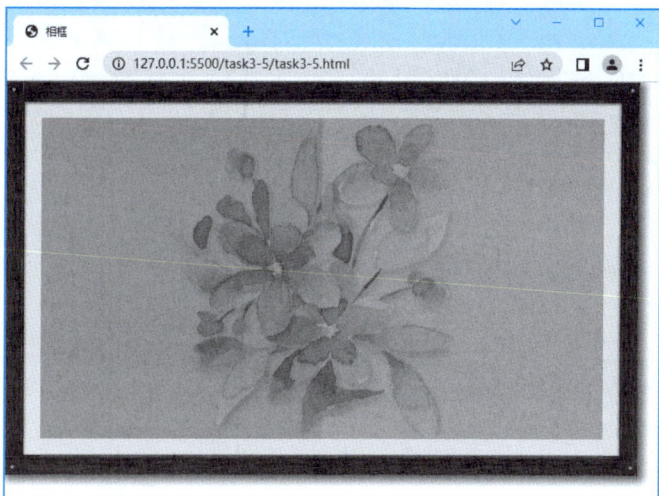

图 3-65　相框的最终效果

项目小结

　　本项目首先介绍了盒子模型的概念和相关属性，包括认识盒子模型、<div> 标签、边框属性、内边距属性、外边距属性、宽度属性、高度属性、背景属性。然后讲解了元素的相关内容，包括元素类型、<span> 标签和元素类型的转换，最后讲解了 CSS3 新增的属性，包括颜色透明度、阴影和渐变。

　　通过本项目的学习，读者应该能够熟悉盒子模型的构成，熟练运用盒子模型相关属性控制网页中的元素，完成页面中一些简单模块的制作。

课后练习

　　学习完前面的内容，下面来动手实践一下吧。

　　请结合所学知识，运用 CSS 盒子模型的边框属性、背景属性以及渐变属性制作一个播放器图标，效果如图 3-66 所示。

图 3-66　播放器图标

运用 float、position 和 flex 属性完成网页布局

学习目标

知识目标	• 掌握浮动布局和清除浮动的方法，能够完成商品展示案例的制作。 • 掌握 overflow 属性的用法，能够完成手机页面展示案例的制作。 • 掌握定位和层叠等级属性的设置方法，能够完成行程定位案例的制作。 • 熟悉浮动布局的方法和网页命名规范，能够完成浮动布局网页案例的制作。 • 熟悉弹性布局的方法，能够完成弹性布局导航案例的制作。
项目介绍	在网页设计中，对网页进行布局，将网页中的各部分模块组合、排列，可以使网页版式变得整齐、美观。项目中将详细讲解浮动布局和弹性布局的相关知识，带领初学者运用 float 属性、position 属性和 flex 属性完成网页布局。

任务 4-1　制作商品展示页面

浮动布局是网页制作中一种常用的布局方式。大部分个人计算机（Personal Computer，PC）端网页会采用浮动布局排列网页模块。本任务将通过制作商品展示页面案例带领初学者认识布局，掌握浮动布局的方法和清除浮动的技巧。商品展示页面效果如图 4-1 所示。

实操微课 4-1：
任务 4-1　商品
展示

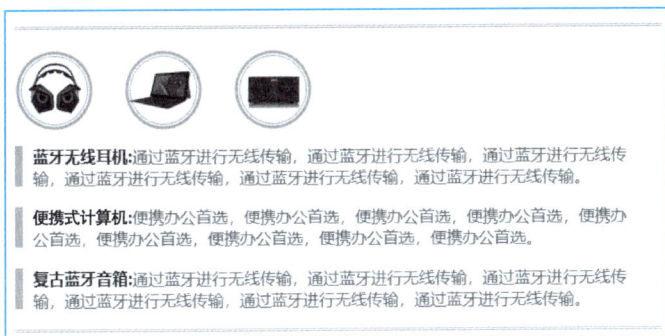

图 4-1　商品展示页面效果

■ 任务目标

知识目标	● 了解布局的概念，能够总结网页布局的作用
技能目标	● 掌握浮动属性用法，能够使用浮动属性完成网页布局 ● 掌握清除浮动的方法，能够清除浮动对元素的影响

■ 任务分析

根据效果图，可以将商品展示模块按照搭建页面结构和设置 CSS 样式两部分进行制作，具体制作思路如下。

（1）搭建页面结构

商品展示页面整体可以看作一个大盒子，这个大盒子内部由商品展示图片和商品说明文字两部分构成。其中，商品展示图片部分可以通过 3 个 <div> 标签进行定义，而商品说明文字部分则可以通过 <p> 标签进行定义。商品展示页面效果（图 4-1）对应的结构如图 4-2 所示。

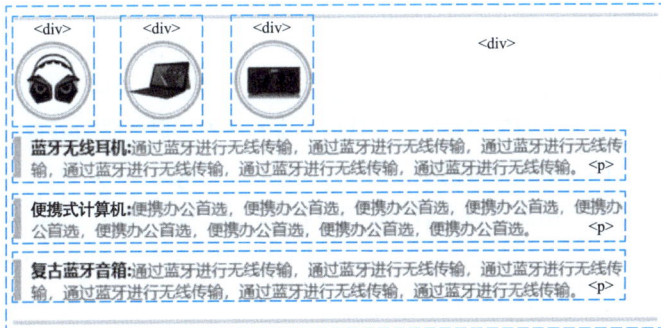

图 4-2　商品展示模块结构

（2）设置 CSS 样式

实现效果图所示样式的思路如下。

① 通过最外层的大盒子对商品展示页面进行整体控制，需要对其设置宽度、边框及边距等样式。

② 对商品图片所在的 3 个 <div> 标签应用左浮动，并设置外边距。

③ 为 <p> 标签设置宽度、高度和边框样式，并应用内边距属性调整文本内容的位置。

④ 清除浮动对商品说明文字的影响。

■ 知识储备

1. 布局概述

在阅读报纸时会发现，虽然报纸中的内容很多，但是经过合理的排版，报纸版面依然清晰、易读。同样，在制作网页时，也需要对网页进行"排版"。网页的"排版"主要通过布局来实现。在网页设计中，布局是指对网页中元素进行合理的排布，使网页中元素排列清晰、美观易读。图 4-3 所示为网页布局示例。

理论微课 4-1：
布局概述

网页设计中布局方法有多种，本项目重点介绍两种布局方法：浮动布局和弹性布局，具体如下。

（1）浮动布局

浮动布局是指通过浮动属性来实现元素横向排列的一种布局模式。浮动布局主要依靠 DIV+CSS 技术来实现。DIV 在本项目中不仅指前面讲到过的 <div> 标签，还包括所有能够承载内容的标签（如 <p> 标签、<li> 标签等）。因此网页中的浮动布局，也常被称作 DIV+CSS 布局。在 DIV+CSS 布局技术中，DIV 负责内容区域的分配，CSS 负责样式效果的呈现。

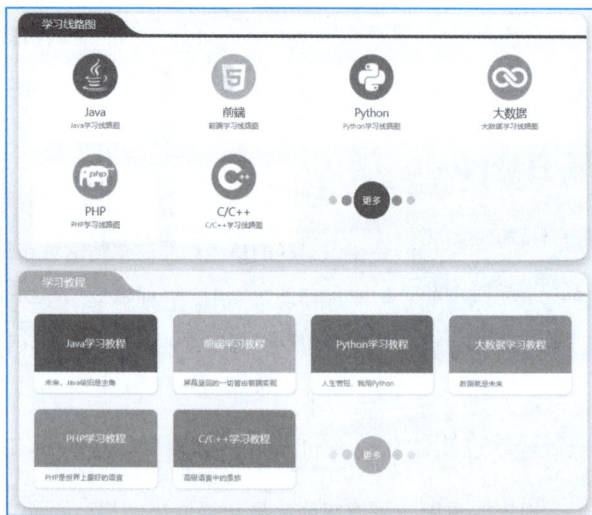

图 4-3　网页布局示例

（2）弹性布局

弹性布局是指通过弹性布局属性来实现元素横向或纵向排列的一种布局模式。弹性布局采用平面布局思维，其核心是两根轴线——主轴和交叉轴。这两根轴线可以处理元素水平或垂直方向上的分布和排列。

此外，为了提高网页制作的效率，在布局时通常需要遵循一定的布局流程，具体如下。

（1）确定页面的版心宽度

版心指的是页面的有效使用面积，是主要元素以及内容所在的区域，一般在浏览器窗口中水平居中显示。在设计网页时，页面尺寸宽度一般为 1 200~1 920 px。但是为了适配不同分辨率的显示器，一般设计版心宽度为 1 000~1 400 px。例如，屏幕分辨率为 1 366×768 px 的浏览器，在浏览器内有效可视区域宽度为 1 200 px 左右，所以最好设置版心宽度为 1 200 px。设计师在设计网站时尽量适配主流的屏幕分辨率。常见的宽度值为 1 000 px、1 200 px、1 400 px 等。图 4-4 所示为某电子产品网页截图的版心和页面宽度。

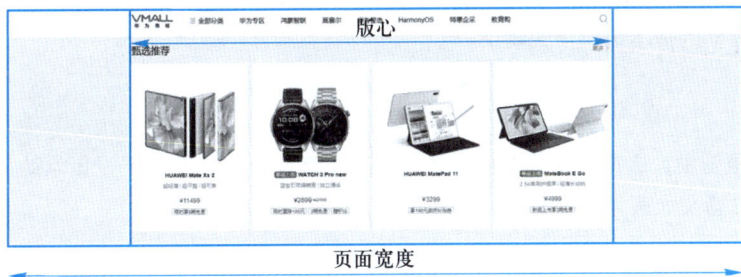

图 4-4　某电子产品网页截图的版心和页面宽度

（2）分析页面中的模块

在布局网页之前，首先要对页面进行整体规划，包括页面中有哪些模块，以及模块之间的关系。模块之间的关系可以分为并列关系和包含关系。例如，图 4-5 所示为最简单的页面布局，该页面主要由头部（header）、导航（nav）、焦点图（banner）、内容（content）、页面底部（footer）5 个模块组成，这 5 个模块为并列关系。

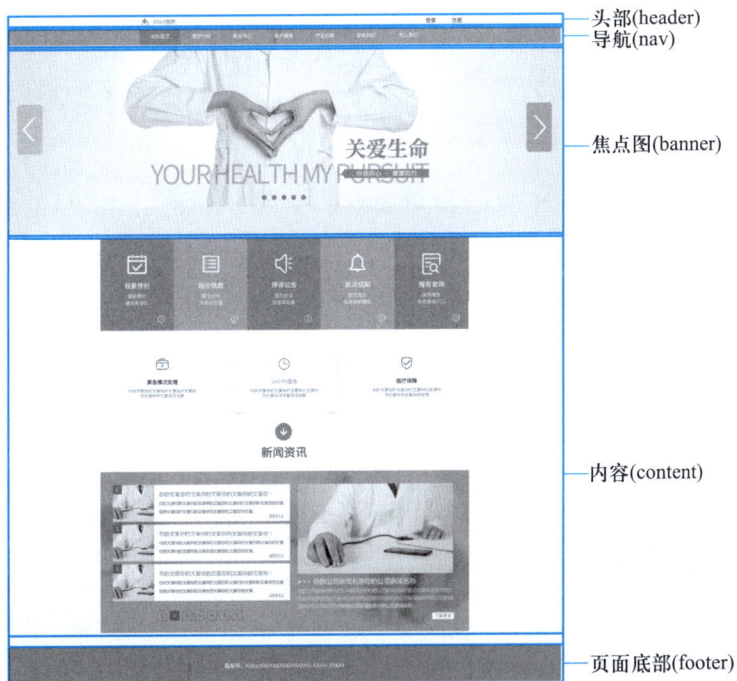

图 4-5　页面模块分析

（3）控制网页的各个模块

当分析完页面模块后，可以使用浮动布局或者弹性布局控制网页的各个模块。在制作网页时，一定要养成分析页面布局的习惯，这样可以提高网页制作的效率。

2. 浮动属性

浮动属性也被称为 float 属性，用于设置元素浮动。所谓浮动是指设置了浮动属性的元素会脱离标准文档流式排列，移动到其父元素中指定的位置。标准文档流式排列是指元素默认按照从左到右，从上到下的方式进行排列的方式。

浮动属性作为 CSS 的重要属性，被频繁地应用在网页制作中。使用浮动属性设置元素浮动的基本语法格式如下。

理论微课 4-2：
浮动属性

选择器 {float: 属性值 ;}

在上面的语法中，选择器用于选择设置浮动的元素，float 属性用于设置浮动，其常用的属性值有 3 个，具体含义如表 4-1 所示。

表 4-1   float 属性常用的属性值

属性值	含义
left	元素向左浮动
right	元素向右浮动
none	元素不浮动（默认属性值）

了解了 float 属性的常用属性值，接下来通过一个案例学习 float 属性的用法，如例 4-1 所示。

例 4-1   example01.html

```
1   <!DOCTYPE html>
2   <html>
3   <head>
4   <meta charset="UTF-8">
5   <meta http-equiv="X-UA-Compatible" content="IE=edge">
6   <meta name="viewport" content="width=device-width,initial-scale=1.0">
7   <title> 浮动属性 </title>
8   <style type="text/css">
9       .father{                    /* 设置父元素的样式 */
10          background:#eee;
11          border:1px dashed #999;
12      }
13      .box01,.box02,.box03{       /* 设置 box01、box02、box033 个子元素的样式 */
14          height:50px;
15          line-height:50px;
16          border:1px dashed #999;
17          margin:15px;
18          padding:0px 10px;
19      }
20      .box01{ background:#FF9;}
21      .box02{ background:#FC6;}
22      .box03{ background:#F90;}
23      p{                          /* 设置段落文本的样式 */
24          background:#ccf;
25          border:1px dashed #999;
26          margin:15px;
27          padding:0px 10px;
28      }
29  </style>
30  </head>
```

```
31  <body>
32      <div class="father">
33          <div class="box01">box01</div>
34          <div class="box02">box02</div>
35          <div class="box03">box03</div>
36          <p>大江东去，浪淘尽，千古风流人物。故垒西边，人道是，三国周郎赤壁。乱石穿空，
惊涛拍岸，卷起千堆雪。江山如画，一时多少豪杰。遥想公瑾当年，小乔初嫁了，雄姿英发。羽扇纶巾，
谈笑间，樯橹灰飞烟灭。故国神游，多情应笑我，早生华发。人生如梦，一尊还酹江月。</p>
37      </div>
38  </body>
39  </html>
```

在例 4-1 中，第 33~35 行代码定义了 3 个元素 box01、box02、box03，第 36 行代码设置了一段文本。第 33~36 行代码包含的所有元素均不应用 float 属性，让这些元素按照默认方式进行排序。

运行例 4-1，元素未设置浮动的效果如图 4-6 所示。

在图 4-6 中，box01、box02、box03 以及段落文本从上到下罗列。可见如果不对元素设置浮动，则元素将按照标准文档流式排列。

接下来，在例 4-1 的基础上演示元素的左浮动效果。以 box01 为设置对象，对其应用左浮动样式，具体 CSS 代码如下。

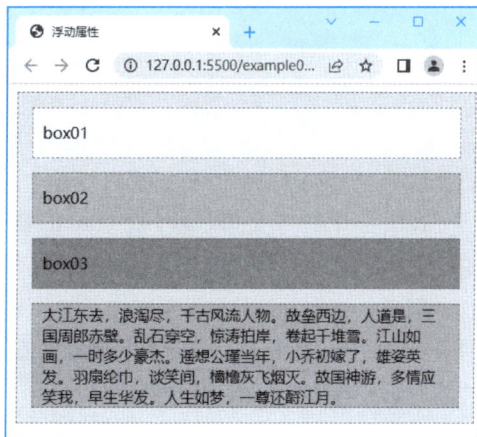

图 4-6　元素未设置浮动的效果

```
.box01 {                      /* 设置 box01 左浮动 */
    float:left;
}
```

保存 HTML 文件，刷新页面，box01 设置左浮动的效果如图 4-7 所示。

通过图 4-7 可以看出，设置左浮动的 box01 浮动到了 box02 的左侧，可以理解为 box01 不再受标准文档流控制，出现在一个新的层级上。

接下来，在上述案例的基础上，继续为 box02 设置左浮动，具体 CSS 代码如下。

```
.box01,.box02{                /* 定义 box01、
box02 左浮动 */
    float:left;
}
```

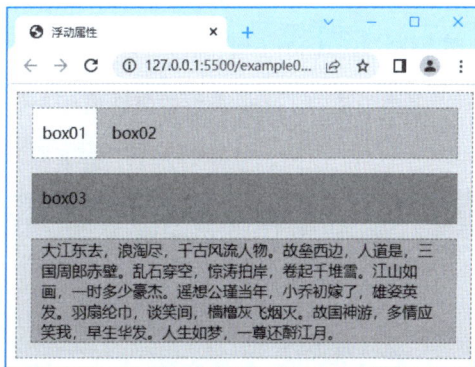

图 4-7　box01 设置左浮动的效果

保存 HTML 文件，刷新页面，box01 和 box02 同时设置左浮动的效果如图 4-8 所示。

在图 4-8 中，box01、box02、box03 整齐地排列在同一行，可见通过应用"float:left;"样式，使 box01 和 box02 同时脱离标准文档流的控制，出现在一个新的层级上。

接下来，在上述案例的基础上，继续为 box03 设置左浮动，具体 CSS 代码如下：

```
.box01,.box02,.box03{              /*定义 box01、box02、box03 左浮动 */
    float:left;
}
```

保存 HTML 文件,刷新页面,box01、box02、box03 同时设置左浮动的效果如图 4-9 所示。

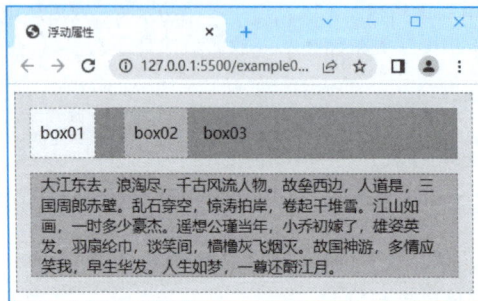

图 4-8 box01 和 box02 同时设置左浮动的效果　　图 4-9 box01、box02、box03 同时设置左浮动的效果

在图 4-9 中,box01、box02、box03 在一个新的层级排列成一行显示,同时,段落文本将环绕 3 个盒子,变成文字和盒子混排的效果。

例 4-1 演示了为元素设置左浮动的效果。值得一提的是,float 属性的另一个属性值 right 在网页布局时也会经常用到,它与 left 属性值的用法相同,但浮动方向相反。应用了 "float;right;" 样式的元素将向右侧浮动。

3. 清除浮动

由于浮动元素不再占用原文档流的位置,所以它会对页面中其他元素的排版产生影响。例如,图 4-9 中的段落文本,受到其周围元素浮动的影响,产生了混排的效果。这时,如果要避免浮动对段落文本的影响,让 <p> 标签独立显示,就需要在 <p> 标签中添加 CSS 样式清除浮动。在 CSS 中,常用 clear 属性清除浮动。运用 clear 属性清除浮动的基本语法格式如下。

理论微课 4-3:
清除浮动

选择器 {clear: 属性值 ;}

上述语法中,clear 属性的属性值有 3 个,具体如表 4-2 所示。

表 4-2　clear 属性的属性值

属性值	含义
left	清除左侧浮动的影响
right	清除右侧浮动的影响
both	同时清除左右两侧浮动的影响

了解了 clear 属性的 3 个属性值及含义,接下来通过对例 4-1 中的 <p> 标签应用 clear 属性,清除周围浮动元素对段落文本的影响。在 <p> 标签的 CSS 样式中添加如下代码。

```
clear:left;                        /* 清除左浮动 */
```

上面的 CSS 代码用于清除左侧浮动对段落文本的影响。添加 "clear:left;" 样式后,保存

HTML 文件，刷新页面，效果如图 4-10 所示。

从图 4-10 可以看出，清除段落文本左侧的浮动后，段落文本会独占一行，排列在浮动标签 box01、box02、box03 的下面。

需要注意的是，clear 属性只能清除元素左右两侧浮动的影响。然而在制作网页时，经常会受到一些特殊的浮动影响。例如，对子元素设置浮动时，如果不对其父元素设置高度，则子元素的浮动会对父元素产生影响，具体如例 4-2 所示。

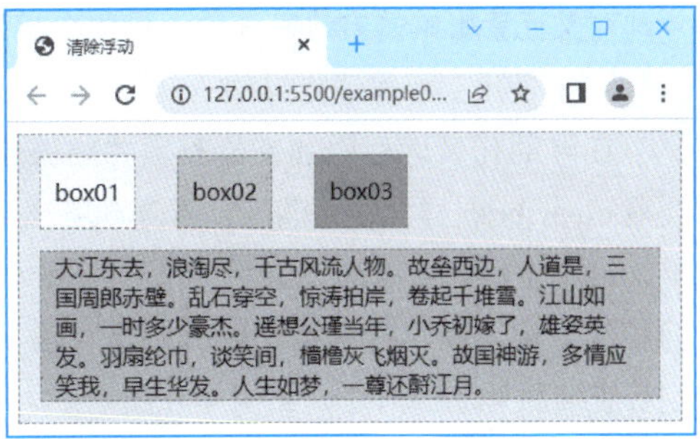

图 4-10　清除左侧浮动对段扩文本的影响

例 4-2　example02.html

```html
1  <!DOCTYPE html>
2  <html>
3  <head>
4  <meta charset="UTF-8">
5  <meta http-equiv="X-UA-Compatible" content="IE=edge">
6  <meta name="viewport" content="width=device-width,initial-scale=1.0">
7  <title>清除浮动</title>
8  <style type="text/css">
9      .father{                        /* 父元素未设置高度 */
10         background:#ccc;
11         border:1px dashed #999;
12     }
13     .box01,.box02,.box03{
14         height:50px;
15         line-height:50px;
16         background:#f9c;
17         border:1px dashed #999;
18         margin:15px;
19         padding:0px 10px;
20         float:left;                 /* 为 box01、box02、box03 设置左浮动 */
21     }
22  </style>
23  </head>
24  <body>
25     <div class="father">
26         <div class="box01">box01</div>
27         <div class="box02">box02</div>
28         <div class="box03">box03</div>
29     </div>
30  </body>
31  </html>
```

在例 4-2 中，第 20 行代码为 box01、box02、box03 设置左浮动，第 9~12 行代码用于为父元素添加样式，但是并未给父元素设置高度。

运行例 4-2，子元素浮动对父元素的影响如图 4-11 所示。

在图 4-11 中，受到子元素浮动的影响，未设置高度的父元素变成了一条"线"，即父元素不能自适应子元素的高度。由于子元素和父元素为嵌套关系，不存在左右对应位置，所以使用 clear 属性并不能清除子元素浮动对父元素的影响。那么对于这种情况该如何清除浮动呢？清除子元素浮动对父元素影响的方法有 3 种，具体介绍如下。

（1）使用空标签清除浮动

在浮动元素之后添加空标签，并对该空标签应用 clear:both 样式，可清除元素浮动所产生的影响，这个空标签可以是 <div>、<p>、<hr /> 等任何标签。接下来，在例 4-2 的基础上，演示使用空标签清除浮动的方法，如例 4-3 所示。

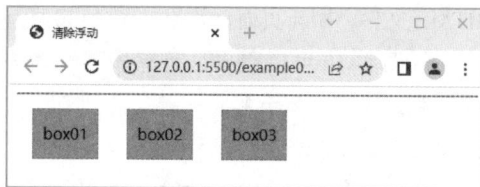

图 4-11　子元素浮动对父元素的影响

例 4-3　example03.html

```
1  <!DOCTYPE html>
2  <html>
3  <head>
4  <meta charset="UTF-8">
5  <meta http-equiv="X-UA-Compatible" content="IE=edge">
6  <meta name="viewport" content="width=device-width,initial-scale=1.0">
7  <title>空标签清除浮动</title>
8  <style type="text/css">
9     .father{                         /* 父元素未设置高度 */
10        background:#ccc;
11        border:1px dashed #999;
12     }
13     .box01,.box02,.box03{
14        height:50px;
15        line-height:50px;
16        background:#f9c;
17        border:1px dashed #999;
18        margin:15px;
19        padding:0px 10px;
20        float:left;                   /* 为 box01、box02、box03 设置左浮动 */
21     }
22     .box04{clear:both;}              /* 对空标签应用 clear:both;*/
23  </style>
24  </head>
25  <body>
26     <div class="father">
27        <div class="box01">box01</div>
28        <div class="box02">box02</div>
29        <div class="box03">box03</div>
30        <div class="box04"></div>     <!--在浮动元素后添加空标签-->
31     </div>
32  </body>
33  </html>
```

在例 4-3 中，第 30 行代码在浮动盒子 box01、box02、box03 之后添加类名为 box04 的空 <div> 标签，然后对 box04 应用 "clear:both;" 样式清除浮动对父元素的影响。

运行例 4-3，空标签清除浮动效果如图 4-12 所示。

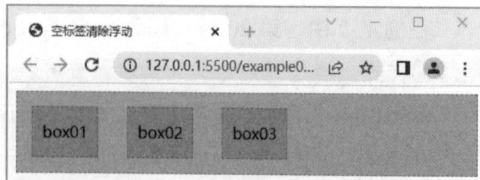

图 4-12　空标签清除浮动效果

在图 4-12 中，父元素被子元素撑开，说明子元素浮动对父元素的影响已经消除。需要注意的是，上述方法虽然可以清除浮动，但是增加了毫无意义的结构标签，因此在实际工作中使用较少。

（2）使用 overflow 属性清除浮动

对标签应用 "overflow:hidden;" 样式，也可以清除浮动对该标签的影响，这种方式还弥补了空标签清除浮动的不足。接下来，继续在例 4-2 的基础上，演示使用 overflow 属性清除浮动，如例 4-4 所示。

例 4-4　example04.html

```html
1  <!DOCTYPE html>
2  <html>
3  <head>
4  <meta charset="UTF-8">
5  <meta http-equiv="X-UA-Compatible" content="IE=edge">
6  <meta name="viewport" content="width=device-width,initial-scale=1.0">
7  <title>overflow 属性清除浮动 </title>
8  <style type="text/css">
9      .father{                              /* 父元素未设置高度 */
10         background:#ccc;
11         border:1px dashed #999;
12         overflow:hidden;                  /* 对父元素应用 overflow:hidden;*/
13     }
14     .box01,.box02,.box03{
15         height:50px;
16         line-height:50px;
17         background:#f9c;
18         border:1px dashed #999;
19         margin:15px;
20         padding:0px 10px;
21         float:left;                       /* 为 box01、box02、box03 设置左浮动 */
22     }
23 </style>
24 </head>
25 <body>
26     <div class="father">
27         <div class="box01">box01</div>
28         <div class="box02">box02</div>
29         <div class="box03">box03</div>
30     </div>
31 </body>
32 </html>
```

在例 4-4 中，第 12 行代码对父元素应用 "overflow:hidden;" 样式，清除子元素浮动对父元素的影响。

运行例 4-4，效果如图 4-13 所示。

在图 4-13 中，父元素被子元素撑开了，说明子元素浮动对父元素的影响已经消除。需要注意的是，在使用 "overflow:hidden;" 样式清除浮动时，一定要将该样式应用在被浮动影响的标签中。

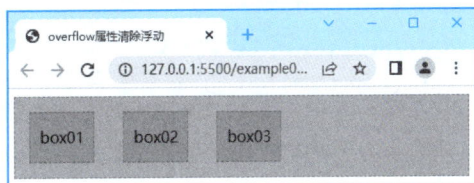

图 4-13　overflow 属性清除浮动

（3）使用 after 伪对象清除浮动

使用 after 伪对象也可以清除浮动，但是该方法只适用于 IE8 及以上版本浏览器和其他非 IE 浏览器。使用 after 伪对象清除浮动时有以下要求。

① 需要清除浮动的标签设置"height:0;"样式，否则该标签会比其实际高度高出若干像素。

② 需要在伪对象中设置 content 属性，属性值可以为空，如"content:"";"。

接下来，通过一个案例演示使用 after 伪对象清除浮动，如例 4-5 所示。

例 4-5 example05.html

```
1   <!DOCTYPE html>
2   <html>
3   <head>
4   <meta charset="UTF-8">
5   <meta http-equiv="X-UA-Compatible" content="IE=edge">
6   <meta name="viewport" content="width=device-width,initial-scale=1.0">
7   <title>使用 after 伪对象清除浮动</title>
8   <style type="text/css">
9       .father{                    /* 没有给父元素设置高度 */
10          background:#ccc;
11          border:1px dashed #999;
12      }
13      .father:after{              /* 对父元素应用 after 伪对象样式 */
14          display:block;
15          clear:both;
16          content:"";
17          visibility:hidden;
18          height:0;
19      }
20      .box01,.box02,.box03{
21          height:50px;
22          line-height:50px;
23          background:#f9c;
24          border:1px dashed #999;
25          margin:15px;
26          padding:0px 10px;
27          float:left;                 /* 设置 box01、box02、box03 三个盒子为左浮动 */
28      }
29  </style>
30  </head>
31  <body>
32      <div class="father">
33          <div class="box01">box01</div>
34          <div class="box02">box02</div>
35          <div class="box03">box03</div>
36      </div>
37  </body>
38  </html>
```

在例 4-5 中，第 13~19 行代码用于为需要清除浮动的父元素应用 after 伪对象样式。

运行例 4-5，效果如图 4-14 所示。

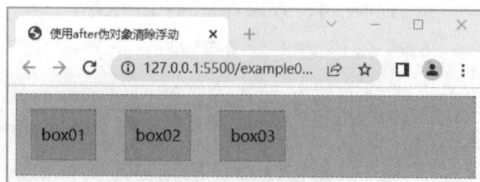

图 4-14 使用 after 伪对象清除浮动

在图 4-14 中，父元素又被子元素撑开了，也就是说子元素浮动对父元素的影响已经不存在。

■ 任务实现

下面将根据任务分析，按照搭建页面结构、设置 CSS 样式的顺序完成页面的制作。

1. 搭建页面结构

根据任务分析的制作思路，使用相应的 HTML 标签来搭建页面结构。新建 task4-1 文件夹，在 task4-1 文件夹内新建一个名称为 task4-1.html 的 HTML 文件。在 HTML 文件中编写页面结构代码，具体代码如下。

```
1   <!DOCTYPE html>
2   <html>
3   <head>
4   <meta charset="UTF-8">
5   <meta http-equiv="X-UA-Compatible" content="IE=edge">
6   <meta name="viewport" content="width=device-width,initial-scale=1.0">
7   <title>商品展示</title>
8   </head>
9   <body>
10      <div class="all">
11          <div class="box">
12              <img src="images/things1.png" />
13          </div>
14          <div class="box">
15              <img src="images/things2.png" />
16          </div>
17          <div class="box">
18              <img src="images/things3.png" />
19          </div>
20          <p>
21              <span>蓝牙无线耳机：</span>通过蓝牙进行无线传输，通过蓝牙进行无线传
    输，通过蓝牙进行无线传输，通过蓝牙进行无线传输，通过蓝牙进行无线传输，通过蓝牙进行无线
    传输。
22          </p>
23          <p>
24              <span>便携式计算机：</span>便携办公首选，便携办公首选，便携办公首选，
    便携办公首选，便携办公首选，便携办公首选，便携办公首选，便携办公首选，便携办公首选。
25          </p>
26          <p>
27              <span>复古蓝牙音箱：</span>通过蓝牙进行无线传输，通过蓝牙进行无线传输，
    通过蓝牙进行无线传输，通过蓝牙进行无线传输，通过蓝牙进行无线传输，通过蓝牙进行无线传输。
28          </p>
29      </div>
30  </body>
31  </html>
```

运行 task4-1.html，商品展示结构如图 4-15 所示。

2. 设置 CSS 样式

搭建完页面的结构后，接下来，使用 CSS 对页面的样式进行修饰。本任务采用从整体到局部的方式实现图 4-1 所示的效果，具体如下。

（1）定义基础样式

```
/* 全局控制 */
body{font-size:16px;}
/* 清除浏览器的默认样式 */
body,p,img{padding:0; margin:0;
border:0;}
```

（2）整体控制页面

```
1   .all{
2       width:650px;
3       border-top:3px double #ccc;
4       padding-top:20px;
5       border-bottom:3px double #ccc;
6       margin:20px auto;
7   }
```

图 4-15　商品展示结构

上面的代码用于对商品展示进行整体控制，其中第 3 行代码和第 5 行代码用于为商品展示设置上边框和下边框。

（3）控制商品展示图片部分

```
1   .box{
2       float:left;
3       margin-right:30px;
4       margin-bottom:10px;
5   }
```

上面的代码用于控制"商品展示图片"部分，其中第 2 行代码"float:left;"用于为商品图片所在的 3 个 <div> 标签设置左浮动，使其在同一行显示。

（4）控制商品说明文字部分

```
1   p{
2       width:600px;
3       height:40px;
4       border-left:8px solid #CCC;
5       padding-left:10px;
6       clear:left;          /* 清除浮动标签的影响 */
7       color:#888;
8       margin-bottom:20px;
9   }
10  span{
11      color:#333;
12      font-weight:bold;
13  }
```

上面的代码用于控制段落文本，其中第 6 行代码"clear:left;"用于清除浮动标签对段落文本的影响。

将 CSS 代码嵌入到页面结构中，保存网页文件，刷新页面，设置 CSS 样式的商品展示效果如图 4-16 所示。

图 4-16 设置 CSS 样式的商品展示效果

任务 4-2 制作手机页面展示

在网页设计中，运用 overflow 属性可以设置盒子中溢出内容的显示方式。本任务将根据 overflow 属性的特性，模拟手机页面展示效果，让初学者掌握 overflow 属性的用法。手机页面展示效果如图 4-17 所示。

实操微课 4-2：
任务 4-2 手机
页面展示

■ 任务目标

技能目标	掌握 overflow 属性的用法，能够设置网页模块溢出内容的显示方式

■ 任务分析

根据效果图，可以将手机页面展示模块按照搭建页面结构和设置 CSS 样式两部分进行制作，具体制作思路如下。

（1）搭建页面结构

手机页面整体由一个 <div> 标签进行定义。手机内容显示区域可以嵌套一个宽度和高度稍小的 <div> 标签中进行定义。显示的电商界面图片可以通过 <img /> 标签来定义。效果图 4-17 对应的结构如图 4-18 所示。

（2）设置 CSS 样式

实现效果图所示样式的思路如下。

① 为最外层的 <div> 标签设置宽度、高度、内边距、外边距及背景图像。

② 为内容区域的 <div> 标签设置宽度、高度，并通过 overflow 属性控制溢出图片的显示方式。

■ 知识储备

overflow 属性

当盒子中的内容超出盒子自身的大小时，内容就会溢出，如图 4-19 所示。

图 4-17　手机页面展示效果　　　图 4-18　手机页面结构　　　图 4-19　内容溢出

这时如果想要处理溢出内容的显示样式，就需要使用 CSS 的 overflow 属性。overflow 属性用于规定溢出内容的显示状态。例如，隐藏溢出内容、通过滚动条显示溢出内容。overflow 属性基本语法格式如下。

理论微课 4-4：
overflow 属性

> 选择器 {overflow: 属性值 ;}

在上面的语法中，overflow 属性的属性值有 4 个，具体如表 4-3 所示。

表 4-3　overflow 的属性值

属性值	描述
visible	内容不会被修剪，呈现在元素框之外（默认属性值）
hidden	溢出内容会被修剪，并且被修剪的内容是不可见的
auto	溢出内容会被隐藏，有溢出内容的一侧会产生滚动条，可以通过滚动条查看溢出内容
scroll	溢出内容会被隐藏，无论是否有溢出内容，浏览器会始终显示滚动条

了解 overflow 属性、属性值及其含义后，通过一个案例来演示它们的具体用法和效果，如例 4-6 所示。

例 4-6　example06.html

```
1   <!DOCTYPE html>
2   <html>
3   <head>
4   <meta charset="UTF-8">
5   <meta http-equiv="X-UA-Compatible" content="IE=edge">
6   <meta name="viewport" content="width=device-width,initial-scale=1.0">
7   <title>overflow 属性 </title>
8   <style type="text/css">
9       div{
```

```
10          width:260px;
11          height:176px;
12          background:url(images/bg.png) center center  no-repeat;
13          overflow:visible;      /* 溢出内容呈现在元素框之外 */
14      }
15  </style>
16  </head>
17  <body>
18      <div>
19          琼苑金池，青门紫陌，似雪杨花满路。云日淡、天低昼永，过三点两点细雨。好花枝、半
出墙头，似帐望、芳草王孙何处。更水绕人家，桥当门巷，燕燕莺莺飞舞。怎得东君长为主，把绿鬓朱
颜，一时留住？佳人唱、《金衣》莫惜，才子倒、玉山休诉。况春来、倍觉伤心，念故国情多，新年愁苦。
纵宝马嘶风，红尘拂面，也则寻芳归去。
20      </div>
21  </body>
22  </html>
```

在例 4-6 中，第 13 行代码通过 "overflow:visible;" 样式，使溢出的内容不会被修剪，呈现在 div 元素之外。

运行例 4-6，"overflow:visible;" 显示效果如图 4-20 所示。

在图 4-20 中，溢出的内容不会被修剪，呈现在带有背景的 div 元素之外。

如果希望溢出的内容被修剪，且不可见，可将 overflow 的属性值修改为 hidden。接下来，在例 4-6 的基础上进行演示，将第 13 行代码更改如下。

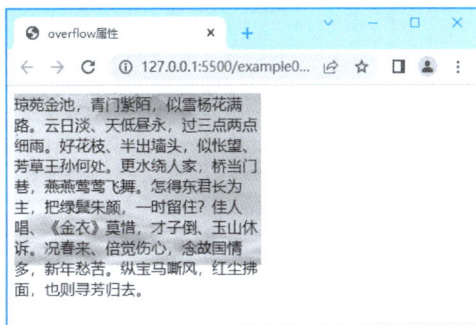

图 4-20　"overflow:visible;" 效果

```
overflow:hidden;       /* 溢出内容被修剪，且不可见 */
```

保存 HTML 文件，刷新页面，效果如图 4-21 所示。

在图 4-21 中，溢出内容会被修剪，并且被修剪的内容是不可见的。

如果希望元素框能够自适应内容的多少，并且在内容溢出时，产生滚动条；未溢出时，不产生滚动条。可以将 overflow 的属性值设置为 auto。接下来，继续在例 4-6 的基础上进行演示，将第 13 行代码更改如下。

图 4-21　"overflow:hidden;" 效果

```
overflow:auto;          /* 根据需要产生滚动条 */
```

保存 HTML 文件，刷新页面，效果如图 4-22 所示。

在图 4-22 中，元素框的右侧产生了滚动条，拖动滚动条即可查看溢出的内容。如果将文本内容减少到盒子可全部呈现时，滚动条就会自动消失。

当定义 overflow 的属性值为 scroll 时，元素框底部也会产生滚动条。接下来，继续在例 4-6 的基础上进行演示，将第 13 行代码更改如下。

```
overflow:scroll;          /* 始终显示滚动条 */
```

保存 HTML 文件，刷新页面，效果如图 4-23 所示。

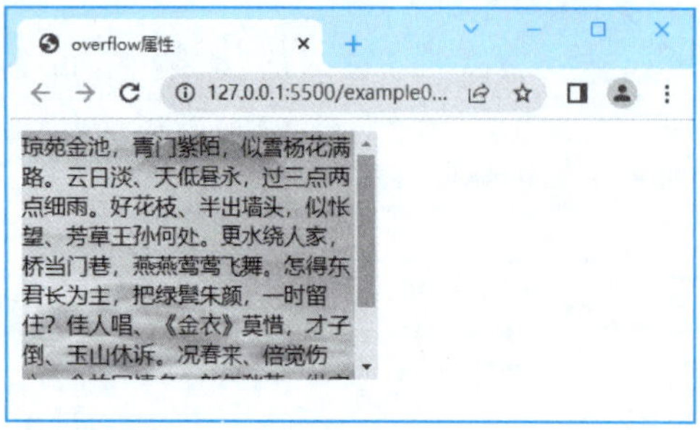

图 4-22　"overflow:auto;"效果

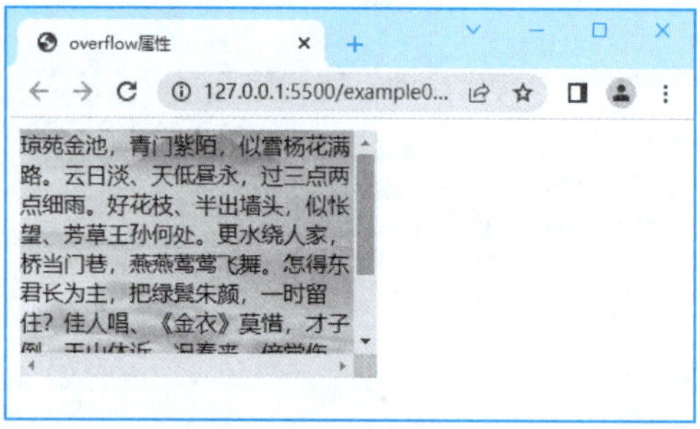

图 4-23　"overflow:scroll;"效果

在图 4-23 中，元素框中的水平方向和竖直方向均出现了滚动条。可见与"overflow:auto;"样式不同，当设置"overflow:scroll;"样式时，不论内容是否溢出，元素框中的水平方向和竖直方向的滚动条始终存在。

■ 任务实现

下面将根据任务分析，按照搭建页面结构、设置 CSS 样式的顺序完成页面的制作。

1. 搭建页面结构

根据上面的分析，使用相应的 HTML 标签来搭建页面结构。新建 task4-2 文件夹，在 task4-2 文件夹内新建一个名称为 task4-2.html 的 HTML 文件。在 HTML 文件中编写页面结构代码，具体代码如下。

```
1    <!DOCTYPE html>
2    <html>
3    <head>
4    <meta charset="UTF-8">
5    <meta http-equiv="X-UA-Compatible" content="IE=edge">
6    <meta name="viewport" content="width=device-width,initial-scale=1.0">
7    <title> 手机页面展示 </title>
8    </head>
9    <body>
10       <div class="all">
11          <div class="content">
12             <img src="images/content.png" />
13          </div>
14       </div>
15   </body>
16   </html>
```

运行 task4-2.html，手机页面展示结构如图 4-24 所示。

在图 4-24 所示的页面中，由于电商界面图片较大，铺满了浏览器窗口。

2. 设置 CSS 样式

搭建完页面的结构后，接下来使用 CSS 设置页面样式。本任务采用从整体到局部的方式实现手机页面展示的样式效果，具体代码如下。

（1）定义基础样式

```
/* 全局控制 */
body{ font-size:12px;}
/* 清除浏览器的默认样式 */
body,img{ padding:0; margin:0; border:0;}
```

（2）整体控制手机页面

```
1  .all{
2      width:422px;
3      height:866px;
4      background:url(images/bg1.jpg) no-repeat;
5      margin:20px auto;
6      padding:80px 0 0 9px;
7  }
```

上面的代码用于对手机页面进行整体控制，其中，第 4 行代码用于将手机外形图像设置为背景。

（3）控制内容显示区域

```
1  .content{
2      width:407px;
3      height:700px;
4      overflow:scroll;        /* 控制溢出内容的显示方式 */
5  }
```

上面的代码用于控制手机的内容显示区域。其中，第 4 行代码"overflow:scroll;"用于设置溢出内容的显示方式为隐藏内容，此时元素框中会始终显示滚动条。

将 CSS 代码嵌入到页面结构中，保存网页文件，刷新页面，设置 CSS 样式的手机页面展示效果如图 4-25 所示。

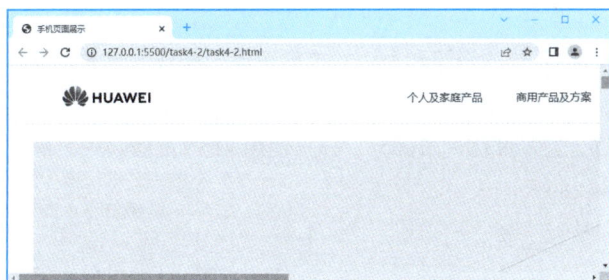

图 4-24 手机页面展示结构

图 4-25 设置 CSS 样式的手机页面展示效果

任务 4-3 制作行程定位

浮动布局虽然灵活，但是却无法对元素的位置进行精确地控制。在 CSS 中，通过定位属性可以实现网页元素的精确定位。本任务将通过行程定位案例详细讲解网页元素定位的方法。行程定位效果如图 4-26 所示。

当鼠标指针移到定位坐标上时，行程定位效果如图 4-27 所示。

实操微课 4-3：
任务 4-3 行程定位

图 4-26 行程定位效果 1

图 4-27 行程定位效果 2

任务目标

知识目标	• 了解元素的定位属性，能够归纳元素定位的组成 • 了解静态定位，能够总结静态定位的特点
技能目标	• 掌握相对定位的方法，能够为元素设置相对定位 • 掌握绝对定位的方法，能够为元素设置绝对定位 • 掌握固定定位的方法，能够为元素设置固定定位 • 熟悉层叠等级属性的用法，能够调整堆叠元素的显示层级

任务分析

根据效果图，可以将行程定位模块按照搭建页面结构和设置 CSS 样式两部分进行制作，具体制作思路如下。

（1）搭建页面结构

行程定位界面整体可看作一个大盒子，由左边的道路和右边的内容两部分构成，大盒子及其左、右两部分内容均可通过 <div> 标签进行定义。其中，左边道路上 4 个定位坐标可以使用 4 个 <a> 标签进行定义。右边内容可划分为标题、文本和图片三部分，分别使用 <h1> 标签、<p> 标签和 <img /> 标签定义。行程定位结构如图 4-28 所示。

（2）设置 CSS 样式

实现效果图所示样式的思路如下。

① 整体控制行程定位页面，给行程定位页面最外层的大盒子设置宽度、高度、内边距、外边

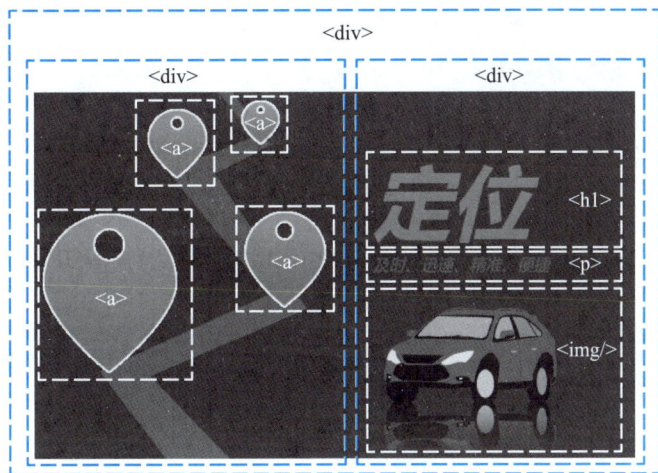

图 4-28 行程定位结构

距及背景样式。

② 整体控制左边的道路部分，需为其设置宽度、高度、背景、左浮动和相对定位样式。

③ 为 <a> 标签添加定位属性，控制定位坐标，显示在效果图所示位置。

④ 通过链接伪类设置鼠标指针悬浮时定位坐标的样式。

⑤ 对右边内容部分所在的盒子应用右浮动，并为盒子中的文本添加样式。

■ 知识储备

1. 元素的定位

制作网页时，如果希望网页中的元素出现在网页中某个特定的位置，就需要对元素进行精确定位。精确定位元素时，需要设置定位模式和边偏移两部分，具体介绍如下。

理论微课 4-5：
元素的定位

（1）定位模式

在 CSS 中，position 属性用于设置元素的定位模式，其基本语法格式如下。

```
选择器 {position: 属性值;}
```

在上面的语法中，position 属性的常用属性值有 4 个，分别表示不同的定位模式，具体如表 4-4 所示。

表 4-4 position 属性的常用属性值

值	描述
static	静态定位（默认定位方式）
relative	相对定位，相对于其原文档流的位置进行定位
absolute	绝对定位，相对于其上一个已经定位的父元素进行定位
fixed	固定定位，相对于浏览器窗口进行定位

从表 4-4 可以看出，position 属性的取值不同，元素的定位模式也不同，分别为静态定位

（static）、相对定位（relative）、绝对定位（absolute）以及固定定位（fixed）。关于不同定位模式的特点将会在后面的知识中详细讲解。

（2）边偏移

定位模式仅用于设置元素以哪种方式定位，并不能确定元素的具体位置。在 CSS 中，通过边偏移属性 top、bottom、left 或 right，可以精确定义定位元素的位置。边偏移属性的具体介绍如表 4-5 所示。

表 4-5　边偏移属性的具体介绍

边偏移属性	描述
top	设置顶端偏移量，定义元素相对于其父元素上边线的距离
bottom	设置底部偏移量，定义元素相对于其父元素下边线的距离
left	设置左侧偏移量，定义元素相对于其父元素左边线的距离
right	设置右侧偏移量，定义元素相对于其父元素右边线的距离

从表 4-5 可以看出，边偏移可以通过 top、bottom、left、right 4 个属性进行设置。边偏移属性的取值可以为不同单位的数值或百分数，示例如下：

```
position:relative;      /* 相对定位 */
left:50px;              /* 距左边线 50px*/
top:10%;                /* 距顶部边线 10%*/
```

2. 静态定位

静态定位是元素的默认定位方式，当 position 属性的取值为 static 时，可以将元素静态定位。所谓静态位置就是各个元素在 HTML 文档流中默认的位置。

任何元素在默认状态下都会以静态定位来确定自己的位置，所以当没有定义 position 属性时，并不是说明该元素没有自己的位置，它会遵循默认属性值显示为静态定位。在静态定位状态下，无法通过边偏移属性，即 top、bottom、left 或 right 来改变元素的位置。

理论微课 4-6：
静态定位

3. 相对定位

相对定位是将元素相对于它在标准文档流中的位置进行定位，当 position 属性的取值为 relative 时，可以将元素相对定位。对元素设置相对定位后，可以通过边偏移属性改变元素的位置，但是该元素在文档流中的位置仍然保留。

为了使初学者更好地理解相对定位，接下来，通过一个案例来演示对元素设置相对定位的效果，如例 4-7 所示。

理论微课 4-7：
相对定位

例 4-7　example07.html

```
1   <!DOCTYPE html>
2   <html>
3   <head>
4   <meta charset="UTF-8">
5   <meta http-equiv="X-UA-Compatible" content="IE=edge">
6   <meta name="viewport" content="width=device-width,initial-scale=1.0">
```

```
7    <title> 相对定位 </title>
8    <style type="text/css">
9      body{margin:0px;padding:0px;font-size:18px;font-weight:bold;}
10     .father{
11        margin:10px auto;
12        width:300px;
13        height:300px;
14        padding:10px;
15        background:#ccc;
16        border:1px solid #000;
17     }
18     .child01,.child02,.child03{
19        width:100px;
20        height:50px;
21        line-height:50px;
22        background:#ff0;
23        border:1px solid #000;
24        margin:10px 0px;
25        text-align:center;
26     }
27     .child02{
28        position:relative;              /* 相对定位 */
29        left:150px;                     /* 距左边线 150px*/
30        top:100px;                      /* 距顶部边线 100px*/
31     }
32   </style>
33   </head>
34   <body>
35     <div class="father">
36        <div class="child01">child01</div>
37        <div class="child02">child02</div>
38        <div class="child03">child03</div>
39     </div>
40   </body>
41   </html>
```

在例 4-7 中，第 27~31 行代码用于对 child02 设置相对定位模式，并通过边偏移属性 left 和 top 改变 child02 的位置。

运行例 4-7，相对定位效果如图 4-29 所示。

从图 4-29 可以看出，对 child02 设置相对定位后，child02 会相对于其自身的默认位置进行偏移，但是它在文档流中的位置仍然保留。

4. 绝对定位

绝对定位是将元素依据最近的已经定位的父元素进行定位，定位的父元素可以为绝对定位、固定定位或相对定位。若所有父元素都没有定位，设置绝对定位的元素会依据 body 元素进行定位，也可以理解为依据浏览器窗口进行定位。

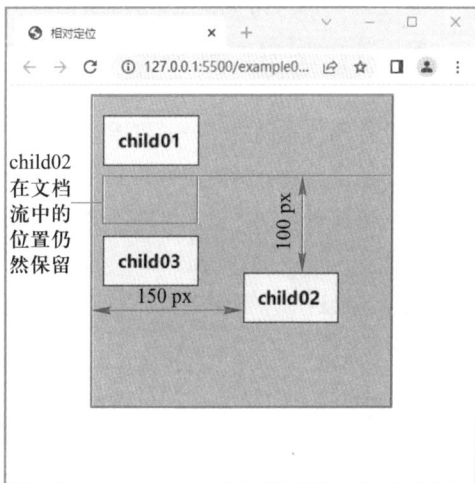

图 4-29　相对定位效果

当 position 属性的取值为 absolute 时，可以将元素的定位模式设置为绝对定位。

为了使初学者更好地理解绝对定位，接下来，在例 4–7 的基础上，将 child02 的定位模式设置为绝对定位，即将第 27~31 行代码更改如下。

理论微课 4–8：绝对定位

```
.child02{
    position:absolute;          /* 绝对定位 */
    left:150px;                 /* 距左边线 150px*/
    top:100px;                  /* 距顶部边线 100px*/
}
```

保存 HTML 文件，刷新页面，绝对定位效果如图 4–30 所示。

在图 4–30 中，设置为绝对定位的 child02，会依据浏览器窗口进行定位。为 child02 设置绝对定位后，child03 占据了 child02 原本在文档流中的位置。可见设置绝对定位后，child02 脱离了标准文档流的控制，同时不再占据标准文档流中的空间。

在上面的示例中，对 child02 设置了绝对定位，当浏览器窗口放大或缩小时，child02 相对于其父元素的位置都将发生变化。图 4–31 所示为缩小浏览器窗口时的页面效果。

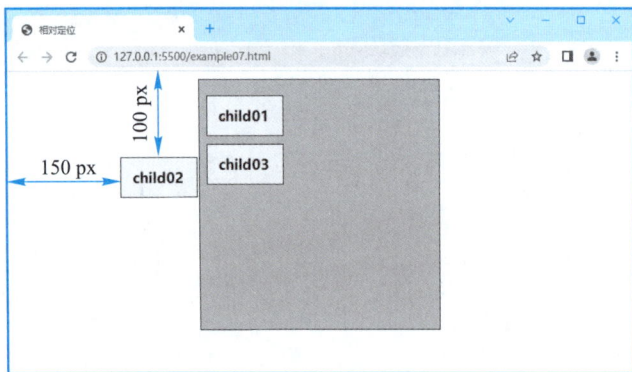

图 4–30   绝对定位效果

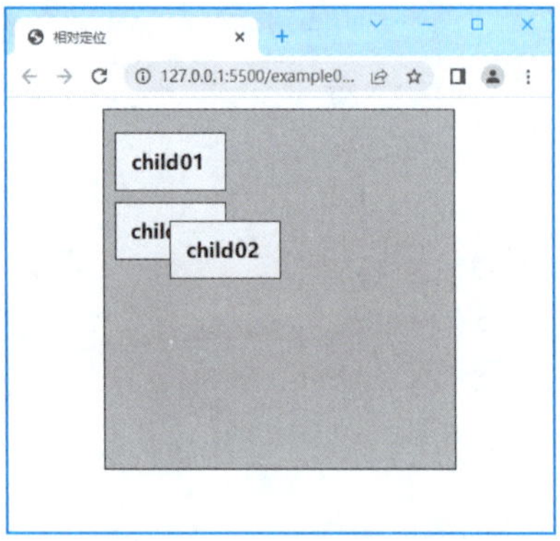

图 4–31   缩小浏览器窗口的效果

通过图 4–31 明显可见，child02 相对于其父元素的位置发生了变化。如果在网页布局时，只对元素应用绝对定位，当用户放大或缩小浏览器窗口时，网页布局可能因某些元素位置改变而变得混乱。

因此在网页布局中，一般需要子元素相对于其父元素的位置保持不变，也就是让子元素依据其父元素的位置进行绝对定位，父元素进行相对定位。如果父元素不需要移动位置，可以不对父元素设置偏移量。这样父元素既不会失去标准文档流中的空间，同时还能保证子元素依据父元素准确定位。

接下来通过一个案例来演示子元素依据父元素定位的效果，如例 4–8 所示。

例 4–8   example08.html

```
1   <!DOCTYPE html>
2   <html>
3   <head>
4   <meta charset="UTF-8">
```

```
5    <meta http-equiv="X-UA-Compatible" content="IE=edge">
6    <meta name="viewport" content="width=device-width,initial-scale=1.0">
7    <title> 子元素依据父元素定位 </title>
8    <style type="text/css">
9    body{ margin:0px;padding:0px;font-size:18px;font-weight:bold; }
10   .father{
11      margin:10px auto;
12      width:300px;
13      height:300px;
14      padding:10px;
15      background:#ccc;
16      border:1px solid #000;
17      position:relative;          /* 相对定位，但不设置边偏移量 */
18   }
19   .child01,.child02,.child03{
20      width:100px;
21      height:50px;
22      line-height:50px;
23      background:#ff0;
24      border:1px solid #000;
25      border-radius:50px;
26      margin:10px 0px;
27      text-align:center;
28   }
29   .child02{
30      position:absolute;          /* 绝对定位 */
31      left:150px;                 /* 距左边线 150px*/
32      top:100px;                  /* 距顶部边线 100px*/
33   }
34   </style>
35   </head>
36   <body>
37   <div class="father">
38      <div class="child01">child01</div>
39      <div class="child02">child02</div>
40      <div class="child03">child03</div>
41   </div>
42   </body>
43   </html>
```

在例 4-8 中，第 17 行代码用于对父元素设置相对定位，但不对该父元素设置边偏移量。第 29~33 行代码用于对子元素 child02 设置绝对定位，并通过偏移属性对该子元素进行精确定位。

运行例 4-8，子元素依据父元素定位的效果如图 4-32 所示。

在图 4-32 中，子元素相对父元素进行偏移。无论如何缩放浏览器的窗口，子元素相对于其父元素的位置都将保持不变。

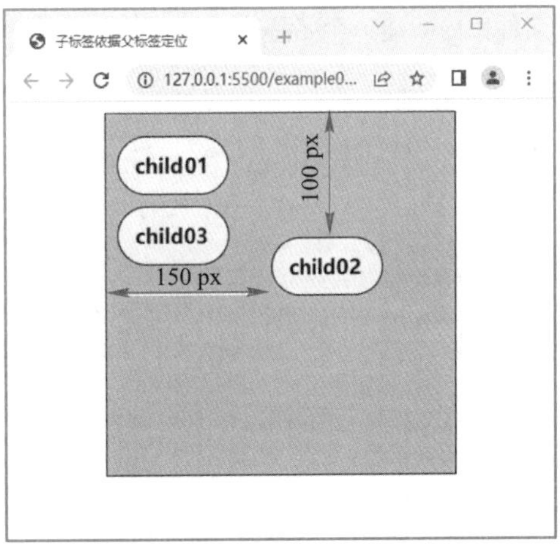

图 4-32　子元素依据父元素定位的效果

> **注意：**
> ① 如果仅对元素设置绝对定位，不设置边偏移，则元素的位置不变，但该元素不再占用标准文档流中的空间，会与上移的元素重叠。
> ② 定义多个边偏移属性时，如果同时定义 left 和 right 参数值，以 left 参数值为准；如果同时定义 top 和 bottom 参数值，以 top 参数值为准。

5. 固定定位

固定定位是绝对定位的一种特殊形式，它以浏览器窗口作为参照物来定义网页元素。当 position 属性的取值为 fixed 时，即可将元素的定位模式设置为固定定位。

理论微课 4-9：
固定定位

当对元素设置固定定位后，该元素将脱离标准文档流的控制，始终依据浏览器窗口来定义自己的显示位置。不管浏览器滚动条如何滚动，也不管浏览器窗口的大小如何变化，该元素都会始终显示在浏览器窗口的固定位置。

6. 层叠等级属性

当对多个元素同时设置定位时，定位元素之间有可能会发生堆叠，如图 4-33 所示。

在 CSS 中，要想调整堆叠定位元素的顺序，可以对定位元素应用 z-index 堆叠等级属性。z-index 属性取值可为正整数、负整数和 0，默认状态下 z-index 属性值是 0，并且 z-index 属性取值越大，设置该属性的定位元素在堆叠中越居于上层。

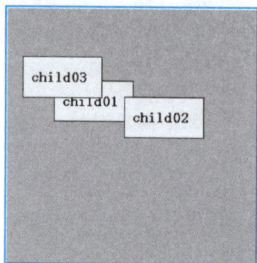

理论微课 4-10：
层叠等级属性

图 4-33   定位元素发生堆叠

■ 任务实现

下面将根据任务分析，按照搭建页面结构、设置 CSS 样式的顺序完成页面的制作。

1. 搭建页面结构

根据上面的分析，使用相应的 HTML 标签来搭建页面结构。新建 task4-3 文件夹，在 task4-3 文件夹内新建一个名称为 task4-3.html 的 HTML 文件。在 HTML 文件中编写页面结构代码，具体代码如下。

```
1    <!doctype html>
2    <html>
3    <head>
4    <meta charset="UTF-8">
5    <meta http-equiv="X-UA-Compatible" content="IE=edge">
6    <meta name="viewport" content="width=device-width,initial-scale=1.0">
7    <link rel="stylesheet" href="task4-3.css">
8    <title>行程定位</title>
9    </head>
10   <body>
11   <div class="all">
12       <div class="left">
```

```
13          <a href="#" class="one"></a>
14          <a href="#" class="two"></a>
15          <a href="#" class="three"></a>
16          <a href="#" class="four"></a>
17      </div>
18      <div class="right">
19          <h2> 定位 </h2>
20          <p class="txt"> 及时、迅速、精准、便捷 </p>
21          <img src="images/car.png">
22      </div>
23  </div>
24  </body>
25  </html>
```

运行 task4-3.html，行程定位结构如图 4-34 所示。

图 4-34　行程定位结构

2. 定义 CSS 样式

搭建完页面的结构后，接下来使用 CSS 对页面进行修饰。本任务采用从整体到局部的方式实现行程定位模块的样式，具体如下。

（1）定义基础样式

```
/* 全局控制 */
body{font-family:" 微软雅黑 ";}
/* 重置浏览器的默认样式 */
body,p,h2,img{padding:0; margin:0; border:0;}
/* 所有的超链接转换为块元素 */
a{ display:block;}
```

（2）整体控制界面

```
1   .all{
2       width:603px;
3       height:400px;
4       margin:20px auto;
5       background:#1E2D3B;
6       padding-right:70px;
7   }
```

上面的代码用于对行程定位模块进行整体控制，其中第 6 行代码 padding-right:70px; 用于为最外层大盒子设置右外边距，这样大盒子右边的内容就不会紧贴大盒子的边缘。

（3）整体控制左侧地图部分

```
1   .left{
2       width:332px;
3       height:400px;
4       background:url(images/road.png) no-repeat 70px top;
5       float:left;
6       position:relative;          /*将父元素设置为相对定位 */
7   }
```

　　上面的代码用于对左侧的地图部分进行整体控制，其中第 4 行代码用添加背景图片，第 6 行代码用于将地图设置为相对定位。

　　（4）添加默认的定位坐标

```
1    .one{
2        width:158px;
3        height:177px;
4        background:url(images/icon1.png) no-repeat;
5        position:absolute;              /*将子元素设置为绝对定位 */
6        left:6px;
7        top:130px;
8    }
9    .two{
10       width:98px;
11       height:106px;
12       background:url(images/icon3.png) no-repeat;
13       position:absolute;              /*将子元素设置为绝对定位 */
14       left:233px;
15       top:130px;
16   }
17   .three{
18       width:69px;
19       height:78px;
20       background:url(images/icon5.png) no-repeat;
21       position:absolute;              /*将子元素设置为绝对定位 */
22       left:127px;
23       top:17px;
24   }
25   .four{
26       width:45px;
27       height:50px;
28       background:url(images/icon7.png) no-repeat;
29       position:absolute;              /*将子元素设置为绝对定位 */
30       left:232px;
31       top:8px;
32   }
```

　　上面的代码用于添加左侧地图中默认的定位坐标，并通过绝对定位将 4 个定位坐标定位在适当的位置。

　　（5）设置鼠标指针移到定位坐标时的状态

```
/*鼠标指针悬浮样式 */
.one:hover{ background:url(images/icon2.png) no-repeat;}
.two:hover{ background:url(images/icon4.png) no-repeat;}
.three:hover{ background:url(images/icon6.png) no-repeat;}
.four:hover{ background:url(images/icon8.png) no-repeat;}
```

　　上面的代码通过链接伪类来实现鼠标指针移到定位坐标时，图像发生变化的效果。

　　（6）控制右侧内容部分

```
.right{
```

```
    width:224px;
    height:340px;
    padding-top:60px;
    float:right;
    font-style:italic;
    font-weight:bold;
}
.right h2{
    font-size:88px;
    color:#3f9ade;
}
.right .txt{
    font-size:18px;
    color:#55606b;
    margin-bottom:20px;
}
```

将 CSS 代码嵌入到页面结构中，保存网页文件，刷新页面，设置 CSS 样式的行程定位效果如图 4-35 所示。

当鼠标指针移到定位坐标时，其背景图像会发生变化，如图 4-36 所示。

图 4-35　行程定位 CSS 样式效果

图 4-36　鼠标指针移到定位坐标时页面效果

任务 4-4　制作浮动布局网页

使用 DIV+CSS 可以进行多种类型的浮动布局，常见的浮动布局类型有单列布局、两列布局、三列布局 3 种。本任务将通过浮动布局网页案例详细讲解网页布局的相关知识。浮动布局网页效果如图 4-37 所示。

实操微课 4-4：
任务 4-4　浮动
布局网页

■ 任务目标

知识目标	● 了解网页模块的命名规范，能够按照规范正确命名网页模块
技能目标	● 掌握单列布局技巧，能够制作单列布局网页 ● 掌握两列布局技巧，能够制作两列布局网页 ● 掌握三列布局技巧，能够制作三列布局网页

图 4-37   浮动布局网页效果

■ 任务分析

根据效果图，可以将浮动布局网页按照搭建页面结构和设置 CSS 样式两部分进行制作，具体制作思路如下。

（1）搭建页面结构

浮动布局网页是一个标准的三列布局页面，包括头部（header）、导航栏（nav）、焦点图（banner）、内容（content）和页面底部（footer）5 个主要模块，其中内容部分又分为左、中、右 3 部分。这些模块均可以使用 <div> 标签进行定义。浮动布局网页结构如图 4-38 所示。

图 4-38   浮动布局网页结构

（2）设置 CSS 样式

实现效果图所示样式的思路如下。

① 定义各模块的版心，版心宽度为 980 像素，居中显示。

② 通过浮动将内容（content）模块为 3 部分，排列成一行显示。

■ 知识储备

1. 单列布局

单列布局是网页布局的基础，所有复杂的布局都是在单列布局上演变而来的。图 4-39 所示为单列布局页面的结构示意图。

理论微课 4-11：
单列布局

从图 4-39 可以看出，单列布局页面从上到下分别为头部、导航栏、焦点图、内容和底部，每个模块单独占据一行，且宽度与版心相等。

接下来，使用相应的 HTML 标签来搭建单列布局页面结构，如例 4-9 所示。

例 4-9　example09.html

```
1   <!DOCTYPE html>
2   <html>
3   <head>
4   <meta charset="UTF-8">
5   <meta http-equiv="X-UA-Compatible" content="IE=edge">
6   <meta name="viewport" content="width=device-width,initial-scale=1.0">
7   <title> 单列布局 </title>
8   </head>
9   <body>
10      <div id="header"> 头部 </div>
11      <div id="nav"> 导航栏 </div>
12      <div id="banner"> 焦点图 </div>
13      <div id="content"> 内容 </div>
14      <div id="footer"> 底部 </div>
15  </body>
16  </html>
```

在例 4-9 中，第 10~14 行代码定义了 5 个 <div> 标签，分别用于控制页面的头部（header）、导航栏（nav）、焦点图（banner）、内容（content）和底部（footer）。

搭建完页面结构，接下来编写相应的 CSS 样式，具体代码如下。

```
1   body{margin:0;padding:0;font-size:24px;text-align:center;}
2   div{
3       width:980px;                  /*设置所有模块的版心宽度为 980px、居中显示 */
4       margin:5px auto;
5       background:#D2EBFF;
6   }
7   #header{height:40px;}
8   #nav{height:60px;}
9   #banner{height:200px;}
10  #content{height:200px;}
11  #footer{height:90px;}
```

在上面的 CSS 代码中，第 3 行代码用于设置所有模块的版心，第 4 行代码用于设置模块在页面中水平居中显示，模块的上下外边距为 5 px。

值得一提的是，通常给标签定义 id 名或者类名时，都会遵循一些常用的命名规范，具体请参照网页模块命名规范。

2. 两列布局

单列布局虽然统一、有序，但不能合理利用页面空间，并给人单调的感觉。所以在网页制作中，还会使用另一种布局方式——两列布局。两列布局和单列布局类似，只是网页内容被分为了左右两部分。这样的分割，能够合理利用页面空间，让页面内容看起来更加丰富。图 4-40 所示为两列布局页面的结构示意图。

理论微课 4-12：
两列布局

图 4-39   单列布局页面的结构示意图

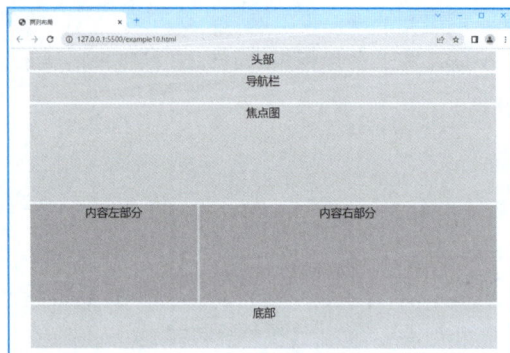

图 4-40   两列布局页面的结构示意图

在图 4-40 中，内容模块被分为了左右两部分，实现这一效果的关键是在内容模块所在的大盒子中嵌套两个小盒子，然后对两个小盒子分别设置浮动。

分析完效果图，接下来使用相应的 HTML 标签搭建页面结构，如例 4-10 所示。

例 4-10   example10.html

```
1   <!DOCTYPE html>
2   <html>
3   <head>
4   <meta charset="UTF-8">
5   <meta http-equiv="X-UA-Compatible" content="IE=edge">
6   <meta name="viewport" content="width=device-width,initial-scale=1.0">
7   <title>两列布局</title>
8   </head>
9   <body>
10      <div id="header">头部</div>
11      <div id="nav">导航栏</div>
12      <div id="banner">焦点图</div>
13      <div id="content">
14          <div class="content_left">内容左部分</div>
15          <div class="content_right">内容右部分</div>
16      </div>
17      <div id="footer">底部</div>
18  </body>
19  </html>
```

例 4-10 与例 4-9 的大部分代码相同，不同之处在于第 13~16 行代码，例 4-10 控制内容（content）模块的盒子中嵌套了类名为 content_left 和 content_right 的两个小盒子。

搭建完页面结构，接下来书写相应的 CSS 样式。由于网页的内容模块被分为了左右两部分。所以，只需在例 4-9 样式的基础上，单独控制 class 为 content_left 和 content_right 的两个小盒子的样式即可，具体代码如下：

```
1   body{ margin:0;padding:0;font-size:24px;text-align:center;}
2   div{
3       width:980px;                    /* 设置所有模块的宽度为 980px、居中显示 */
4       margin:5px auto;
5       background:#D2EBFF;
6   }
7   #header{ height:40px;}              /* 分别设置各个模块的高度 */
8   #nav{ height:60px;}
9   #banner{ height:200px;}
10  #content{ height:200px;}
11  .content_left{                      /* 左侧内容左浮动 */
12      width:350px;
13      height:200px;
14      background-color:#CCC;
15      float:left;
16      margin:0;
17  }
18  .content_right{                     /* 右侧内容右浮动 */
19      width:625px;
20      height:200px;
21      background-color:#CCC;
22      float:right;
23      margin:0;
24  }
25  #footer{ height:90px;}
```

在上面的代码中，第 15 行代码和第 22 行代码分别用于为内容中左侧的盒子和右侧的盒子设置浮动。

3. 三列布局

对于一些大型网站，特别是电子商务类网站，由于内容分类较多，通常需要采用三列布局的页面布局方式。其实，三列布局是由两列布局的演变而来，只是将主体内容分成了左、中、右 3 部分。图 4-41 所示，就是一个三列布局页面的结构示意图。

在图 4-41 中，内容模块被分为了左、中、右 3 部分，实现这一效果的关键是在内容模块所在的大盒子中嵌套 3 个小盒子，然后对 3 个小盒子分别设置浮动。

接下来使用相应的 HTML 标签搭建页面结构，如例 4-11 所示。

理论微课 4-13：
三列布局

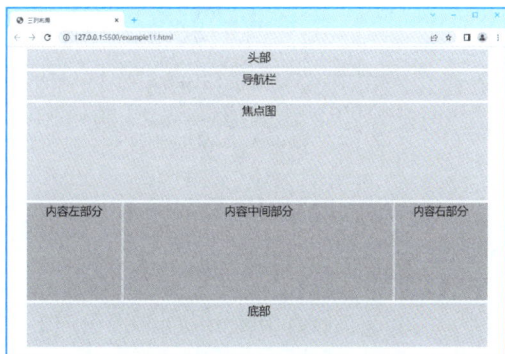

图 4-41　三列布局页面的结构示意图

例 4-11　example11.html

```
1   <!DOCTYPE html>
```

```
2    <html>
3    <head>
4    <meta charset="UTF-8">
5    <meta http-equiv="X-UA-Compatible" content="IE=edge">
6    <meta name="viewport" content="width=device-width,initial-scale=1.0">
7    <title>三列布局</title>
8    </head>
9    <body>
10       <div id="header">头部</div>
11       <div id="nav">导航栏</div>
12       <div id="banner">焦点图</div>
13       <div id="content">
14          <div class="content_left">内容左部分</div>
15          <div class="content_middle">内容中间部分</div>
16          <div class="content_right">内容右部分</div>
17       </div>
18   <div id="footer">底部</div>
19   </body>
20   </html>
```

和例 4-10 相比，本案例的不同之处在于第 15 行代码，该行代码为主体内容所在的盒子中增加了类名为 content_middle 的小盒子。

搭建完页面结构，接下来编写相应的 CSS 样式。由于内容模块被分为了左、中、右 3 部分，所以，只须在例 4-10 样式的基础上，单独控制类名为 content_middle 的小盒子的样式即可，具体代码如下。

```
1    body{margin:0;padding:0;font-size:24px;text-align:center;}
2    div{
3        width:980px;                    /* 设置所有模块的宽度为 980px、居中显示 */
4        margin:5px auto;
5        background:#D2EBFF;
6    }
7    #header{height:40px;}               /* 分别设置各个模块的高度 */
8    #nav{height:60px;}
9    #banner{height:200px;}
10   #content{height:200px;}
11   .content_left{                      /* 左侧部分左浮动 */
12       width:200px;
13       height:200px;
14       background-color:#CCC;
15       float:left;
16       margin:0;
17   }
18   .content_middle{                    /* 中间部分左浮动 */
19       width:570px;
20       height:200px;
21       background-color:#CCC;
22       float:left;
23       margin:0 0 0 5px;
24   }
25   .content_right{                     /* 右侧部分右浮动 */
26       width:200px;
```

```
27      background-color:#CCC;
28      float:right;
29      height:200px;
30      margin:0;
31   }
32   #footer{height:90px;}
```

本案例的核心在于如何分配左、中、右 3 个盒子的位置。首先在案例中将类名为 content_left 和 content_middle 的盒子设置为左浮动，然后将类名为 content_right 的盒子设置为右浮动，最后通过 margin 属性设置盒子之间的间隙。

值得一提的是，无论布局类型是单列布局、两列布局或者三列布局，在制作网页时，为了网站的美观，网页中的一些模块，例如头部、导航栏、焦点图或底部等经常需要通栏显示。将模块设置为通栏后，无论页面放大或缩小，通栏模块都将水平铺满浏览器窗口。图 4-42 所示，是一个应用通栏布局页面的结构示意图。

在图 4-42 中，导航栏和底部均为通栏模块，通栏将始终横铺于浏览器窗口中。通栏布局的关键是在相应模块的外面嵌套一个 <div> 标签，并且将外层 <div> 标签的宽度设置为 100%。

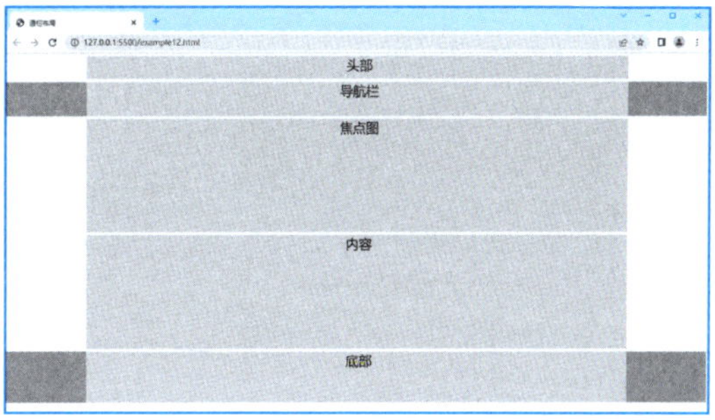

图 4-42　通栏布局页面的结构示意图

接下来，使用相应的 HTML 标签搭建通栏布局页面的结构，如例 4-12 所示。

例 4-12　example12.html

```
1    <!DOCTYPE html>
2    <html>
3    <head>
4    <meta charset="UTF-8">
5    <meta http-equiv="X-UA-Compatible" content="IE=edge">
6    <meta name="viewport" content="width=device-width,initial-scale=1.0">
7    <title> 通栏布局 </title>
8    </head>
9    <body>
10   <div id="header"> 头部 </div>
11   <div id="topbar">
12       <div class="nav"> 导航栏 </div>
13   </div>
14   <div id="banner"> 焦点图 </div>
15   <div id="content"> 内容 </div>
16   <div id="footer">
17       <div class="inner"> 底部 </div>
18   </div>
19   </body>
20   </html>
```

在例 4-12 中，第 11~13 行代码定义了 id 名为 topbar 的 <div> 标签，用于将导航模块设置为通栏。第 16~18 行代码定义了一个 id 名为 footer 的 <div> 标签，用于将底部设置为通栏。

搭建完页面结构，接下来编写相应的 CSS 样式，具体代码如下：

```
1   body{margin:0;padding:0;font-size:24px;text-align:center;}
2   div{
3       width:980px;              /*设置所有模块的宽度为 980px、居中显示 */
4       margin:5px auto;
5       background:#D2EBFF;
6   }
7   #header{height:40px;}         /* 分别设置各个模块的高度 */
8   #topbar{                      /* 通栏显示宽度为 100%，此盒子为 nav 盒子的父盒子 */
9       width:100%;
10      height:60px;
11      background-color:#3CF;
12  }
13  .nav{height:60px;}
14  #banner{height:200px;}
15  #content{height:200px;}
16  .inner{height:90px;}
17  #footer{                      /* 通栏显示宽度为 100%，此盒子为 inner 盒子的父盒子 */
18      width:100%;
19      height:90px;
20      background-color:#3CF;
21  }
```

在上面的 CSS 代码中，第 8~12 行代码和第 17~21 行代码分别用于将 id 名为 topbar 和 footer 两个父盒子的宽度设置为 100%。

需要注意的是，前面所讲的几种布局是网页中的基本布局。在实际工作中，通常需要综合运用这几种基本布局，实现多行多列的布局样式。

💡 注意：

在制作网页时，一定要养成实时测试页面的好习惯，避免完成页面后，出现难以调试的 Bug 或兼容性问题。

4. 网页模块命名规范

网页模块的命名，看似无足轻重，但如果没有统一的命名规范进行约束，随意命名网页模块，就会降低网页代码的可读性，让整个网站的后续维护工作很难进行。因此网页模块命名规范非常重要，需要引起足够重视。通常网页模块的命名需要遵循以下几个原则：

理论微课 4-14：
网页模块命名
规范

① 命名避免使用中文字符，例如 id=" 导航栏 "。

② 命名不能以数字开头，例如 id="1box"。

③ 命名不能使用关键字，例如 id="h3"。

④ 命名要用最少的字母达到最容易理解的意义。

对于一些复杂的网页模块，经常使用一些长词或词组来命名。在使用长词或词组命名网页模块时，可以使用-（中横线）连接，如 nav-first-name。此外也可以使用一些编程中常用的命名方法，例如驼峰命名和蛇形命名，具体介绍如下。

① 驼峰命名：驼峰命名分为大驼峰命名和小驼峰命名。其中大驼峰命名单词首字母均采用大写，例如 NavFirstName、NavLastName。小驼峰命名第 1 个单词首字母小写，其余单词首字母大

写，例如 navFirstName、navLastName。

②蛇形命名：由小写字母和下画线组成，单词之间用下画线连接，例如 nav_first_name、nav_last_name。

了解了命名原则和命名方式，接下来列举一些网页模块和 CSS 文件常用的命名，具体如表 4-6 和表 4-7 所示。

表 4-6　网页模块常用命名

相关模块	命名	相关模块	命名
头	header	内容	content/container
导航	nav	尾	footer
侧栏	sidebar	栏目	column
左边、右边、中间	left　right　center	登录条	loginbar
标志	logo	广告	banner
页面主体	main	热点	hot
新闻	news	下载	download
子导航	subnav	菜单	menu
子菜单	submenu	搜索	search
友情链接	frIEndlink	版权	copyright
滚动	scroll	标签页	tab
文章列表	list	提示信息	msg
小技巧	tips	栏目标题	title
加入	joinus	指南	guild
服务	service	注册	register
状态	status	投票	vote
合作伙伴	partner		

表 4-7　CSS 文件常用命名

CSS 文件	命名	CSS 文件	命名
主要样式	master	基本样式	base
模块样式	module	版面样式	layout
主题	themes	专栏	columns
文字	font	表单	forms
打印	print		

■ **任务实现**

下面将根据任务分析，按照搭建页面结构、设置 CSS 样式的顺序完成页面的制作。

1. 搭建页面结构

根据上面的分析，使用相应的 HTML 标签来搭建页面结构。新建 task4-4 文件夹，在 task4-4

文件夹内新建一个名称为 task4-4.html 的 HTML 文件。在 HTML 文件中编写页面结构代码，具体代码如下。

```
1    <!doctype html>
2    <html>
3    <head>
4    <meta charset="utf-8">
5    <title>环保网页 </title>
6    </head>
7    <body>
8    <div id="header"></div>
9    <div id="nav"></div>
10   <div id="banner"></div>
11   <div id="content">
12       <div class="content_left"></div>
13       <div class="content_middle"></div>
14       <div class="content_right"></div>
15   </div>
16   <div id="footer"></div>
17   </body>
18   </html>
```

运行 task4-4.html，此时页面不会显示任何效果。

2. 定义 CSS 样式

搭建完页面的结构后，接下来使用 CSS 对页面进行修饰，具体代码如下。

```
1    body{ margin:0;padding:0;}
2    div{
3        width:980px;              /*设置所有模块的宽度为 980px、居中显示 */
4        margin:0 auto;
5    }
6    #top{ height:40px;background:url(images/top.jpg)}
7    #nav{ height:60px;background:url(images/nav.jpg)}
8    #banner{ height:200px;background:url(images/banner.jpg)}
9    #content{ height:300px;}
10   .content_left{            /*左侧部分左浮动 */
11       width:200px;
12       height:300px;
13       background-color:#CCC;
14       float:left;
15       margin:0;
16       background:url(images/content_left.jpg)
17   }
18   .content_middle{          /*中间部分左浮动 */
19       width:570px;
20       height:300px;
21       background-color:#CCC;
22       float:left;
23       margin:0 0 0 5px;
24       background:url(images/content_middle.jpg)
25   }
26   .content_right{                    /*右侧部分右浮动 */
```

```
27      width:200px;
28      background-color:#CCC;
29      float:right;
30      height:300px;
31      margin:0;
32      background:url(images/content_right.jpg)
33  }
34  #footer{
35      height:90px;
36      background:url(images/footer.jpg)
37  }
```

在上述代码中，第 3 行代码用于统一设置模块的宽度。第 10~17 行代码用于设置内容左侧部分的样式。第 18~25 行代码用于设置内容中间部分的样式。第 26~33 行代码用于设置内容右侧部分的样式。

保存文件，刷新页面，添加 CSS 样式的浮动布局网页效果如图 4-43 所示。

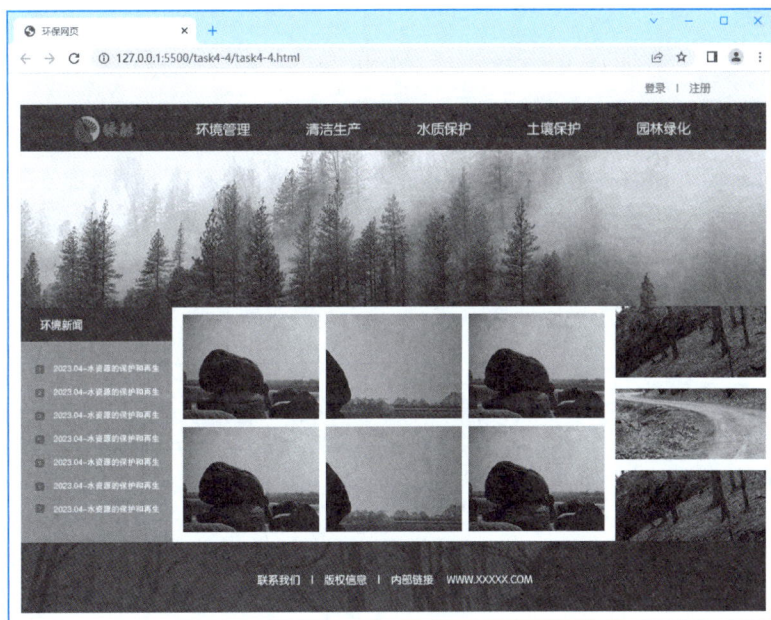

图 4-43　添加 CSS 样式的浮动布局网页

任务 4-5　制作弹性布局导航

弹性布局是 CSS3 提供的一种新的布局模式，应用弹性布局可以创建适应显示区域大小的页面。本任务将通过弹性布局导航案例带领初学者认识弹性布局，并掌握 Flex 容器属性和 Flex 元素属性的用法。弹性布局导航效果如图 4-44 所示。

当拉伸或收缩浏览器窗口时，弹性布局导航会自动随浏览器窗口进行放大或缩小。弹性布局导航缩小效果如图 4-45 所示。

实操微课 4-5：
任务 4-5　弹性
布局导航

图 4-44　弹性布局导航效果

图 4-45　弹性布局导航缩小效果

任务目标

知识目标	● 了解弹性布局，能够说出弹性布局的原理
技能目标	● 掌握 Flex 容器属性的用法，能够使用这些属性设置弹性布局样式 ● 掌握 Flex 元素属性的用法，能够使用这些属性单独控制 Flex 元素

任务分析

根据效果图，可以将弹性布局导航按照搭建页面结构和设置 CSS 样式两部分进行制作，具体制作思路如下。

（1）搭建页面结构

弹性布局导航模块整体可以简单看作一个 3 行 3 列的大盒子。这个大盒子可以使用 <div> 标签定义。大盒子内部嵌套 3 个小盒子，这 3 个小盒子可以使用 3 个 <ul> 标签定义。

每个小盒子又被分成 3 份，可以使用 3 个 <li> 标签定义。第 2 个 <li> 标签和第 3 个 <li> 标签定义的盒子内部被分成上下两个部分，可以使用 <a> 标签定义。弹性布局导航结构如图 4-46 所示。

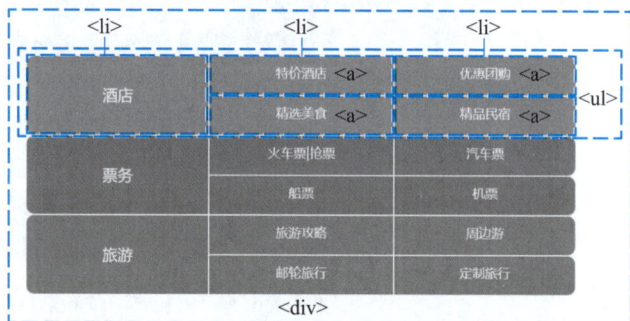

图 4-46　弹性布局导航结构

（2）设置 CSS 样式

实现效果图所示样式的思路如下。

① 将最外层的大盒子转换为 Flex 容器，并且为大盒子设置主轴方向、高度和外边距。

② 为大盒子中的 3 个小盒子设置高度，并将它们转换为 Flex 容器。

③ 设置第 1 行细分列的样式，需要将 3 个 <li> 标签转换为 Flex 容器，并设置圆角、行高、Flex 元素属性等，让 3 个 <li> 标签平分空间。

④ 设置第 1 行第 2 列和第 3 列细分 Flex 元素样式，需要设置背景、行高、字号、圆角等属性。

⑤ 为第 2 个和第 3 个小盒子复用第 1 个小盒子样式，并单独设置背景颜色效果。

■ 知识储备

1. 认识弹性布局

在网页设计中，传统的浮动布局依赖于 position 属性和 float 属性。这样的布局方式往往适用于尺寸固定的显示区域。并且采用浮动布局，网页中元素的分布和对齐都需要经过精确地计算。当显示区域的大小发生改变或对元素进行平均分布、垂直居中对齐时，静态布局就显得捉襟见肘了。为此，CSS3 提供了一种新的布局模式——弹性布局。弹性布局是指元素可以根据显示区域大小进行自适应的布局模式，该布局模式可以很方便地对元素进行分布和对齐。下面将从弹性布局原理和创建 Flex 容器两个方面认识弹性布局。

理论微课 4-15：
认识弹性布局

（1）弹性布局原理

传统的网页布局，元素默认按照从上到下堆叠的方式布局，通过添加 float 属性进行左右排列，各元素的精确位置通过定位属性确定。弹性布局和传统的网页布局差异较大，采用轴式布局，在弹性布局中默认存在两条轴——主轴和交叉轴。主轴和交叉轴的示例如图 4-47 所示。

图 4-47　主轴和交叉轴的示例

① 主轴：用于设置元素的排列方向。例如，从左到右排列，从上到下排列，从下到上排列等。

② 交叉轴：用于设置元素垂直于主轴的排列方向。当主轴方向为水平时，交叉轴方向为垂直。当主轴方向为垂直时，交叉轴方向为水平。

采用弹性布局的所有元素，都将沿主轴和交叉轴排列。主轴和交叉轴可使用对应的属性控制排列方式。

（2）创建 Flex 容器

想要使用弹性布局，首先要创建一个 Flex 容器。创建 Flex 容器的方法非常简单，只需为某个元素指定 display 属性，并设置属性值为 flex 或 inline-flex 即可。当 display 属性取值为 flex，会创建一个块级 Flex 容器，块级 Flex 容器会单独占据一行。当 display 属性取值为 inline-flex，会创建一个行内块级 Flex 容器，行内块级 Flex 容器，不会单独占据一行。

创建 Flex 容器的示例代码如下。

```
1  div{
2      width:700px;
3      height:400px;
4      display:flex;
5      background:blue;
6  }
```

在上述示例代码中，第 4 行代码通过 display:flex; 属性将 <div> 标签转换为 Flex 容器。HTML 中的任何元素都可以作为 Flex 容器，当该元素转换为 Flex 容器时，容器中的子元素会变为 Flex 元素。当子元素变为 Flex 元素后，子元素的 float 属性、clear 属性和 vertical-align 属性将失效。Flex 容器和 Flex 元素示例如图 4-48 所示。

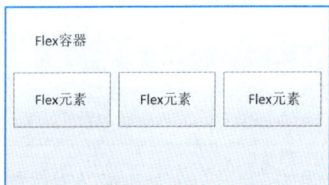

图 4-48　Flex 容器和 Flex 元素示例

2. Flex 容器属性

Flex 容器属性是为转换成 Flex 容器的 HTML 标签添加的 CSS 属性，可以设置容器中 Flex 元素的排列样式。Flex 容器属性包括 flex-direction 属性、flex-wrap 属性、flex-flow 属性、justify-content 属性、align-items 属性、align-content 属性，具体介绍如下。

理论微课 4-16：Flex 容器属性-flex-direction 属性

（1）flex-direction 属性

flex-direction 属性用于设置主轴上 Flex 元素的排列方向，该属性有 4 个属性值，具体介绍如下。

① row：flex-direction 属性的默认属性值，主轴为水平方向，Flex 元素排列起点在左侧，按照自左至右排列。row 示例效果如图 4-49 所示。

② row-reverse：主轴为水平方向，Flex 元素排列起点在右侧，按照自右至左排列。row-reverse 示例效果如图 4-50 所示。

③ column：主轴为垂直方向，Flex 元素排列起点在上端，按照自上至下排列。column 示例效果如图 4-51 所示。

④ column-reverse：主轴为垂直方向，Flex 元素排列起点在下端，按照自下至上排列。column-reverse 示例效果如图 4-52 所示。

（2）flex-wrap 属性

flex-wrap 属性用于设置 Flex 元素是否换行排列，该属性有 3 个属性值，具体介绍如下。

理论微课 4-17：Flex 容器属性-flex-wrap 属性

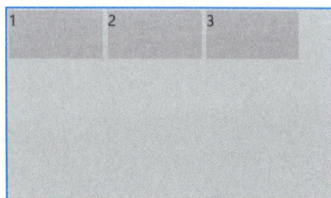

① nowrap：Flex 元素不换行，排列在一排，该属性值是 flex-wrap 属性的默认属性值，可以省略。nowrap 示例效果如图 4-53 所示。

通过对比图 4-49 和图 4-53 可以看出，当 Flex 元素数量增多时，它们仍然会在一行排列显示。此时，Flex 元素的宽度将会被自动压缩。

② wrap：Flex 元素换行，主轴为水平方向时，第 1 行在上方，主轴为垂直方向时，第 1 列在左侧。主轴为水平方向时 wrap 示例效果如图 4-54 所示。

图 4-49　row 示例效果

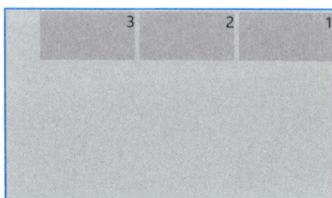

图 4-50　row-reverse 示例效果

图 4-51　column 示例效果

图 4-52　column-reverse 示例效果

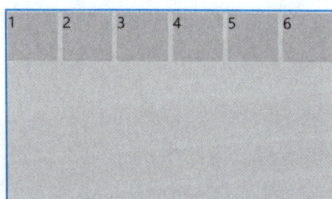

图 4-53　nowrap 示例效果

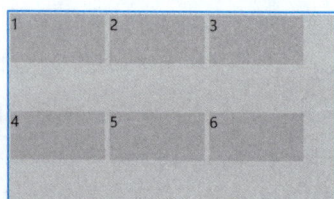

图 4-54　主轴为水平方向时 wrap 示例效果

通过对比图 4-53 和图 4-54 可以看出，设置换行后，Flex 元素换行显示，宽度恢复为初始设置的宽度。

③ wrap-reverse：Flex 元素换行，主轴为水平方向时，第 1 行在下方，主轴为垂直方向时，第 1 列在右侧。

（3）flex-flow 属性

flex-flow 属性是 flex-direction 属性和 flex-wrap 属性的复合属性，可以同时设置 Flex 元素的排列方向和换行效果。flex-flow 属性的属性值是 flex-direction 和 flex-wrap 属性值的组合，两种属性值之间用空格分隔。例如，下面的示例代码。

理论微课 4-18：Flex 容器属性-flex-flow 属性

```
1    flex-direction:column-reverse;
2    flex-wrap:wrap-reverse;
```

上述代码中，第 1 行代码设置主轴为垂直方向，排列起点在下方。第 2 行代码设置换行，Flex 元素第 1 行排列在右侧。上述示例代码效果等同于。

```
flex-flow:column-reverse wrap-reverse;
```

示例代码对应效果如图 4-55 所示。

（4）justify-content 属性

justify-content 属性用于设置 Flex 元素在主轴上的对齐方式。justify-content 属性有 5 个属性值，具体介绍如下。

① flex-start：Flex 元素相对于主轴排列起点对齐，该属性值为 justify-content 属性的默认属性值，可以省略。

② flex-end：Flex 元素相对于主轴排列终点对齐。flex-end 示例效果如图 4-56 所示。

③ center：Flex 元素相对于主轴居中对齐。center 示例效果如图 4-57 所示。

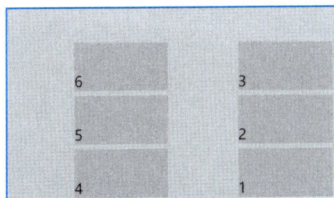

理论微课 4-19：Flex 容器属性-justify-content 属性

图 4-55　nowrap 示例效果　　图 4-56　flex-end 示例效果　　图 4-57　center 示例效果

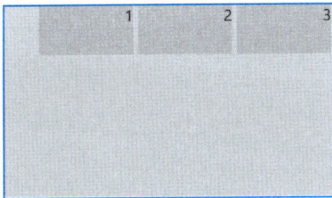

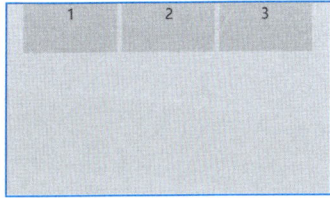

④ space-between：Flex 元素相对于主轴两端对齐，并且 Flex 元素之间的间距相等。space-between 示例效果如图 4-58 所示。

⑤ space-around：Flex 元素之间间距相等，两端保留间距相等，两端保留间距为 Flex 元素之间间距的一半。space-around 示例效果如图 4-59 所示。

（5）align-items 属性

align-items 属性用于设置 Flex 元素在交叉轴上的对齐方式。align-items 属性有 5 个属性值，具体介绍如下。

理论微课 4-20：Flex 容器属性-align-items 属性

① flex-start：Flex 元素在交叉轴的排列起点对齐。flex-start 示例效果如图 4-60 所示。

② flex-end：Flex 元素在交叉轴的排列终点对齐。flex-end 示例效果如图 4-61 所示。

③ center：Flex 元素在交叉轴的中间位置对齐。center 示例效果如图 4-62 所示。

④ baseline：Flex 元素的第 1 行文字的基线对齐。baseline 示例效果如图 4-63 所示。

⑤ stretch：如果 Flex 元素未设置高度或者设为 auto，该 Flex 元素将占满整个容器的高度。stretch 是 align-items 属性的默认属性值，可以省略。stretch 示例效果如图 4-64 所示。

（6）align-content 属性

align-content 属性和 align-items 属性类似，同样用于设置 Flex 元素在交叉轴上的对齐方式。不同之处在于 align-items 属性以一行为对象，设置对齐方式。align-content 属性将所有行作为一个整体，设置对齐方式。图 4-65 为 align-items 属性和 align-content 属性均取值 center 的效果对比图。

理论微课 4-21：
Flex 容器属性-
align-content
属性

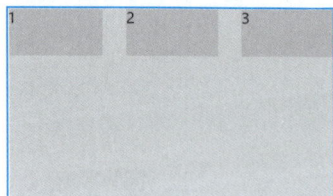

图 4-58　space-between 示例效果

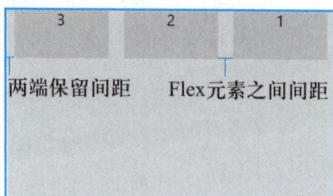

图 4-59　space-around 示例效果

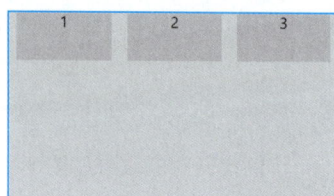

两端保留间距　　Flex元素之间间距

图 4-60　flex-start 示例效果

图 4-61　flex-end 示例效果

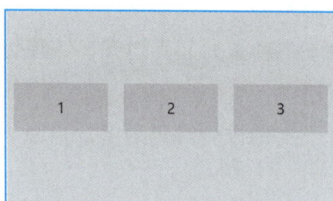

图 4-62　center 示例效果

图 4-63　baseline 示例效果

图 4-64　stretch 示例效果

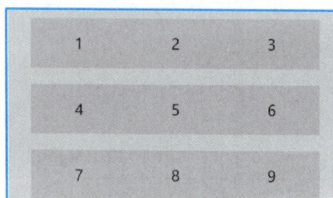

align-items: center;

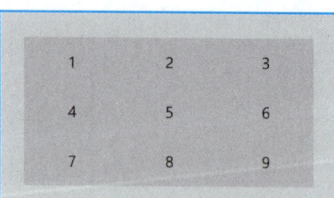

align-content: center;

图 4-65　align-items 属性和 align-content 属性均取值 center 的效果对比图

通过图 4-65 可以看出，当 align-items 属性的属性值为 center 时，每行 Flex 元素均会居中排列。当 align-content 属性的属性值为 center 时，所有行的 Flex 元素会作为一个整体居中排列。

align-content 属性有 6 个属性值，具体介绍如下。

① flex-start：Flex 元素在交叉轴的排列起点对齐。

② flex-end：Flex 元素在交叉轴的排列终点对齐。

③ center：Flex 元素在交叉轴的中间位置对齐。

④ space-between：Flex 元素与交叉轴两端对齐，行与行之间的间隔平均分布。space-between 示例效果如图 4-66 所示。

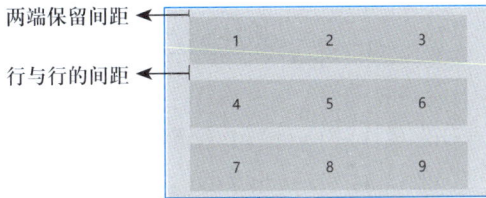

⑤ space-around：行与行之间间距相等，两端保留间距相等，两端保留间距为行与行之间间距的一半。space-around 示例效果如图 4-67 所示。

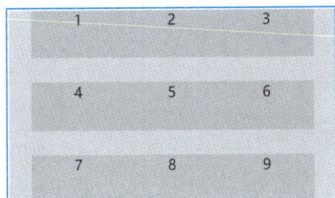

图 4-66　space-between 示例效果　　　图 4-67　space-around 示例效果

⑥ stretch：为 align-content 属性的默认取值，可以省略。如果 Flex 元素未设置高度或者设为 auto，将占满整个容器的高度。

3. Flex 元素属性

Flex 容器属性用于整体控制 Flex 元素的排列方式，如果想要单独控制某个 Flex 元素，就需要为这个 Flex 元素指定对应的属性，这些属性被称为 Flex 元素属性。Flex 元素属性包括 order 属性、flex-grow 属性、flex-shrink 属性、flex-basis 属性、flex 属性、align-self 属性，具体介绍如下。

（1）order 属性

order 属性用于设置 Flex 元素的排列位置，属性值为数字。数字越小，该 Flex 元素排列位置越靠前，默认属性值为 0。order 属性示例如图 4-68 所示。

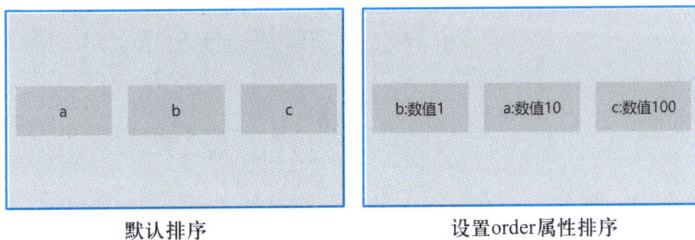

理论微课 4-22：Flex 元素属性-order 属性

图 4-68　order 属性示例

通过图 4-68 可以看出，Flex 元素默认按照顺序排列，a 排在第 1 位。使用 order 属性更改数值后，取值最小的 b 排在第 1 位。

（2）flex-grow 属性

flex-grow 属性用于设置 Flex 元素的扩展比例，其属性值为 0 和正整数。flex-grow 属性默认属性值为 0，此时 Flex 元素不会扩展。当取值为正整数时，Flex 元素会按照对应的比例占据剩余空间。例如，a、b、c 3 个 Flex 元素的 flex-grow 属性取值均为 1，扩展前和扩展后效果如图 4-69 所示。

理论微课 4-23：Flex 元素属性-flex-grow 属性

通过图 4-69 可以看出，3 个元素平分剩余的 Flex 容器空间。如果 a 元素的取值为 2，b 元素和 c 元素取值为 1，则 3 个 Flex 元素会按照 2 : 1 : 1 的比例分割剩余的 Flex 容器空间，如图 4-70 所示。

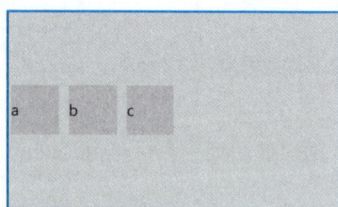

扩展前效果　　　　　　　flex-grow属性取值均为1　　　　图 4-70　Flex 元素按照 2∶1∶1 的

图 4-69　扩展前和扩展后效果　　　　　　　　　　　　比例分割效果

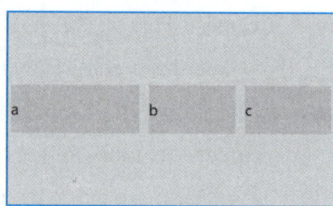

（3）flex-shrink 属性

flex-shrink 属性用于设置 Flex 元素的收缩比例，该属性和 flex-grow 属性用法类似，取值也为 0 和正整数。flex-shrink 属性默认属性值为 1，当 Flex 容器空间不足时，Flex 元素将等比例自动收缩。如果将某个 Flex 元素的 flex-shrink 属性值设置为 0，则该 Flex 元素不收缩，会溢出 Flex 容器；如果将 flex-shrink 属性值设置为其他正整数，Flex 元素将按照设置数字比例进行收缩。

理论微课 4-24：
Flex 元素属性–
flex-shrink 属性

需要注意的是，只有 Flex 元素大小超出 Flex 容器时，flex-shrink 属性才会生效。

（4）flex-basis 属性

flex-basis 属性用设置 Flex 元素在扩展或收缩之前的尺寸。浏览器会根据 flex-basis 属性计算 Flex 容器是否有剩余空间。flex-basis 属性默认取值为 auto，此时 Flex 元素为自身初始大小。通过为 flex-basis 属性定义像素值、百分比数字或其他任何长度单位的数字，可以改变 Flex 元素的大小。

理论微课 4-25：
Flex 元素属性–
flex-basis 属性

当一个 Flex 元素同时被设置了 flex-basis 属性和 width 属性，flex-basis 属性具有更高的优先级。例如下面的示例代码。

```
.one{
    flex-basis:300px;
    width:100px;
}
```

在上述示例代码中，类名为 one 的 Flex 元素同时设置 flex-basis 属性和 width 属性。根据显示优先级，类名为 one 的 Flex 元素将最终宽度为 300 px。

（5）flex 属性

flex 属性是一个复合属性，可综合设置 flex-grow 属性、flex-shrink 属性和 flex-basis 属性。在使用 flex 复合属性时，各属性值之间用空格分隔，按顺序编写。例如下面的示例代码。

理论微课 4-26：
Flex 元素属性–
flex 属性

```
flex:1 1 auto;
```

在上述示例代码中，第 1 个 1 为 flex-grow 属性取值，表示允许 Flex 元素扩展，第 2 个 1 为 flex-shrink 属性取值，表示允许 Flex 元素收缩，auto 为 flex-basis 属性取值，表示 Flex 元素为自身初始大小。

为了更方便地设置 flex 属性的属性值，W3C 提供了一些快捷属性值，如 auto、none、数字等，示例代码如下。

```
flex:auto;          /*等价于flex:1 1 auto;*/
flex:none;          /*等价于flex:0 0 auto; */
flex:2;             /*等价于flex:2 1 0%;*/
```

在实际工作中，建议直接使用 flex 属性，不推荐单独使用 flex-grow 属性、flex-shrink 属性和 flex-basis 属性设置 Flex 元素。

（6）align-self 属性

align-self 属性用于单独控制某个 Flex 元素在交叉轴上的对齐方式。align-self 属性的默认属性值为 auto，表示继承 Flex 容器的 align-items 属性。align-self 属性的剩余属性值和 align-items 属性值相同，分别为 flex-start、flex-end、center、baseline、stretch。

理论微课 4-27：Flex 元素属性－align-self 属性

需要注意的是，当某个 Flex 元素设置 align-self 属性后，Flex 容器的 align-items 属性将不再对该 Flex 元素生效。align-self 属性示例效果如图 4-71 所示。

在图 4-71 中 a 元素单独添加"align-self:flex-end；"属性，与交叉轴排列终点对齐。b、c 元素继承 Flex 容器"align-items:flex-start；"属性，与交叉轴排列起点对齐。

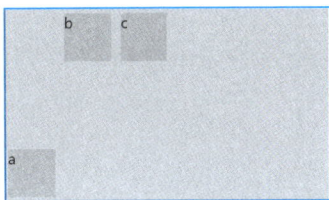

图 4-71　align-self 属性示例

■ 任务实现

下面将根据任务分析，按照搭建页面结构、设置 CSS 样式的顺序完成页面的制作。

1. 搭建页面结构

根据上面的分析，使用相应的 HTML 标签来搭建页面结构。新建 task4-5 文件夹，在 task4-5 文件夹内新建一个名称为 task4-5.html 的 HTML 文件。在 HTML 文件中编写页面结构代码，具体代码如下。

```
1   <!DOCTYPE html>
2   <html lang="en">
3   <head>
4   <meta charset="UTF-8">
5   <meta http-equiv="X-UA-Compatible" content="IE=edge">
6   <meta name="viewport" content="width=device-width,initial-scale=1.0">
7   <title>弹性布局导航</title>
8   <link rel="stylesheet" href="task4-5.css" type="text/css">
9   </head>
10  <body>
11      <div class="box">
12          <ul class="col-1">
13              <li class="style-1">酒店</li>
14              <li class="style-2">
15                  <a href="#" class="mar-1">特价酒店</a>
16                  <a href="#" class="mar-2">精选美食</a>
17              </li>
18              <li class="style-3">
19                  <a href="#" class="mar-1">优惠团购</a>
20                  <a href="#" class="mar-2">精品民宿</a>
```

```
21              </li>
22          </ul>
23          <ul class="col-2">
24              <li class="style-1">票务 </li>
25              <li class="style-2">
26                  <a href="#" class="mar-1"> 火车票 | 抢票 </a>
27                  <a href="#" class="mar-2"> 船票 </a>
28              </li>
29              <li class="style-3">
30                  <a href="#" class="mar-1"> 汽车票 </a>
31                  <a href="#" class="mar-2"> 机票 </a>
32              </li>
33          </ul>
34          <ul class="col-3">
35              <li class="style-1">旅游 </li>
36              <li class="style-2">
37                  <a href="#" class="mar-1"> 旅游攻略 </a>
38                  <a href="#" class="mar-2"> 邮轮旅行 </a>
39              </li>
40              <li class="style-3">
41                  <a href="#" class="mar-1"> 周边游 </a>
42                  <a href="#" class="mar-2"> 定制旅行 </a>
43              </li>
44          </ul>
45      </div>
46  </body>
47  </html>
```

在上述代码中，第 12~22 行代码用于控制大盒子中第 1 个小盒子的内容。第 23~33 行代码用于控制大盒子中第 2 个小盒子的内容。第 34~44 行代码用于控制大盒子中第 3 个小盒子的内容。

运行 task4-5.html，弹性布局导航结构如图 4-72 所示。

2. 定义 CSS 样式

搭建完页面的结构后，接下来使用 CSS 对页面进行修饰，具体代码如下：

（1）定义全局样式

图 4-72　弹性布局导航结构

```
/* 清除浏览器的默认样式 */
*{ margin:0; padding:0; list-style:none; color:#fff;}
/* 全局控制 */
a:link,a:visited{ text-decoration:none; color:#fff;}
```

（2）设置 Flex 容器

```
1  .box{
2      height:360px;
3      margin:50px 100px;
4      display:flex;
```

```
5        flex-direction:column;
6    }
7    .box ul{
8        height:120px;
9        display:flex;
10   }
```

在上述代码中，第 4 行代码用于将最外层的大盒子设置为 Flex 容器。第 9 行代码用于将大盒子内嵌套的小盒子设置为 Flex 容器。

（3）设置第 1 行细分列样式

```
1    .box li{
2        background:#ff7479;
3        flex:1;   /*设置 Flex 元素扩展，收缩 */
4        text-align:center;
5        line-height:120px;
6        font-size:24px;
7    }
8    .box .style-1{ border-radius:12px 0 0 12px;}
9    .box .style-2{
10       margin:0 2px;
11       display:flex;
12       flex-direction:column;
13       background:none;
14   }
15   .box .style-3{
16       display:flex;
17       flex-direction:column;
18       background:none;
19   }
```

在上述代码中，第 3 行代码"flex:1；"可使 <li> 标签填充满父盒子，效果等同于"flex:1 1 0%；"。第 12 行代码"flex-direction:column；"用于设置主轴为垂直方向。

（4）设置第 1 行第 2 列和 3 列细分行样式

```
.box a{
flex:1px;
background:#ff7479;
line-height:50px;
text-align:center;
font-size:20px;
}
.box .mar-1{ margin-bottom:2px;}
.box .style-3 .mar-1,.box .style-3 .mar-2{ border-radius:0 12px 12px 0;}
```

（5）设置第 2 行和第 3 行的样式

```
.box .col-2{ margin:2px 0;}
.box .col-2 .style-1{ background:#3093ff;}
.box .col-3 .style-1{ background:#38ae1a;}
.box .col-2 a{ background:#3093ff;}
```

```
.box .col-3 a{ background:#38ae1a;}
```

将 CSS 代码嵌入页面结构中，保存文件，刷新页面，添加 CSS 样式的弹性布局导航效果如图 4-73 所示。

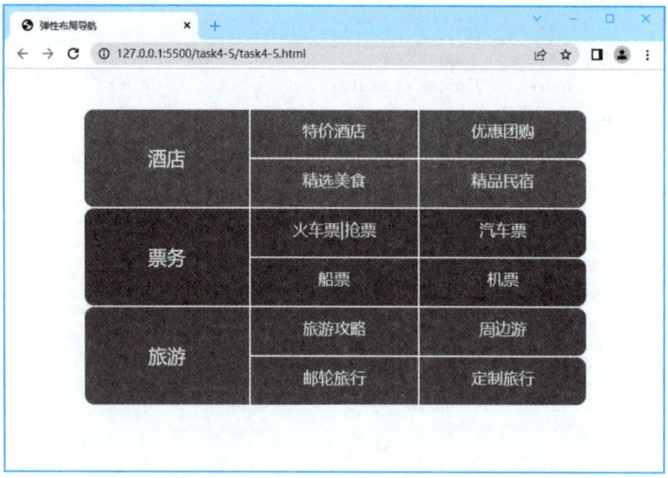

图 4-73　添加 CSS 样式的弹性布局导航效果

当浏览器窗口放大或缩小时，弹性布局导航会随着进行扩展或收缩。

项目小结

本项目首先介绍了网页布局、元素的浮动效果和清除浮动的方法，然后讲解了 overflow 属性、元素的定位、元素的类型、元素的转换。最后讲解了浮动布局、网页模块的命名规范和弹性布局。

通过本项目的学习，能够对网页布局有一个基本的了解，掌握网页浮动布局和弹性布局的方法，能够制作不同布局类型网页。

课后练习

学习完前面的内容，下面来动手实践一下吧。

请结合给出的素材，运用元素的浮动和定位实现图 4-74 所示的焦点图效果。

图 4-74　焦点图效果

项目 5

为网页添加表格和表单

学习目标

知识目标	● 掌握一系列表格标签和属性的用法，能够使用这些表格标签和属性制作简历表。 ● 掌握 HTML 基础表单和表单控件的用法，能够使用基础表单和表单控件制作用户调研表。 ● 掌握 HTML5 新增表单控件和 CSS 控制表单样式的用法，能够完成表单验证案例。
项目介绍	表格与表单是 HTML 中的重要标签，表格可以对网页内容进行排版，使网页内容有条理地呈现给访问者；表单则使网页从单向的内容呈现发展到集注册、登录、信息搜集等多种功能的一体化页面。本项目将对表格与表单的相关知识进行详细讲解。

任务 5-1 制作简历表

日常工作中，为了有条理地显示数据或信息，常常使用表格对数据或信息进行统计，同样在制作网页时，为了使网页中的元素有条理地显示，也可以使用表格对网页内容进行规划。为此，HTML 语言提供了一系列的表格标签和属性。本任务将通过制作简历表详细讲解这些表格标签和属性的用法。简历表效果如图 5-1 所示。

实操微课 5-1：任务 5-1 简历表

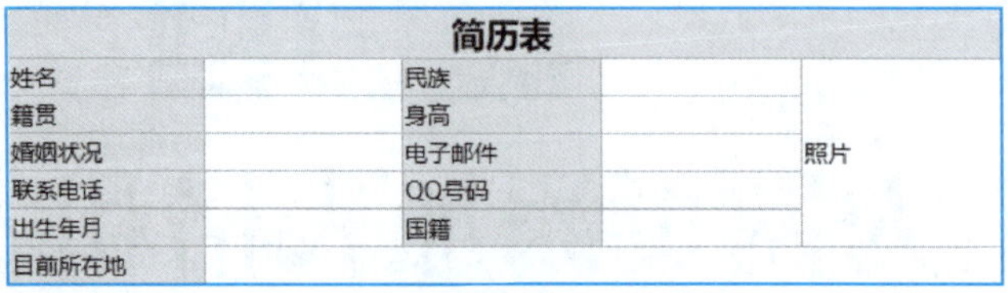

图 5-1 简历表效果

任务目标

技能目标	• 熟悉创建表格的方法，能够在网页中创建表格 • 了解表格标签的属性，能够总结表格标签属性的用法 • 了解表格的结构，能够知道表格布局的方法 • 熟悉 CSS 控制表格样式的方法，能够使用 CSS 控制网页中的表格

任务分析

根据效果图，可以将简历表按照搭建页面结构和设置 CSS 样式两部分进行制作，具体制作思路如下。

（1）搭建页面结构

简历表是一个 7 行 5 列的表格，其中第 1 行的第 1 个单元格需要使用 colspan 属性设置横跨 5 列显示。第 7 行的第 2 个单元格需要使用 colspan 属性设置横跨 4 列显示。第 5 列的第 2 个单元格需要使用 rowspan 属性设置竖跨 4 列显示。效果图对应的结构如图 5-2 所示。

（2）设置 CSS 样式

实现效果图所示样式的思路如下。

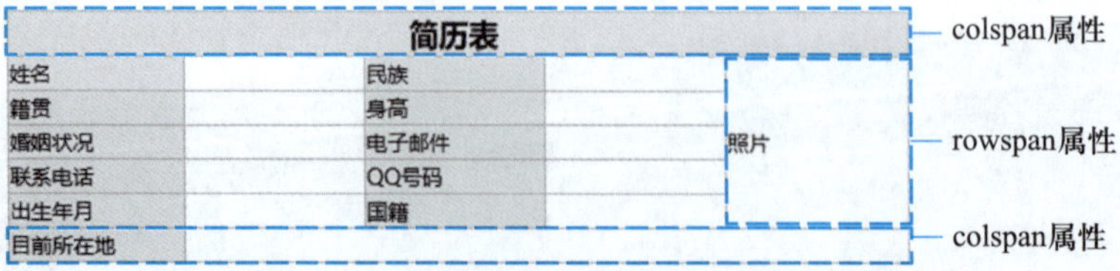

图 5-2 结构分析

① 设置第 1 行列表的宽度和字体显示样式。

② 对需要设置背景颜色的单元格，在定义结构时，指定统一的类名，设置背景颜色。

知识储备

1. 创建表格

在 Word 中，如果要创建表格，只须插入表格，然后设定相应的行数和列数即可。然而在 HTML 中，所有的元素都是通过标签定义的，要想创建表格，就需要使用表格相关的标签。使用标签创建表格的基本语法格式如下：

理论微课 5-1:
创建表格

```
<table>
    <caption> 表格标题 </caption>
    <tr>
        <td> 单元格内的文字 </td>
        <td> 单元格内的文字 </td>
        ...
    </tr>
    ...
</table>
```

在上面的语法中包含 4 个 HTML 标签，分别为 <table> 标签、<caption> 标签、<tr> 标签、<td> 标签。其中 <table> 标签、<tr> 标签、<td> 标签是创建 HTML 网页中表格的基础标签，缺一不可。对这些标签的具体介绍如下。

● <table> 标签：用于定义一个表格的开始与结束。在 <table> 标签内部，可以放置表格的标题、表格行和单元格等。

● <caption> 标签：用于定义表格的标题，该标签必须直接放置到 <table> 开始标签之后，如不需要可以省略。每个表格只能定义一个标题，标题默认在表格顶部居中位置显示。

● <tr> 标签：用于定义表格中的一行，必须嵌套在 <table> 标签中，在 <table> 标签中包含几个 <tr> 标签，就表示该表格有几行。

● <td> 标签：用于定义表格中的单元格，必须嵌套在 <tr> 标签中，一个 <tr> 标签中包含几个 <td> 标签，就表示该行中有多少列。

了解了创建表格的基本语法，下面通过一个案例进行演示，如例 5-1 所示。

例 5-1 example01.html

```
1  <!DOCTYPE html>
2  <html lang="en">
3  <head>
4  <meta charset="UTF-8">
5  <meta http-equiv="X-UA-Compatible" content="IE=edge">
6  <meta name="viewport" content="width=device-width,initial-scale=1.0">
7  <title> 创建表格 </title>
8  </head>
9  <body>
10 <table border="1">
11     <caption> 文明标兵得分 </caption>    <!-- 设置表格标题 -->
12     <tr>
```

```
13          <td>学生姓名</td>
14          <td>班级</td>
15          <td>分数</td>
16      </tr>
17      <tr>
18          <td>小明</td>
19          <td>2 班</td>
20          <td>87</td>
21      </tr>
22      <tr>
23          <td>小李</td>
24          <td>3 班</td>
25          <td>84</td>
26      </tr>
27      <tr>
28          <td>小萌</td>
29          <td>3 班</td>
30          <td>82</td>
31      </tr>
32  </table>
33  </body>
34  </html>
```

在例 5–1 中，第 10 行代码的 border="1" 用于为表格添加边框，在 HTML5 中推荐使用 CSS 样式替代。

运行例 5–1，表格效果如图 5–3 所示。

通过图 5–3 可以看出，表格以 4 行 3 列的方式显示，并且添加了边框效果。如果去掉第 10 行代码中的边框属性 border，刷新页面，保存 HTML 文件，表格效果如图 5–4 所示。

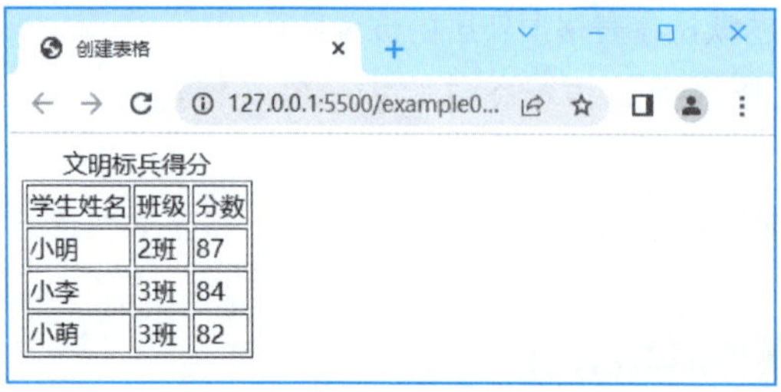

图 5–3 表格效果 1

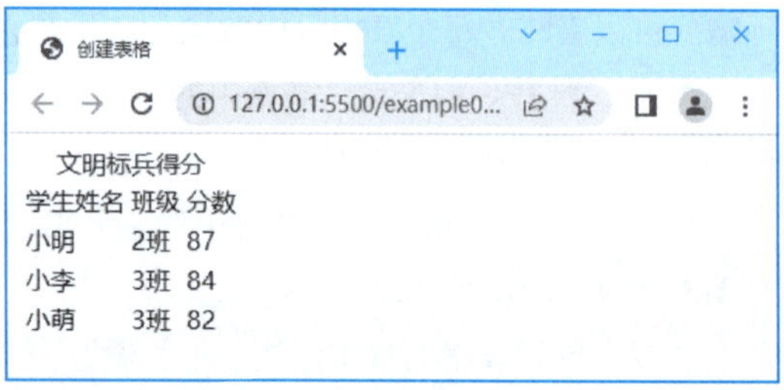

图 5–4 表格效果 2

通过图 5–4 可以看出，即使去掉边框，表格中的内容依然整齐有序排列。

默认情况下，表格的边框为 0，如果未设置表格的宽度和高度，表格的宽度和高度依靠表格里的内容来支撑。学习表格的核心是学习 <td> 标签，它就像一个容器，可以容纳 HTML 中的大部分的标签。例如，在 <td> 标签中嵌套 <table> 标签。需要注意的是，<tr> 标签中只能嵌套 <td> 标签，不可以在 <tr> 标签中输入文字或嵌套其他标签。

多学一招 设置表头

应用表格时经常需要为表格设置表头，以使表格的格式更加清晰，方便查阅。表头一般位于表格的第 1 行或第 1 列，其文本加粗居中，如图 5-5 所示。

设置表头非常简单，只须用表头标签 <th> 替代相应的单元格标签 <td> 即可。<th> 标签与 <td> 标签的属性、用法完全相同，但 <th> 标签具有语义性，特指表头，标签包含的文本默认加粗居中显示。而 <td> 标签只是普通的单元格，标签包含的文本为普通文本且水平左对齐显示。

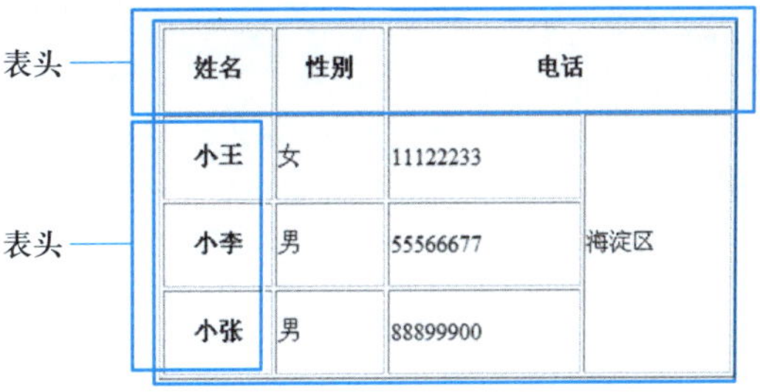

図 5-5　设置了表头的表格

2. 表格标签的属性

表格的默认样式非常简单，为此 HTML 提供了一系列的表格标签属性。使用表格标签属性可以设置更为丰富的表格样式。例如，border 属性、cellspacing 属性、bgcolor 属性等。由于这些属性大部分可被 CSS 样式所替代，所以在 HTML5 中，已经将表格标签大部分属性弃用。保留的表格标签属性中，较为常用的是 colspan 属性和 rowspan 属性，这两个属性在 <td> 标签中，用于合并单元格，具体介绍如下。

理论微课 5-2：表格标签的属性

（1）colspan 属性

colspan 属性用于设置单元格横跨的列数，也就是用于合并水平方向的单元格，取值为正整数。

（2）rowspan 属性

rowspan 属性用于设置单元格竖跨行数，也就是用于合并垂直方向的单元格，取值为正整数。

了解了 colspan 属性和 rowspan 属性的用法，下面通过一个修改通信录案例做具体演示。图 5-6 所示为一个需要修改的通信录。

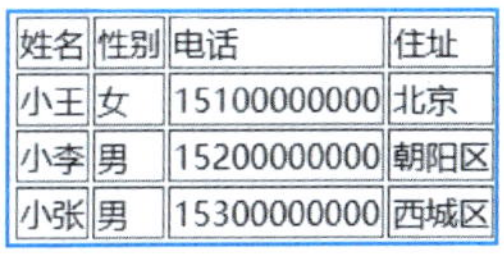

在图 5-6 的地址栏中，需要将北京、朝阳区、西城区合并为一个地址——北京。案例代码如例 5-2 所示。

図 5-6　需要修改的通信录

例 5-2　example02.html

```
1  <!DOCTYPE html>
2  <html lang="en">
3  <head>
4  <meta charset="UTF-8">
5  <meta http-equiv="X-UA-Compatible" content="IE=edge">
6  <meta name="viewport" content="width=device-width,initial-scale=1.0">
7  <title> 表格标签的属性 </title>
8  </head>
9  <body>
10 <table border="1">
11    <tr>
12       <td> 姓名 </td>
13       <td> 性别 </td>
14       <td> 电话 </td>
15       <td> 住址 </td>
16    </tr>
17    <tr>
```

```
18              <td> 小王 </td>
19          <td> 女 </td>
20          <td>15100000000</td>
21          <td rowspan="3"> 北京 </td>        <!--rowspan 设置单元格竖跨的行数-->
22      </tr>
23      <tr>
24              <td> 小李 </td>
25          <td> 男 </td>
26          <td>15200000000</td>
27                                          <!--删除了 <td> 朝阳区 </td>-->
28      </tr>
29      <tr>
30          <td> 小张 </td>
31          <td> 男 </td>
32          <td>15300000000</td>
33                                          <!--删除了 <td> 西城区 </td>-->
34      </tr>
35  </table>
36  </body>
37  </html>
```

在例 5-2 中，第 21 行代码中，将该 <td> 标签的 rowspan 属性值设置为 3，这个单元格就会竖跨 3 行；同时由于该单元格将占用其下方两个单元格的位置，所以应该注释或删除其下方的两个 <td> 标签（注释或删除第 27 行和第 33 行代码）。

运行例 5-2，合并单元格效果如图 5-7 所示。

通过图 5-7 可以看出，3 个地址已经合并为一个地址——北京。可见设置了 rowspan="3" 属性的单元格"北京"垂直跨 3 行，占用了其下方两个单元格的位置。

此外，也可以使用 colspan 属性对单元格进行水平合并。例如，将例 5-2 中的"性别"和"电话"两个单元格合并，只须对第 13 行代码中的 <td> 标签应用 colspan="2"，同时注释或删掉第 14 行代码即可。

合并"性别"和"电话"的效果如图 5-8 所示。

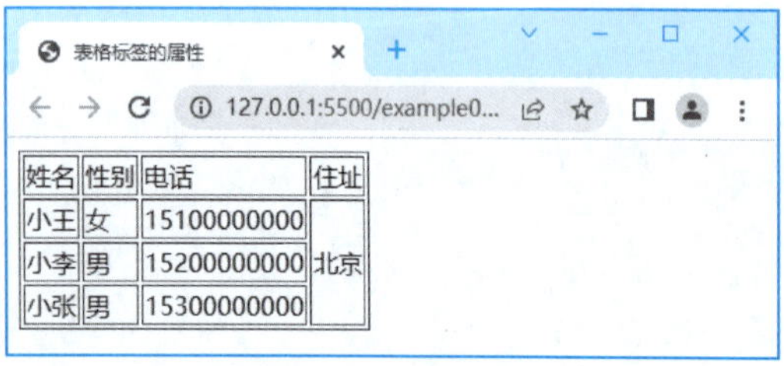

图 5-7 合并单元格效果

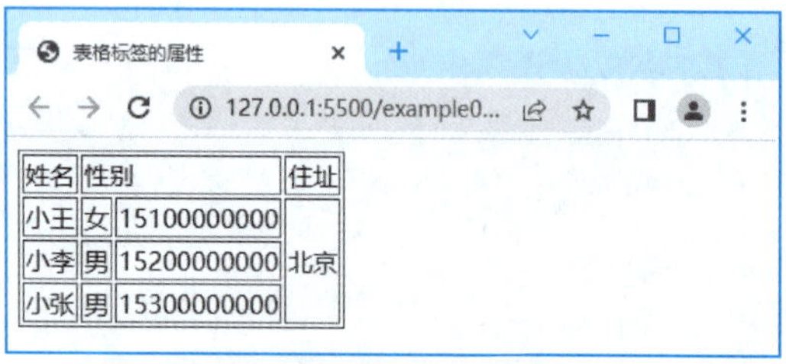

图 5-8 合并"性别"和"电话"的效果

通过图 5-8 可以看出，"性别"和"电话"单元格已经合并，保留"性别"。可见设置了 colspan="2" 样式的单元格"性别"水平跨 2 列，占用了其右方一个单元格的位置。

总结例 5-2，可以得出合并单元格的规则：想合并哪些单元格就注释或删除它们，并在保留的单元格中设置 colspan 属性或 rolspan 属性，colspan 属性或 rolspan 属性取值即为保留单元格水平合并的列数或竖直合并的行数。

多学一招 表格标签的废弃属性

表格标签的大部分属性在 HTML5 中已经废弃，但依然可以显示样式效果。表格标签的废弃属性包括 <table> 标签废弃属性、<tr> 标签废弃属性、<td> 标签废弃属性，具体如表 5-1～表 5-3 所示。

表 5-1　<table> 标签废弃属性

属性	描述	常用属性值
border	设置表格的边框（默认 border="0" 为无边框）	像素值
cellspacing	设置单元格与单元格之间的空间	像素值（默认为 2 px）
cellpadding	设置单元格内容与单元格边缘之间的空间	像素值（默认为 1 px）
align	设置表格在网页中的水平对齐方式	left、center、right
bgcolor	设置表格的背景颜色	颜色值英文单词、十六进制 #RGB、rgb（r，g，b）

表 5-2　<tr> 标签废弃属性

属性	描述	常用属性值
align	设置一行内容的水平对齐方式	left、center、right
valign	设置一行内容的垂直对齐方式	top、middle、bottom
bgcolor	设置行背景颜色	颜色值英文单词、十六进制 #RGB、rgb（r，g，b）

表 5-3　<td> 标签废弃属性

属性	描述	常用属性值
width	设置单元格的宽度	像素值
height	设置单元格的高度	像素值
align	设置单元格内容的水平对齐方式	left、center、right
valign	设置单元格内容的垂直对齐方式	top、middle、bottom
bgcolor	设置单元格的背景颜色	颜色值英文单词、十六进制 #RGB、rgb（r，g，b）

3. 表格的结构

在互联网刚刚兴起时，网页形式单调，内容也比较简单，那时几乎所有的网页都使用表格进行布局。为了使搜索引擎更好地获取网页内容，在使用表格进行布局时，可以将表格划分为头部、主体和页脚，用于定义网页中的不同内容，划分表格结构的标签如下。

理论微课 5-3：表格的结构

● <thead> 标签：用于定义表格的头部，必须位于 <table> 标签中，一般包含网页的 logo 和导航等头部信息。

● <tfoot> 标签：用于定义表格的页脚，位于 <table> 标签中 <thead> 标签之后，一般包含网页底部的企业版权信息等。

● <tbody> 标签：用于定义表格的主体，位于 <table> 标签中 <tfoot> 标签之后，一般包含网页中除头部和底部之外的其他内容。

了解了表格的结构划分标签，接下来就使用它们来布局一个简单的网页，如例 5-3 所示。

例 5-3　example03.html

```
1   <!DOCTYPE html>
2   <html lang="en">
3   <head>
4   <meta charset="UTF-8">
5   <meta http-equiv="X-UA-Compatible" content="IE=edge">
6   <meta name="viewport" content="width=device-width,initial-scale=1.0">
7   <title>表格的结构</title>
8   </head>
9   <body>
10      <table width="600" border="1">
11        <thead>                              <!--thead定义表格的头部-->
12           <tr>
13              <td colspan="3">网站的logo</td>
14           </tr>
15           <tr>
16              <th><a href="#">首页</a></th>
17              <th><a href="#">关于我们</a></th>
18              <th><a href="#">联系我们</a></th>
19           </tr>
20        </thead>
21        <tfoot>                              <!--tfoot定义表格的页脚-->
22           <tr>
23              <td colspan="3">底部基本企业信息&copy;【版权信息】</td>
24           </tr>
25        </tfoot>
26        <tbody>                                <!--tbody定义表格的主体-->
27           <tr height="150">
28              <td>主体的左栏</td>
29              <td>主体的中间</td>
30              <td>主体的右侧</td>
31           </tr>
32           <tr height="150">
33              <td>主体的左栏</td>
34              <td>主体的中间</td>
35              <td>主体的右侧</td>
36           </tr>
37        </tbody>
38      </table>
39   </body>
40   </html>
```

在例 5-3 中，使用表格相关的标签创建一个 5 行 3 列的表格，并对第 1 行和第 5 行的单元格进行合并。

运行例 5-3，表格的结构效果如图 5-9 所示。

需要注意的是，一个表格只能定义一个 <thead> 标签、一个 <tfoot> 标签，但可以定义多个 <tbody> 标签，它们必须按 <thead> 标签、<tfoot> 标签和 <tbody> 标签的顺序使用。之所以将 <tfoot> 标签置于 <tbody> 标签之前，是为了使浏览器在收到全部数据之前即可显示页脚。

4. CSS 控制表格样式

表格标签的绝大多数属性都可以使用 CSS 样式替代，以实现结构和样式的分离。CSS 中的宽度属性、高度属性、背景属性等都可以用来设置表格的样式。此外，CSS 中还提供了表格专用属性，以便控制表格样式。下面将从边框、边距、宽度和高度 4 个方面，详细讲解 CSS 控制表格样式的具体方法。

（1）CSS 控制表格边框

使用 <table> 标签的 border 属性可以为表格设置边框，但是这种方式设置的边框效果并不理想，不能更改边框的颜色或改变单元格的边框大小。而使用 CSS 边框样式属性 border 可以轻松地控制表格的边框。

接下来通过一个具体的案例演示设置表格边框的具体方法，如例 5-4 所示。

图 5-9　表格的结构效果

例 5-4　example04.html

```
1   <!DOCTYPE html>
2   <html lang="en">
3   <head>
4   <meta charset="UTF-8">
5   <meta http-equiv="X-UA-Compatible" content="IE=edge">
6   <meta name="viewport" content="width=device-width,initial-scale=1.0">
7   <title>CSS 控制表格边框 </title>
8   <style type="text/css">
9       table{ border:1px solid #30F;}   /*设置 table 的边框 */
10      th,td{ border:1px solid #30F;}   /*设置 tr 和 td 的边框 */
11  </style>
12  </head>
13  <body>
14  <table>
15      <caption> 畅销图书排行榜 </caption>     <!--定义表格的标题-->
16      <tr>
17          <th> 排行名次 </th>
18          <th> 图书名称 </th>
19          <th> 类型 </th>
20          <th> 简介 </th>
21      </tr>
22      <tr>
23          <th>1</th>
24          <td>HTML5+CSS3 网页设计 </td>
25          <td> 前端 </td>
26          <td> 讲解使用 HTML5+CSS3 设计网页的图书，讲解使用 HTML5+CSS3 设计网页的图书。</td>
27      </tr>
28      <tr>
29          <th>2</th>
30          <td>Java 程序设计 </td>
31          <td> 后端 </td>
```

```
32          <td> 讲解 Java 编程的图书，讲解 Java 编程的图书，讲解 Java 编程的图书。</td>
33      </tr>
34      <tr>
35          <th>3</th>
36          <td>Python 快速编程 </td>
37          <td> 后端 </td>
38          <td> 讲解 Python 编程的图书，讲解 Python 编程的图书，讲解 Python 编程的图书。
</td>
39      </tr>
40      <tr>
41          <th>4</th>
42          <td>Android 基础入门 </td>
43          <td> 后端 </td>
44          <td> 讲解 Android 基础的图书，讲解 Android 基础的图书，讲解 Android 基础的
图书。</td>
45      </tr>
46      <tr>
47          <th>5</th>
48          <td>Photoshop 案例教程 </td>
49          <td> 设计 </td>
50          <td> 讲解 Photoshop 操作的图书，讲解 Photoshop 操作的图书，讲解 Photoshop
操作的图书。</td>
51      </tr>
52  </table>
53  </body>
54  </html>
```

例 5-4 定义了一个 6 行 4 列的表格。第 9~10 行代码用于设置表格的外框和内部单元格的边框。需要注意的是，在设置单元格边框时，需要为 <tr> 标签和 <td> 标签指定边框样式。如果只为 <table> 标签指定边框样式，效果图只显示外部边框，内部不显示边框。

运行例 5-4，CSS 控制表格边框效果如图 5-10 所示。 

理论微课 5-4：
CSS 控制表格
样式

图 5-10 CSS 控制表格边框效果

通过图 5-10 发现，单元格与单元格的边框之间存在一定的空间。如果要去掉单元格之间的空间，得到常见的细线边框效果，就需要使用 border-collapse 属性，使单元格的边框合并，具体代码如下。

```
table{
    border:1px solid #30F;
```

```
    border-collapse:collapse;        /*边框合并*/
}
```

保存 HTML 文件，刷新网页，边框合并效果如图 5-11 所示。

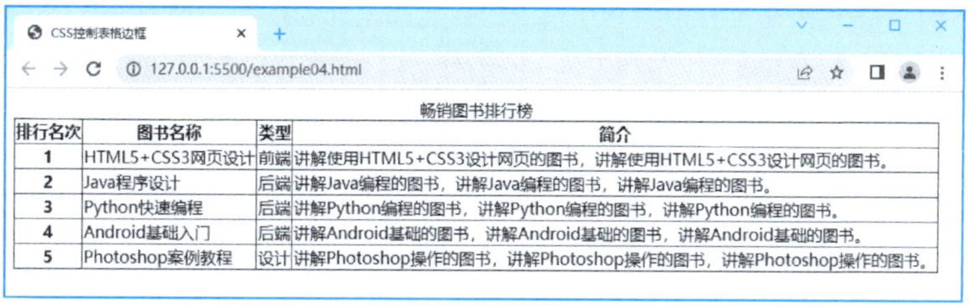

图 5-11　边框合并效果

通过图 5-11 看出，单元格的边框发生了合并，实现了单线边框效果。border-collapse 属性的属性值除了 collapse（合并）之外，还有一个属性值为 separate（分离），用于分离单线边框，表格中边框默认为分离状态。

（2）CSS 控制单元格边距

通过 <table> 标签的 cellpadding 属性和 cellspacing 属性可以控制单元格内容与边框之间的距离以及相邻单元格边框之间的距离。这种方式与盒子模型中设置内边距、外边距非常类似。

是否可以使用 CSS 对单元格设置内边距 padding 和外边距 margin 样式实现这种效果呢？下面通过一个案例进行测试。新建一个 3 行 3 列的表格，使用 CSS 控制单元格的边距，具体如例 5-5 所示。

例 5-5　example05.html

```
1   <!DOCTYPE html>
2   <html lang="en">
3   <head>
4   <meta charset="UTF-8">
5   <meta http-equiv="X-UA-Compatible" content="IE=edge">
6   <meta name="viewport" content="width=device-width,initial-scale=1.0">
7   <title>CSS控制单元格边距</title>
8   <style type="text/css">
9       table{
10          border:1px solid #30F;   /*设置table的边框*/
11      }
12      th,td{
13          border:1px solid #30F;   /* 为单元格单独设置边框 */
14          padding:50px;            /* 为单元格内容与边框设置50px的内边距 */
15          margin:50px;             /* 为单元格与单元格边框之间设置50px的外边距 */
16      }
17  </style>
18  </head>
19  <body>
20  <table>
21      <tr>
22          <th>网络安全问题</th>
23          <th>解决方案</th>
```

```
24          <th> 解决办法 </th>
25      </tr>
26      <tr>
27          <th> 渗透问题 </th>
28          <td> 渗透测试 </td>
29          <td> 渗透测试工程师将利用精湛的技能和先进的技术，对系统及应用程序的安全性进
行识别和检测。</td>
30      </tr>
31      <tr>
32          <th> 漏洞问题 </th>
33          <td> 漏洞评估 </td>
34          <td> 分析方法，发现内网、外网及云端的漏洞。</td>
35      </tr>
36  </table>
37  </body>
38  </html>
```

在例 5-5 中，第 14~15 行代码为 <th> 标签和 <td> 标签添加内边距和外边距，控制单元格的边距效果。其中第 14 行代码希望控制内容和单元格边框之间的距离。第 15 行代码希望控制单元格与单元格之间的边距。

运行例 5-5，CSS 控制效果如图 5-12 所示。

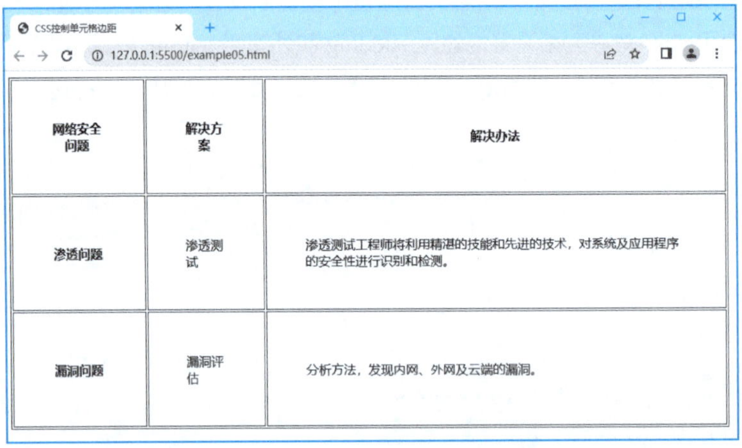

图 5-12   CSS 控制单元格边距

从图 5-12 可以看出单元格内容与单元格边框之间拉开了一定的距离，但是相邻单元格之间的距离没有任何变化，可见对单元格设置的外边距属性 margin 没有生效。

在对 <th> 标签和 <td> 标签应用内边距和外边距属性时，需要注意以下几点。

① 行标签 <tr> 不能应用内边距属性 padding 和外边距属性 margin。

② 单元格标签 <td> 只能应用内边距属性 padding。

③ 设置相邻单元格边框之间的距离，只能对 <table> 标签应用 cellspacing 属性。

（3）CSS 控制单元格的宽高

单元格的宽度和高度，有着和其他标签不同的特性，主要表现在单元格之间的互相影响上。接下来通过房间宽度案例来演示使用 CSS 中的 width 和 height 属性控制单元格的宽高，如例 5-6 所示。

例 5-6 example06.html

```
1   <!DOCTYPE html>
2   <html lang="en">
3   <head>
4   <meta charset="UTF-8">
5   <meta http-equiv="X-UA-Compatible" content="IE=edge">
6   <meta name="viewport" content="width=device-width,initial-scale=1.0">
7   <title>CSS 控制单元格的宽高 </title>
8   <style type="text/css">
9       table{
10          border:1px solid #30F;              /* 设置 table 的边框 */
11          border-collapse:collapse;           /* 边框合并 */
12          }
13      th,td{
14          border:1px solid #30F;              /* 为单元格单独设置边框 */
15          }
16          .one{ width:100px;height:80px;}     /* 定义 A 房间单元格的宽度与高度 */
17          .two{ height:40px;}                 /* 定义 B 房间单元格的高度 */
18          .three{ width:200px;}               /* 定义 C 房间单元格的宽度 */
19  </style>
20  </head>
21  <body>
22  <table>
23      <tr>
24          <td class="one"> A 房间 </td>
25          <td class="two"> B 房间 </td>
26      </tr>
27      <tr>
28          <td class="three"> C 房间 </td>
29          <td class="four"> D 房间 </td>
30      </tr>
31  </table>
32  </body>
33  </html>
```

例 5-6 定义了一个 2 行 2 列的简单表格，将"A 房间"的宽度和高度设置为 100 px 和 80 px，同时将"B 房间"单元格的高度设置为 40 px，"C 房间"单元格的宽度设置为 200 px。

运行例 5-6，效果如图 5-13 所示。

通过图 5-13 看出，"A 房间"单元格和"B 房间"单元格的高度均为 80 px，而"A 房间"单元格和"C 房间"单元格的宽度均为 200 px。可见对同一行中的单元格定义不同的高度，或对同一列中的单元格定义不同的宽度时，最终的宽度或高度将取其中较大的值。

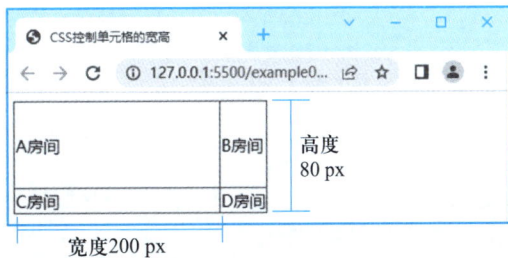

图 5-13 CSS 控制单元格宽高

注意:

① 当对某一个 <td> 标签应用 width 属性设置宽度时，该列中的所有单元格均会以设置的宽度显示。

② 当对某一个 <td> 标签应用 height 属性设置高度时，该行中的所有单元格均会以设置的高度显示。

■ 任务实现

下面将根据任务分析，按照搭建页面结构、添加 CSS 样式的顺序完成页面的制作。

1. 搭建页面结构

根据上面的分析，使用相应的 HTML 标签来搭建网页结构。新建 task5-1 文件夹，在 task5-1 文件夹内新建一个名称为 task5-1.html 的 HTML 文件。在 HTML 文件中编写页面结构代码，具体代码如下。

```
1  <!DOCTYPE html>
2  <html lang="en">
3  <head>
4  <meta charset="UTF-8">
5  <meta http-equiv="X-UA-Compatible" content="IE=edge">
6  <meta name="viewport" content="width=device-width,initial-scale=1.0">
7  <title>简历表</title>
8  </head>
9  <body>
10 <table>
11    <tr>
12       <td colspan=5 class="one two">简历表</td>
13    </tr>
14    <tr>
15       <td class="one">姓名</td>
16       <td></td>
17       <td class="one">民族</td>
18       <td></td>
19       <td rowspan=5>照片</td>
20    </tr>
21    <tr>
22       <td class="one">籍贯</td>
23       <td></td>
24       <td class="one">身高</td>
25       <td></td>
26    </tr>
27    <tr>
28       <td class="one">婚姻状况</td>
29       <td></td>
30       <td class="one">电子邮件</td>
31       <td></td>
32    </tr>
33    <tr>
34       <td class="one">联系电话</td>
35       <td></td>
36       <td class="one">QQ 号码</td>
37       <td></td>
38    </tr>
39    <tr>
```

```
40      <td class="one">出生年月 </td>
41      <td></td>
42      <td class="one">国籍 </td>
43      <td></td>
44    </tr>
45    <tr>
46      <td class="one">目前所在地 </td>
47      <td colspan="4"></td>
48    </tr>
49  </table>
50  </body>
51  </html>
```

在 task5-1.html 中，第 12 行和第 47 行分别使用 colspan 属性设置单元格的横跨列数。第 19 行使用 rowspan 属性设置单元格的竖跨行数。

运行 task5-1.html，简历表结构如图 5-14 所示。

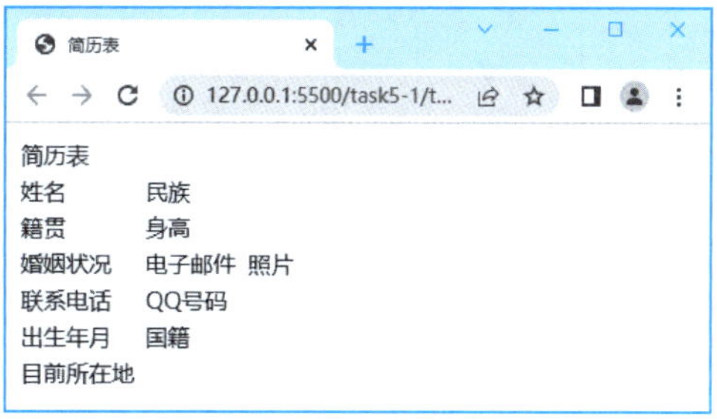

2. 添加 CSS 样式

搭建完表格的结构后，接下来使用 CSS 对表格的样式进行修饰。具体样式代码如下。

图 5-14　简历表结构

```
1   table{
2       border:1px solid #ccc;      /*设置 table 的边框 */
3       width:600px;
4       height:40px;
5       margin:0 auto;
6       border-collapse:collapse;
7       font-size:14px;
8   }
9   td{
10      width:80px;
11      border:1px solid #ccc;
12  }
13  .one{background:#eee;}
14  .two{
15      text-align:center;
16      font-size:20px;
17      font-weight:bold;
18  }
```

在上述代码中，第 6 行代码用于为表格设置单线边框效果。

将 CSS 代码嵌入到页面结构中，保存网页文件，刷新页面，设置 CSS 样式的简历表效果如图 5-15 所示。

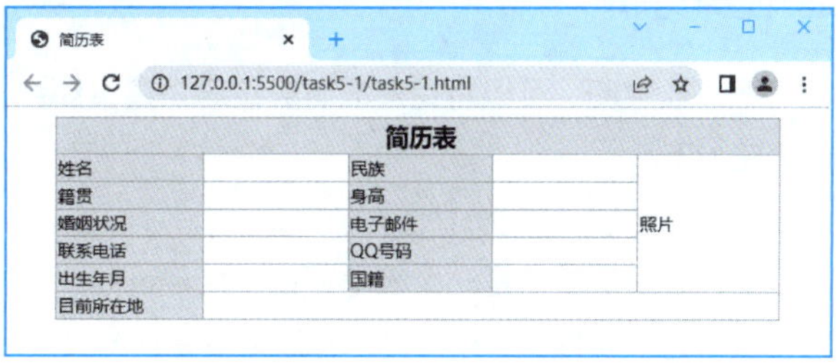

图 5-15　设置 CSS 样式的简历表效果

任务 5-2   制作用户调研表

表单控件是学习表单的核心内容，HTML 语言提供了一系列的表单控件，用于定义不同的表单功能，例如文本输入框、下拉列表、复选框等。本任务将通过用户调研表案例详细讲解表单的基础内容。用户调研表效果如图 5-16 所示。

实操微课 5-2：任务 5-2   用户调研表

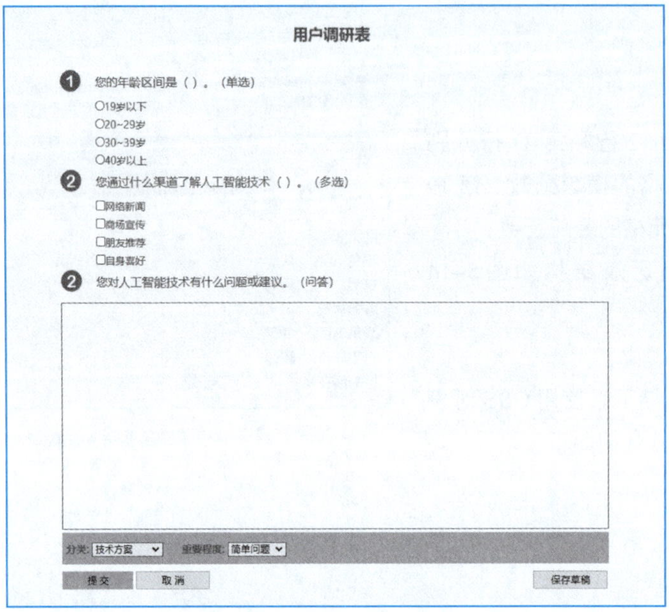

图 5-16   用户调研表效果

任务目标

知识目标	● 了解表单，能够总结表单的组成模块
技能目标	● 掌握创建表单的方法，能够在网页中创建表单 ● 掌握 <input /> 标签的用法，能够在网页中创建各类 input 表单控件 ● 掌握 <textarea> 标签的用法，能够在网页中创建多行文本输入框 ● 掌握 <select> 标签的用法，能够在网页中创建下拉列表

任务分析

根据效果图，可以将用户调研表按照搭建页面结构和设置 CSS 样式两部分进行制作，具体制作思路如下。

（1）搭建页面结构

用户调研表整体是一个表单可以使用 <form> 标签定义。其内部可以分为标题、单选题、多选题、反馈建议和按钮 5 个部分。标题可以使用 <h2> 标签定义。单选题、多选题、反馈建议和按钮可以使用 4 个 <div> 标签定义，它们的内部结构搭建思路如下。

① 单选题：使用 <input> 标签定义，type 属性值设置为 radio。单选题选项需要嵌套 <label> 标签。

② 多选题：使用 <input> 标签定义，type 属性值设置为 checkbox。单选题选项需要嵌套 <label> 标签。

③ 反馈建议：使用 <textarea> 标签定义多行文本，使用 <select> 标签定义下拉列表。

④ 按钮：使用 3 个 <input> 标签定义 3 个按钮，type 属性值分别设置为 submit、reset、button。

用户调研表结构如图 5-17 所示。

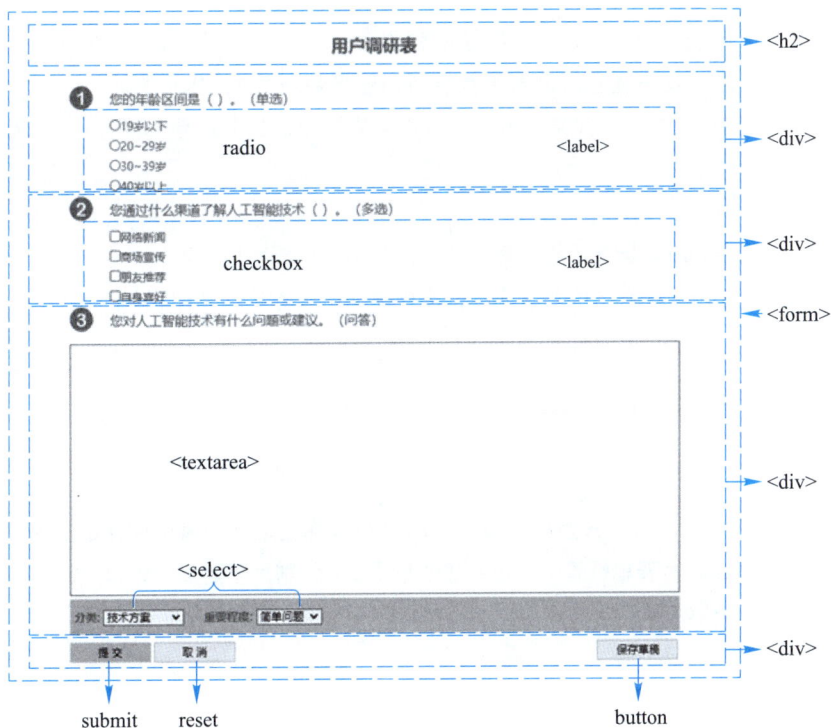

图 5-17　用户调研表结构

（2）设置 CSS 样式

实现效果所示样式的思路如下。

① 整体控制表单。需要为 <form> 标签设置宽度、高度、背景颜色、内边距和外边距等样式。

② 设置标题样式。需要为 <h2> 标签设置居中对齐和高度。

③ 设置题目样式。需要设置宽度、高度、内边距和背景图片等样式。

④ 设置单选题和多选题选项样式。需要将 <label> 标签转换为块元素，并设置宽度和内边距。

⑤ 设置反馈建议部分的样式，需要控制多行文本的宽度、高度等样式，还需要设置下拉列表的宽度、高度、背景颜色等样式。

⑥ 设置按钮部分的样式，需要设置按钮部分的宽度、高度、背景颜色等样式。

■ 知识储备

1. 认识表单

在 HTML 中，一个完整的表单通常由表单控件、提示信息和表单域 3 个部分构成，如图 5-18

所示。

对表单控件、提示信息和表单域的具体解释如下。

● 表单控件：包含了具体的表单功能项，如单行文本输入框、密码输入框、复选框、提交按钮、搜索框等。

● 提示信息：表单中通常还包含一些说明性的文字，提示用户进行填写和操作。

● 表单域：相当于一个容器，用来容纳所有的表单控件和提示信息，可以通过它处理表单数据所用服务器程序的 URL 地址，定义数据提交到服务器的方法。如果不设置表单域，表单中的数据就无法传送到后台服务器。

图 5-18　表单的构成

2. 创建表单

在 HTML5 中，<form> 标签用于创建表单，即定义表单域，以实现用户信息的收集和传递，<form> 标签中的所有内容都会被提交给服务器。创建表单的基本语法格式如下。

理论微课 5-5：
认识表单

```
<form action="url 地址 " method=" 提交方式 " name=" 表单名称 ">
    各种表单控件
</form>
```

理论微课 5-6：
创建表单

在上面的语法中，<form> 开始标签与 </form> 结束标签之间的表单控件是由用户自定义的，action、method 和 name 为表单标签 <form> 的常用属性，分别用于定义 URL 地址、表单提交方式及表单名称，具体介绍如下。

（1）action 属性

在表单收集到信息后，需要将信息传递给服务器进行处理，action 属性用于指定接收并处理表单数据的服务器程序的 URL 地址。例如：

```
<form action="form_action.asp">
```

表示当提交表单时，表单数据会传送到名为 form_action.asp 的页面去处理。

action 的属性值可以是相对路径或绝对路径，还可以为接收数据的 E-mail 邮箱地址。例如：

```
<form action=mailto:htmlcss@163.com>
```

表示当提交表单时，表单数据会以电子邮件的形式传递出去。

（2）method 属性

method 属性用于设置表单数据的提交方式，其取值为 get 或 post。在 HTML 中，可以通过 <form> 标签的 method 属性指明表单处理服务器数据的方法，示例代码如下。

```
<form action="form_action.asp" method="get">
```

在上面的代码中，get 为 method 属性的默认属性值，采用 get 方法，浏览器会与表单处理服务器建立连接，然后直接在一个传输步骤中发送所有的表单数据。

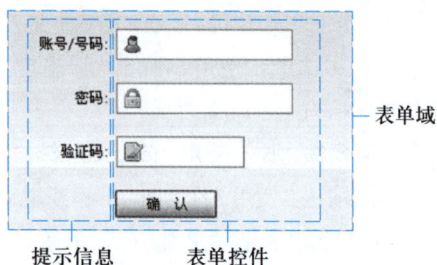

如果采用 post 方法，浏览器将会按照两步来发送数据。首先，浏览器将与 action 属性中指定的表单处理服务器建立联系，然后，浏览器按分段传输的方法将数据发送给服务器。

另外，采用 get 方法提交的数据将显示在浏览器的地址栏中，保密性差，且有数据量的限制。而 post 方式的保密性好，并且无数据量的限制，所以使用 method="post" 可以大量地提交数据。

（3）name 属性

name 属性用于指定表单的名称，就像每一个人都有一个名字一样，每个表单也可以通过 name 属性定义自己的名称。当为 <form> 标签指定名称后，可以通过 request.form（"name"）的方法来获得指定表单中的数据。此外，name 属性也被用于表单控件中，用于对提交到服务器后的表单数据进行标识或者在客户端通过 JavaScript 引用表单控件数据。

创建表单的示例代码如下：

```
<!--表单域-->
<form action="http://www.mysite.cn/index.asp" method="post" name="biao">
    账号：       <!--提示信息-->
    <input type="text" name="zhanghao" />                    <!--表单控件-->
    密码：       <!--提示信息-->
    <input type="password" name="mima" />                    <!--表单控件-->
    <input type="submit" value=" 提交 " />                   <!--表单控件-->
</form>
```

上述示例代码即为一个完整的表单结构，其中 <input /> 标签用于定义表单控件，对于该标签以及标签的相关属性，在本章后面的小节中将会具体讲解，这里了解即可。

示例代码对应效果如图 5-19 所示。

图 5-19　创建表单示例效果

3. <input /> 标签

浏览网页时经常会看到输入框、单选按钮、提交按钮、重置按钮等，这些输入框和按钮都属于表单控件。要想在网页中定义这些表单控件就需要使用 <input /> 标签。由 <input /> 标签定义的表单控件被称为 input 控件。<input /> 标签的基本语法格式如下。

理论微课 5-7：
<input /> 标签

```
<input type=" 控件类型 "/>
```

在上面的语法中，<input /> 标签为单标签，type 属性为其最基本的属性。type 属性取值有多种，用于指定不同的表单控件类型。除了 type 属性之外，<input /> 标签还可以定义很多其他的属性。表 5-4 列举了 <input /> 标签的常用属性，具体如下。

表 5-4　<input /> 标签的常用属性

属性	属性值	描述
type	text	单行文本输入框
	password	密码输入框
	radio	单选按钮

续表

属性	属性值	描述
	checkbox	复选框
	button	普通按钮
	submit	提交按钮
type	reset	重置按钮
	image	图像形式的提交按钮
	hidden	隐藏域
	file	文件域
name	由用户自定义	input 控件的名称
value	由用户自定义	input 控件中的默认文本内容
size	正整数	input 控件在页面中的显示宽度
readonly	readonly	该控件内容为只读（不能编辑修改）
disabled	disabled	第 1 次加载页面时禁用该控件（显示为灰色）
checked	checked	定义选择控件默认被选中的项
maxlength	正整数	控件允许输入的最多字符数

　　表 5-4 中列出了 input 控件的常用属性，为了更好地理解和应用这些属性，接下来通过一个案例来演示部分属性的用法和效果，如例 5-7 所示。

例 5-7　example07.html

```
1   <!DOCTYPE html>
2   <html lang="en">
3   <head>
4   <meta charset="UTF-8">
5   <meta http-equiv="X-UA-Compatible" content="IE=edge">
6   <meta name="viewport" content="width=device-width,initial-scale=1.0">
7   <title>input 控件 </title>
8   </head>
9   <body>
10      <form action="#" method="post">
11          用户名：                              <!--text 单行文本输入框-->
12          <input type="text" value="张三 " maxlength="6" /><br /><br />
13          密码：                                <!--password 密码输入框-->
14          <input type="password" size="40" /><br /><br />
15          性别：                                <!--radio 单选按钮-->
16          <input type="radio" name="sex" checked="checked" /> 男
17          <input type="radio" name="sex" /> 女 <br /><br />
18          兴趣：                                <!--checkbox 复选框-->
19          <input type="checkbox" /> 唱歌
20          <input type="checkbox" /> 跳舞
21          <input type="checkbox" /> 游泳 <br /><br />
22          上传头像：
23          <input type="file" /><br /><br />      <!--file 文件域-->
24          <input type="submit" />               <!--submit 提交按钮-->
```

```
25          <input type="reset" />                    <!--reset 重置按钮-->
26          <input type="button" value=" 普通按钮 " />   <!--button 普通按钮-->
27          <input type="image" src="images/login.gif" /> <!--image 图像域-->
28          <input type="hidden" />                    <!--hidden 隐藏域-->
29      </form>
30  </body>
31  </html>
```

在例 5-7 中，第 11~28 行代码通过对 type 属性应用不同的属性值，来定义不同类型的 input 控件。并对其中的一些 <input /> 标签应用其他可选属性，例如在第 12 行代码中，通过 maxlength 属性和 value 属性定义单行文本输入框中允许输入的最多字符数和默认显示文本，在第 14 行代码中，通过 size 属性定义密码输入框的宽度，在第 16 行代码中通过 name 和 checked 属性定义单选按钮的名称和默认选中项。

运行例 5-7，input 控件效果如图 5-20 所示。

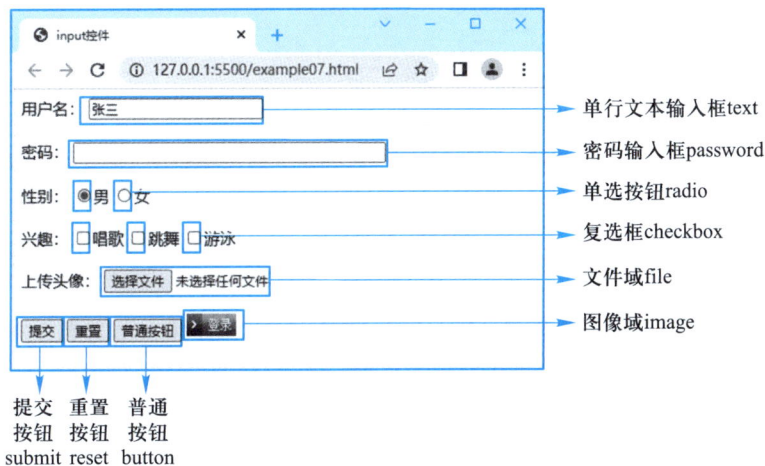

图 5-20　input 控件效果

在图 5-20 中，不同类型的 input 控件外观不同，当对它们进行具体的操作时，如输入用户名和密码，选择性别和兴趣等，显示的效果也不一样。例如，在密码输入框中输入内容时，其中的内容将以圆点的形式显示，而不会像用户名中的内容一样显示为明文，即指没加密的文字，如图 5-21 所示。

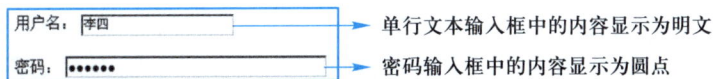

图 5-21　输入内容对比

为了更好地理解不同的 input 控件类型，下面对代码中涉及的表单控件做一个简单的介绍。

（1）单行文本输入框 <input type="text" />

单行文本输入框常用来输入简短的信息，如用户名、账号、证件号码等，常用的属性有 name、value、maxlength。

（2）密码输入框 <input type="password" />

密码输入框用来输入密码，其内容将以圆点的形式显示。

（3）单选按钮 <input type="radio" />

单选按钮用于单项选择，如选择性别、是否操作等。需要注意的是，在定义单选按钮时，必须为同一组中的选项指定相同的 name 值，这样"单选"才会生效。此外，可以对单选按钮应用 checked 属性，指定默认选中项。

（4）复选框 <input type="checkbox" />

复选框常用于多项选择，如选择兴趣、爱好等，可对其应用 checked 属性，指定默认选中项。

（5）普通按钮 <input type="button" />

普通按钮常常配合 JavaScript 脚本语言使用。

（6）提交按钮 <input type="submit" />

提交按钮是表单中的核心控件，用户完成信息的输入后，一般都需要单击提交按钮才能完成表单数据的提交。可以对其应用 value 属性，改变提交按钮上的默认文本。

（7）重置按钮 <input type="reset" />

当用户输入的信息有误时，可单击重置按钮取消已输入的所有表单信息。可以对其应用 value 属性，改变重置按钮上的默认文本。

（8）图像形式的提交按钮 <input type="image" />

图像形式的提交按钮与提交按钮在功能上基本相同，显示效果上会使用图像替代了默认的按钮，外观上更加美观。需要注意的是，必须为图像按钮定义 src 属性指定图像的 URL 地址。

（9）隐藏域 <input type="hidden" />

隐藏域对于用户是不可见的，通常用于后台的程序。

（10）文件域 <input type="file" />

当定义文件域时，页面中将出现一个"选择文件"按钮，用户可以通过选择文件的方式，将文件提交给后台服务器。

值得一提的是，在实际运用中，常常需要将 <input /> 控件联合 <label> 标签使用，以扩大控件的选择范围，从而提供更好的用户体验。例如，在选择性别时，希望单击提示文字"男"或者"女"也可以选中相应的单选按钮。接下来通过一个案例来演示 <label> 标签在 input 控件中的使用，如例 5-8 所示。

例 5-8　example08.html

```
1  <!DOCTYPE html>
2  <html lang="en">
3  <head>
4  <meta charset="UTF-8">
5  <meta http-equiv="X-UA-Compatible" content="IE=edge">
6  <meta name="viewport" content="width=device-width,initial-scale=1.0">
7  <title>label 标签的使用</title>
8  </head>
9  <body>
10 <form action="#" method="post">
11     <label for="name">姓名 :</label>
12     <input type="text" maxlength="6" id="name" /><br /><br />
13     性别 :
14     <input type="radio" name="sex" checked="checked" id="man" /><label
   for="man">男 </label>
```

```
15     <input type="radio" name="sex" id="woman" /><label for="woman">女
</label>
16     </form>
17     </body>
18     </html>
```

在例 5-8 中，第 11、14、15 行代码使用 <label> 标签嵌套表单中的提示信息，并且将 for 属性的值设置为和表单控件的 id 名称相同，这样 <label> 标签标注的内容就绑定到了指定 id 的表单控件上。当单击 <label> 标签中的内容时，相应的表单控件就会处于选中状态。

运行例 5-8，<label> 标签效果如图 5-22 所示。

在图 5-22 所示的页面中，单击"姓名："时，鼠标指针会自动移动到姓名输入框中，同样单击"男"或"女"时，对应的单选按钮就会处于选中状态。

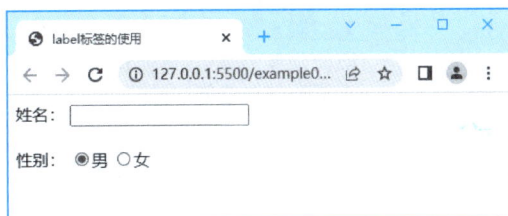

图 5-22 <label> 标签效果

4. <textarea> 标签

<input /> 标签的 type 属性值为 text 时，可以创建一个单行文本输入框。但是如果需要输入大量的文本内容时，单行文本输入框就不再适用，为此 HTML 语言提供了 <textarea> 标签，通过 <textarea> 标签可以轻松地创建多行文本输入框。<textarea> 标签的基本语法格式如下。

理论微课 5-8：<textarea> 标签

```
<textarea cols=" 每行中的字符数 " rows=" 显示的行数 ">
    文本内容
</textarea>
```

在上述语法格式中，cols 属性和 rows 属性为 <textarea> 标签的必备属性，其中 cols 属性用来定义多行文本输入框每行的字符数，rows 属性用来定义多行文本输入框显示的行数，它们的取值均为正整数。

值得一提的是，除了 cols 和 rows 属性外，<textarea> 标签还有几个可选属性，分别为 disabled、name 和 readonly，如表 5-5 所示。

表 5-5 <textarea> 标签的可选属性

可选属性	属性值	描述
name	由用户自定义	控件的名称
readonly	readonly	该控件内容为只读（不能编辑修改）
disabled	disabled	第 1 次加载页面时禁用该控件（显示为灰色）

了解了 <textarea> 标签的语法格式和属性，下面通过一个案例来演示其具体用法，如例 5-9 所示。

例 5-9 example09.html

```
1    <!DOCTYPE html>
```

```
2    <html lang="en">
3    <head>
4    <meta charset="UTF-8">
5    <meta http-equiv="X-UA-Compatible" content="IE=edge">
6    <meta name="viewport" content="width=device-width,initial-scale=1.0">
7    <title><textarea> 标签 </title>
8    </head>
9    <body>
10   <form action="#" method="post">
11       <textarea cols="60" rows="8">
12           春江潮水连海平,海上明月共潮生。
13           滟滟随波千万里,何处春江无月明!
14           江流宛转绕芳甸,月照花林皆似霰。
15           空里流霜不觉飞,汀上白沙看不见。
16           江天一色无纤尘,皎皎空中孤月轮。
17           江畔何人初见月? 江月河年初照人?
18           人生代代无穷已,江月年年只相似;
19           不知江月待何人,但见长江送流水。
20       </textarea><br />
21       <input type="submit" value=" 提交 "/>
22   </form>
23   </body>
24   </html>
```

在例 5-9 中，第 11~20 行代码通过 <textarea> 标签定义一个多行文本输入框。其中，第 11 行代码应用 clos 和 rows 属性来设置多行文本输入框每行中的字符数和显示的行数。在多行文本输入框之后，第 21 行将 <input /> 标签的 type 属性值设置为 submit，定义一个提交按钮。

运行例 5-9 中，<textarea> 标签效果如图 5-23 所示。

在图 5-23 中，出现了一个多行文本输入框，用户可以对多行文本输入框中的内容进行编辑和修改。需要注意的是，各浏览器对 cols 和 rows 属性的解析不同，当对 textarea 控件应用 cols 属性和 rows 属性时，多行文本输入框在各浏览器中的显示效果可能会有差异。所以在实际工作中，更常用的方法是使用 CSS 的 width 属性和 height 属性来定义多行文本输入框的宽度和高度。

默认情况下 textarea 控件可以通过拖动边框右下角改变大小。此时可以通过设置 resize: none; 让 textarea 控件不能拖动。

5. <select> 标签

浏览网页时，经常会看到包含多个选项的下拉菜单。例如，选择所在的城市、出生年月、兴趣爱好等。图 5-24 所示即为一个下拉菜单。

当单击图 5-24 中的下拉按钮 ▾ 时，会出现一个选择列表，如图 5-25 所示。

要想制作图 5-24 和图 5-25 所示的这种下拉菜单效果，就需要使用 <select> 标签。使用 <select> 标签定义下拉菜单的基本语法格式如下。

理论微课 5-9：<select> 标签

```
<select>
    <option> 选项 1</option>
    <option> 选项 2</option>
    <option> 选项 3</option>
    ...
</select>
```

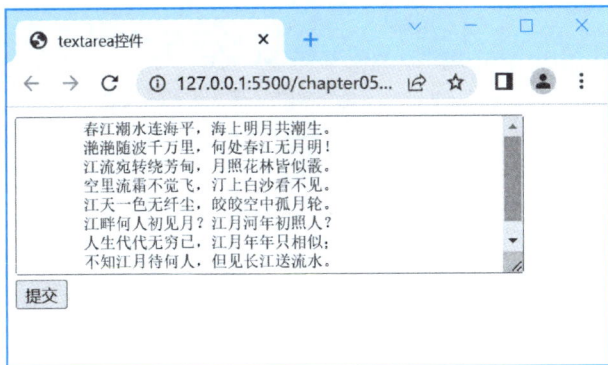

图 5-23　<textarea> 标签效果　　　　图 5-24　下拉菜单　图 5-25　下拉菜单的
选择列表

在上面的语法中，<select> 标签用于在表单中添加一个下拉菜单，<option> 标签嵌套在 <select> 标签中，用于定义下拉菜单中的具体选项，每个 <select> 标签中至少应包含一对 <option> 标签。

值得一提的是，在 HTML5 中，可以为 <select> 标签和 <option> 标签定义属性，以改变下拉菜单的外观显示效果，具体属性如表 5-6 所示。

下面通过一个案例来演示下拉菜单效果，如例 5-10 所示。

表 5-6　<select> 标签和 <option> 标签的常用属性

标签名	常用属性	描述
<select>	size	指定下拉菜单的可见选项数，取值为正整数
	multiple	使下拉菜单将具有多项选择的功能，按住 Ctrl 键的同时选择多项。取值为 multiple
<option>	selected	定义 selected =" selected " 时，当前项即为默认选中项

例 5-10　example10.html

```
1   <!DOCTYPE html>
2   <html lang="en">
3   <head>
4   <meta charset="UTF-8">
5   <meta http-equiv="X-UA-Compatible" content="IE=edge">
6   <meta name="viewport" content="width=device-width,initial-scale=1.0">
7   <title><select> 标签 </title>
8   </head>
9   <body>
10  <form action="#" method="post">
11  所在校区 :<br />
12      <select>                                    <!--最基本的下拉菜单-->
13          <option>-请选择-</option>
14          <option>北京 </option>
15          <option>上海 </option>
16          <option>广州 </option>
17          <option>武汉 </option>
18          <option> 成都 </option>
```

```
19        </select><br /><br />
20   特长（单选）:<br />
21        <select>
22            <option> 唱歌 </option>
23            <option selected="selected"> 画画 </option> <!--设置默认选中项-->
24            <option> 跳舞 </option>
25        </select><br /><br />
26   爱好（多选）:<br />
27        <select multiple="multiple" size="4">          <!--设置多选和可见选项数-->
28            <option> 读书 </option>
29            <option selected="selected"> 写代码 </option>  <!--设置默认选中项-->
30            <option> 旅行 </option>
31            <option selected="selected"> 听音乐 </option>  <!--设置默认选中项-->
32            <option> 踢球 </option>
33        </select><br /><br />
34        <input type="submit" value=" 提交 "/>
35   </form>
36   </body>
37   </html>
```

在例 5-10 中，通过 <select> 标签、<option> 标签及相关属性创建了 3 个不同的下拉菜单，其中第 12~19 行代码创建了最简单的下拉菜单，第 21~25 行代码创建了设置默认选项的单选下拉菜单，第 27~33 行代码创建了设置两个默认选项的多选下拉菜单。

运行例 5-10，<select> 标签效果如图 5-26 所示。

图 5-26 实现了不同的下拉菜单效果，但是，在实际网页制作过程中，有时需要对下拉菜单中的选项进行分组，这样当存在很多选项时，要想找到相应的选项就会更加容易。如图 5-27 所示即为分组选项的展示效果。

图 5-26　<select> 标签效果

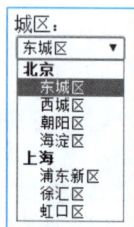

图 5-27　分组选项的展示效果

要想实现如图 5-27 所示的效果，可以在下拉菜单中使用 <optgroup> 标签，下面通过一个案例演示下拉菜单中选项分组的方法，如例 5-11 所示。

例 5-11　example11.html

```
1   <!DOCTYPE html>
2   <html lang="en">
3   <head>
```

```
4    <meta charset="UTF-8">
5    <meta http-equiv="X-UA-Compatible" content="IE=edge">
6    <meta name="viewport" content="width=device-width,initial-scale=1.0">
7    <title> 下拉菜单中的选项分组 </title>
8    </head>
9    <body>
10   <form action="#" method="post">
11   城区 :<br />
12       <select>
13           <optgroup label=" 北京 ">
14               <option> 东城区 </option>
15               <option> 西城区 </option>
16               <option> 朝阳区 </option>
17               <option> 海淀区 </option>
18           </optgroup>
19           <optgroup label=" 上海 ">
20               <option> 浦东新区 </option>
21               <option> 徐汇区 </option>
22               <option> 虹口区 </option>
23           </optgroup>
24       </select>
25   </form>
26   </body>
27   </html>
```

在例 5-11 中，<optgroup> 标签用于定义选项组，必须嵌套在 <select> 标签中，一个 <select> 标签中可以包含多个 <optgroup> 标签。在 <optgroup> 开始标签与 </optgroup> 结束标签之间为 <option> 标签定义的具体选项。同时 <optgroup> 标签有一个必备属性 label，用于定义分组选项的组名。

运行例 5-11，会出现如图 5-28 所示的下拉菜单。

当单击下拉符号 ▼ 时，效果如图 5-29 所示，下拉菜单中的选项被清晰地分组了。

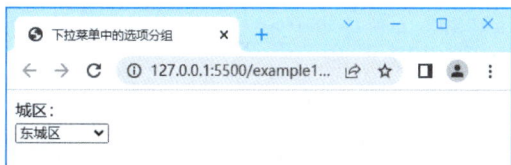

图 5-28　下拉菜单 1

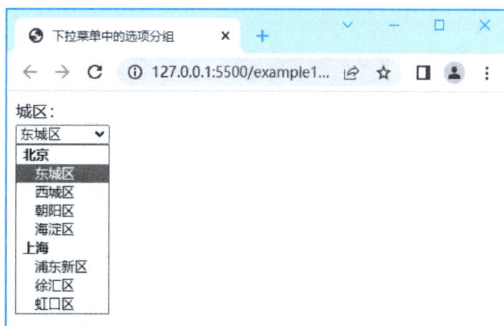

图 5-29　下拉菜单 2

■ 任务实现

下面将根据任务分析，按照搭建页面结构、设置 CSS 样式的顺序完成页面的制作。

1. 搭建页面结构

根据上面的分析，使用相应的 HTML 标签来搭建网页结构。新建 task5-2 文件夹，在 task5-2

文件夹内新建一个名称为 task5-2.html 的 HTML 文件。在 HTML 文件中编写页面结构代码，具体代码如下。

```
1   <!DOCTYPE html>
2   <html lang="en">
3   <head>
4   <meta charset="UTF-8">
5   <meta http-equiv="X-UA-Compatible" content="IE=edge">
6   <meta name="viewport" content="width=device-width,initial-scale=1.0">
7   <title>Document</title>
8   <link rel="stylesheet" href="task5-2.css" type="text/css">
9   </head>
10  <body>
11      <form action="#" method="post" id="list">
12          <h2>用户调研表</h2>
13          <div class="one">                <!-- 单选题部分 -->
14              <p class="title1">您的年龄区间是（ ）。（单选）</p>
15              <label for="choose1"><input type="radio" name="item1" id="choose1"/>19岁以下</label>
16              <label for="choose2"><input type="radio" name="item1" id="choose2"/>20~29岁</label>
17              <label for="choose3"><input type="radio" name="item1" id="choose3"/>30~39岁</label>
18              <label for="choose4"><input type="radio" name="item1" id="choose4"/>40岁以上</label>
19          </div>
20          <div class="two">                <!-- 多选题部分 -->
21              <p class="title2">您通过什么渠道了解人工智能技术（ ）。（多选）</p>
22              <label for="choose5"><input type="checkbox" name="item2" id="choose5"/>网络新闻</label>
23              <label for="choose6"><input type="checkbox" name="item2" id="choose6"/>商场宣传</label>
24              <label for="choose7"><input type="checkbox" name="item2" id="choose7"/>朋友推荐</label>
25              <label for="choose8"><input type="checkbox" name="item2" id="choose8"/>自身喜好</label>
26          </div>
27          <div class="three">              <!-- 反馈建议部分 -->
28              <p class="title3">您对人工智能技术有什么问题或建议。（问答）</p>
29              <textarea class="txt" cols="30" rows="10"></textarea>
30              <div class="choose">
31                  <span>分类:</span>
32                  <select class="choose1">
33                      <option>智能穿戴设备</option>
34                      <option selected="selected">技术方案</option>
35                      <option>其他问题</option>
36                  </select>
37                  <span>重要程度:</span>
38                  <select>
39                      <option>简单问题</option>
40                      <option>一般问题</option>
41                      <option>重要问题</option>
42                  </select>
```

```
43              </div>
44              <div class="btn">              <!-- 按钮部分 -->
45                  <input class="btn1" type="submit" value=" 提 交 " />
46                  <input class="btn2" type="reset" value=" 取 消 " />
47                  <input class="btn3" type="button" value=" 保存草稿 " />
48              </div>
49          </div>
50      </form>
51  </body>
52  </html>
```

在 task5-2.html 中，第 13~19 行代码用于设置单选题部分结构，第 20~26 行代码用于设置多选题部分结构，第 27~43 行代码用于设置反馈建议部分结构，第 44~48 行代码用于设置按钮部分结构。

运行 task5-2.html，用户调研表结构如图 5-30 所示。

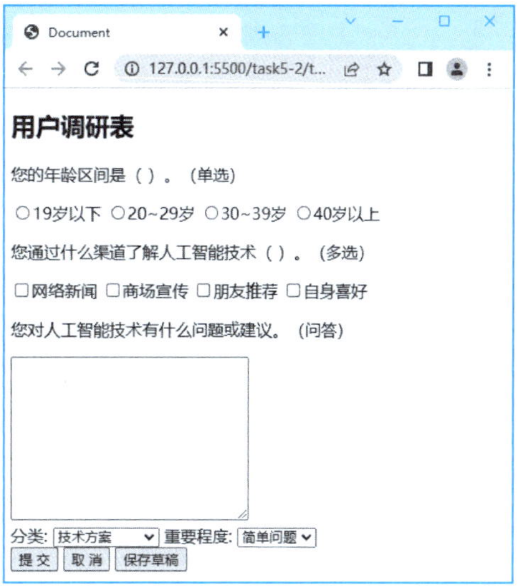

2. 设置 CSS 样式

搭建完页面的结构后，使用 CSS 对页面的样式进行修饰。本任务采用从整体到局部的方式实现图 5-16 所示的效果，具体如下。

（1）清空浏览器的默认样式

图 5-30　用户调研表结构

```
body,form,p,label,input,select,textarea{
    margin:0;
    padding:0;
    background-color:transparent;       /*背景透明*/
}
```

（2）整体控制表单样式

```
form{
    margin:50px auto;
    background:#f5fdff;
    width:750px;
    height:800px;
    padding:10px 80px 0;
    font-size:14px;
    color:#83775e;
    font-family:" 微软雅黑 ";
}
```

（3）设置题目样式

```
1  h2{
2      text-align:center;
3      height:40px;
4  }
5  p{
```

```
6      width:400px;
7      height:37px;
8      padding-left:50px;
9      line-height:37px;
10     font-size:16px;
11  }
12  .title1{ background:url(images/num1.png) no-repeat left center;}
13  .title2{ background:url(images/num2.png) no-repeat left center;}
14  .title3{ background:url(images/num3.png) no-repeat left center;}
```

在上面的代码中，第 12~14 行代码用于设置题目前的图片序号。

（4）设置单选题和多选题选项样式

```
label{
    display:block;
    width:210px;
    padding:5px 0 0 50px;
}
```

（5）设置反馈建议部分样式

```
1   .txt{                /* 控制反馈建议输入区 */
2      width:748px;
3      height:300px;
4      border:1px solid #83775e;
5      margin-top:10px;
6      font-size:24px;
7      resize:none;
8   }
9   .choose{             /* 控制反馈建议分类 */
10     height:30px;
11     padding:12px 0 0 5px;
12     background-color:#e1c2ae;
13     font-weight:bold;
14  }
15  select{              /* 控制反馈建议重要层级 */
16     width:80px;
17     border:1px solid #666;
18     background-color:#F5F5F5;
19  }
20  .choose1{            /* 单独控制第一个下拉菜单 */
21     width:100px;
22     margin-right:20px;
23  }
```

在上述代码中，第 1~8 行代码用于控制反馈建议输入区的样式，其中第 7 行代码 "resize: none;" 用于设置多行文本输入框不可拉伸。

（6）设置按钮部分样式

```
1   .btn{ margin-top:10px;}          /* 和上面的模块拉开距离 */
2   .btn1,.btn2,.btn3{               /* 控制 3 个按钮的宽度、高度、背景及边框 */
3      width:100px;
```

```
4        height:24px;
5        background-color:#eee;
6        border:1px solid #ccc;
7    }
8    .btn1{ background-color:#e1c2ae;}
9    .btn3{ margin-left:440px;}
```

将 CSS 代码嵌入页面结构中，保存网页文件，刷新页面，设置 CSS 样式的用户调研表效果如图 5-31 所示。

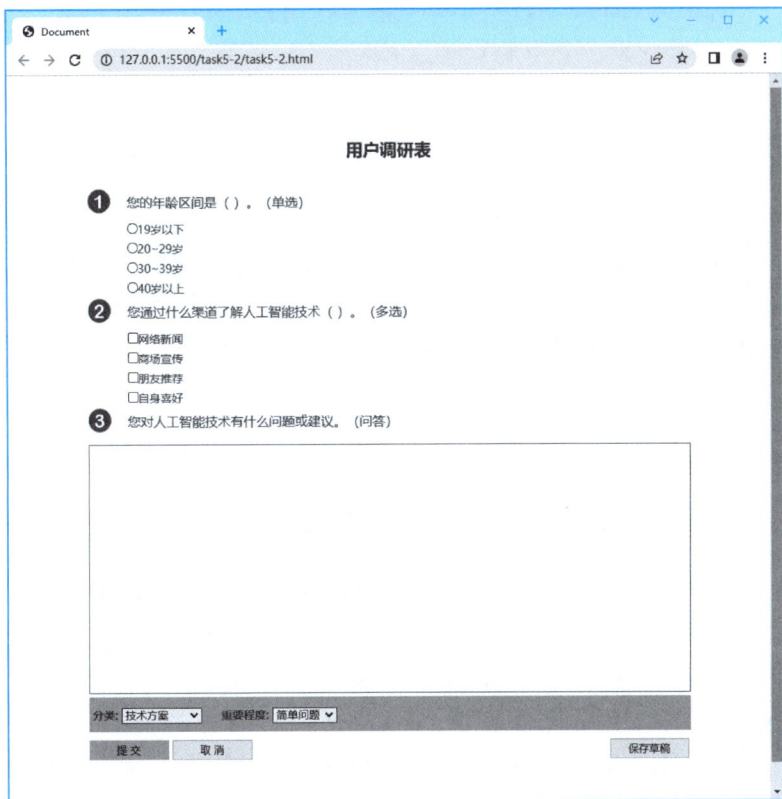

图 5-31　设置 CSS 样式的用户调研表效果

任务 5-3　制作信息登记表

　　HTML5 中增加了许多新的表单功能和控件类型。例如，新的 input 控件类型、新的 <form> 标签属性等。这些新增内容可以帮助设计人员更加高效地制作出标准的 Web 表单。本任务将通过信息登记表案例，详细讲解 HTML5 中新增的表单功能和控件类型，并通过 CSS 样式美化表单页面。信息登记表效果如图 5-32 所示。

实操微课 5-3：
任务 5-3　信息
登记表

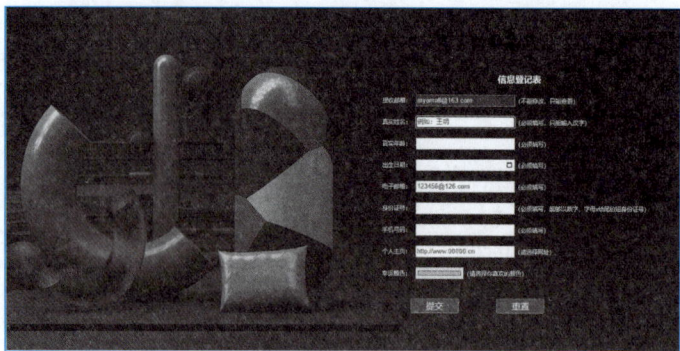

图 5-32　信息登记表效果

任务目标

知识目标	• 了解新的 <form> 标签属性，能够归纳这些属性的作用
技能目标	• 掌握新的 input 控件类型的用法，能够在网页中设置新的 input 控件 • 熟悉新的表单标签，能够使用这些标签丰富表单功能 • 掌握新的 <input /> 标签属性的用法，能够在表单中完善 input 控件功能 • 掌握 CSS 控制表单样式的方法，能够美化网页中的表单样式

任务分析

根据效果图，可以将用户调研表按照搭建页面结构和设置 CSS 样式两部分进行制作，具体制作思路如下。

（1）搭建页面结构

信息登记表整体可以看作是一个大盒子，通过一个 <div> 标签进行控制，大盒子内部主要由表单构成，表单也可以看作是一个盒子，内部由上面的标题和下面的表单控件两部分构成，标题部分可以使用 <h2> 标签定义，表单控件部分每一行可以使用 <p> 标签搭建结构；另外，每一行由左右两部分构成，左边为提示信息，可以使用 <span> 标签控制，右边为具体的表单控件，可以使用 <input /> 标签定义。效果图 5-32 对应的结构如图 5-33 所示。

（2）样式分析

控制效果图样式主要分为 6 个部分，具体如下。

① 通过最外层的大盒子对页面进行整体控制，对其设置宽度、高度、背景图片及相对定位属性。

② 通过 <form> 标签对表单进行整体控制，对其设置宽度、高度、边距、边框样式及绝对定位属性。

③ 通过 <h2> 标签控制标题的文本样式，对其设置对齐、外边距样式。

④ 通过 <p> 标签控制每一行的学员信息模块，对其设置外边距样式。

⑤ 通过 <span> 标签控制提示信息，将其转换为行内块元素，对其设置宽度、右内边距及右对齐。

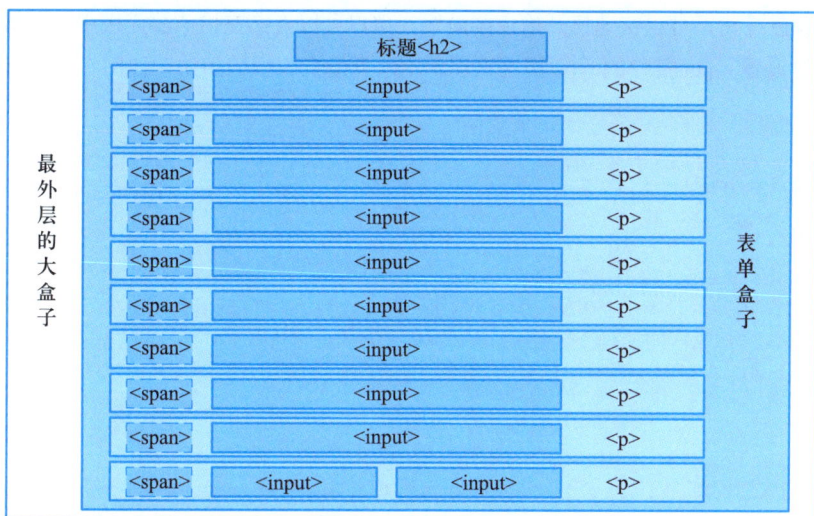

图 5-33 信息登记表结构

⑥ 通过 <input /> 标签控制输入框的宽度、高度、内边距和边框样式。

■ 知识储备

1. 新的 input 控件类型

在 HTML5 中，增加了一些新的 input 控件类型，通过这些新的控件，可以丰富表单功能，更好地实现表单的控制和验证，下面将详细讲解这些新的 input 控件类型。

理论微课 5-10：新的 input 控件类型

（1）email 类型 <input type="email" />

email 类型的 input 控件是一种专门用于输入 E-mail 地址的文本输入框，用来验证 E-mail 输入框的内容是否符合 E-mail 邮件地址格式，如果不符合，将提示相应的报错信息。

（2）url 类型 <input type="url" />

url 类型的 input 控件是一种用于输入 URL 地址的文本框。如果输入的值符合 URL 地址格式，则会提交数据到服务器；如果输入的值不符合 URL 地址格式，则不允许提交，并且会有提示信息。

（3）tel 类型 <input type="tel" />

tel 类型用于提供输入电话号码的文本框，由于电话号码的格式千差万别，很难实现一个通用的格式。因此 tel 类型通常会和 pattern 属性配合使用，验证输入的电话号码格式正确与否。

（4）search 类型 <input type="search" />

search 类型是一种专门用于输入搜索关键词的文本框，它能自动记录一些字符。例如，站点搜索或者百度搜索。在用户输入内容后，其右侧会附带一个删除图标，单击这个图标按钮可以快速清除内容。

（5）color 类型 <input type="color" />

color 类型用于提供设置颜色的文本框，用于实现 RGB 颜色输入。颜色采用十六进制颜色值，基本形式是 #RRGGBB，默认颜色值为 #000，通过 value 属性值可以更改默认颜色。单击 color 类型

　　表单控件的颜色按钮，可以快速打开拾色器面板，用户可以直接在拾色器面板中选取某一种颜色。

　　下面通过设置 input 控件的 type 属性来演示不同类型文本框的用法，如例 5-12 所示。

例 5-12　example12.html

```
1   <!DOCTYPE html>
2   <html lang="en">
3   <head>
4   <meta charset="UTF-8">
5   <meta http-equiv="X-UA-Compatible" content="IE=edge">
6   <meta name="viewport" content="width=device-width,initial-scale=1.0">
7   <title>新的 input 类型控件</title>
8   </head>
9   <body>
10  <form action="#" method="get">
11      请输入您的邮箱:<input type="email" name="formmail"/><br/>
12      请输入个人网址:<input type="url" name="user_url"/><br/>
13      请输入电话号码:<input type="tel" name="telphone" pattern="^\d{11}$"/>
<br/>
14      输入搜索关键词:<input type="search" name="searchinfo"/><br/>
15      请选取一种颜色:<input type="color" name="color1"/>
16      <input type="color" name="color2" value="#FF3E96"/>
17      <input type="submit" value=" 提交 "/>
18  </form>
19  </body>
20  </html>
```

　　在例 5-12 中，通过 <input /> 标签的 type 属性将文本框分别设置为 email 类型、url 类型、tel 类型、search 类型以及 color 类型。其中，第 13 行代码，通过 pattern="^\d{11}$" 属性约束 tel 文本框中的输入长度为 11 位，当字符长度超出或不足 11 位时，表单会提示用户输入正确的手机号码。pattern 属性将会在新的 <input /> 标签属性中讲解，这里了解即可。

　　运行例 5-12，新的 input 类型控件效果如图 5-34 所示。

　　在图 5-34 所示的页面中，分别在前三个文本框中输入不符合格式要求的文本内容，依次单击 "提交" 按钮，效果分别如图 5-35、图 5-36、图 5-37 所示。

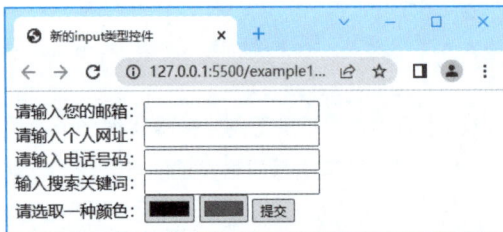

图 5-34　新的 input 类型控件效果

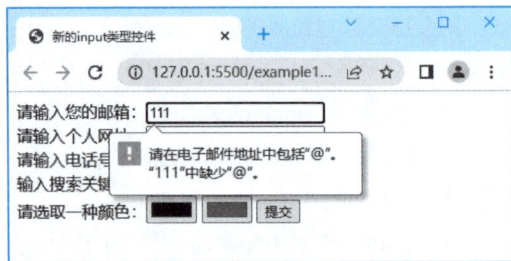

图 5-35　email 类型验证提示效果

　　在 "输入搜索关键词" 输入框中输入要搜索的关键词，输入框右侧会出现一个 × 按钮，如图 5-38 所示。单击 × 按钮，可以清除已经输入的内容。

　　单击 "请选取一种颜色" 表单控件的第一个颜色按钮，弹出如图 5-39 所示的颜色选取器。

　　在颜色选取器中，用户可以选择一种颜色。选取颜色后，在空白处单击，可关闭颜色选取器，

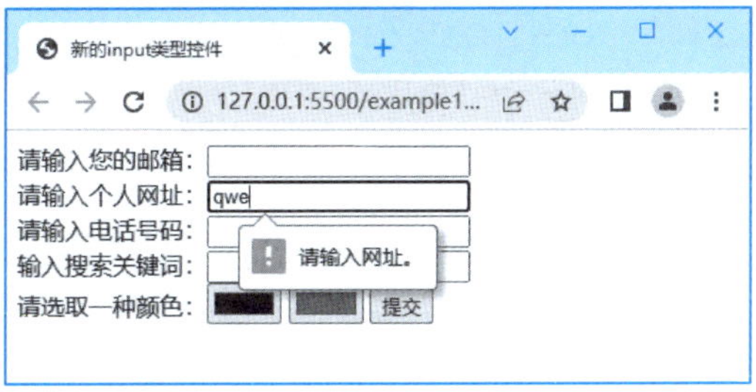

图 5-36　url 类型验证提示效果

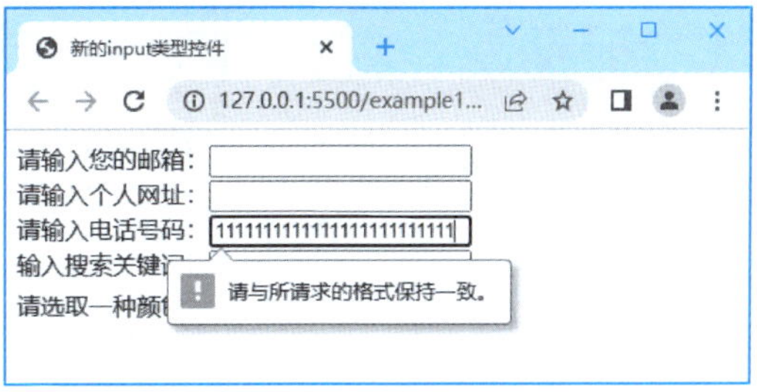

图 5-37　tel 类型验证提示效果

图 5-38　输入搜索关键词效果

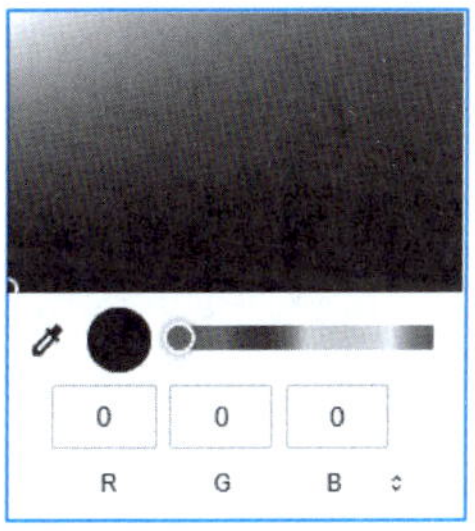

图 5-39　颜色选取器

将选取的颜色添加到自定义颜色中。

另外，如果输入框中输入的内容符合文本框中要求的格式，单击"提交"按钮，则会提交数据到服务器。需要注意的是，不同的浏览器对 url 类型的输入框的要求有所不同，在多数浏览器中，要求用户必须输入完整的 url 地址，并且允许地址前有空格的存在。

（6）number 类型 <input type="number" />

number 类型的 input 控件用于提供输入数值的文本框。在提交表单时，number 类型的 input 控件会自动检查该输入框中的内容是否为数字。如果输入的内容不是数字或者数字不在限定范围内，则会出现错误提示。

number 类型的输入框可以对输入的数字进行限制，规定允许输入的最大值、最小值、合法的数字间隔以及默认属性值等。具体属性说明如下：

- value：指定输入框中的默认属性值。
- max：指定输入框中的最大的输入值。
- min：指定输入框中的最小的输入值。
- step：输入域合法的间隔，如果不设置，默认属性值是 1。

下面通过一个案例来演示 number 类型 input 控件的用法，如例 5-13 所示。

例 5-13　example13.html

```
1  <!DOCTYPE html>
2  <html lang="en">
3  <head>
4  <meta charset="UTF-8">
5  <meta http-equiv="X-UA-Compatible" content="IE=edge">
6  <meta name="viewport" content="width=device-width,initial-scale=1.0">
7  <title>number 类型的使用 </title>
```

```
8    </head>
9    <body>
10   <form action="#" method="get">
11       请输入数值 :<input type="number" name="number1" value="1" min="1"
max="20" step="4"/><br/>
12       <input type="submit" value=" 提交 "/>
13   </form>
14   </body>
15   </html>
```

在例 5-13 中，将 input 控件的 type 属性设置为 number 类型，并且分别设置 min、max 和 step 属性的值。

运行例 5-13，number 类型的默认属性值效果如图 5-40 所示。

通过图 5-40 可以看出，number 类型输入框中的默认属性值为 1。可以手动在输入框中输入数值或者通过单击输入框的控制按钮来控制数据。例如，当单击输入框中向上的小三角按钮时，step 属性值效果如图 5-41 所示。

通过图 5-41 可以看到，number 类型文本框中的值变为 5，这是因为第 11 行代码中将 step 属性的值设置为了 4。另外，当在文本框中输入 25 时，由于 max 属性值为 20，所以将出现值超出提示信息，效果如图 5-42 所示。

需要注意的是，如果在 number 文本输入框中输入一个不符合 number 格式的文本 e，单击"提交"按钮，将会出现值类型提示信息，效果如图 5-43 所示。

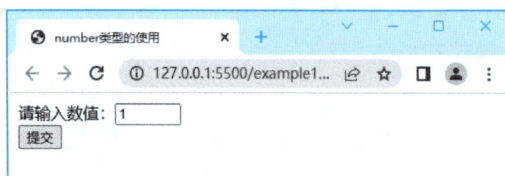

图 5-40   number 类型的默认属性值效果

图 5-41   step 属性值效果

图 5-42   值超出提示信息

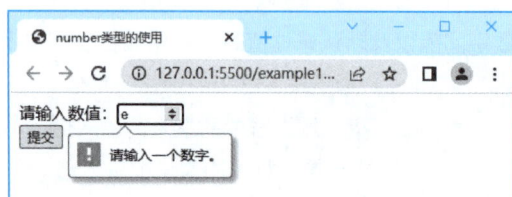

图 5-43   值类型提示信息

（7）range 类型 <input type="range" />

range 类型的 input 控件用于提供一定范围内数值的输入范围，在网页中显示为滑动条。它的常用属性与 number 类型一样，通过 min 属性和 max 属性，可以设置最小值与最大值，通过 step 属性指定每次滑动的间隔数值。

（8）Date pickers 类型 <input type= date, month, week…" />

Date pickers 类型是指时间和日期类型，HTML5 中提供了多个可供选取时间和日期的输入类型，用于验证输入的时间和日期，具体如表 5-7 所示。

表 5-7 时间和日期类型

时间和日期类型	说明
date	选取日、月、年
month	选取月、年
week	选取周和年
time	选取时间（小时和分钟）
datetime	选取时间、日、月、年（UTC 时间）
datetime-local	选取时间、日、月、年（本地时间）

在表 5-7 中，UTC 是 Universal Time Coordinated 的英文缩写，又称世界标准时间。UTC 时间就是 0 时区的时间。例如，北京时间为早上 8 点，则 UTC 时间为 0 点，UTC 和北京的时差为 8 小时。

下面在 HTML5 中添加多个 <input /> 标签，分别指定这些 <input /> 标签的 type 属性值为时间日期类型，如例 5-14 所示。

例 5-14 example14.html

```
1   <!DOCTYPE html>
2   <html lang="en">
3   <head>
4   <meta charset="UTF-8">
5   <meta http-equiv="X-UA-Compatible" content="IE=edge">
6   <meta name="viewport" content="width=device-width,initial-scale=1.0">
7   <title>时间日期类型的使用</title>
8   </head>
9   <body>
10  <form action="#" method="get">
11      <input type="date"/> 
12      <input type="month"/> 
13      <input type="week"/> 
14      <input type="time"/> 
15      <input type="datetime"/> 
16      <input type="datetime-local"/>
17      <input type="submit" value="提交"/>
18  </form>
19  </body>
20  </html>
```

在例 5-14 中，第 11~17 行代码使用新的 input 控件类型设置时间和日期表单样式。

运行例 5-14，时间和日期表单效果如图 5-44 所示。

用户可以直接向图 5-44 所示的时间表单输入框中输入内容，也可以单击输入框后的 □ 按钮进行选择。

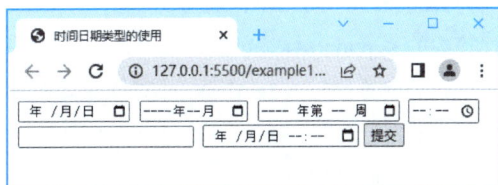

图 5-44 时间和日期表单效果

注意：

如果浏览器不支持 input 控件输入类型，将会在网页中显示为一个普通输入框。

2. 新的表单标签

在 HTML5 中，增加了一些新的表单标签，如 <datalist> 标签、<output> 标签，这些标签可以实现一些特殊的表单效果。下面将对新增的表单标签进行详细讲解。

理论微课 5-11：
新的表单标签

（1）<datalist> 标签

<datalist> 标签是 HTML5 中的新标签，用于定义输入框的选项列表。选项列表通过 <datalist> 标签内的 <option> 标签进行创建。如果用户不希望从列表中选择某项，也可以自行输入其他内容。<datalist> 标签通常与 <input /> 标签配合使用。在使用 <datalist> 标签时，首先需要通过 id 属性为其指定一个唯一的标识，然后为 <input /> 标签指定 list 属性，将该属性值设置为 <datalist> 的 id 属性值即可。

下面通过一个案例来演示 <datalist> 标签的使用，如例 5-15 所示。

例 5-15　example15.html

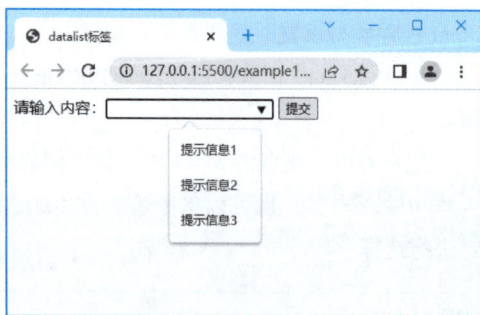

```
1   <!DOCTYPE html>
2   <html lang="en">
3   <head>
4   <meta charset="UTF-8">
5   <meta http-equiv="X-UA-Compatible" content="IE=edge">
6   <meta name="viewport" content="width=device-width,initial-scale=1.0">
7   <title>datalist 标签 </title>
8   </head>
9   <body>
10  <form action="#" method="post">
11      请输入内容 :<input type="text" list="namelist"/>
12      <datalist id="namelist">
13          <option> 提示信息 1</option>
14          <option> 提示信息 2</option>
15          <option> 提示信息 3</option>
16      </datalist>
17      <input type="submit" value=" 提交 " />
18  </form>
19  </body>
20  </html>
```

在例 5-15 中，第 11 行代码向表单中添加一个 <input /> 标签，并将该 <input /> 标签的 list 属性值设置为 namelist，关于 list 属性将会在后面知识点中详细讲解。然后。第 12~16 行代码添加 id 名为 namelist 的 <datalist> 标签，并通过 <datalist> 标签内的 <option> 标签创建选项列表。

运行例 5-15，<datalist> 标签效果如图 5-45 所示。

（2）<output> 标签

<output> 标签是 HTML5 中的新标签，用于定义不同类型控件的输出，输出结果会显示在 <output> 标签中。<output> 标签通常配合 <input /> 标签使用，可以明确显示其他类型控件的数值，

图 5-45　<datalist> 标签效果

例如 range 类型控件、color 类型控件。

<output> 标签的常用属性如表 5-8 所示

表 5-8　<output> 标签的常用属性

属性	说明
for	定义输出域相关的一个或多个元素
form	定义输入字段所属的一个或多个表单
name	定义对象的唯一名称

了解了 <output> 标签的常用属性，下面通过一个案例具体演示 <output> 标签的用法，如例 5-16 所示。

例 5-16　example16.html

```
1   <!DOCTYPE html>
2   <html lang="en">
3   <head>
4   <meta charset="UTF-8">
5   <meta http-equiv="X-UA-Compatible" content="IE=edge">
6   <meta name="viewport" content="width=device-width,initial-scale=1.0">
7    <title>output 标签 </title>
8   </head>
9   <body>
10      <form oninput="x.value=parseInt(a.value)+parseInt(b.value)">0
11          <input type="range" id="a" value="50">100
12          +<input type="number" id="b" value="50">
13          =<output name="x" for="a b"></output>
14      </form>
15  </body>
16  </html>
```

在例 5-16 中，第 10 行代码的 oninput 是一个事件属性，表示用户输入时触发事件。第 13 行代码，用 name 属性为 <output> 标签定义对象名为 x，for 属性用于定义输出域相关元素，关联第 11~12 行代码的 input 控件。

运行例 5-16，<output> 标签效果如图 5-46 所示。

当调整图 5-46 所示的滑块或者在输入框中输入数值，表单会自动计算出结果。例如，在输入框中输入 55，表单计算结果如图 5-47 所示。

3. 新的 <input /> 标签属性

在 HTML5 中，还增加了一些新的 input 控件属性，方便用户操作表单。例如，autofocus、min、max、pattern 等，下面将对这些新的 <input /> 标签属

理论微课 5-12：
新的 <input />
标签属性

图 5-46　<output> 标签效果

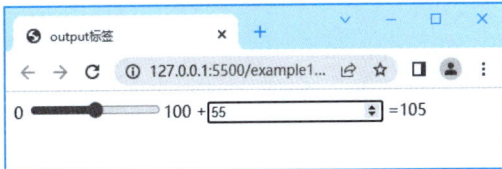

图 5-47　表单计算结果

性做具体讲解。

（1）autofocus 属性

在 HTML5 中，autofocus 属性用于指定页面加载后是否自动获取焦点，将 autofocus 属性的属性值指定为 true 时，页面加载完毕后会自动获取该焦点。下面通过一个案例来演示 autofocus 属性的使用，如例 5-17 所示。

例 5-17   example17.html

```
1   <!DOCTYPE html>
2   <html lang="en">
3   <head>
4   <meta charset="UTF-8">
5   <meta http-equiv="X-UA-Compatible" content="IE=edge">
6   <meta name="viewport" content="width=device-width,initial-scale=1.0">
7   <title>autofocus 属性的使用 </title>
8   </head>
9   <body>
10  <form action="#" method="get">
11      请输入搜索关键词 :<input type="text" name="user_name" autocomplete="off"
autofocus="true"/><br/>
12      <input type="submit" value=" 提交 " />
13  </form>
14  </body>
15  </html>
```

在例 5-17 中，第 11 行代码向表单中添加一个 <input /> 标签，然后通过 autocomplete="off" 将自动补全功能设置为关闭状态。并且将 autofocus 的属性值设置为 true，指定在页面加载完毕后会自动获取焦点。

运行例 5-17，autofocus 属性效果如图 5-48 所示。

从图 5-48 可以看出，<input /> 标签输入框在页面加载后自动获取焦点，并且关闭了自动补全功能。

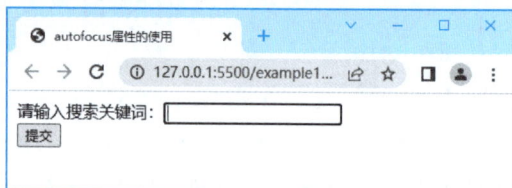

图 5-48   autofocus 属性效果

（2）form 属性

在 HTML5 之前，如果用户要提交一个表单，必须把相关的表单控件都放在表单内部，即 <form> 开始标签和 </form> 结束标签之间。在提交表单时，会将页面中不是表单控件的元素直接忽略掉。

HTML5 新增的 form 属性解决了这一问题。只需为表单控件指定 form 属性并且将属性值设置为和该表单中 <form> 标签的 id 相同，即可把表单控件写在页面中的任意位置。此外，form 属性还允许一个表单控件从属于多个表单。

下面通过一个案例来演示 form 属性的用法，如例 5-18 所示。

例 5-18   example18.html

```
1   <!DOCTYPE html>
2   <html lang="en">
3   <head>
4       <meta charset="UTF-8">
```

```
5        <meta http-equiv="X-UA-Compatible" content="IE=edge">
6        <meta name="viewport" content="width=device-width,initial-scale=
1.0">
7        <title>form 属性</title>
8    </head>
9    <body>
10   <form action="#" method="get" id="user_form">
11       请输入您的姓名 :<input type="text" name="first_name"/>
12       <input type="submit" value=" 提交 " />
13   </form>
14       <p> 下面的输入框在 form 元素外 , 但因为指定了 form 属性为表单的 id, 所以该输入框仍
然属于表单的一部分。</p>
15       请输入您的昵称 :<input type="text" name="last_name" form="user_
form"/><br/>
16   </body>
17   </html>
```

在例 5-18 中，第 11 行代码和第 15 行代码分别添加两个 <input /> 标签，并且第 15 行代码添加的 <input /> 标签不在 <form> 标签中。将第 15 行的 <input /> 标签的 form 属性值为该表单的 id 名。

此时，如果在输入框中分别输入姓名和昵称，则 first_name 和 last_name 将分别被赋值为输入的内容。例如，在姓名处输入"张三"，昵称处输入"小张"，表单效果如图 5-49 所示。

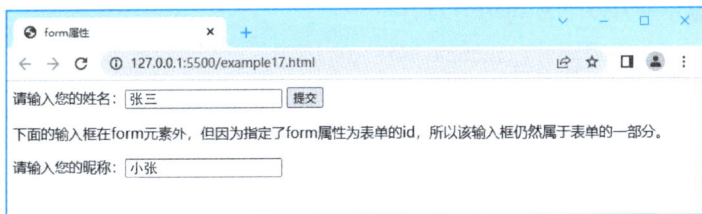

图 5-49　输入姓名和昵称的表单效果

单击"提交"按钮，在浏览器的地址栏中可以看到 first_name= 张三 &last_name= 小张的字样，表示服务器端接收到 name=" 张三 " 和 name=" 小张 " 的数据，地址栏中显示内容如图 5-50 所示。

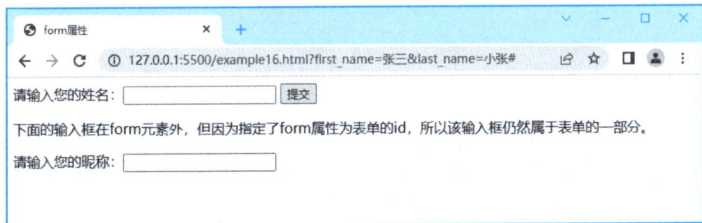

图 5-50　地址栏中显示内容

在使用表单时，form 属性适用于所有的输入类型的表单控件。在使用时，只需引用所属表单的 id 即可。

（3）list 属性

在上面的小节中，已经学习了如何通过 <datalist> 标签实现数据列表的下拉效果。list 属性用

于指定输入框所绑定的 <datalist> 标签，其值是某个 <datalist> 标签的 id。例如，下面的示例代码。

```
1   <form action="#" method="get">
2   请输入网址 :<input type="url" list="url_list" name="weburl"/>
3   <datalist id="url_list">
4       <option label=" 公司 A" value="http://www.aaaa.com"></option>
5       <option label=" 公司 B" value="http://www.bbbb.com"></option>
6       <option label=" 公司 C" value="http://www.cccc.cn/"></option>
7   </datalist>
8   <input type="submit" value=" 提交 "/>
9   </form>
```

在上述示例代码中，第 3~7 行代码向表单中添加 <datalist> 和 </datalist> 标签。其中，第 3 行代码设置 <datalist> 标签的 id 名称为 url_list。第 2 行代码将 <input /> 标签的 list 属性指定为 <datalist> 标签的 id 值。

运行示例代码，单击输入框，就会弹出已经定义的网址列表，效果如图 5-51 所示。

（4）multiple 属性

multiple 属性指定输入框可以选择多个值，该属性适用于 email 类型和 file 类型的 input 控件。multiple 属性用于 email 类型的 input 控件时，表示可以向输入框中输入多个 E-mail 地址，多个 E-mail 地址之间通过逗号隔开。multiple 属性用于 file 类型的 input 控件时，表示可以选择多个文件。

图 5-51   弹出已经定义的网址列表

下面通过一个案例来进一步演示 multiple 属性的使用，如例 5-19 所示。

例 5-19   example19.html

```
1   <!DOCTYPE html>
2   <html lang="en">
3   <head>
4   <meta charset="UTF-8">
5   <meta http-equiv="X-UA-Compatible" content="IE=edge">
6   <meta name="viewport" content="width=device-width,initial-scale=1.0">
7   <title>multiple 属性 </title>
8   </head>
9   <body>
10  <form action="#" method="get">
11      电子邮箱 :<input type="email" name="myemail" multiple="true"/> 
 ( 如果电子邮箱有多个 , 请使用逗号分隔 )<br/><br/>
12      上传照片 :<input type="file" name="selfile" multiple="true"/><br/>
<br/>
13      <input type="submit" value=" 提交 "/>
14  </form>
15  </body>
16  </html>
```

在例 5-19 中，第 11~12 行代码分别添加 email 类型和 file 类型的 <input /> 标签，并且使用

multiple 属性指定输入框可以选择多个值。

运行例 5-19，效果如图 5-52 所示。

如果想要向输入框中输入多个 E-mail 地址，可以将多个地址之间通过逗号分隔；如果想要选择多张照片，可以按 Shift 键选择多个文件，效果如图 5-53 所示。

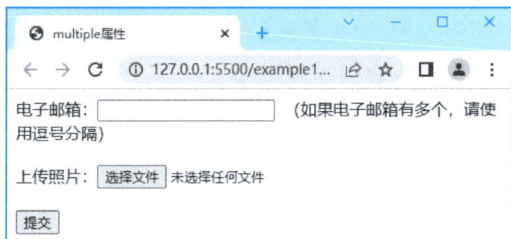

图 5-52　multiple 属性的应用 1

图 5-53　multiple 属性的应用 2

（5）min 属性、max 属性和 step 属性

HTML5 中的 min 属性、max 属性和 step 属性用于为包含数字或日期的 input 控件规定限值，也就是给这些类型的输入框加一个数值的约束，适用于 date pickers、number 和 range 等类型的 input 控件。具体属性说明如下：

- max：规定输入框所允许的最大输入值。
- min：规定输入框所允许的最小输入值。
- step：为输入框规定合法的数字间隔，如果不设置，默认属性值是数字间隔为 1。

由于前面介绍 input 控件的 number 类型时，已经讲解过 min、max 和 step 属性的使用，这里不再举例说明。

（6）pattern 属性

pattern 属性用于验证 input 类型输入框中，用户输入的内容是否与所定义的正则表达式相匹配，可以简单理解为验证表单中输入的内容。pattern 属性适用于的 input 控件类型包括：text、search、url、tel、email 和 password。pattern 属性常用的正则表达式如表 5-9 所示。

表 5-9　pattern 属性常用的正则表达式如表

正则表达式	说明
^[0-9]*$	数字
^\d{n}$	n 位的数字
^\d{n,}$	至少 n 位的数字
^\d{m, n}$	$m \sim n$ 位的数字
^（0|[1-9][0-9]*）$	0 和非 0 开头的数字
^（[1-9][0-9]*）+（.[0-9]{1, 2}）?$	非 0 开头的最多带两位小数的数字
^（\-|\+）?\d+（\.\d+）?$	正数、负数和小数
^\d+$ 或 ^[1-9]\d*|0$	非负整数
^-[1-9]\d*|0$ 或 ^（（-\d+）|（0+））$	非正整数
^[\u4e00-\u9fa5]{0,}$	汉字

续表

正则表达式	说明
^[A-Za-z0-9]+$ 或 ^[A-Za-z0-9]{4，40}$	英文和数字
^[A-Za-z]+$	由 26 个英文字母组成的字符串
^[A-Za-z0-9]+$	由数字和 26 个英文字母组成的字符串
^\w+$ 或 ^\w{3，20}$	由数字、26 个英文字母或者下画线组成的字符串
^[\u4E00-\u9FA5A-Za-z0-9_]+$	中文、英文、数字包括下画线
^\w+（[-+.]\w+）*@\w+（[-.]\w+）*\.\w+（[-.]\w+）*$	E-mail 地址
^（https?:\/\/）?（[\da-z\.-]+）\.（[a-z\.]{2，6}）（[\/\w \.-]*）*\/?$/	URL 地址
^\d{15}|\d{18}$	身份证号（15 位、18 位数字）
^（[0-9]）{7，18}（x|X）?$ 或 ^\d{8，18}|[0-9x]{8，18}|[0-9X]{8，18}?$	以数字、字母 x 结尾的短身份证号码
^[a-zA-Z][a-zA-Z0-9_]{4，15}$	账号是否合法（字母开头，允许 5~16 字节，允许字母数字下画线）
^[a-zA-Z]\w{5，17}$	密码（以字母开头，长度在 6~18 之间，只能包含字母、数字和下画线）

了解了 pattern 属性以及常用的正则表达式，下面通过一个案例进行演示，如例 5-20 所示。

例 5-20　example20.html

```
1    <!DOCTYPE html>
2    <html lang="en">
3    <head>
4    <meta charset="UTF-8">
5    <meta http-equiv="X-UA-Compatible" content="IE=edge">
6    <meta name="viewport" content="width=device-width,initial-scale=1.0">
7    <title>pattern 属性 </title>
8    </head>
9    <body>
10   <form action="#" method="get">
11       账      号 :<input type="text" name="username"
pattern="^[a-zA-Z][a-zA-Z0-9_]{4,15}$" />( 以字母开头，允许 5~16 字节, 允许字母数
字下画线 ) <br/>
12       密      码 :<input type="password" name="pwd"
pattern="^[a-zA-Z]\w{5,17}$" />( 以字母开头，长度在 6~18 之间，只能包含字母、数字和下画线 )
<br/>
13       身份证号 :<input type="text" name="mycard" pattern="^\d{15}|\d{18}$" />
(15 位、18 位数字 )<br/>
14       Email 地址 :<input type="email" name="myemail" pattern="^\w+([-+.]\
w+)*@\w+([-.]\w+)*\.\w+([-.]\w+)*$"/>
15       <input type="submit" value=" 提交 "/>
16   </form>
17   </body>
18   </html>
```

在例 5-20 中，第 11~14 行代码分别用于插入"账号""密码""身份证号""Email 地址"的输入框，并且通过 pattern 属性来验证输入的内容是否与所定义的正则表达式相匹配。

运行例 5-20，效果如图 5-54 所示。

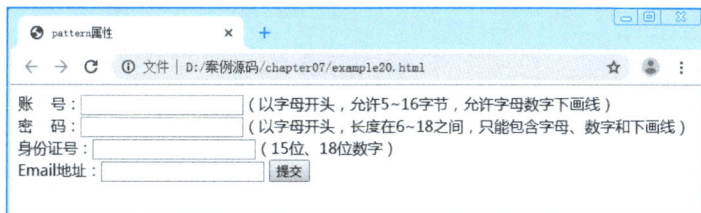

图 5-54　pattern 属性的应用

当输入的内容与所定义的正则表达式格式不相匹配时，单击"提交"按钮，会弹出验证信息提示内容。

（7）placeholder 属性

placeholder 属性用于为 input 类型的输入框提供相关提示信息，以提示用户输入何种内容。在输入框为空时显式提示信息，当输入框获得焦点时，提示信息消失。placeholder 属性适用于 type 属性值为 text、search、url、tel、email 以及 password 的 <input/> 标签。

下面通过一个案例来演示 placeholder 属性的使用，如例 5-21 所示。

例 5-21　example21.html

```
1   <!DOCTYPE html>
2   <html lang="en">
3   <head>
4   <meta charset="UTF-8">
5   <meta http-equiv="X-UA-Compatible" content="IE=edge">
6   <meta name="viewport" content="width=device-width,initial-scale=1.0">
7   <title>placeholder 属性 </title>
8   </head>
9   <body>
10  <form action="#" method="get">
11      请输入邮政编码 :<input type="text" name="code" pattern="[0-9]{6}"
placeholder=" 请输入 6 位数的邮政编码 " />
12      <input type="submit" value=" 提交 "/>
13  </form>
14  </body>
15  </html>
```

在例 5-21 中，第 11 行代码使用 pattern 属性来验证输入的邮政编码是否是 6 位数的数字，使用 placeholder 属性来提示输入框中需要输入的内容。

运行例 5-21，placeholder 属性效果如图 5-55 所示。

（8）required 属性

required 属性用于判断用户是否在表单输入框中输入内容，当表单内容为空时，不允许用户提交表单。下面通过一个案例来演示 required

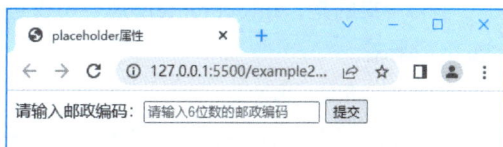

图 5-55　placeholder 属性效果

属性的使用，如例 5-22 所示。

例 5-22　example22.html

```
1  <!DOCTYPE html>
2  <html lang="en">
3  <head>
4  <meta charset="UTF-8">
5  <meta http-equiv="X-UA-Compatible" content="IE=edge">
6  <meta name="viewport" content="width=device-width,initial-scale=1.0">
7  <title>required 属性</title>
8  </head>
9  <body>
10 <form action="#" method="get">
11     请输入姓名:<input type="text" name="user_name" required="required"/>
12     <input type="submit" value=" 提交 "/>
13 </form>
14 </body>
15 </html>
```

在例 5-22 中，第 11 行代码为 <input/> 标签指定了 required 属性。当输入框中内容为空时，单击"提交"按钮，将会出现提示信息。

运行例 5-22 所示，required 属性效果如图 5-56 所示。

当出现如图 5-56 所示的提示信息后，用户必须在输入内容后，才允许提交表单。

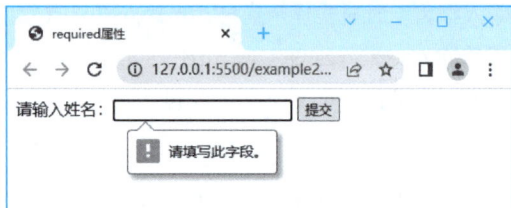

图 5-56　required 属性效果

4. 新的 <form> 标签属性

在 HTML5 中新增了两个 <form> 标签属性，分别为 autocomplete 属性和 novalidate 属性，下面将对这两种属性做详细讲解。

（1）autocomplete 属性

autocomplete 属性用于指定表单是否有自动补全功能，所谓自动补全是指将表单控件输入的内容记录下来，当再次输入时，会将输入的历史记录显示在一个下拉列表里，用户可以直接选取输入内容，以实现自动补全功能。autocomplete 属性有 2 个值，对它们的解释如下。

理论微课 5-13：新的 form 属性

- on：表单有自动补全功能。
- off：表单无自动补全功能。

autocomplete 属性示例代码如下。

```
<form id="formBox" autocomplete="on">
```

值得一提的是，autocomplete 属性不仅可以用于 <form> 标签，还可以用于所有输入类型的 <input /> 标签。

（2）novalidate 属性

novalidate 属性指定在提交表单时取消对表单进行有效的检查。为表单设置该属性时，可以关闭整个表单的验证，这样可以使 <form> 标签内的所有表单控件不被验证，novalidate 属性的取值为它自身，示例代码如下：

```
<form action="form_action.asp" method="get" novalidate="novalidate">
```

上述示例代码对 form 标签应用 novalidate="novalidate" 属性，来取消表单验证。

5. CSS 控制表单样式

在网页设计中，表单既要具有相应的功能，也要具有美观的样式，使用 CSS 可以轻松控制表单控件的样式。本任务将通过一个具体的案例来讲解 CSS 对表单样式的控制，其效果如图 5-57 所示。

图 5-57 所示的表单界面内部可以分为左右两部分，

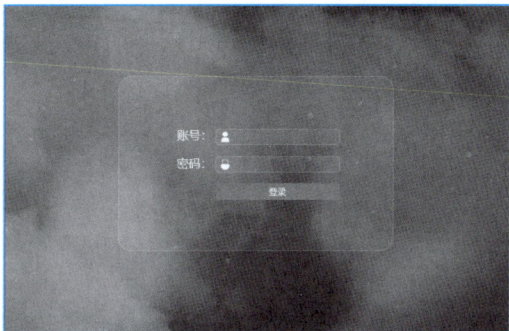

理论微课 5-14：CSS 控制表单样式

图 5-57　CSS 控制表单样式效果图

其中左边为提示信息，右边为表单控件。可以通过在 \<p\> 标签中嵌套 \<span\> 标签和 \<input /\> 标签进行布局。HTML 结构代码如例 5-23 所示。

例 5-23　example23.html

```
1   <!DOCTYPE html>
2   <html lang="en">
3   <head>
4   <meta charset="UTF-8">
5   <meta http-equiv="X-UA-Compatible" content="IE=edge">
6   <meta name="viewport" content="width=device-width,initial-scale=1.0">
7   <title>CSS 控制表单样式 </title>
8   <link href="style25.css" type="text/css" rel="stylesheet" />
9   </head>
10  <body>
11      <form action="#" method="post">
12          <p>
13              <span> 账号 :</span>
14              <input type="text" name="username" class="num" pattern=
    "^[a-zA-Z][a-zA-Z0-9_]{4,15}$" />
15          </p>
16          <p>
17              <span> 密码 :</span>
18              <input type="password" name="pwd" class="pass" pattern=
    "^[a-zA-Z]\w{5,17}$"/>
19          </p>
20          <p>
21              <input type="button" class="btn01" value=" 登录 "/>
22          </p>
23      </form>
24  </body>
25  </html>
```

例 5-23 使用表单 \<form\> 标签嵌套 \<p\> 标签进行整体布局，并分别使用 \<span\> 标签和 \<input /\>

标签来定义提示信息及不同类型的表单控件。

运行例 5-23，表单界面结构如图 5-58 所示。

在图 5-58 中，出现了具有相应功能的表单控件。为了使表单界面更加美观，接下来引入 CSS 样式表对其进行修饰，CSS 样式表中的具体代码如下。

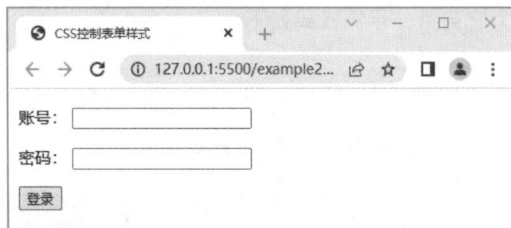

图 5-58   表单界面结构

```
1   @charset "utf-8";
2   /* CSS Document */
3   body{font-size:18px;font-family:" 微软雅黑 ";background:url(timg.jpg) no-
repeat top center;color:#FFF;}
4   form,p{ padding:0;margin:0;border:0;}          /* 重置浏览器的默认样式 */
5   form{
6       width:420px;
7       height:200px;
8       padding-top:60px;
9       margin:250px auto;                          /* 使表单在浏览器中居中 */
10      background:rgba(255,255,255,0.1);           /* 为表单添加背景颜色 */
11      border-radius:20px;
12      border:1px solid rgba(255,255,255,0.3);
13  }
14  p{
15      margin-top:15px;
16      text-align:center;
17  }
18  p span{
19      width:60px;
20      display:inline-block;
21      text-align:right;
22  }
23  .num,.pass{                                     /* 对文本框设置共同的宽、高、边框、内边距 */
24      width:165px;
25      height:18px;
26      border:1px solid rgba(255,255,255,0.3);
27      padding:2px 2px 2px 22px;
28      border-radius:5px;
29      color:#FFF;
30  }
31  .num{                                           /* 定义第一个文本框的背景、文本颜色 */
32      background:url(3.png) no-repeat 5px center rgba(255,255,255,0.1);
33  }
34  .pass{                                          /* 定义第二个文本框的背景 */
35      background:url(4.png) no-repeat 5px center rgba(255,255,255,0.1);
36  }
37  .btn01{
38      width:190px;
39      height:25px;
40      border-radius:3px;                          /* 设置圆角矩形边框 */
41      border:2px solid #000;
42      margin-left:65px;
```

```
43      background:#57b2c9;
44      color:#FFF;
45      border:none;
46  }
```

保存文件，刷新页面，效果如图 5-59 所示。

任务实现

下面将根据任务分析，按照搭建页面结构、设置 CSS 样式的顺序完成页面的制作。

1. 搭建页面结构

根据上面的分析，使用相应的 HTML 标签来搭建网页结构。新建 task5-3 文件夹，在 task5-3 文件夹内新建一个名称为 task5-3.html 的 HTML 文件。在 HTML 文件中编写页面结构代码，具体代码如下。

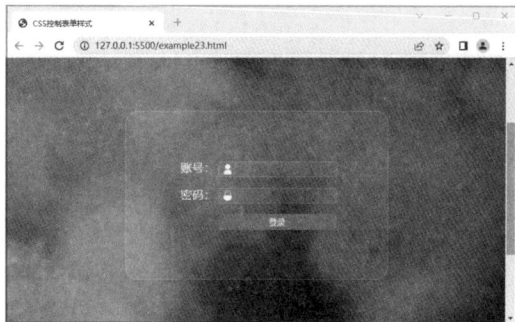

图 5-59　CSS 控制表单样式效果

```
1  <!DOCTYPE html>
2  <html lang="en">
3  <head>
4  <meta charset="UTF-8">
5  <meta http-equiv="X-UA-Compatible" content="IE=edge">
6  <meta name="viewport" content="width=device-width,initial-scale=1.0">
7  <title>信息登记表</title>
8  </head>
9  <body>
10 <div class="bg">
11     <form action="#" method="get" autocomplete="off">
12     <h2>信息登记表</h2>
13         <p><span>接收邮箱:</span><input type="text" name="user_name"
value="myemail@163.com" disabled readonly />(不能修改，只能查看) </p>
14         <p><span>真实姓名:</span><input type="text" name="real_
name" pattern="^[\u4e00-\u9fa5]{0,}$" placeholder="例如:王明" required
autofocus/>(必须填写，只能输入汉字) </p>
15         <p><span>真实年龄:</span><input type="number" name="real_lage"
value="24" min="15" max="120" required/>(必须填写) </p>
16         <p><span>出生日期:</span><input type="date" name="birthday"
value="1990-10-1" required/>(必须填写) </p>
17         <p><span>电子邮箱:</span><input type="email" name="myemail"
placeholder="123456@126.com" required multiple/>(必须填写) </p>
18         <p><span>身份证号:</span><input type="text" name="card" required
pattern="^\d{8,18}|[0-9x]{8,18}|[0-9X]{8,18}? $"/>(必须填写，能够以数字、字母 x
结尾的短身份证号) </p>
19         <p><span>手机号码:</span><input type="tel" name="telphone"
pattern="^\d{11}$" required/>(必须填写) </p>
20         <p><span>个人主页:</span><input type="url" name="myurl"
list="urllist" placeholder="http://www.00000.cn" pattern="^http://([\w-]+
\.)+[\w-]+(/[\w-./? %&=]*)? $"/>(请选择网址) </p>
```

```
21              <datalist id="urllist">
22                  <option>http://www.aaaaa.cn</option>
23                  <option>http://www.bbbbb.com</option>
24                  <option>http://www.ccccc.cn</option>
25              </datalist>
26          </p>
27          <p class="lucky"><span> 幸运颜色 :</span><input type="color"
name="lovecolor" value="#fed000"/>（请选择你喜欢的颜色）</p>
28          <p class="btn">
29              <input type="submit" value=" 提交 "/>
30              <input type="reset" value=" 重置 "/>
31          </p>
32      </form>
33  </div>
34  </body>
35  </html>
```

在 task5-3.html 中，第 11 行代码使用
<form> 标签对表单进行整体控制，并将其
autocomplete 属性的属性值设置为 off；第
12~27 行代码，使用 <p> 标签搭建每一行
信息模块的结构。其中，使用 <span> 标签
控制左边的"提示信息"，使用 <input /> 标
签控制右边的表单控件。第 28~31 行代码，
通过 <p> 标签嵌套两个 <input /> 标签来搭
建"提交"按钮和"重置"按钮的结构。

运行 task5-3.html，信息登记表结构效
果如图 5-60 所示。

图 5-60　信息登记表结构效果

2. 设置 CSS 样式

搭建完页面的结构后，接下来使用 CSS 对页面的样式进行修饰。本任务采用从整体到局部的
方式实现效果图所示的样式，具体如下。

（1）设置基础样式

首先设置页面的统一样式。CSS 代码如下：

```
/* 全局控制 */
body{font-size:12px; font-family:" 微软雅黑 ";}
/* 重置浏览器的默认样式 */
body,form,input,h1,p{padding:0; margin:0; border:0; color:#fff;}
```

（2）整体控制界面

使用 CSS 为最外层的大盒子添加宽度和高度，并为页面添加背景图片，并将平铺方式设置为
不平铺。此外，由于表单模块需要依据最外层的大盒子进行绝对定位，所以需要将最外层的大盒
子设置为相对定位。CSS 代码如下：

```
.bg{
    width:1431px;
```

```
height:717px;
background:url(images/form_bg.jpg) no-repeat;          /*添加背景图片*/
position:relative;                                     /*设置相对定位*/
}
```

（3）整体控制表单

使用 CSS 为表单设置宽度和高度。表单需要依据最外层的大盒子进行绝对定位，并设置其偏移量。此外，需要设置 30 px 的左内边距，让边框和内容之间拉开距离。CSS 代码如下：

```
form{
    width:600px;
    height:400px;
    margin:50px auto;              /*使表单在浏览器中居中*/
    padding-left:100px;           /*使边框和内容之间拉开距离*/
    position:absolute;             /*设置绝对定位*/
    left:48%;
    top:10%;
}
```

（4）制作标题部分

标题部分需要居中对齐。另外，为了使标题和上下表单内容之间有一定的距离，可以对标题设置合适的外边距。CSS 代码如下：

```
h2{                                  /*控制标题*/
    text-align:center;
    margin:16px 0;
}
```

（5）整体控制每行信息

每行信息模块都独占一行，行与行之间拉开一定的距离，需要设置上外边距。CSS 代码如下：

```
p{margin-top:20px;}
```

（6）控制左边的提示信息

由于表单左侧的提示信息居右对齐，且和右边的表单控件之间存在一定的间距，所以需要设置其对齐方式及合适的右内边距。同时，需要通过将 <span> 标签转换为行内块元素并设置其宽度来实现。CSS 代码如下：

```
p span{
    width:75px;
    display:inline-block;          /*将行内元素转换为行内块元素*/
    text-align:right;              /*居右对齐*/
    padding-right:10px;
}
```

（7）控制右边的表单控件

观察右边的表单控件，可以看出表单右边包括多个不同类型的输入框，需要定义它们的宽度、高度及边框样式。为了使输入框与输入内容之间拉开一些距离，需要设置内边距。此外，幸运颜色输入框的宽高大于其他输入框，需要单独设置其样式。CSS 代码如下：

```
p input{                           /*设置所有的输入框样式*/
    width:200px;
    height:18px;
    border:1px solid #bdbfd0;
    padding:2px;                   /*设置输入框与输入内容之间拉开一些距离*/
}
.lucky input{                      /*单独设置幸运颜色输入框样式*/
    width:100px;
    height:24px;
}
```

（8）控制下方的两个按钮

对于表单下方的提交和重置按钮，需要设置其宽度、高度及背景色。另外，为了设置按钮与上边和左边的元素拉开一定的距离，需要对其设置合适的上、左外边距。同时，按钮边框显示为圆角矩形样式，需要通过 border-radius 属性设置其边框效果。此外，需要设置按钮内文字的字体、字号及颜色，CSS 代码如下：

```
.btn input{                        /*设置两个按钮的宽高、边距及边框样式*/
    width:100px;
    height:30px;
    background:#6d76c4;
    margin-top:20px;
    margin-left:75px;
    border-radius:3px;                      /*设置圆角矩形边框*/
    font-size:18px;
    font-family:" 微软雅黑 ";
    color:#fff;
}
```

将 CSS 代码嵌入到页面结构中，保存网页文件，刷新页面，设置 CSS 样式的信息登记表效果如图 5-61 所示。

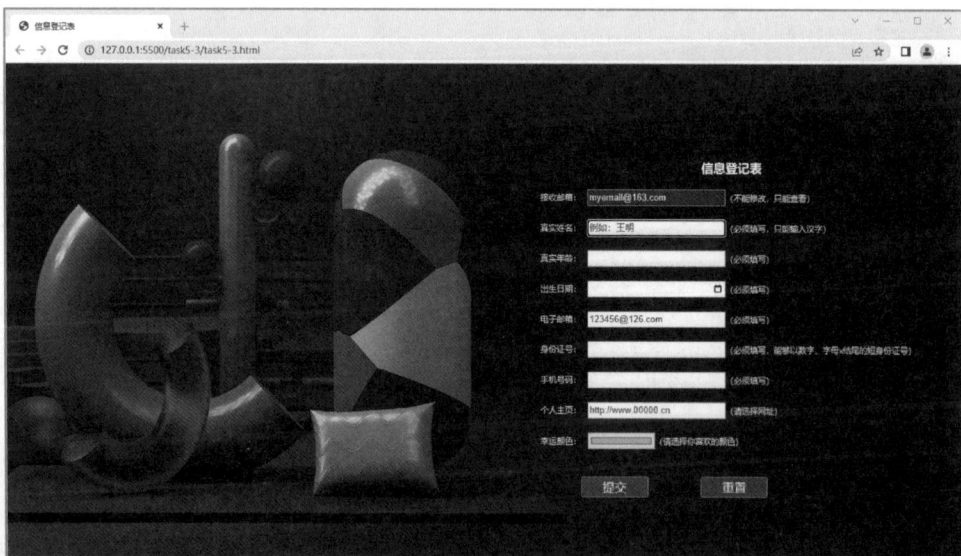

图 5-61 添加 CSS 样式后的页面效果

项目小结

本项目介绍了 HTML5 中两个重要的元素——表格与表单，主要包括表格相关标签，表单相关控件，使用 CSS 控制表格与表单的样式。

通过本项目的学习，应该能够掌握表格和表单的用法，熟练运用表格和表单组织网页元素。

课后练习

学习完前面的内容，下面来动手实践一下吧。

请结合给出的素材，运用表单相关标签实现图 5-62 所示的用户注册页面。

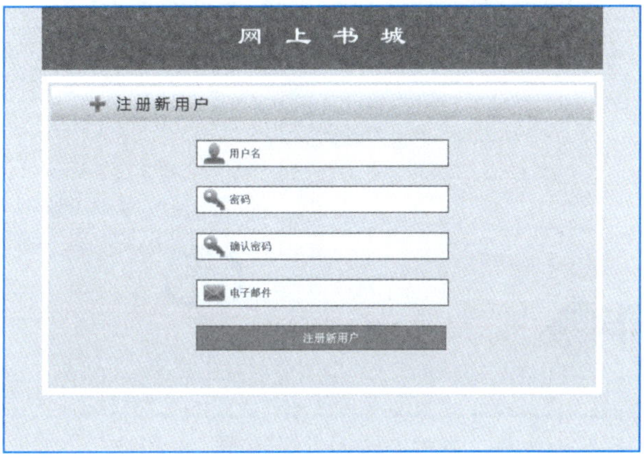

图 5-62　用户注册页面

项目 6

为网页添加视频、音频和动画

学习目标

知识目标	• 掌握视频、音频的嵌入方法和样式设置技巧，能够完成电影播放界面的制作。 • 掌握过渡相关属性的用法，能够完成导航栏渐变案例的制作。 • 掌握变形属性的用法，能够完成翻牌动画案例的制作。 • 掌握动画设置方法，能够完成宝石旋转案例的制作。
项目介绍	在网络飞速发展的今天，互动、互联、互通的网页多媒体新生态正在形成。声音、视频、动画已经被越来越广泛地应用在网页设计中，为浏览者带来全新的感受。本项目将对网页中的音频、视频、动画等视听技术做详细讲解。

任务 6-1　制作电影播放界面

比起静态的图片和文字，视频和音频可以为用户提供更直观、丰富的信息。本任务将通过电影播放界面案例详细讲解网页中视频和音频的相关技术。电影播放界面效果如图 6-1 所示。

实操微课 6-1：
任务 6-1　制作
电影播放界面

图 6-1　电影播放界面效果

■ 任务目标

知识目标	• 了解视频、音频嵌入技术，能够总结 HTML5 标签嵌入视频、音频的优势 • 了解浏览器对视频、音频文件的兼容性，能够在网页中使用符合要求的视频和音频文件格式
技能目标	• 掌握嵌入视频的方法，能够在网页中嵌入视频 • 掌握嵌入音频的方法，能够在网页中嵌入音频 • 熟悉设置视频宽度和高度的方法，能够控制网页中视频的宽度和高度

■ 任务分析

根据效果图，可以将电影播放界面按照搭建页面结构和设置 CSS 样式两部分进行制作，具体制作思路如下。

（1）搭建页面结构

电影播放界面由左右两部分构成，其中左边的视频部分可以使用 <video> 标签进行定义；右边的视频列表可以使用 <ul> 标签定义，里面的 3 个视频列表项可以使用 <li> 标签进行定义。页面整体可以使用 <div> 标签定义。电影播放界面的结构如图 6-2 所示。

（2）设置 CSS 样式

实现效果图所示样式的思路如下。

① 将电影播放页面的总宽度设置为 1 000 px，并通过 "margin:0 auto；" 使页面居中显示。

② 使用定位属性将左边的视频和右边的视频列表进行绝对定位，使它们左右排列。

③ 设置视频的宽度和高度，并为视频添加播放控件。

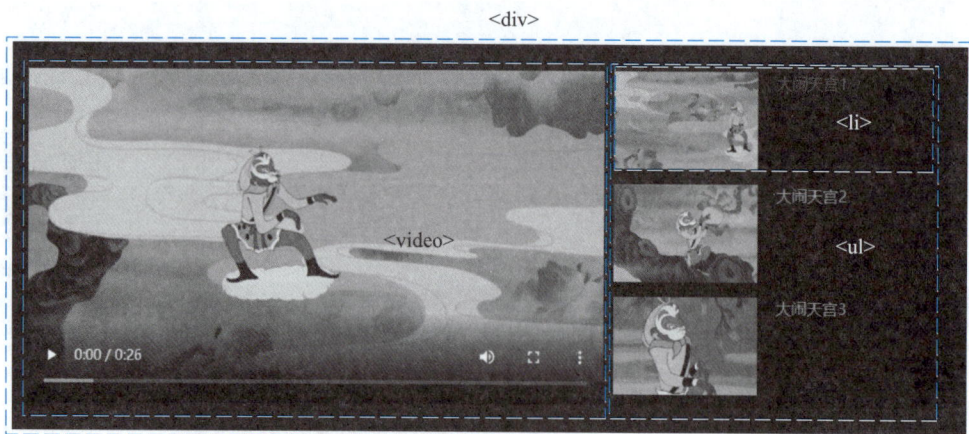

图 6-2   电影播放界面的结构

■ 知识储备

1. 视频、音频嵌入技术概述

在全新的视频标签、音频标签出现之前，W3C 并没有视频和音频嵌入到页面的标准方式，视频、音频内容在大多数情况下都是通过第三方插件或浏览器的应用程序嵌入到页面中。例如，在早期的网页中，用 Flash 实现网页中视频和音频的嵌入，并通过 FlashPlayer 插件实现视频和音频的播放。如图 6-3 所示为网页中 FlashPlayer 插件的标志。

图 6-3   FlashPlayer 插件的标志

理论微课 6-1：视频、音频嵌入技术概述

但使用 Flash 实现视频和音频嵌入的方式，不仅需要借助第三方插件，而且实现的代码复杂冗长，如图 6-4 所示为运用插件方式嵌入视频代码的截图。

从图 6-4 所示的嵌入视频代码截图中可以看出，该代码不仅包含 HTML 代码，还包含 JavaScript 代码，整体代码复杂冗长，不利于学习和掌握。那么该如何化繁为简呢？可以运用 HTML5 中新增的 <video> 标签和 <audio> 标签来嵌入视频或音频。例如，图 6-5 所示的代码就是

```
1  <!DOCTYPE html PUBLIC "-//W3C//DTD XHTML 1.0 Transitional//EN"
   "http://www.w3.org/TR/xhtml1/DTD/xhtml1-transitional.dtd">
2  <html xmlns="http://www.w3.org/1999/xhtml">
3  <head>
4  <meta http-equiv="Content-Type" content="text/html; charset=utf-8" />
5  <title>插入视频文件</title>
6  <script src="Scripts/swfobject_modified.js" type="text/javascript"></script>
7  </head>
8  <body>
9  <object classid="clsid:D27CDB6E-AE6D-11cf-96B8-444553540000" width="600" height=
   "256" id="FLVPlayer">
10   <param name="movie" value="FLVPlayer_Progressive.swf" />
11   <param name="quality" value="high" />
12   <param name="wmode" value="opaque" />
13   <param name="scale" value="noscale" />
14   <param name="salign" value="lt" />
15   <param name="FlashVars" value=
   "&amp;MM_ComponentVersion=1&amp;skinName=Clear_Skin_1&amp;streamName=video/pian&amp;
   autoPlay=true&amp;autoRewind=false" />
16   <param name="swfversion" value="8,0,0,0" />
17   <!-- 此 param 标签提示使用 Flash Player 6.0 r65 和更高版本的用户下载最新版本的
   Flash Player。如果您不想让用户看到该提示，请将其删除。 -->
18   <param name="expressinstall" value="Scripts/expressInstall.swf" />
```

图 6-4   嵌入视频代码截图

```
1  <!doctype html>
2  <html>
3  <head>
4  <meta charset="utf-8">
5  <title>在HTML5中嵌入视频</title>
6  </head>
7  <body>
8  <video src="video/pian.mp4" controls="controls">浏览器不支持video标签</video>
9  </body>
10 </html>
```

图 6-5　使用 <video> 标签嵌入视频

使用 <video> 标签嵌入视频，仅需要 1 行代码就可以实现视频的嵌入，让网页的代码结构变得简单清晰。

在 HTML5 提供的标签中，<video> 标签用于为页面添加视频，<audio> 标签用于为页面添加音频。到目前为止，绝大多数的浏览器已经支持 HTML5 中的 <video> 标签和 <audio> 标签。各浏览器对 <video> 标签和 <audio> 标签的支持情况如表 6-1 所示。

表 6-1　浏览器对 <video> 标签和 <audio> 标签的支持情况

浏览器	支持版本	浏览器	支持版本
IE	9 及以上版本	Chrome	3 及以上版本
Firefox	3.5 及以上版本	Safari	3.1 及以上版本
Opear	10.5 及以上版本	Edge	12 及以上版本

表 6-1 列举了主流浏览器对 <video> 标签和 <audio> 标签的支持情况。需要注意的是，在不同的浏览器上运用 <video> 标签和 <audio> 标签时，浏览器显示音视频界面样式也略有不同。图 6-6 和图 6-7 所示为视频在 Firefox 浏览器和 Chrome 浏览器中显示的样式。

图 6-6　Firefox 浏览器视频显示样式

图 6-7　Chrome 浏览器视频显示样式

对比图 6-6 和图 6-7 可以看出，在不同的浏览器中，同样的视频文件，其播放控件的显示样式却不同。例如，调整音量的按钮、全屏播放按钮等。播放控件显示不同样式是因为每个浏览器对内置视频控件样式的定义不同。

👉 注意：

FlashPlayer 已于 2020 年 12 月 31 日停止维护和更新，可以使用 HTML5 标签在网页中嵌入视频和音频。

---

2. 嵌入视频

在 HTML5 中，<video> 标签用于定义视频文件，它支持 3 种视频格式，分别为 ogg、webm

和 mpeg4。使用 <video> 标签嵌入视频的基本语法格式如下。

```
<video src=" 视频文件路径 " controls="controls"></video>
```

理论微课 6-2：
嵌入视频

在上面的语法格式中，src 属性用于设置视频文件的路径，controls 属性用于控制是否显示播放控件，controls="controls" 可以简写为 controls，这两个属性是 <video> 标签的基本属性。值得一提的是，在 <video> 和 </video> 之间还可以插入文字，当浏览器不支持 <video> 标签时，就会在浏览器中显示该文字。

了解了定义视频的基本语法格式后，下面通过一个案例来演示嵌入视频的方法，如例 6-1 所示。

例 6-1　example01.html

```
1   <!doctype html>
2   <html>
3   <head>
4   <meta charset="UTF-8">
5   <meta http-equiv="X-UA-Compatible" content="IE=edge">
6   <meta name="viewport" content="width=device-width,initial-scale=1.0">
7   <title>嵌入视频 </title>
8   </head>
9   <body>
10      <video src="video/pian.mp4" controls="controls">浏览器不支持 video 标
签 </video>
11  </body>
12  </html>
```

在例 6-1 中，第 10 行代码使用 <video> 和 </video> 标签来定义视频文件。

运行例 6-1，嵌入视频效果如图 6-8 所示。

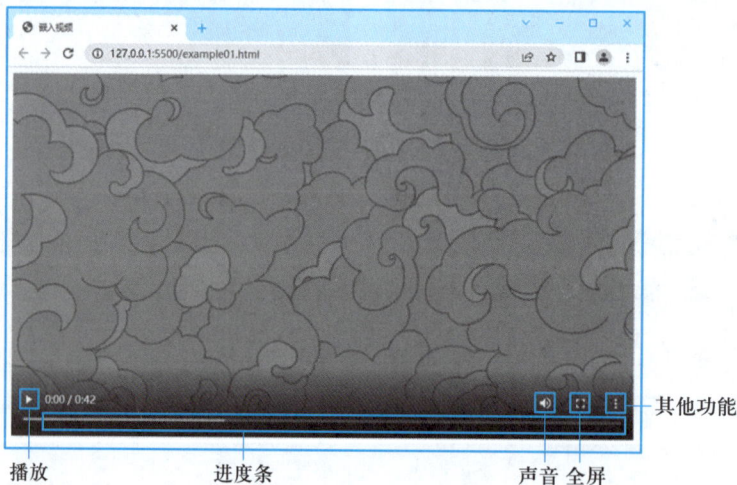

图 6-8　嵌入视频效果

图 6-8 显示的是视频未播放的状态，视频界面底部是浏览器默认添加的视频控件，用于控制视频播放的状态，当单击播放按钮▶时，网页就会播放视频，如图 6-9 所示。

值得一提的是，在 <video> 标签中还可以添加其他属性，进一步优化视频的播放效果，具体如表 6-2 所示。

表 6-2　<video> 标签其他属性

属性	值	描述
autoplay	autoplay	当页面载入完成后自动播放视频，可以省略属性值
loop	loop	视频结束时重新开始播放，可以省略属性值
preload	auto/meta/none	如果出现该属性，则视频在页面加载时进行加载，并预备播放。如果使用 autoplay 属性，则忽略该属性
poster	url	该属性用于链接图像，当视频缓冲不足时，会显示该图像

了解了表 6-2 所示的 <video> 标签属性后，下面在例 6-1 的基础上，对 <video> 标签应用新属性，进一步优化视频播放效果，修改例 6-1 的第 10 行代码，具体代码如下。

```
<video src="video/pian.mp4" controls autoplay loop>浏览器不支持 video 标签
</video>
```

在上面的代码中，为 <video> 标签增加 autoplay 属性和 loop 属性。其中 autoplay 属性可以使视频自动播放，loop 属性让视频具有循环播放功能。

保存 HTML 文件，刷新页面，效果如图 6-10 所示。

图 6-9　播放视频

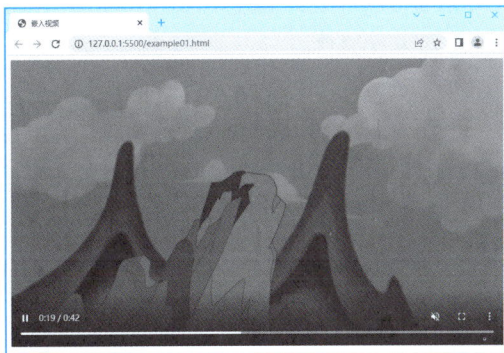

图 6-10　自动和循环播放视频

需要注意的是，在 2018 年 1 月 Chrome 浏览器修改了支持自动播放功能的规则，只有在静音模式下才能自动播放视频。这时可以为 <video> 标签添加 muted 属性，嵌入的视频就会静音自动播放。嵌入 muted 属性的代码示例如下。

```
<video src="video/pian.mp4" controls autoplay loop muted>浏览器不支持
video 标签 </video>
```

3. 嵌入音频

在 HTML5 中，<audio> 和 </audio> 标签用于定义音频文件，它支持 3 种音频格式，分别为 ogg、mp3 和 wav。使用 <audio> 标签嵌入音频文件的基本语法格式如下。

理论微课 6-3：
嵌入音频

```
<audio src=" 音频文件路径 " controls="controls"></audio>
```

从上面的基本语法格式可以看出，<audio> 标签的语法格式和 <video> 标签类似，在 <audio> 标签的语法中 src 属性用于设置音频文件的路径，controls 属性用于为音频提供播放控件。在 <audio> 和 </audio> 之间同样可以插入文字，当浏览器不支持 <audio> 标签时，就会在浏览器中显示该文字。

下面通过一个案例来演示嵌入音频的方法，如例 6-2 所示。

例 6-2　example02.html

```
1   <!doctype html>
2   <html>
3   <head>
4   <meta charset="utf-8">
5   <meta http-equiv="X-UA-Compatible" content="IE=edge">
6   <meta name="viewport" content="width=device-width,initial-scale=1.0">
7   <title>嵌入音频</title>
8   </head>
9   <body>
10  <audio src="music/1.mp3" controls="controls">浏览器不支持 audio 标签</audio>
11  </body>
12  </html>
```

在例 6-2 中，第 10 行代码的 <audio> 标签用于定义音频文件。

运行例 6-2，效果如图 6-11 所示。

图 6-11 为 Chrome 浏览器中默认的音频控件样式，当单击播放按钮 ▶ 时，就可以在页面中播放音频文件。值得一提的是，在 <audio> 标签中还可以添加其他属性，来进一步优化音频的播放效果，具体如表 6-3 所示。

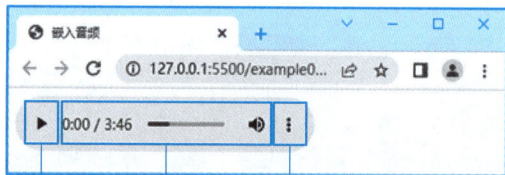

图 6-11　播放音频

表 6-3　<audio> 标签常见属性

属性	值	描述
autoplay	autoplay	当页面载入完成后自动播放音频
loop	loop	音频结束时重新开始播放
preload	auto/meta/none	如果出现该属性，则音频在页面加载时进行加载，并预备播放。如果使用 autoplay 属性，浏览器会忽略 preload 属性

表 6-3 列举的 <audio> 标签的属性和 <video> 标签是相同的，这些相同的属性在嵌入音视频时是通用的。

4. 浏览器对视频、音频文件的兼容性

虽然 HTML5 支持 ogg、mpeg4 和 webm 的视频格式以及 ogg、mp3 和 wav 的音频格式，但并不是所有的浏览器都支持这些格式，因此在嵌入视频、音频文件格式时，就要考虑浏览器的兼容性问题。表 6-4 列举了各浏览器对视频、音频文件格式的兼容情况。

理论微课 6-4：
浏览器对视频、
音频文件的
兼容性

表 6-4　浏览器支持的视频、音频格式

| 视频格式 | | | | | | |
文件格式　浏览器	IE 9 以上	Firefox 4 以上	Opera11.5 以上	Chrome8 以上	Safari12.1 以上	Edge17 以上
ogg	×	支持	支持	支持	×	支持
mpeg4	支持	支持	支持	支持	支持	支持
WebM	×	支持	支持	支持	支持	支持
音频格式						
ogg	×	支持	支持	支持	×	支持
mp3	支持	支持	支持	支持	支持	支持
wav	×	支持	支持	支持	支持	支持

从表 6-4 可以看出，除了 mpeg4 和 mp3 格式外，各浏览器都会有一些不兼容的音、视频格式。为了保证不同格式的视频、音频能够在各个浏览器中正常播放，往往需要提供多种格式的音、视频文件供浏览器选择。

在 HTML5 中，运用 <source> 标签可以为 <video> 标签或 <audio> 标签提供多个备用文件。运用 <source> 标签添加音频的基本语法格式如下。

```
<audio controls="controls">
   <source src=" 音频文件地址 " type=" 媒体文件类型 / 格式 ">
   <source src=" 音频文件地址 " type=" 媒体文件类型 / 格式 ">
   ...
</audio>
```

在上面的语法格式中，可以指定多个 <source> 标签为浏览器提供备用的音频文件。<source> 标签一般设置两个属性——src 和 type，对它们的具体介绍如下。

● src：用于指定媒体文件的 URL 地址。

● type：指定媒体文件的类型和格式。其中类型可以为 video 或 audio，格式为视频文件或音频文件的格式类型。

例如，将 mp3 格式和 wav 格式同时嵌入到页面中，示例代码如下所示。

```
<audio controls="controls">
   <source src="music/1.mp3" type="audio/mp3">
   <source src="music/1.wav" type="audio/wav">
</audio>
```

<source> 标签添加视频的方法和添加音频的方法基本相同，只需要把 <audio> 标签换成 <video> 标签即可，其语法格式如下。

```
<video controls="controls">
   <source src=" 视频文件地址 " type=" 媒体文件类型 / 格式 ">
   <source src=" 视频文件地址 " type=" 媒体文件类型 / 格式 ">
   ...
</video>
```

例如，将 mp4 格式和 ogg 格式同时嵌入到页面中，可以编写如下示例代码。

```
<video controls="controls">
   <source src="video/1.ogg" type="video/ogg">
   <source src="video/1.mp4" type="video/mp4">
</video>
```

5. 控制视频宽度和高度

在网页中嵌入视频时，经常会为 <video> 标签添加宽度、高度，给视频预留一定的空间。给视频添加宽度和高度后，浏览器在加载页面时就会预先确定视频的尺寸，为视频保留适合的空间，保证页面布局的统一。为 <video> 标签添加宽度、高度的方法十分简单，可以运用 width 属性和 height 属性直接为 <video> 标签设置宽高。

下面将通过一个任务来演示如何为 <video> 标签设置宽度和高度，如例 6-3 所示。

理论微课 6-5：
控制视频宽度和
高度

例 6-3　example03.html

```
1   <!doctype html>
2   <html>
3   <head>
4   <meta charset="utf-8">
5   <meta http-equiv="X-UA-Compatible" content="IE=edge">
6   <meta name="viewport" content="width=device-width,initial-scale=1.0">
7   <title>控制视频宽度和高度</title>
8   <style type="text/css">
9   *{
10      margin:0;
11      padding:0;
12  }
13  div{
14      width:600px;
15      height:300px;
16      border:1px solid #000;
17  }
18  video{
19      width:200px;
20      height:300px;
21      background:#9CCDCD;
22      float:left;
23  }
24  p{
25      width:200px;
26      height:300px;
27      background:#999;
28      float:left;
29  }
30  </style>
31  </head>
32  <body>
33  <div>
```

```
34        <p>占位色块 </p>
35        <video src="video/pian.mp4" controls="controls">浏览器不支持 video 标
签 </video>
36    <p>占位色块 </p>
37    </div>
38    </body>
39    </html>
```

在例 6-3 中，第 13~17 行代码设置 <div> 标签的宽度为 600 px，高度为 300 px。在其内部嵌套一个 <video> 标签和两个 <p> 标签，设置宽度均为 200 px，高度均为 300 px，并运用浮动属性让它们排列在一排显示。

运行例 6-3，效果如图 6-12 所示。

从图 6-12 中可以看出，视频和段落文本排成一排，页面布局没有变化。这是因为定义了视频的宽度和高度，浏览器在加载时会为视频预留合适的空间，此时更改例 6-3 中的第 18~23 行代码，删除视频的宽度和高度属性，修改后的代码如下。

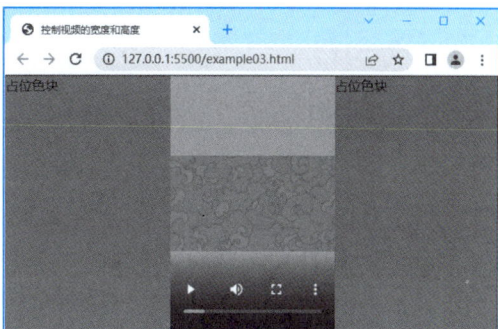

图 6-12　定义视频宽高

```
video{
    background:#F90;
    float:left;
}
```

保存 HTML 文件，刷新页面，删除视频宽度和高度的效果如图 6-13 所示。

从图 6-13 可以看出，视频和其中一个灰色（#F90）文本模块被挤到了大盒子下面。这是因为未定义视频宽度和高度时，视频会按原始大小显示，此时浏览器因为没有办法控制视频尺寸，只能按照视频默认尺寸加载视频，从而导致页面布局混乱。

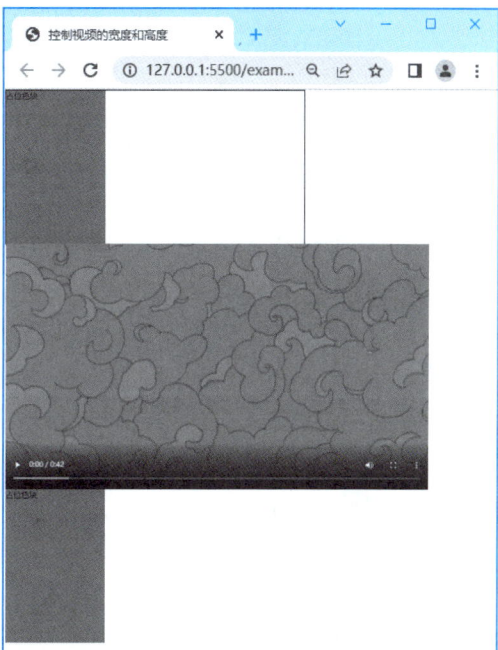

图 6-13　删除视频宽度和高度的效果

💡 **注意：**

通过 width 属性和 height 属性来缩放视频，这样的视频即使在页面上看起来很小，但它的原始大小依然没变，因此在实际工作中要运用视频处理软件，例如，使用"格式工厂""剪映"等对视频进行压缩。

■ 任务实现

下面将根据任务分析，按照搭建页面结构、设置 CSS 样式的顺序完成页面的制作。

1. 搭建页面结构

根据上面的分析，使用相应的 HTML 标签来搭建页面结构。新建 task6-1 文件夹，在 task6-1 文件夹里新建一个名称为 task6-1.html 的 HTML 文件。在 HTML 文件中编写页面结构代码，具体代码如下。

```
1   <!DOCTYPE html>
2   <html>
3   <head>
4   <meta charset="UTF-8">
5   <title>电影播放界面</title>
6   </head>
7   <body>
8   <div class="box">
9       <video src="video/movie.webm" controls></video>
10      <ul>
11        <li>
12            <img src="images/1.jpg">
13            <p class="col">大闹天宫 1</p>
14        </li>
15        <li>
16            <img src="images/2.jpg">
17            <p>大闹天宫 2</p>
18        </li>
19        <li>
20            <img src="images/3.jpg">
21            <p>大闹天宫 3</p>
22        </li>
23      </ul>
24  </div>
25  </body>
26  </html>
```

运行 task6-1.html，电影播放界面如图 6-14 所示。

2. 设置 CSS 样式

搭建完页面的结构后，接下来使用 CSS 对页面进行修饰。本节采用从整体到局部的方式实现图 6-1 所示的样式效果，具体如下。

（1）清除默认样式

```
*{
    list-style:none;
    margin:0;
    padding:0;
}
```

需要注意的是，* 是通配符选择器，一般只在样式简单页面使用，如果页面较多或样式较复杂，通常不建议使用。

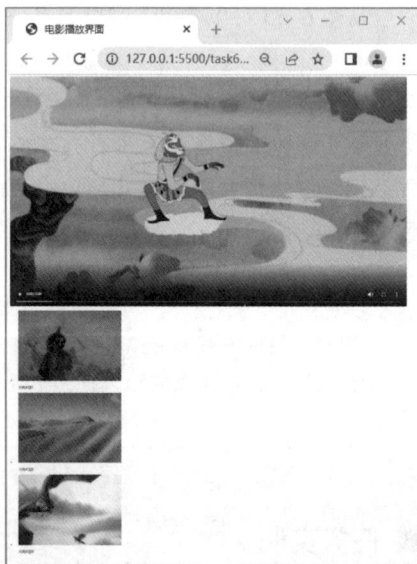

图 6-14　电影播放界面

（2）整体控制电影播放页面

```
.box{
    width:1000px;
    height:400px;
    margin:0 auto;
    border:1px solid #ccc;
    background:#262625;
    position:relative;
}
```

（3）控制视频和视频列表

```
1   video{
2       width:600px;
3       position:absolute;
4       left:20px;
5       top:30px;
6   }
7   ul{
8       width:350px;
9       height:340px;
10      position:absolute;
11      right:20px;
12      top:30px;
13      background:#171717;
14  }
15  li{
16      width:350px;
17      height:114px;
18  }
19  img{
20      width:150px;
21      float:left;
22  }
23  p{
24      width:150px;
25      padding-right:30px;
26      float:right;
27      color:#ccc;
28  }
29  li .col{color:#1b9821;}
```

将 CSS 代码嵌入到页面结构中，保存网页文件，刷新页面，设置 CSS 样式的电影播放界面如图 6-15 所示。

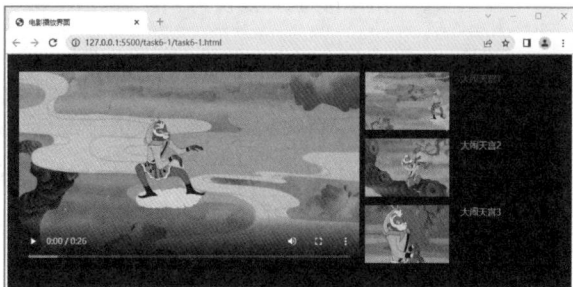

图 6-15　添加 CSS 样式的效果

任务 6-2 制作导航栏渐变

在 CSS3 中新增了过渡属性，运用过渡属性可以在不使用 Flash 动画或者 JavaScript 脚本的情况下，演示元素的样式变化过程。例如，渐显、渐隐、速度的变化等。本任务将通过导航栏渐变案例详细讲解各种过渡属性的用法。导航栏渐变效果如图 6-16 所示。

实操微课 6-2：
任务 6-2 制作
导航栏渐变

图 6-16 导航栏渐变效果 1

当鼠标指针移到导航选项时，导航栏渐变显示内阴影效果，如图 6-17 所示。

图 6-17 导航栏渐变效果 2

■ 任务目标

技能目标	● 掌握 transition-property 属性的用法，能够设置应用过渡的 CSS 属性 ● 掌握 transition-duration 属性的用法，能够设置过渡效果持续的时间 ● 掌握 transition-timing-function 属性的用法，能够设置过渡的速度 ● 掌握 transition-delay 属性的用法，能够设置过渡的持续时间 ● 掌握 transition 属性的用法，能够使用该复合属性统一设置过渡效果

■ 任务分析

根据效果图，可以将电影播放界面按照搭建页面结构和设置 CSS 样式两部分进行制作，具体制作思路如下。

（1）搭建页面结构

导航栏整体可以视为是一个无序列表，每个导航选项是一个列表项。因此导航栏可以使用 <ul> 标签定义，内部的导航可以使用 <li> 标签定义。导航栏渐变的结构如图 6-18 所示。

图 6-18 导航栏渐变的结构

（2）样式分析

实现效果图所示样式的思路如下。

① 设置导航栏的总宽度，并为导航栏添加背景图片，设置导航栏在界面居中显示。

② 通过浮动属性，让导航在水平排列显示，通过外边距调整导航的间距。

③ 为导航添加鼠标悬浮的内阴影效果，并设置过渡动画。

■ 知识储备

1. transition-property 属性

transition-property 属性设置应用过渡的 CSS 属性，例如，width 属性、background 属性。transition-property 属性的基本语法格式如下。

理论微课 6-6：
transition-
property
属性

```
transition-property:none | all | property;
```

在上面的语法格式中，transition-property 属性的取值包括 none、all 和 property 3 个，具体说明如表 6-5 所示。

表 6-5　transition-property 属性值

属性值	描述
none	没有属性会获得过渡效果
all	所有属性都将获得过渡效果
property	定义应用过渡效果的 CSS 属性名称，多个名称之间以逗号分隔

下面通过一个案例来演示 transition-property 属性的用法，如例 6-4 所示。

例 6-4　example04.html

```
1   <!doctype html>
2   <html>
3   <head>
4   <meta charset="utf-8">
5   <meta http-equiv="X-UA-Compatible" content="IE=edge">
6   <meta name="viewport" content="width=device-width,initial-scale=1.0">
7   <title>transition-property 属性 </title>
8   <style type="text/css">
9   div{
10      width:400px;
11      height:100px;
12      background-color:red;
13      font-weight:bold;
14      color:#FFF;
15      }
16  div:hover{
17      background-color:blue;
18      transition-property:background-color;     /*指定动画过渡的 CSS 属性 */
19      }
20  </style>
21  </head>
22  <body>
23  <div> 使用 transition-property 属性改变元素背景色 </div>
24  </body>
```

```
25  </html>
```

在例 6-4 中，第 17 和 18 行代码，通过 transition-property 属性指定产生过渡效果的 CSS 属性为 background-color，并设置了鼠标指针移到时背景颜色变为蓝色。

运行例 6-4，默认效果如图 6-19 所示。

当鼠标指针移到图 6-19 所示网页中的长方形区域时，背景色立刻由红色变为蓝色，如图 6-20 所示，而不会产生过渡。这是因为在设置过渡效果时，必须使用 transition-duration 属性设置过渡时间，否则不会产生过渡效果。

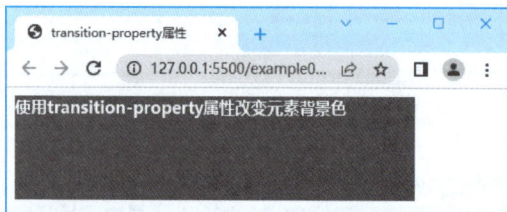

图 6-19　默认红色背景色效果

图 6-20　红色背景变为蓝色背景效果

多学一招 浏览器私有前缀

浏览器私有前缀是区分不同内核浏览器的标示。由于 W3C 组织每提出一个新属性，都需要经过一个耗时且复杂的标准制定流程。在标准还未确定时，部分浏览器已经根据最初草案实现了新属性的功能，为了与之后确定的标准进行兼容，各浏览器使用了自己的私有前缀与标准进行区分，当标准确立后，各浏览器再逐步支持不带前缀的 CSS3 新属性。表 6-6 列举了主流浏览器的私有前缀，具体如下。

表 6-6　浏览器私有前缀

属性值	描述	属性值	描述
–webkit–	Chrome 浏览器	–ms–	IE 浏览器
–moz–	火狐浏览器	–o–	欧朋浏览器

现在很多新版本的浏览器可以很好地兼容 CSS3 的新属性，很多私有前缀可以不写，但为了兼容老版本的浏览器，仍可以使用私有前缀。如例 6-4 中的 transition-property 属性，要兼容老版本的浏览器可以编写下面的示例代码。

```
-webkit-transition-property:background-color;    /*Safari 和 Chrome 浏览器兼容
代码 */
-moz-transition-property:background-color;        /*Firefox 浏览器兼容代码 */
-o-transition-property:background-color;          /*Opera 浏览器兼容代码 */
-ms-transition-property:background-color;         /*IE 浏览器兼容代码 */
```

2. transition-duration 属性

transition-duration 属性用于定义过渡效果持续的时间，其基本语法格式如下。

```
transition-duration:time;
```

在上面的语法格式中，transition-duration 属性的默认属性值为 0，其取值为时间，常用单位是秒（s）或者毫秒（ms）。例如，用下面的示例代码替换例 6-4 第 16~19 行代码。

理论微课 6-7：
transition-
duration
属性

```
div:hover{
    background-color:blue;
    /* 指定动画过渡的 CSS 属性 */
    transition-property:background-color;
    /* 指定动画过渡的 CSS 属性 */
    transition-duration:5s;
}
```

在上述示例代码中，使用 transition-duration 属性来定义完成过渡效果需要 5 秒的时间。

运行例 6-4，当鼠标指针移到网页中的 div 区域时，盒子的颜色会慢慢变成蓝色。

3. transition-timing-function 属性

transition-timing-function 属性规定过渡效果的速度曲线，其基本语法格式如下。

理论微课 6-8：
transition-
timing-function
属性

```
transition-timing-function:linear|ease|ease-in|ease-out|ease-in-out|
cubic-bezier(n,n,n,n);
```

从上述语法可以看出，transition-timing-function 属性的取值有很多，其中默认属性值为 ease，常用属性值及说明如表 6-7 所示。

表 6-7　transition-timing-function 属性的常用属性值

属性值	描述
linear	指定以相同速度开始至结束的过渡效果，等同于 cubic-bezier（0，0，1，1）
ease	指定以慢速开始，然后加快，最后慢慢结束的过渡效果，等同于 cubic-bezier（0.25，0.1，0.25，1）
ease-in	指定以慢速开始，然后逐渐加快的过渡效果，等同于 cubic-bezier（0.42，0，1，1）
ease-out	指定以慢速结束的过渡效果，等同于 cubic-bezier（0，0，0.58，1）
ease-in-out	指定以慢速开始和结束的过渡效果，等同于 cubic-bezier（0.42，0，0.58，1）
cubic-bezier（n，n，n，n）	定义用于加速或者减速的贝塞尔曲线的形状，它们的值在 0~1 之间

在表 6-7 中，最后一个属性值 cubic-bezier（n，n，n，n）表示贝塞尔曲线的取值，使用贝塞尔曲线可以精确控制速度的变化。本书不要求掌握贝塞尔曲线的核心内容，使用前面几个属性值可以满足动画的要求。

下面通过一个案例来演示 transition-timing-function 属性的用法，如例 6-5 所示。

例6-5   example05.html

```
1   <!doctype html>
2   <html>
3   <head>
4   <meta charset="utf-8">
5   <meta http-equiv="X-UA-Compatible" content="IE=edge">
6   <meta name="viewport" content="width=device-width,initial-scale=1.0">
7   <title>transition-timing-function 属性</title>
8   <style type="text/css">
9   div{
10      width:424px;
11      height:406px;
12      margin:0 auto;
13      background:url(images/HTML5.png) center center no-repeat;
14      border:5px solid #333;
15      border-radius:0px;
16      }
17  div:hover{
18      border-radius:50%;
19      transition-property:border-radius;   /* 指定动画过渡的CSS 属性 */
20      transition-duration:2s;   /* 指定动画过渡的时间 */
21      transition-timing-function:ease-in-out;   /* 指定动画过以慢速开始和结束的
过渡效果 */
22      }
23  </style>
24  </head>
25  <body>
26  <div></div>
27  </body>
28  </html>
```

在例6-5中，第18~19行通过transition-property属性指定产生过渡效果的CSS属性为border-radius，并指定过渡动画由方形变为圆形。第20行使用transition-duration属性定义过渡效果需要花费2秒的时间。第21行使用transition-timing-function属性规定过渡效果以慢速开始和结束。

运行例6-5，当鼠标指针移到网页中的图像区域时，过渡效果将会被触发，方形将慢速开始变化，然后逐渐加速，最后慢速变为圆形，效果如图6-21所示。

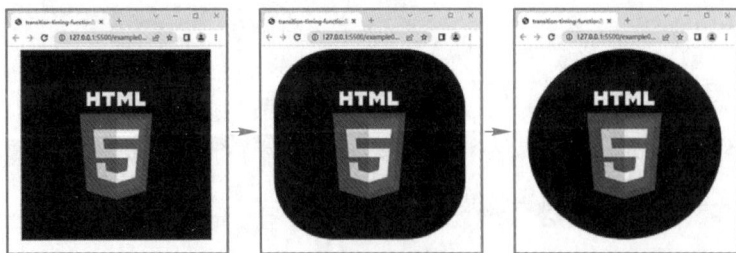

图6-21   方形逐渐过渡变为圆形的效果

4. transition-delay 属性

transition-delay属性规定过渡效果的开始时间，其基本语法格式如下。

理论微课6-9：
transition-delay
属性

```
transition-delay:time;
```

在上面的语法格式中，transition-delay 属性的默认属性值为 0，常用单位是秒（s）或者毫秒（ms）。transition-delay 的属性值可以为正整数、负整数和 0。当设置为负数时，过渡效果会从该时间节点开始，该时间节点之前的过渡效果被截断；设置为正数时，过渡效果会被延迟触发。

下面在例 6-5 的基础上演示 transition-delay 属性的用法，在第 19 行代码后增加如下样式：

```
transition-delay:2s;      /* 指定动画延迟触发 */
```

上述代码使用 transition-delay 属性指定过渡的效果会延迟 2 秒触发。

保存例 6-5，刷新页面，当鼠标指针移到网页中的图像区域时，经过 2 秒后过渡的动画会被触发，方形慢速开始变化，然后逐渐加速，随后慢速变为圆形。

5. transition 属性

transition 属性是一个复合属性，用于在一个属性中设置 transition-property、transition-duration、transition-timing-function、transition-delay 4 个过渡属性，其基本语法格式如下。

理论微课 6-10：
transition 属性

```
transition:property duration timing-function delay;
```

在使用 transition 属性设置多个过渡效果时，它的各个参数必须按照顺序进行定义，不能颠倒。如例 6-5 中设置的 4 个过渡属性的代码，具体如下。

```
transition-property:border-radius;
transition-duration:2s;
transition-timing-function:ease-in-out;
transition-delay:2s;
```

上述代码，可以直接使用 transition 属性综合设置，具体代码如下。

```
transition:border-radius 2s ease-in-out 2s;
```

值得一提的是，无论是单一的过渡属性还是复合的过渡属性，使用时都可以实现多种过渡效果。如果使用 transition 复合属性设置多种过渡效果，需要为每种过渡属性集中指定所有的值，并且使用逗号进行分隔。

■ 任务实现

下面将根据任务分析，按照搭建页面结构、设置 CSS 样式的顺序完成页面的制作。

1. 搭建页面结构

根据上面的分析，使用相应的 HTML 标签来搭建页面结构。新建 task6-2 文件夹，在 task6-2 文件夹里新建一个名称为 task6-2.html 的 HTML 文件。在 HTML 文件中编写页面结构代码，具体代码如下。

```
1    <!DOCTYPE html>
```

```
2    <html>
3    <head>
4    <meta charset="UTF-8">
5    <meta http-equiv="X-UA-Compatible" content="IE=edge">
6    <meta name="viewport" content="width=device-width,initial-scale=1.0">
7    <title> 导航栏悬浮特效 </title>
8    </head>
9    <body>
10      <ul>
11      <li> 首页 </li>
12         <li> 知识星球 </li>
13         <li> 趣味问答 </li>
14         <li> 奖品 </li>
15      </ul>
16   </body>
17   </html>
```

运行 task6-2.html，效果如图 6-22 所示。

2. 设置 CSS 样式

搭建完页面的结构后，接下来使用 CSS 对页面进行修饰，本节采用整体到局部的方式分步骤设置 CSS 样式。

（1）设置基础样式

图 6-22 HTML 结构页面效果

```
*{margin:0; padding:0; list-style:none;}
ul,li{
    margin:0;
    padding:0;
    list-style:none;
    }
```

（2）设置导航栏的样式

```
ul{
    width:700px;
    height:66px;
    margin:30px auto;
    background:url(images/HOOL_bg.jpg) no-repeat;
    padding:10px 0 0 210px;
    }
```

（3）设置导航栏样式和光标悬浮效果

```
1    li{
2       width:65px;
3       height:27px;
4       padding:15px 45px;
5       box-shadow:0px 0px 1px 0px #470b12 inset;
6       float:left;
7       margin-left:10px;
8       text-align:center;
```

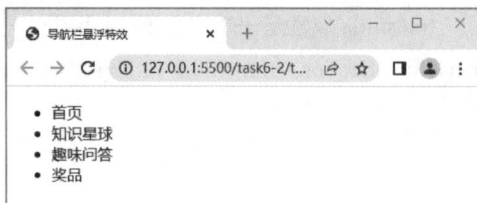

```
9        font:16px/27px " 微软雅黑 ";
10       color:#fff;
11
12       }
13   li:hover{
14       box-shadow:0px 0px 20px 0px #470b12 inset;
15       transition:box-shadow 1s linear;
16       }
```

在上面的代码中，第 5 行代码用于为导航栏添加默认的阴影效果，第 14 行代码用于设置光标悬浮后的导航阴影效果，第 15 行代码用于设置阴影的过渡效果。

将 CSS 代码嵌入到页面结构中，保存网页文件，刷新页面，设置 CSS 样式的导航栏渐变效果如图 6-23 所示。

当鼠标指针移到导航栏选项上时，效果如图 6-24 所示。

图 6-23　设置 CSS 样式的导航栏渐变效果

图 6-24　鼠标指针移到导航栏选项效果

任务 6-3　制作卡片翻转动画

在 CSS3 中，通过变形属性可以对元素进行平移、缩放、倾斜和旋转等操作。同时变形属性可以和过渡属性结合，实现一些绚丽网页动画效果。本任务将运用变形属性制作一个卡片翻转动画。卡片翻转动画效果如图 6-25 所示。

实操微课 6-3：
任务 6-3　制作
卡片翻转动画

翻转前　　　　翻转过程　　　　翻转后

图 6-25　卡片翻转动画效果

■ 任务目标

技能目标	● 掌握 2D 变形的方法，能够对网页中的元素进行平移、缩放、倾斜、旋转等操作 ● 掌握 3D 变形的方法，能够对网页中的元素进行 3D 变形

■ 任务分析

根据效果图，可以将卡片翻转动画界面按照搭建页面结构和设置 CSS 样式两部分进行制作，具体制作思路如下。

（1）搭建页面结构

卡片翻转动画由两张图片构成。一张图片是正面，一张图片是反面，这两张图片可以嵌套在一个盒子中。其中图片可以使用 <img> 标签定义，盒子可以使用 <div> 标签来定义。卡片翻转动画的结构如图 6-26 所示。

图 6-26　卡片翻转动画的结构

（2）设置 CSS 样式

实现效果图所示样式的思路如下。

① 为定义的盒子设置可容纳一张图片的宽度和高度，并设置相对定位属性。

② 为盒子中的两张图片设置绝对定位属性，使两张图片重叠在一起。

③ 设置正面图片围绕 Y 轴旋转到 180°，通过"backface-visibility:hidden;"属性，隐藏图片。

④ 当鼠标指针移到时，设置正面图片围绕 Y 轴旋转到 0°，反面图片围绕 Y 轴旋转 180°，实现图片从右侧翻转的效果。

■ 知识储备

1. 2D 变形

在 CSS3 中，2D 变形主要包括 4 种变形效果，分别是：平移、缩放、倾斜、旋转。同时，在进行 2D 变形时，还可以改变变形对象的中心点，实现不同的变形效果。下面将详细介绍 2D 变形的技巧。

理论微课 6-11：2D 变形

（1）平移

平移是指元素位置的变化，包括水平移动和垂直移动。在 CSS3 中，使用 translate () 方法可以实现元素的平移效果。translate () 方法基本语法格式如下。

```
transform:translate(x-value,y-value);
```

在上述语法中，参数 x-value 和 y-value 分别用于定义水平（X 轴）和垂直（Y 轴）坐标。坐标可以用像素值或者百分数表示。当参数取值为负数时，表示反方向移动元素，即向左和向上移动。如果省略了第二个参数，则第二个参数取默认属性值 0，表示在该坐标轴不移动。

在使用 translate () 方法移动元素时，X 轴和 Y 轴的坐标点默认为元素中心点，然后根据指定的 X 轴坐标和 Y 轴坐标进行移动，效果如图 6-27 所示。在该图中，①表示平移前的元素，②表示平移后的元素。

下面通过一个案例来演示 translate () 方法的使用，如例 6-6 所示。

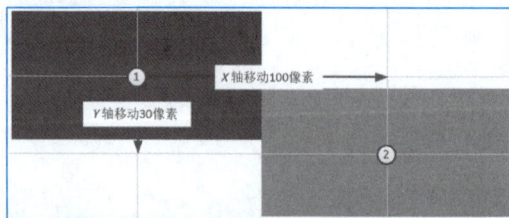

图 6-27　使用 translate () 方法平移示意图

例 6-6　example06.html

```
1    <!doctype html>
2    <html>
```

```
3   <head>
4   <meta charset="utf-8">
5   <meta http-equiv="X-UA-Compatible" content="IE=edge">
6   <meta name="viewport" content="width=device-width,initial-scale=1.0">
7   <title>translate() 方法 </title>
8   <style type="text/css">
9   div{
10      width:100px;
11      height:50px;
12      background-color:#0CC;
13  }
14  #div2{ transform:translate(100px,30px); }
15  </style>
16  </head>
17  <body>
18  <div> 盒子 1 未平移 </div>
19  <div id="div2"> 盒子 2 平移 </div>
20  </body>
21  </html>
```

在例 6-6 中，第 18、19 行代码使用 <div> 标签定义两个样式完全相同的盒子。然后，通过 translate() 方法将第二个盒子沿 X 轴向右移动 100 px，沿 Y 轴向下移动 30 px。

运行例 6-6，效果如图 6-28 所示。

注意：

　　translate() 中参数值的单位不可以省略，否则平移命令将不起作用。

（2）缩放

在 CSS3 中，使用 scale() 可以实现元素缩放效果，基本语法格式如下。

```
transform:scale(x-value,y-value);
```

在上述语法中，参数 x-value 和 y-value 分别用于定义水平（X 轴）和垂直（Y 轴）的缩放倍数。参数值可以为正数、负数和小数，不需要添加单位。其中正数用于放大元素，负数用于翻转缩放元素，小于 1 的小数用于缩小元素。如果第二个参数省略，则第二个参数默认等于第一个参数。scale() 方法缩放示意图如图 6-29 所示。其中，实线表示放大前的元素，虚线表示放大后的元素。

下面通过一个案例来演示 scale() 方法的使用，如例 6-7 所示。

图 6-28　使用 translate() 方法实现平移效果　　　图 6-29　使用 scale() 方法缩放示意图

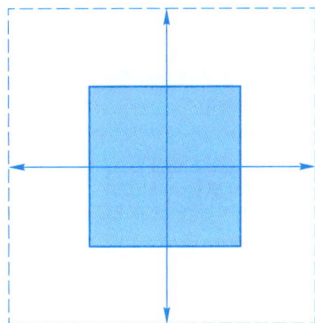

例 6-7   example07.html

```
1    <!doctype html>
2    <html>
3    <head>
4    <meta charset="utf-8">
5    <meta http-equiv="X-UA-Compatible" content="IE=edge">
6    <meta name="viewport" content="width=device-width,initial-scale=1.0">
7    <title>scale() 方法 </title>
8    <style type="text/css">
9    div{
10       width:100px;
11       height:50px;
12       background-color:#FF0;
13       border:1px solid black;
14   }
15   #div2{
16       margin:100px;
17       transform:scale(2,3);
18   }
19   </style>
20   </head>
21   <body>
22   <div> 我是原始的元素 </div>
23   <div id="div2"> 我是放大的元素 </div>
24   </body>
25   </html>
```

在例 6-7 中，第 22、23 行代码使用 <div> 标签定义两个样式相同的盒子。并且通过 scale ()
方法将第二个盒子的宽度放大两倍，高度放大三倍。

运行例 6-7，效果如图 6-30 所示。

（3）倾斜

在 CSS3 中，使用 skew () 可以实现元素倾斜效果，基本语法格式如下。

```
transform:skew(x-value,y-value);
```

在上述语法中，参数 x-value 和 y-value 分别用于定义水平（ X 轴）和垂直（ Y 轴）的倾斜角
度。参数值为角度数值，单位为 deg，取值可以为正数或者负数表示不同的倾斜方向。如果省略
了第二个参数，则取默认属性值 0。skew () 倾斜示意图如图 6-31 所示。其中实线表示倾斜前的
元素，虚线表示倾斜后的元素。

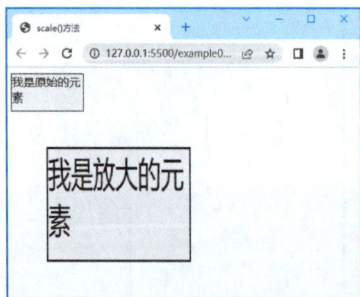

图 6-30   使用 scale () 方法实现缩放效果

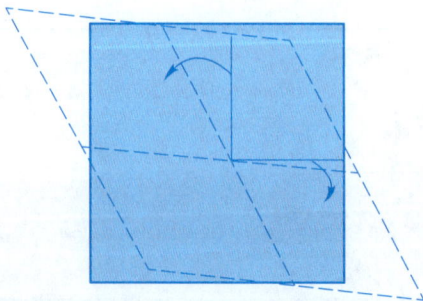

图 6-31   使用 skew () 方法倾斜示意图

下面通过一个案例来演示 skew ( ) 方法的使用，如例 6-8 所示。

例 6-8 example08.html

```
1   <!doctype html>
2   <html>
3   <head>
4   <meta charset="utf-8">
5   <meta http-equiv="X-UA-Compatible" content="IE=edge">
6   <meta name="viewport" content="width=device-width,initial-scale=1.0">
7   <title>skew()方法</title>
8   <style type="text/css">
9   div{
10      width:100px;
11      height:50px;
12      margin:0 auto;
13      background-color:#F90;
14      border:1px solid black;
15  }
16  #div2{transform:skew(30deg,10deg);}
17  </style>
18  </head>
19  <body>
20  <div>我是未设置倾斜的元素</div>
21  <div id="div2">我是设置倾斜的元素</div>
22  </body>
23  </html>
```

在例 6-8 中，第 20、21 行代码使用 <div> 标签定义了两个样式相同的盒子。通过 skew ( ) 方法将第二个盒子沿 X 轴倾斜 30°，沿 Y 轴倾斜 10°。

运行例 6-8，效果如图 6-32 所示。

（4）旋转

在 CSS3 中，使用 rotate ( ) 可以旋转指定的元素，基本语法格式如下。

```
transform:rotate(angle);
```

在上述语法中，参数 angle 表示要旋转的角度值，单位为 deg。如果角度为正数，则按照顺时针方向进行旋转，否则按照逆时针方向旋转，rotate ( ) 方法旋转示意图如图 6-33 所示。其中实线表示旋转前的元素，虚线表示旋转后的元素。

例如，对某个 div 元素设置顺时针方向旋转 30°，具体示例代码如下。

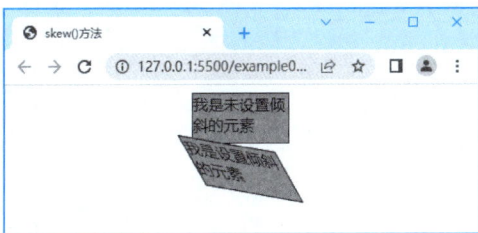

图 6-32 使用 skew ( ) 方法实现倾斜效果

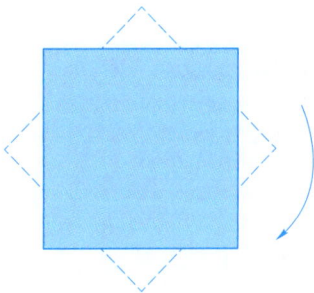

图 6-33 使用 rotate ( ) 方法旋转示意图

```
div{    transform:rotate(30deg);}
```

值得一提的是，如果一个元素需要设置多种变形效果，可以使用空格把多个变形属性值隔开。

（5）更改变换的中心点

通过 transform 属性可以实现元素的平移、缩放、倾斜以及旋转效果，这些变形操作都是以元素的中心点为参照。默认情况下，元素的中心点在 X 轴和 Y 轴 50% 的位置。如果需要改变这个中心点，可以使用 transform-origin 属性，其基本语法格式如下。

```
transform-origin:x-axis y-axis z-axis;
```

在上述语法中，transform-origin 属性包含 3 个参数，其默认属性值分别为 50%、50%、0 px。各参数的具体含义如表 6-8 所示。

表 6-8　transform-origin 参数说明

参数	描述
x-axis	元素被置于 X 轴的位置。属性值可以是以百分比、em、px 等为单位的具体数值，也可以是 top、right、bottom、left 和 center 这样的关键词
y-axis	元素被置于 Y 轴的位置。属性值可以是以百分比、em、px 等为单位的具体数值，也可以是 top、right、bottom、left 和 center 这样的关键词
z-axis	元素被置于 Z 轴的位置。属性值和 x-axis、y-axis 类似，但 Z 轴的属性值不能是一个百分数，否则将会视为无效值。通常设置以 px 为单位的数值

在表 6-8 中，参数 x-axis 和参数 y-axis 表示水平位置和垂直位置的坐标，用于 2D 变形，参数 z-axis 表示空间纵深位置的坐标，用于 3D 变形。

下面通过一个案例来演示 transform-origin 属性的使用，如例 6-9 所示。

例 6-9　example09.html

```
1    <!doctype html>
2    <html>
3    <head>
4    <meta charset="utf-8">
5    <meta http-equiv="X-UA-Compatible" content="IE=edge">
6    <meta name="viewport" content="width=device-width,initial-scale=1.0">
7    <title>transform-origin 属性 </title>
8    <style>
9       #div1{
10      position:relative;
11      width:200px;
12      height:200px;
13      margin:100px auto;
14      padding:10px;
15      border:1px solid black;
16   }
17      #box02{
18      padding:20px;
19      position:absolute;
```

```
20    border:1px solid black;
21    background-color:red;
22    transform:rotate(45deg);              /* 旋转 45 度 */
23    transform-origin:20% 40%;             /* 更改元素原点坐标的位置 */
24  }
25    #box03{
26    padding:20px;
27    position:absolute;
28    border:1px solid black;
29    background-color:#FF0;
30    transform:rotate(45deg);              /* 旋转 45 度 */
31  }
32  </style>
33  </head>
34  <body>
35  <div id="div1">
36    <div id="box02">更改中心点位置 </div>
37    <div id="box03">未更改中心点位置 </div>
38  </div>
39  </body>
40  </html>
```

在例 6-9 中，通过 transform 的 rotate () 方法将 box02 盒子、box03 盒子分别旋转 45°。然后通过 transform-origin 属性来更改 box02 盒子中心点坐标的位置。

运行例 6-9，效果如图 6-34 所示。

通过图 6-34 可以看出，box02 盒子、box03 盒子的位置产生了错位。两个盒子的初始位置相同，并且旋转角度相同，发生错位的原因是 transform-origin 属性改变了 box02 盒子的中心点。

2. 3D 变形

2D 变形是元素在 X 轴和 Y 轴的变化，而 3D 变形是元素围绕 X 轴、Y 轴、Z 轴的变化。相比于平面化 2D 变形，3D 变形更注重于空间位置的变化。下面将对网页中一些常用的 3D 变形效果做具体介绍。

（1）rotateX ()

在 CSS3 中，rotateX () 可以让指定元素围绕 X 轴旋转，基本语法格式如下。

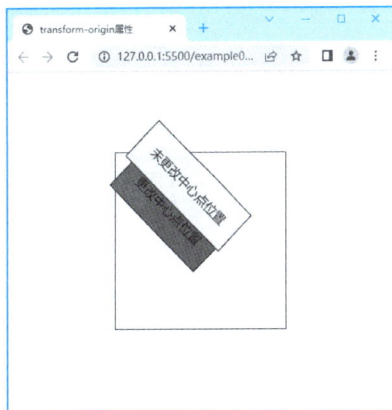

图 6-34 transform-origin 属性的使用

理论微课 6-12：3D 变形

```
transform:rotateX(a);
```

在上述语法格式中，参数 a 用于定义旋转的角度值，单位为 deg，取值可以是正数也可以是负数。如果值为正，元素将围绕 X 轴顺时针旋转；如果值为负，元素围绕 X 轴逆时针旋转。

下面，通过一个任务来演示 rotateX () 函数的使用，如例 6-10 所示。

例 6-10 example10.html

```
1  <!doctype html>
```

```
2    <html>
3    <head>
4    <meta charset="utf-8">
5    <meta http-equiv="X-UA-Compatible" content="IE=edge">
6    <meta name="viewport" content="width=device-width,initial-scale=1.0">
7    <title>rotateX() 方法 </title>
8    <style type="text/css">
9    div{
10       width:250px;
11       height:50px;
12       background-color:#FF0;
13       border:1px solid black;
14   }
15   div:hover{
16       transition:all 1s ease 2s;                /* 设置过渡效果 */
17       transform:rotateX(60deg);
18   }
19   </style>
20   </head>
21   <body>
22   <div> 元素旋转 </div>
23   </body>
24   </html>
```

在例 6-10 中，第 17 行代码用于设置 div 元素围绕 X 轴旋转 60°。

运行例 6-10，效果如图 6-35 所示。

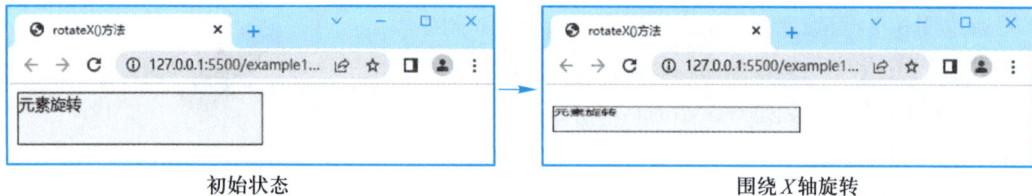

初始状态   围绕 X 轴旋转

图 6-35   元素围绕 X 轴顺时针旋转

当鼠标指针移到盒子上时，盒子将围绕 X 轴旋转。

（2）rotateY()

在 CSS3 中，rotateY() 可以让指定元素围绕 Y 轴旋转，基本语法格式如下。

```
transform:rotateY(a);
```

在上述语法中，参数 a 与 rotateX (a) 中的 a 含义相同，用于定义旋转的角度。如果值为正数，元素围绕 Y 轴顺时针旋转；如果值为负数，元素围绕 Y 轴逆时针旋转。

接下来，在例 6-10 的基础上演示元素围绕 Y 轴旋转的效果。将例 6-10 中的第 17 行代码更改为。

```
transform:rotateY(60deg);
```

此时，刷新浏览器页面，元素将围绕 Y 轴顺时针旋转 60°，效果如图 6-36 所示。

此外，rotateZ () 和 rotateX ()、rotateY () 功能一样，区别在于 rotateZ () 用于指定一个元素围

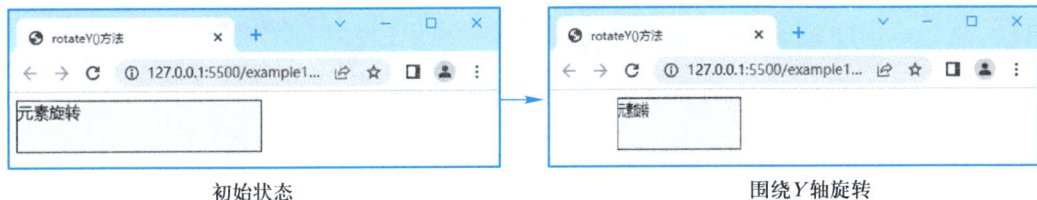

初始状态　　　　　　　　　　围绕 Y 轴旋转

图 6-36　元素围绕 Y 轴顺时针旋转

绕 Z 轴旋转。如果仅从视觉角度上看，rotateZ()让元素顺时针或逆时针旋转，与 rotate()效果等同，但 rotateZ 不是在 2D 平面上的旋转。

（3）rotated3d()

rotated3d()是 rotateX()、rotateY()和 rotateZ()演变的综合属性，用于设置多个轴的 3D 旋转，例如要同时设置 X 轴、Y 轴和 Z 轴的旋转，就可以使用 rotated3d()，其基本语法格式如下。

```
rotate3d(x,y,z,angle);
```

在上述语法格式中，x、y、z 可以取值 0 或 1，当要沿着某一轴转动，就将该轴的值设置为 1，否则设置为 0。Angle 为要旋转的角度。例如设置元素在 X 轴和 Y 轴均旋转 45°，可以编写下面的示例代码。

```
transform:rotate3d(1,1,0,45deg);
```

（4）perspective 属性

perspective 属性对于 3D 变形来说至关重要，该属性主要用于呈现良好的 3D 透视效果。例如，在例 6-10 中演示的 3D 旋转效果并不明显，就是因为设置 perspective 属性。perspective 属性可以简单的理解为视距，用来设置透视效果。perspective 属性的透视效果由属性值来决定，属性值越小，透视效果越突出。perspective 属性包括两个属性：none 和具有单位的数值，最常使用的是以 px 为单位的数值。

下面通过一个透视旋转案例，演示 perspective 属性的使用方法，如例 6-11 所示。

例 6-11　example11.html

```
1   <!doctype html>
2   <html>
3   <head>
4   <meta charset="utf-8">
5   <meta http-equiv="X-UA-Compatible" content="IE=edge">
6   <meta name="viewport" content="width=device-width,initial-scale=1.0">
7   <title>perspective 属性</title>
8   <style type="text/css">
9   div{
10      width:250px;
11      height:50px;
12      border:1px solid #666;
13      perspective:250px;                    /*设置透视效果 */
14      margin:0 auto;
15      }
16  .div1{
```

```
17        width:250px;
18        height:50px;
19        background-color:#0CC;
20    }
21    .div1:hover{
22        transition:all 1s ease 2s;
23        transform:rotateX(60deg);
24    }
25    </style>
26    </head>
27    <body>
28    <div>
29        <div class="div1">元素透视 </div>
30    </div>
31    </body>
32    </html>
```

在例 6-11 中，第 28~30 行代码定义一个 div 元素内部嵌套一个 div 子元素。第 11 行代码为 div 元素添加 perspective 属性。

运行例 6-11，默认效果如图 6-37 所示，当鼠标指针移到 div 子元素上时，div 子元素将围绕 X 轴旋转，并出现透视效果，如图 6-38 所示。

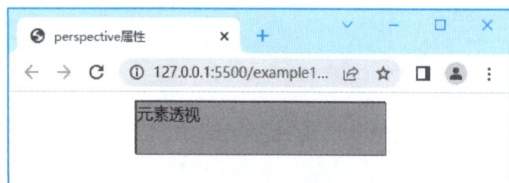

图 6-37　默认效果

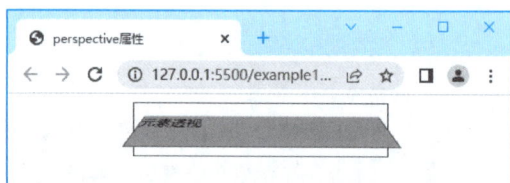

图 6-38　鼠标指针移到 div 子元素上的效果

值得一提的是，在 CSS3 中还包含很多转换的属性，通过这些属性可以设置不同的转换效果，表 6-9 列举了一些常见的属性。

表 6-9　转换的属性

属性名称	描述	属性值
transform-style	规定被嵌套元素如何在 3D 空间中显示	flat：子元素将不保留其 3D 位置
		preserve-3d：子元素将保留其 3D 位置
backface-visibility	定义元素在不面对屏幕时是否可见	visible：背面可见
		hidden：背面不可见

除了前面提到的旋转，3D 变形还包括移动和缩放，运用这些方法可以实现不同的转换效果，具体方法如表 6-10 所示。

表 6-10　转换的方法

方法名称	描述
translate3d（x，y，z）	设置沿 X 轴、Y 轴、Z 轴的位移

方法名称	描述
translateX（x）	设置沿 X 轴的位移
translateY（y）	设置沿 Y 轴的位移
translateZ（z）	设置沿 Z 轴的位移
scale3d（x, y, z）	设置沿 X 轴、Y 轴、Z 轴的缩放
scaleX（x）	设置沿 X 轴的缩放
scaleY（y）	设置沿 Y 轴的缩放
scaleZ（z）	设置沿 Z 轴的缩放

下面，通过一个案例演示 3D 变形属性和方法的使用，如例 6-12 所示。

例 6-12　example12.html

```
1   <!doctype html>
2   <html>
3   <head>
4   <meta charset="utf-8">
5   <meta http-equiv="X-UA-Compatible" content="IE=edge">
6   <meta name="viewport" content="width=device-width,initial-scale=1.0">
7   <title>translate3D() 方法 </title>
8   <style type="text/css">
9   div{
10      width:200px;
11      height:200px;
12      border:2px solid #000;
13      position:relative;
14      transition:all 1s ease 0s;        /* 设置过渡效果 */
15      transform-style:preserve-3d;       /* 规定被嵌套元素如何在 3D 空间中显示 */
16  }
17  img{
18      position:absolute;
19      top:0;
20      left:0;
21      transform:translateZ(100px);
22  }
23  .no2{
24      transform:rotateX(90deg) translateZ(100px);
25  }
26  div:hover{
27      transform:rotateX(-90deg);         /* 设置旋转角度 */
28  }
29  div:visited{
30      transform:rotateX(-90deg);         /* 设置旋转角度 */
31      transition:all 1s ease 0s;         /* 设置过渡效果 */
32      transform-style:preserve-3d;       /* 规定被嵌套元素如何在 3D 空间中显示 */
33  }
34  </style>
35  </head>
36  <body>
```

```
37    <div>
38        <img class="no1" src="images/1.png" alt="1">
39        <img class="no2" src="images/2.png" alt="2">
40    </div>
41    </body>
42    </html>
```

在例 6-12 中，第 15 行代码通过 transform-style 属性规定元素在 3D 空间中的显示方式；同时在整个任务中分别针对 <div> 标签和 <img> 标签设置不同的旋转轴和旋转角度。

运行例 6-12，动画效果如图 6-39 所示。

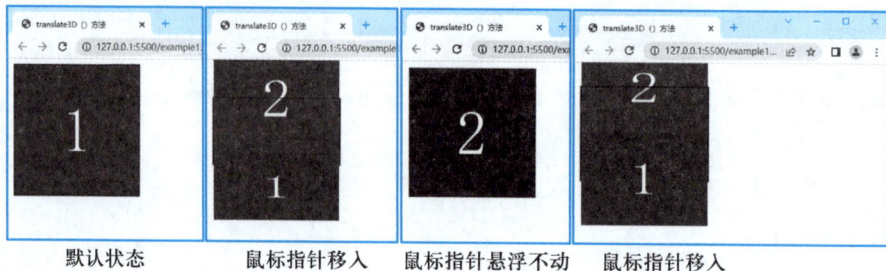

默认状态   鼠标指针移入   鼠标指针悬浮不动   鼠标指针移入

图 6-39   动画效果

任务实现

下面将根据任务分析，按照搭建页面结构、设置 CSS 样式的顺序完成页面的制作。

1. 搭建页面结构

根据上面的分析，使用相应的 HTML 标签来搭建页面结构。新建 task6-3 文件夹，在 task6-3 文件夹里新建一个名称为 task6-3.html 的 HTML 文件。在 HTML 文件中编写页面结构代码，具体代码如下。

```
1     <!DOCTYPE html>
2     <html>
3     <head>
4     <meta charset="UTF-8">
5     <meta http-equiv="X-UA-Compatible" content="IE=edge">
6     <meta name="viewport" content="width=device-width,initial-scale=1.0">
7     <title>卡片翻转动画 </title>
8     </head>
9     <body>
10    <div>
11        <img class="ka01" src="images/ka01.png"/>
12        <img class="ka02" src="images/ka02.png"/>
13    </div>
14    </body>
15    </html>
```

运行 task6-3.html，卡片翻转动画结构如图 6-40 所示。

2. 设置 CSS 样式

搭建完页面的结构后，接下来使用 CSS 对页面进行修饰，具体 CSS 样式代码如下。

```
1   *{margin:0;padding:0;outline:none;}
2   div{
3       width:223px;
4       height:333px;
5       margin:50px auto;
6       position:relative;
7       perspective:400px;
8       }
9   img{
10      position:absolute;
11      top:0;
12      left:0;
13      backface-visibility:hidden;
14      transition:all 1s linear 0s;
15      }
16  .ka02{transform:rotateY(180deg);}
17  div:hover .ka02{transform:rotateY(0deg);}
18  div:hover .ka01{transform:rotateY(-180deg);}
```

在上面的代码中，第 7 行代码用于设置翻转时的透视效果，第 13 行代码用于设置图片背面不可见，第 14 行代码用于设置翻转式的过渡动画，第 16~18 行代码用于设置图片的翻转角度。

将 CSS 代码嵌入到页面结构中，保存网页文件，刷新页面，设置 CSS 样式的卡片翻转动画如图 6-41 所示。

当鼠标指针移到图 6-41 所示的卡片上时，卡片会出现翻转动画效果。

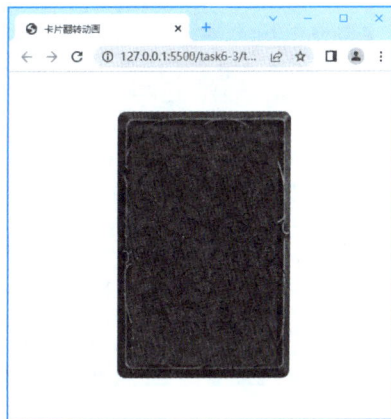

图 6-40　卡片翻转动画结构　　　　　图 6-41　卡片翻转动画

任务 6-4　制作宝石旋转效果

过渡和变形只能设置元素的变换过程，并不能对元素变换过程中的某一环节进行精确控制，例如，过渡和变形实现的动态效果不能设置某一个时间节点的动画。为了实现更加丰富的动画效果，CSS3 提供了 animation 属性，使用 animation 属性可以定义复杂的动画效果。本任务将通过宝石旋转案例详细讲解设置动画的技巧。宝石旋转效果如图 6-42 所示。

实操微课 6-4：
任务 6-4　制作
宝石旋转效果

■ 任务目标

技能目标	● 掌握 @keyframes 规则，能够使用该规则引用动画名称和动画状态 ● 熟悉 animation-name 属性的用法，能够使用该属性设置动画名称 ● 熟悉 animation-duration 属性的用法，能够使用该属性设置动画时长 ● 熟悉 animation-timing-function 属性的用法，能够使用该属性设置动画速度变化 ● 熟悉 animation-delay 属性的用法，能够使用该属性设置动画延迟时间 ● 熟悉 animation-iteration-count 属性的用法，能够使用该属性设置动画的播放次数 ● 熟悉 animation-direction 属性的用法，能够使用该属性设置动画逆向播放 ● 熟悉 animation 属性的用法，能够使用该属性统一设置动画效果

■ 任务分析

根据效果图，可以将电影播放界面按照搭建页面结构和设置 CSS 样式两部分进行制作，具体制作思路如下。

（1）搭建页面结构

宝石旋转案例主要由背景、外圆环、内圆环、宝石、光五部分组成，其中背景可以使用一个 <div> 标签定义，内部的外圆环、内圆环、宝石和光可以在 <div> 标签内部嵌套 4 个 <span> 标签定义，宝石旋转结构如图 6-43 所示。

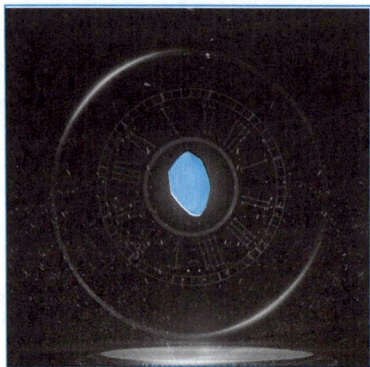

图 6-42 宝石旋转效果

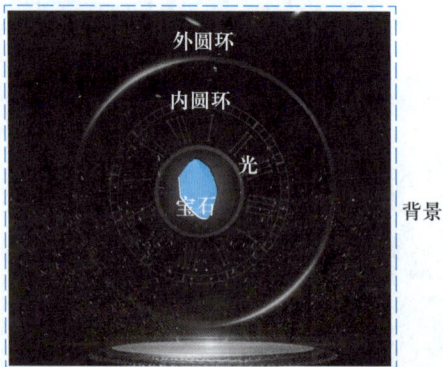

图 6-43 宝石旋转结构

（2）设置 CSS 样式

制作宝石旋转任务时，我们可以根据不同的结构定义相应的样式，具体思路如下。

① 设置背景样式，需要为背景设置宽度、高度、背景图像，并设置相对定位属性。

② 设置外圆环样式，需要为外圆环设置绝对定位和顺时针旋转动画。

③ 设置外圆环样式，需要主要为内圆环设置绝对定位和逆时针旋转动画。

④ 设置宝石样式，需要为宝石设置绝对定位和缩放动画。

⑤ 设置光的样式，需要定义一个小盒子，设置一个阴影放大的动画，实现发光效果。

■ 知识储备

1. @keyframes 规则

@keyframes 规则用于创建动画，animation 属性只有配合 @keyframes 规则才能实现动画效果，因此在学习 animation 属性之前，首先要学习 @keyframes 规则，@keyframes 规则的语法格式如下。

理论微课 6-13：@ keyframes 规则

```
@keyframes animationname{
    keyframes-selector{css-styles;}
}
```

在上面的语法格式中，@keyframes 属性包含的参数具体含义如下。

- animationname：表示当前动画的名称，需要和 animation-name 属性定义的名称保持一致，它将作为引用时的唯一标识，因此不能为空。
- keyframes-selector：关键帧选择器，即指定当前关键帧要应用到整个动画过程中的位置，值可以是一个百分数、from 或者 to。其中，from 和 0% 效果相同表示动画的开始，to 和 100% 效果相同表示动画的结束。当两个位置应用同一个效果时，这两个位置使用英文逗号隔开，写在一起即可，如 20%,80%{opacity:0.5;}。
- css-styles：定义执行到当前关键帧时对应的动画状态，由 CSS 样式属性进行定义，多个属性之间用分号分隔，不能为空。

例如，使用 @keyframes 属性可以定义一个淡入动画，示例代码如下。

```
@keyframes appear
{
    0%{opacity:0;}          /* 动画开始时的状态，完全透明 */
    100%{opacity:1;}        /* 动画结束时的状态，完全不透明 */
}
```

上述代码创建了一个名为 apper 的动画，该动画在开始时 opacity 为 0（透明），动画结束时 opacity 为 1（不透明）。该动画效果还可以使用等效代码来实现，具体如下。

```
@keyframes appear
{
    from{opacity:0;}        /* 动画开始时的状态，完全透明 */
    to{opacity:1;}          /* 动画结束时的状态，完全不透明 */
}
```

另外，如果需要创建一个淡入淡出的动画效果，可以通过如下代码实现，具体如下。

```
@keyframes appear
{
    from,to{opacity:0;}     /* 动画开始和结束时的状态，完全透明 */
    20%,80%{opacity:1;}     /* 动画的中间状态，完全不透明 */
}
```

在上述代码中，为了实现淡入淡出的效果，需要定义动画开始和结束时元素不可见，然后渐渐淡出，在动画的 20% 处变得可见，然后动画效果持续到 80% 处，再慢慢淡出。

> **注意：**
> IE9 以及更早的版本 IE 浏览器，不支持 @keyframe 规则或 animation 属性。

2. animation-name 属性

animation-name 属性用于定义要应用的动画名称，该动画名称会被 @keyframes 规则引用，其基本语法格式如下。

```
animation-name:keyframename | none;
```

理论微课 6-14：
animation-name 属性

在上述语法中，animation-name 属性初始值为 none，适用于所有块元素和行内元素。keyframename 参数用于规定需要绑定到 @keyframes 规则的动画名称，如果值为 none，则表示元素不应用任何动画。

3. animation-duration 属性

animation-duration 属性用于定义整个动画效果完成所需的时间，其基本语法格式如下。

```
animation-duration:time;
```

理论微课 6-15：
animation-duration 属性

在上述语法中，animation-duration 属性初始值为 0。time 参数是以秒（s）或者毫秒（ms）为单位的时间。当设置为 0 时，表示没有任何动画效果。当取值为负数时，会被视为 0。

下面通过一个小人奔跑的任务来演示 animation-name 及 animation-duration 属性的用法，如例 6-13 所示。

例 6-13　example13.html

```
1   <!doctype html>
2   <html>
3   <head>
4   <meta charset="utf-8">
5   <meta http-equiv="X-UA-Compatible" content="IE=edge">
6   <meta name="viewport" content="width=device-width,initial-scale=1.0">
7   <title>animation-duration 属性 </title>
8   <style type="text/css">
9   img{
10      width:200px;
11      animation-name:mymove;              /*定义动画名称 */
12      animation-duration:10s;             /*定义动画时间 */
13      }
14  @keyframes mymove{
15      from {transform:translate(0) rotateY(180deg);}
16      50% {transform:translate(1000px) rotateY(180deg);}
17      51% {transform:translate(1000px) rotateY(0deg);}
18      to {transform:translate(0) rotateY(0deg);}
19      }
20  </style>
```

```
21  </head>
22  <body>
23  <img src="images/people.gif" >
24  </body>
25  </html>
```

在例 6-13 中，第 11 行代码使用 animation-name 属性定义要应用的动画名称，第 12 行代码使用 animation-duration 属性定义整个动画效果完成所需要的时间。第 15~18 行代码使用 form、to 和百分比指定当前关键帧要应用的动画效果。

运行例 6-13，小人会从左到右进行一次折返跑，效果如图 6-44 所示。

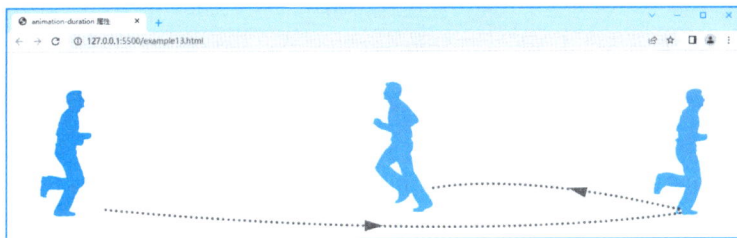

图 6-44　折返跑动画效果

值得一提的是，我们还可以通过定位属性设置元素位置的移动，效果和平移效果一致。

4. animation-timing-function 属性

animation-timing-function 用来规定动画的速度曲线，可以定义使用哪种方式来执行动画速率。animation-timing-function 属性的语法格式如下。

理论微课 6-16：
animation-
timing-function
属性

```
animation-timing-function:value;
```

在上述语法中，animation-timing-function 的默认属性值为 ease。另外，animation-timing-function 还包括 linear、ease-in、ease-out、ease-in-out、cubic-bezier（n，n，n，n）等常用属性值，具体如表 6-11 所示。

表 6-11　animation-timing-function 的常用属性值

属性值	描述
linear	动画从头到尾的速度是相同的
ease	默认属性值。动画以低速开始，然后加快，在结束前变慢
ease-in	动画以低速开始
ease-out	动画以低速结束
ease-in-out	动画以低速开始和结束
cubic-bezier（n，n，n，n）	在 cubic-bezier 函数中自己的值。取值范围一般是从 0 到 1 的数值

例如，想要让元素匀速运动，可以为元素添加以下示例代码。

```
animation-timing-function:linear;/*定义匀速运动*/
```

5. animation-delay 属性

animation-delay 属性用于定义执行动画效果延迟的时间，也就是规定动画什么时候开始，其基本语法格式如下。

```
animation-delay:time;
```

在上述语法中，参数 time 用于定义动画开始前等待的时间，其单位是秒或者毫秒，默认属性值为 0。animation-delay 属性适用于所有的块元素和行内元素。

例如，想要让添加动画的元素在 2 s 后播放动画效果，可以在该元素中添加如下代码。

```
animation-delay:2s;
```

此时，刷新浏览器页面，动画开始前将会延迟 2 s 的时间，然后才开始执行动画。值得一提的是，animation-delay 属性也可以设置负数，当设置为负数后，动画会跳过该时间播放。

6. animation-iteration-count 属性

animation-iteration-count 属性用于定义动画的播放次数，其基本语法如下。

```
animation-iteration-count:number | infinite;
```

在上述语法格式中，animation-iteration-count 属性初始值为 1。如果属性值为数字（number），则表示播放动画的次数，数字是多少，则动画循环播放多少次；如果是 infinite，则指定动画循环播放。例如，下面的示例代码。

```
animation-iteration-count:3;
```

在上面的代码中，使用 animation-iteration-count 属性定义动画效果需要播放 3 次，动画将连续播放 3 次后停止。

7. animation-direction 属性

animation-direction 属性定义当前动画播放的方向，即动画播放完成后是否逆向交替循环。animation-direction 属性基本语法如下。

```
animation-direction:normal | alternate;
```

在上述语法格式中，animation-direction 属性包括 normal 和 alternate 两个属性值。其中，normal 为默认属性值，动画会正常播放，alternate 属性值会使动画在奇数次数（1、3、5 等）正常播放，而在偶数次数（2、4、6 等）逆向播放。因此要想使 animation-direction 属性生效，首先要定义 animation-iteration-count 属性，即定义播放次数，只有动画播放次数大于等于 2 次时，animation-direction 属性才会生效。

下面通过一个小球滚动任务来演示 animation-direction 属性的用法，如例 6-14 所示。

例 6-14　example14.html

```
1  <!doctype html>
2  <html>
3  <head>
4  <meta charset="utf-8">
```

```
5   <meta http-equiv="X-UA-Compatible" content="IE=edge">
6   <meta name="viewport" content="width=device-width,initial-scale=1.0">
7   <title>animation-duration 属性</title>
8   <style type="text/css">
9   div{
10      width:200px;
11      height:150px;
12      border-radius:50%;
13      background:#F60;
14      animation-name:mymove;          /*定义动画名称 */
15      animation-duration:8s;          /*定义动画时间 */
16      animation-iteration-count:2;   /*定义动画播放次数 */
17      animation-direction:alternate;/*动画逆向播放 */
18      }
19  @keyframes mymove{
20      from {transform:translate(0) rotateZ(0deg);}
21      to {transform:translate(1000px) rotateZ(1080deg);}
22  }
23  </style>
24  </head>
25  <body>
26  <div></div>
27  </body>
28  </html>
```

在例 6-14 中，第 16 和 17 行代码，设置了动画的播放次数和逆向播放，此时图形第 2 次的动画效果就会逆向播放。

运行例 6-14，效果如图 6-45 所示。

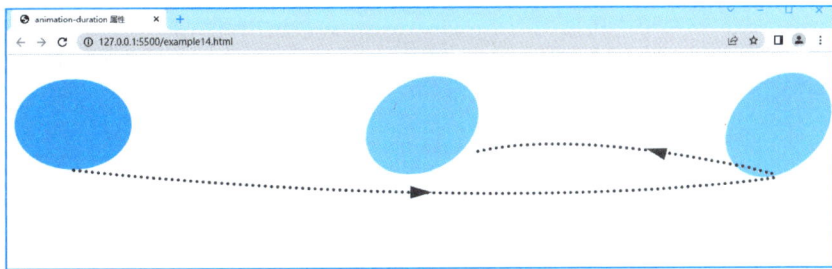

图 6-45　逆向动画效果

8. animation 属性

animation 属性是一个复合属性，用于在一个属性中设置 animation-name、animation-duration、animation-timing-function、animation-delay、animation-iteration-count 和 animation-direction 6 个动画属性。其基本语法格式如下。

理论微课 6-20：
animation 属性

```
animation:animation-name animation-duration animation-timing-function
animation-delay animation-iteration-count animation-direction;
```

在上述语法中，使用 animation 属性时必须指定 animation-name 和 animation-duration 属性，

否则动画效果将不会播放。简写后的动画效果代码如下所示。

```
animation:mymove 5s linear 2s 3 alternate;
```

上述代码也可以拆解为。

```
animation-name:mymove;                  /* 定义动画名称 */
animation-duration:5s;                  /* 定义动画时间 */
animation-timing-function:linear;       /* 定义动画速率 */
animation-delay:2s;                     /* 定义动画延迟时间 */
animation-iteration-count:3;            /* 定义动画播放次数 */
animation-direction:alternate;          /* 定义动画逆向播放 */
```

■ 任务实现

下面将根据任务分析，按照搭建页面结构、设置 CSS 样式的顺序完成页面的制作。

1. 搭建页面结构

根据上面的分析，使用相应的 HTML 标签来搭建页面结构。新建 task6-4 文件夹，在 task6-4 文件夹里新建一个名称为 task6-4.html 的 HTML 文件。在 HTML 文件中编写页面结构代码，具体代码如下。

```
1    <!doctype html>
2    <html>
3    <head>
4    <meta charset="utf-8">
5    <meta http-equiv="X-UA-Compatible" content="IE=edge">
6    <meta name="viewport" content="width=device-width,initial-scale=1.0">
7    <title>宝石旋转 </title>
8    </head>
9    <body>
10       <div>
11           <span class="waihuan"></span>
12           <span class="neihuan"></span>
13           <span class="shitou"></span>
14           <span class="guang"></span>
15       </div>
16   </body>
17   </html>
```

运行 task6-4.html，由于没有添加内容和样式，此时页面没有任何效果。

2. 定义 CSS 样式

搭建完页面的结构后，接下来使用 CSS 对页面进行修饰。本节采用从整体到局部的方式实现宝石旋转任务的样式效果，具体如下。

（1）清除默认样式

```
*{margin:0; padding:0; list-style:none;}
```

（2）设置背景样式

```
div{
    width:592px;
    height:534px;
    position:relative;
    background:url(images/mofa.png) no-repeat;
    }
```

（3）设置外圆环样式

```
1   .waihuan{
2       display:inline-block;
3       width:503px;
4       height:477px;
5       background:url(images/waihuan.png) no-repeat;
6       position:absolute;
7       left:8%;
8       top:7%;
9       animation:xuanzhuan1 10s linear 0s infinite ;
10      }
11  @keyframes xuanzhuan1{
12      from{
13          transform:rotate(0);
14      }
15      to{
16          transform:rotate(360deg);
17      }
18  }
```

在上面的代码中，第 11~18 行代码用于设置动画顺时针方向旋转 360°。

（4）设置内圆环样式

```
1   .neihuan{
2       display:inline-block;
3       width:274px;
4       height:274px;
5       background:url(images/neihuan.png) no-repeat;
6       position:absolute;
7       left:27%;
8       top:25%;
9       animation:xuanzhuan2 30s linear 0s infinite ;
10      }
11  @keyframes xuanzhuan2{
12      from{
13          transform:rotate(360deg);
14      }
15      to{
16          transform:rotate(0);
17      }
18  }
```

在上面的代码中，第 11~18 行代码用于设置动画逆时针方向旋转 360°。

（5）设置宝石样式

```
1   .shitou{
2      display:inline-block;
3      width:142px;
4      height:220px;
5      background:url(images/shitou.png) no-repeat;
6      position:absolute;
7      left:45%;
8      top:42%;
9      animation:fangda 1s linear 0s infinite alternate;
10     }
11  @keyframes fangda{
12     from{
13        transform:scale(1);
14     }
15     to{
16        transform:scale(1.03);
17     }
18  }
```

在上面的代码中，第11~18行代码用于设置宝石放大到1.03倍。

（6）设置光的样式

```
1   .guang{
2      display:inline-block;
3      width:1px;
4      height:1px;
5      border-radius:50%;
6      animation:faguang 1s linear 0s infinite alternate;
7      position:absolute;
8      left:50%;
9      top:50%;
10  }
11  @keyframes faguang{
12     from{
13        box-shadow:0px 0px 30px 30px #ff6c00;
14     }
15     to{
16        box-shadow:0px 0px 60px 60px #feb002;
17     }
18  }
```

在上面的代码中，第11~18行代码用于设置光的阴影大小变化的动画。

将CSS代码嵌入到页面结构中，保存网页文件，刷新页面，设置CSS样式的宝石旋转效果如图6-46所示。

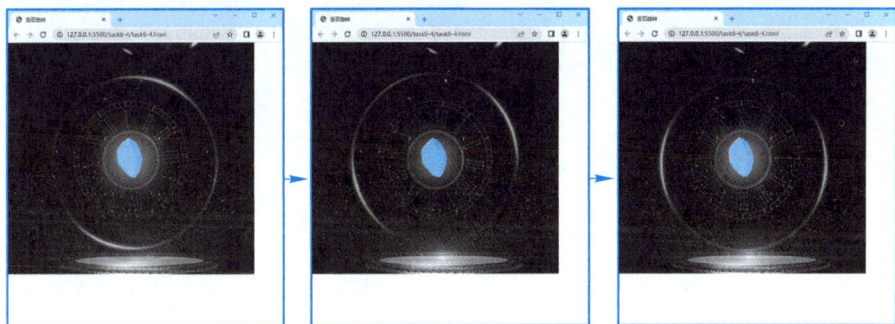

图 6-46　设置 CSS 样式的宝石旋转效果

项目小结

本项目首先介绍了网页中视频和音频的嵌入方法，然后讲解了 CSS3 中的过渡和变形的设置方法，最后讲解了 CSS3 中的动画的设置方法。

通过本章的学习，能够掌握视频、音频的嵌入方法以及过渡、转换、动画的设置技巧，并使用这些属性实现网页的视听功能和元素动态化效果。

课后练习

学习完前面的内容，下面来动手实践一下吧。

请结合给出的素材，运用 animation 属性，实现风车转动的动画效果。效果截图如图 6-47 所示。

图 6-47　风车转动效果截图

项目 **7**

运用 canvas 在网页中绘图

PPT 项目7 运用
canvas 在网页中绘图

教学设计 项目7
运用 canvas 在网
页中绘图

PPT

学 习 目 标

知识目标	● 掌握在 canvas 中绘制线的方法，能够完成 M 字母案例的制作。 ● 掌握线样式的设置和路径的使用方法，能够完成火柴人案例的制作。
项目介绍	在 HTML5 中，提供了全新的画布（canvas）功能，让用户可以在网页中绘制丰富多彩的图形。网页中一些可视化的数据图表、小游戏等都可以使用 HTML5 的画布功能进行制作。项目重点讲解 HTML5 中画布的基础功能，运用 canvas 在网页中绘图。

任务 7-1　绘制字母 M

HTML5 中的画布需要配合 JavaScript 使用。本任务将通过字母 M 案例了解 JavaScript 的基础知识，并掌握线的绘制方法。字母 M 效果如图 7-1 所示。

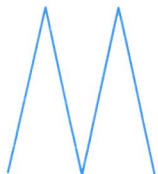

图 7-1　字母 M 效果

实操微课 7-1：
任务 7-1　字母 M

■ 任务目标

知识目标	● 了解画布，能够总结画布的作用
技能目标	● 掌握 JavaScript 文件的引入方法，能够在网页中引入 JavaScript ● 熟悉变量的相关知识，能够在 JavaScript 中定义变量 ● 掌握 document 对象的用法，能够使用 document 对象获取标签属性 ● 掌握画布的用法，能够在网页中定义画布 ● 掌握线的绘制方法，能够在画布汇总绘制线

■ 任务分析

根据效果图，可以按照以下思路完成字母 M 案例。

① 创建一块宽度为 300 px，高度为 300 px 的画布，设置画布 id 为 cas。

② 使用 document.getElementById ('cas') 引用画布。

③ 使用 getContext ('2d') 设置为二维绘图。

④ 使用 moveTo ( ) 方法设置绘制的初始位置。

⑤ 使用 lineTo ( ) 方法设置连线端点。

⑥ 使用 stroke ( ) 方法设置连线端点。

本案例的关键是设置线的坐标点，使连线能拼合成一个字母 M，可以按照图 7-2 所示思路设置坐标点的位置。

■ 知识储备

1. 引入 JavaScript 文件

在浏览网页时，既可以看到静态的文本、图像，也可以看到动态的图片切换以及弹出的对话框等。使用 JavaScript 语言可以实现这些动态的、可交互的网页效果。例如，网页的焦点图每隔一段时间就会自动切换。如图 7-3 所示为焦点图切换示例图。

理论微课 7-1：
引入 JavaScript 文件

再如，当选择网站导航选项时，会弹出列表菜单，如图 7-4 所示。

图 7-3 和图 7-4 所示的这些动态交互效果，都可以通过 JavaScript 来实现。想要使编写的

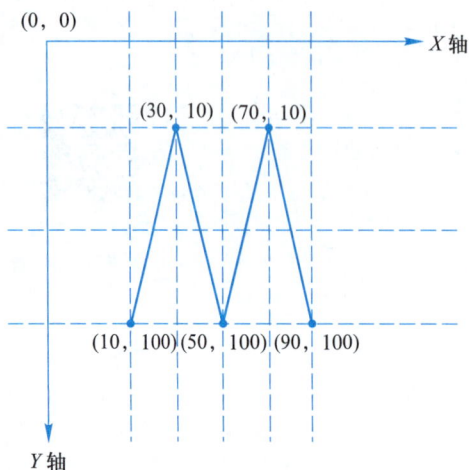

图 7-2　设置坐标点的位置

切换前的焦点图

切换后的焦点图

图 7-3　焦点图切换示例图

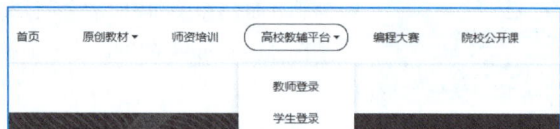

图 7-4　列表菜单

JavaScript 文件生效，首先要引入 JavaScript 文件。JavaScript 文件的引入方式和 CSS 样式文件类似。在 HTML 文档中引入 JavaScript 文件主要有 3 种，即行内式、嵌入式、外链式。下面将对 JavaScript 的 3 种引入方式做详细讲解。

（1）行内式

行内式是将 JavaScript 代码作为 HTML 标签的属性值使用。例如，单击 test 时，弹出一个警告框提示 Happy，具体示例如下。

```
<a href="javascript:alert('Happy');">test</a>
```

JavaScript 还可以写在 HTML 标签的事件属性中，事件是 JavaScript 中的一种机制。例如，单击网页中的一个按钮时，就会触发按钮的单击事件，具体示例如下。

```
<input type="button" onclick="alert('Happy');" value="test">
```

上述代码实现了单击 test 按钮时，弹出一个警告框提示 Happy。

值得一提的是，网页开发提倡结构、样式、行为的分离，即分离 HTML、CSS、JavaScript 3 部分的代码。避免直接写在 HTML 标签的属性中，从而有利于维护。因此在实际开发中并不推荐使用行内式。

（2）嵌入式

在 HTML 中运用 <script> 标签及其相关属性可以嵌入 JavaScript 代码。嵌入 JavaScript 代码的基本格式如下。

```
<script type="text/javascript">
    JavaScript 语句；
</script>
```

上述语法格式中，type 是 <script> 标签的常用属性，用来指定 HTML 中使用的脚本语言类型。type="text/JavaScript" 就是为了告诉浏览器，里面的文本为 JavaScript 脚本代码。但是随着 HTML5 的普及、浏览器性能的提升，嵌入 JavaScript 脚本代码基本格式又有了新的写法，具体如下。

```
<script>
    JavaScript 语句；
</script>
```

在上面的语法格式中，省略了 type="text/JavaScript"，这是因为新版本的浏览器一般将嵌入的脚本语言默认为 JavaScript，因此在编写 JavaScript 代码时可以省略 type 属性。

JavaScript 可以放在 HTML 中的任何位置，但放置的地方会对 JavaScript 代码的执行顺序有一定影响。因此在实际工作中一般将 JavaScript 代码放置于 HTML 文档的 <head> 开始标签和 </head> 结束标签之间。由于浏览器载入 HTML 文档的顺序是从上到下，将 JavaScript 代码放置于 <head> 开始标签和 </head> 结束标签之间，可以确保在使用脚本之前，JavaScript 代码就已经被载入，下面展示的就是一段放置了 JavaScript 的示例代码。

```
<!doctype html>
<html>
<head>
<meta charset="utf-8">
<title> 嵌入式 </title>
<script type=" text/javascript">
    alert(" 我是 JavaScript 代码! ")
</script>
</head>
<body>
</body>
</html>
```

在上面的示例代码中，<script> 标签嵌套的就是 JavaScript 代码。

（3）外链式

外链式是将所有的 JavaScript 代码放在一个或多个以 .js 为扩展名的外部 JavaScript 文件中，通过 <src> 标签将这些 JavaScript 文件链接到 HTML 文档中，其基本语法格式如下。

```
<script type="text/Javascript" src=" 脚本文件路径 ">
</script>
```

上述格式中，src 是 <script> 标签的属性，用于指定外部 JavaScript 文件的路径。同样，在外链式的语法格式中，也可以省略 type 属性，将外链式的语法简写为。

```
<script src=" 脚本文件路径 ">
</script>
```

需要注意的是，调用外部 JavaScript 文件时，外部的 JavaScript 文件中可以直接编写 JavaScript 代码，不需要编写 <script> 标签。

在实际开发中，当需要编写大量、逻辑复杂的 JavaScript 代码时，推荐使用外链式。相比嵌入式，外链式的优势可以总结为以下两点。

① 利于后期修改和维护。嵌入式会导致 HTML 与 JavaScript 代码混合在一起，不利用代码的修改和维护，外链式会将 HTML、CSS、JavaScript 3 部分代码分离开，利于后期的修改和维护。

② 减小文件体积、加快页面加载速度。嵌入式会将使用的 JavaScript 代码全部嵌入到 HTML 页面中，这就会增加 HTML 文件的体积，影响网页本身的加载速度，而外链式可以利用浏览器缓存，将需要多次用到的 JavaScript 代码重复利用，既减轻了文件的体积，也加快了页面的加载速度。例如，在多个页面中引入了相同的 JavaScript 文件时，打开第 1 个页面后，浏览器就将 JavaScript 文件缓存下来，下次打开其他引用该 JavaScript 文件的页面时，浏览器就不用重新加载 JavaScript 文件了。

2. 变量

当一个数据需要多次使用时，可以利用变量将数据保存起来。变量就是指程序中一个已经命名的存储容器，它的主要作用就是为数据操作提供存放信息的空间。下面将对变量的命名、变量的声明与赋值进行讲解。

理论微课 7-2：
变量

（1）变量的命名

在 JavaScript 中，可以使用字母、数字和一些符号来命名变量。在命名变量时需要注意以下原则。

- 变量名必须以字母或下画线开头，名字中间可以是数字、字母或下画线。如 number、_it123 均为合法的变量名，而 88shout、&num 为非法变量名。
- 变量名不能包含空格、加、减等符号。
- 变量名不能使用 JavaScript 中的关键字。关键字是指在 JavaScript 脚本语言中被事先定义好并赋予特殊含义的单词或字符作为变量名。如 var、int。
- 变量名严格区分大小写，如 UserName 与 username 代表两个不同的变量。

（2）变量的声明与赋值

在 JavaScript 中使用 var 关键字声明变量，这种直接使用 var 关键字声明变量的方法，称为显式声明变量，显式声明变量的基本语法格式如下。

```
var 变量名；
```

例如，下面的示例代码就是使用 var 关键字声明的变量。

```
1   var sales;
2   var hits,hot,NEWS;
3   var room_101,room102;
4   var $name,$age;
```

在上面的示例代码中，利用关键字 var 声明变量。其中第 2、3、4 行变量名之间用英文逗号“,”隔开，实现一条语句同时声明多个变量的目的。

可以在声明变量的同时为变量赋值，也可以在声明完成之后，为变量赋值，例如下面的示例代码。

```
1   var unit,room;                      // 声明变量
2   var unit = 3;                       // 为变量赋值
3   var room = 1001;                    // 为变量赋值
4   var fname = 'Tom',age = 12;         // 声明变量的同时赋值
```

在上面的示例代码中，均通过关键字 var 声明变量。其中第 1 行代码同时声明了 unit、room 两个变量，第 2、3 行代码为这两个变量进行赋值，第 4 行声明了 fname、age 两个变量，并在声明变量的同时为这两个变量赋值。

在声明变量时，也可以省略 var 关键字，通过赋值的方式声明变量，这种方式称为隐式声明变量。例如，下面的示例代码。

```
flag = false;             // 声明变量 flag 并为其赋值 false
a = 1, b = 2;             // 声明变量 a 和 b 并分别为其赋值为 1 和 2
```

在上面的示例代码中，直接省略掉 var，通过赋值的方式声明变量。需要注意的是，由于 JavaScript 采用的是动态编译，程序运行时不容易发现代码中的错误，所以本书仍然推荐使用显式声明变量的方法。

💡 注意:
如果重复声明的变量已经有一个初始值，那么再次声明就相当于对变量的重新赋值。

3. document 对象

如果想要在 JavaScript 中操作某个标签，首先要获取该标签的属性。在 JavaScript 中通过 document 对象及其方法可以获取标签属性，如 id 属性、name 属性和 class 等属性。表 7-1 列举了部分用于查找元素的方法，具体如下。

理论微课 7-3：
document 对象

表 7-1 部分用于查找元素的方法

方法	说明
document.getElementById ()	返回对拥有指定 id 名的第一个对象的引用，可理解为获取指定 id 名的标签
document.getElementsByName ()	返回带有指定 name 属性名的对象集合，可简单理解为获取指定 name 名的标签
document.getElementsByTagName ()	返回带有指定标签名的对象集合，可理解为获取标签名
document.getElementsByClassName ()	返回带有指定类名的对象集合，可简单理解为获取指定类名的标签

在表 7-1 中，document 后面的 . 用于访问对象的属性或方法，是 JavaScript 中的一种写法。

通过 document 对象，可以在 JavaScript 中轻松控制 HTML 结构或 CSS 样式。下面将通过一个案例演示使用 JavaScript 控制盒子宽度、高度和背景色，如例 7-1 所示。

例 7-1 example01.html

```
1  <!doctype html>
2  <html>
3  <head>
4  <meta charset="UTF-8">
5  <meta http-equiv="X-UA-Compatible" content="IE=edge">
6  <meta name="viewport" content="width=device-width,initial-scale=1.0">
7  <title>document 对象 </title>
8  <style>
```

```
9        div{
10           width:200px;
11           height:100px;
12           background:#FC0;
13        }
14   </style>
15   </head>
16   <body>
17       <div id="box"></div>
18   </body>
19   </html>
```

在例 7-1 中，定义了一个宽为 200 px，高为 100 px，背景为橙色的盒子。

运行例 7-1，效果如图 7-5 所示。

下面通过 JavaScript 代码将盒子的宽度改为 300 px，高度改为 20 px，背景颜色改为蓝色，具体代码如下。

```
1   <script>
2       var box=document.getElementById('box');
3       box.style.width='300px';
4       box.style.height='20px';
5       box.style.background='blue';
6   </script>
```

在上面的代码中，第 2 行代码可以理解为将获取的元素保存在变量 box 中，第 3~5 行代码通过 . 写法，设置 CSS 的样式中的宽度、高度和背景属性。

保存文件，刷新页面，效果如图 7-6 所示。

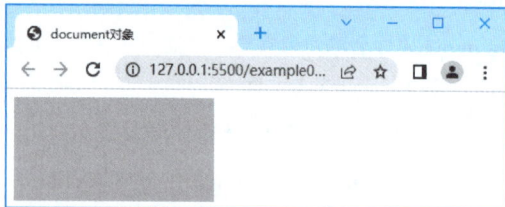

图 7-5　document 对象 1

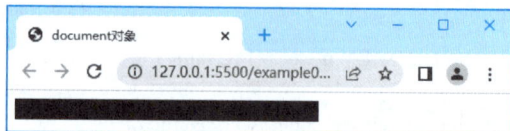

图 7-6　document 对象 2

4. 认识画布

说到画布，其实大家并不陌生，在美术课上，可以用画笔在画布上绘画和涂鸦，如图 7-7 所示。在网页中，把用于绘制图形的特殊区域也称为画布，网页设计师可以在该区域绘制需要的图形样式。

网页中的画布是一块方形区域，默认情况下，该区域的宽度为 300 px，高度为 150 px，用户可以自定义画布的大小或为画布添加其他属性。但是在 HTML5 中的画布绘画，使用的并不是鼠标，用户需要通过 JavaScript 来控制画布中的内容，如添加图片、线条、文字等。

图 7-7　画布

5. 使用画布

在网页中，画布并不是默认存在的，用户首先需要创建画布，然后通过一些对象和方法可以在画布中绘制图案，下面将分步骤讲解使用画布的方法。

理论微课 7-4：
认识画布

（1）创建画布

使用 HTML5 中的 <canvas> 标签可以在网页中创建画布。创建画布的基本语法格式如下。

理论微课 7-5：
使用画布

```
<canvas id=" 画布名称 " width=" 数值 " height=" 数值 "> 您的浏览器不支持 canvas</canvas>
```

在上面的语法格式中，<canvas> 标签用于定义画布，id 属性用于在 JavaScript 代码中引用画布。<canvas> 标签是一个双标签，用户可以在中间输入文字，当浏览器不支持 <canvas> 标签，就会显示输入的文字信息。画布有 width 和 height 两个属性用于定义画布的宽度和高度，取值可以为数字或以 px 为单位的数值。

创建完成的画布是透明的，没有任何样式，可以使用 CSS 为其设置边框、背景等样式。需要注意的是，设置画布宽度和高度时，尽量不要使用 CSS 样式控制其宽度和高度，否则可能使画布中的图案变形。

（2）获取画布

要想使用 JavaScript 控制画布，首先要获取画布。使用 getElementById () 方法可以获取网页中的画布。例如，下面的示例代码，就是为了获取 id 名为 cavs 的画布，同时将获取的画布对象保存在变量 canvas 中。

```
var canvas = document.getElementById('cavs');
```

（3）准备画笔

在开始绘图之前，还需要准备一只画笔，这支画笔就是 context 对象。context 对象也被称为绘制环境，通过该对象，可以在画布中绘制图形。context 对象使用 JavaScript 脚本获得，具体语法如下所示。

```
canvas.getContext('2d');
```

在上面的语法中，参数 2d 代表画笔的种类，表示二维绘图的画笔，如果绘制三维图形可以把参数替换为 "webgl"，关于三维操作，这里了解即可。

在 JavaScript 中，通常会定义一个变量来保存获取的 context 对象，例如下面的代码。

```
var context = canvas.getContext('2d');
```

6. 绘制线

线是组成复杂图形的基础，想要绘制复杂的图形，首先要从绘制线开始。在绘制线之前首先要了解线的组成。一条最简单的线由 3 部分组成，分为初始位置、连线端点以及描边，如图 7-8 所示。

理论微课 7-6：
绘制线

（1）初始位置

在绘制图形时，首先需要确定从哪里下"笔"，这个下"笔"的位置就是初始位置。在平面

（2d）中，初始位置可以通过 x,y 的坐标轴来表示。在画布中从最左上角 0,0 开始，X 轴向右增大，Y 轴向下增大，如图 7–9 所示。

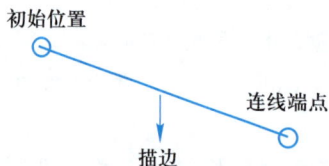

canvas画布的左上角

(0，0)   X轴
           100   200   300

        100

        200

        300

                         Y轴

初始位置

连线端点

描边

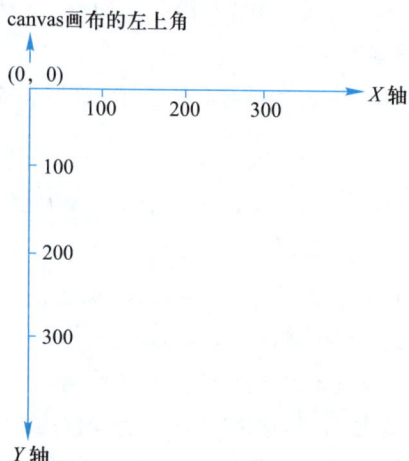

图 7-8   线的组成   图 7-9   canvas 画布坐标轴示意图

在画布中使用 moveTo（x，y）方法来定义初始位置，其中 x 和 y 代表水平坐标轴和垂直坐标轴的位置，中间用"，"隔开。x 和 y 的取值为数字，表示像素值，单位可以省略。例如，下面的示例代码。

```
var cas = document.getElementById('cas');
var context = cas.getContext('2d');
context.moveTo(100,100);
```

在上面的示例代码中，定义的初始位置为横坐标 100 px 和纵坐标 100 px 的位置。需要注意的是，moveTo（x，y）方法仅表示移动到当前点，并不会绘制线。

（2）连线端点

连线端点用于定义一个端点，并绘制一条从该端点到初始位置的连线。在画布中使用 lineTo（x，y）方法来定义连线端点。和初始位置类似，连线端点也需要定义 x 和 y 的坐标位置。例如，下面的示例代码。

```
context.lineTo(100,100);
```

（3）描边

通过初始位置和连线端点可以绘制一条线，但这条线并不能被看到。这时需要为线添加描边，让线变得可见。使用画布中的 stroke（）方法，可以实现线的可视效果，例如，下面的示例代码。

```
context.stroke();
```

在上述代码中，stroke（）方法的括号中不需要加入任何内容。了解了绘制线的方法后，下面通过一个绘制字母的案例，做具体演示，如例 7–2 所示。

例 7–2   example02.html

```
1    <!doctype html>
```

```
2   <html>
3   <head>
4   <meta charset="UTF-8">
5   <meta http-equiv="X-UA-Compatible" content="IE=edge">
6   <meta name="viewport" content="width=device-width,initial-scale=1.0">
7   <title>绘制线</title>
8   </head>
9   <body>
10  <canvas id="cas" width="300" height="300">
11      您的浏览器不支持 canvas。
12  </canvas>
13  </body>
14  </html>
15  <script>
16      var context = document.getElementById('cas').getContext('2d');
17      context.moveTo(10,100);// 定义初始位置
18      context.lineTo(400,100);// 定义连线端点
19      context.stroke();// 定义描边
20  </script>
```

在例 7-2 中，第 17~19 行代码，通过初始位置、连线端点和描边绘制了一条直线。

运行例 7-2，绘制线的效果如图 7-10 所示。

通过图 7-10 可以看到，画布中出现了一条黑色的直线，可见线的默认描边颜色为黑色。

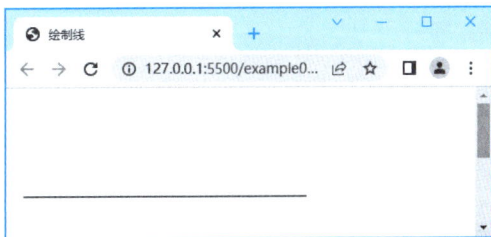

图 7-10　绘制线的效果

任务实现

下面将根据任务分析流程，按照搭建页面结构和绘制字母图形的顺序完成字母 M 的制作。

1. 搭建页面结构

根据上面的分析，使用相应的 HTML 标签来搭建网页结构。新建 task7-1 文件夹，在 task7-1 文件夹里新建一个名称为 task7-1.html 的 HTML 文件。在 HTML 文件中编写页面结构代码，具体代码如下。

```
1   <!doctype html>
2   <html>
3   <head>
4   <meta charset="UTF-8">
5   <meta http-equiv="X-UA-Compatible" content="IE=edge">
6   <meta name="viewport" content="width=device-width,initial-scale=1.0">
7   <title>M字母</title>
8   </head>
9   <body>
10  <canvas id="cas" width="300" height="300"></canvas>
11  </body>
12  </html>
```

在 task7-1.html 中，第 10 行代码用于创建画布，并为画布设置宽度、高度和名称。
运行 task7-1.html，此时页面中不显示任何内容。

2. 绘制字母图形

使用 JavaScript 在画布中绘制字母 M，具体代码如下。

```
<script>
    var context = document.getElementById('cas').getContext('2d');
    context.moveTo(10,100);              // 定义初始位置
    context.lineTo(30,10);               // 定义连线端点
    context.lineTo(50,100);              // 定义连线端点
    context.lineTo(70,10);               // 定义连线端点
    context.lineTo(90,100);              // 定义连线端点
    context.stroke();                    // 定义描边
</script>
```

将 CSS 代码嵌入到页面结构中，保存网页文件，刷新页面，绘制的字母 M 效果如图 7-11 所示。

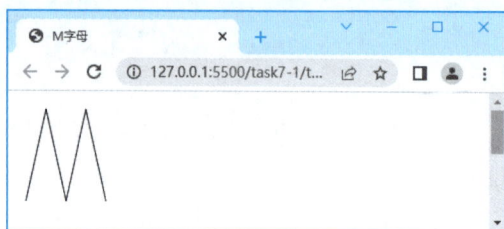

图 7-11　绘制的字母 M 效果

任务 7-2　绘制火柴人

在画布中，可以为线添加丰富的样式，例如，颜色、宽度等。也可以将线的路径进行闭合，形成可填充的图形。本任务将通过火柴人案例详细讲解线的样式的设置方法和路径的基本操作。火柴人效果如图 7-12 所示。

图 7-12　火柴人效果

实操微课 7-2：
任务 7-2　火柴人

■ 任务目标

技能目标	• 掌握线的样式的设置方法，能够在画布中设置不同样式的线 • 掌握线的路径的操作方法，能够在画布中进行重置路径和闭合路径的操作 • 掌握填充路径的方法，能够填充闭合路径形成图形 • 掌握绘制圆的方法，能够在画布中绘制圆

■ 任务分析

根据效果图，可以将火柴人分为头部、躯干、文件夹、手臂和腿部几个部分，具体绘制思路如下。

①头部：是一个圆形，可以使用 arc ( ) 方法绘制，然后描边。

②躯干：包含两段线，细的一段线作为颈部，粗的一段线作为身躯，可以使用 moveTo ( ) 方法和 lineTo ( ) 方法绘制，然后描边。

③文件夹：是一个由线组成的长方形，可以使用 moveTo ( ) 方法和 lineTo ( ) 方法绘制，然后描边并填充白色。

④手臂：可以使用 moveTo ( ) 方法和 lineTo ( ) 方法绘制，然后描边。

⑤腿部：包含线和半圆，可以使用 moveTo ( ) 方法和 lineTo ( ) 方法绘制线，arc ( ) 方法绘制圆弧，将圆弧闭合路径，即可得到半圆。

■ 知识储备

1. 线的样式

在画布中，默认线的颜色为黑色，宽度为 1 px，但可以使用相应的方法为线添加不同的样式。下面将从宽度、描边颜色、端点形状 3 方面详细讲解线样式的设置方法。

理论微课 7-7：
线的样式

（1）宽度

使用画布中的 lineWidth 属性可以定义线的宽度，该属性的取值为数值（不带单位），以像素为计量。例如，下面的示例代码，表示设置线的宽度为 10 px。

```
context.lineWidth='10';
```

（2）描边颜色

使用画布中的 strokeStyle 属性可以定义线的描边颜色，该属性的取值为十六进制颜色值或颜色英文，例如，下面的示例代码。

```
context.strokeStyle='#f00';
context.strokeStyle='red';
```

在上面的示例代码中，两种方式都可以用于设置红色，显示效果相同。

（3）端点形状

默认情况下，线的端点是方形的，通过画布中的 lineCap 属性可以改变端点的形状，其基本语法格式如下。

```
lineCap=' 属性值 '
```

在上面的语法格式中，lineCap 属性的取值有 3 个，具体如表 7-2 所示。

表 7-2　lineCap 属性值

属性值	显示效果
butt（默认属性值）	默认效果，无端点，显示直线方形边缘
round	显示圆形端点
square	显示方形端点

表 7–2 所示属性值对应的效果如图 7–13 所示。

图 7–13　端点形状

2. 线的路径

在画布中绘制的所有图形都会形成路径，通过初始位置和连线端点便会形成一条绘制路径。路径需要通过路径状态进行分割或闭合，来产生不同的路径样式。路径的状态包括重置路径和闭合路径两种，具体介绍如下。

理论微课 7–8：
线的路径

（1）重置路径

在同一画布中，添加再多的连线端点也只能有一条路径，如果想要开始新的路径，就需要使用 beginPath () 方法，当出现 beginPath () 即表示路径重新开始。下面通过一个案例演示重置路径的用法，如例 7–3 所示。

例 7–3　example03.html

```
1   <!doctype html>
2   <html>
3   <head>
4   <meta charset="UTF-8">
5   <meta http-equiv="X-UA-Compatible" content="IE=edge">
6   <meta name="viewport" content="width=device-width,initial-scale=1.0">
7   <title>重置路径</title>
8   </head>
9   <body>
10  <canvas id="cas" width="1000" height="300">
11      您的浏览器不支持 canvas 标签。
12  </canvas>
13  </body>
14  </html>
15  <script>
16      var context = document.getElementById("cas").getContext('2d');
17      context.moveTo(10,10);      //设置初始位置
18      context.lineTo(300,10);     //设置连线端点
19      context.lineWidth='5';
20      context.strokeStyle='#00f';
21      context.stroke();           //设置描边
22      context.moveTo(10,50);      //设置初始位置
23      context.lineTo(300,50);     //设置连线端点
24      context.lineWidth='5';
25      context.strokeStyle='#f00';
26      context.stroke();           //设置描边
27  </script>
```

在例 7–3 中，第 17~21 行代码用于绘制一条蓝色线条，第 22~26 行代码用于绘制一条红色直线。

运行例 7–3，效果如图 7–14 所示。

由于两条线在同一路径中，因此第一条线并没有显示预期的蓝色，而是被红色覆盖。想要让线显示不同的颜色，就需要重置路径。在第 21 行代码和第 22 行代码之间添加以下代码。

```
context.beginPath();//重置路径
```

保存文件，刷新页面，效果如图 7-15 所示。此时画布中的第一条线和第二条线，将会被浏览器识别为两条路径，分别添加颜色。

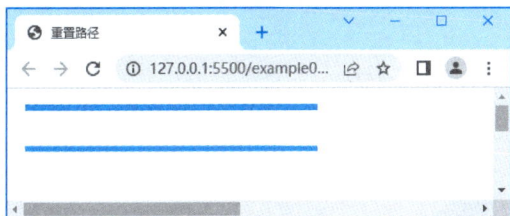

图 7-14 设置线条颜色

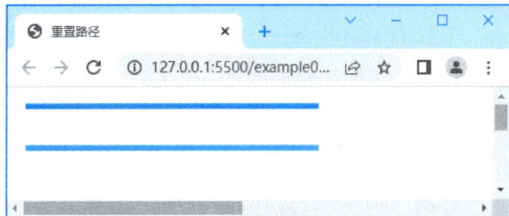

图 7-15 设置线条颜色

（2）闭合路径

闭合路径就是将绘制的开放路径，进行封闭处理，路径闭合后会形成特定的形状。在画布中，使用 closePath ( ) 方法闭合路径。例如，下面的示例代码片段，用于绘制一条 L 形的线。

```
1    var context = document.getElementById("cas").getContext('2d');
2    context.moveTo(10,10);      //设置初始位置
3    context.lineTo(10,100);     //设置连线端点
4    context.lineTo(100,100);    //设置连线端点
5    context.strokeStyle='#00f';
6    context.stroke();           //设置描边
```

示例代码对应的效果如图 7-16 所示。

在第 4 行代码和第 5 行代码之间添加 closePath ( ) 方法，具体代码如下。

```
context.closePath()//闭合路径
```

此时刷新页面，路径就会闭合，变为一个直角三角形，如图 7-17 所示。

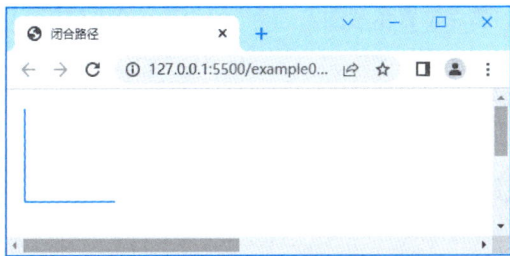

图 7-16 绘制 L 形的线

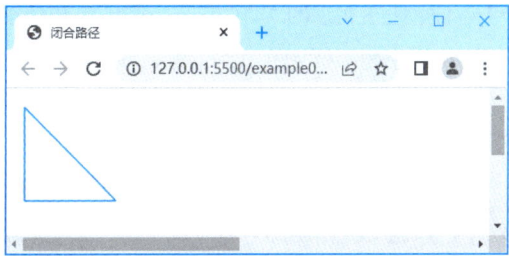

图 7-17 闭合路径

需要注意的是 closePath ( ) 方法必须要写在 stroke ( ) 方法的前面，即在设置描边前需要先闭合路径，否则闭合路径可能不生效。

3. 填充路径

闭合线的路径后，得到的是一个只有边框的空心图形，此时可以使用画布中的 fill ( ) 方法填充图形。示例代码如下。

理论微课 7-9：填充路径

```
1    var context = document.getElementById("cas").getContext('2d');
2    context.moveTo(10,10);      //设置初始位置
```

```
3    context.lineTo(10,100);    //设置连线端点
4    context.lineTo(100,100);   //设置连线端点
5    context.fill();            //填充图形
```

上述代码中，第 5 行代码用于填充图形，示例代码对应的效果如图 7-18 所示。

默认填充路径的颜色为黑色，可以使用 fillStyle 属性，来更改填充颜色。fillStyle 属性的属性值可以为十六进制颜色值或颜色的英文单词，例如，填充蓝色，示例代码如下。

```
context.fillStyle='#00f';
context.fillStyle='blue';
```

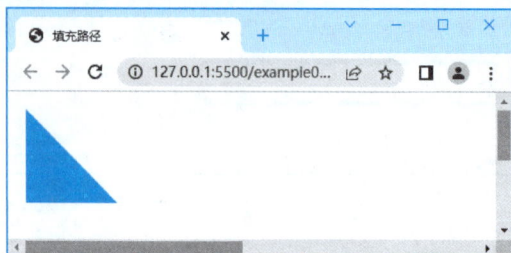

图 7-18　填充路径

在上面的示例代码中，两行代码都可以将路径的填充色设置为蓝色。

4. 绘制圆

在画布中，使用 arc () 方法可以绘制圆或弧线。arc () 方法的基本语法格式如下。

理论微课 7-10：
绘制圆

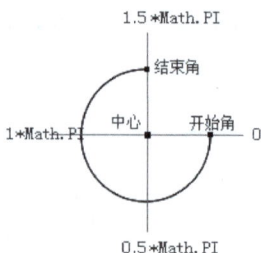

```
arc(x,y,r,开始角,结束角,方向)
```

在上面的语法格式中，各属性值使用"，"分隔，对各属性值的解释如下。

● x 和 y：x 和 y 表示圆心在 X 轴和 Y 轴的坐标位置，取值为数字，用于确定图或弧线的位置。

● r：表示圆形或弧形的半径，用于确定图形的大小。

● 开始角：表示初始弧点位置。其中弧点使用数值和 Math.PI（圆周率）表示，1*Math.PI 可以理解为 180°。例如，开始角为 270° 可以写为 1.5*Math.PI。图 7-19 所示为开始角和结束角的弧点位置示意图。

● 结束角：结束的弧点位置，和开始角的设置方式一致。

● 方向：表示绘制方向，分为顺时针和逆时针，当取值为 false 时，表示顺时针，当取值为 true 时表示逆时针。

了解了 arc () 方法的基本语法格式后，下面使用该方法绘制月牙效果，如例 7-4 所示。

图 7-19　开始角和结束角的
弧点位置示意图

例 7-4　example04.html

```
1    <!doctype html>
2    <html>
3    <head>
4    <meta charset="utf-8">
5    <meta http-equiv="X-UA-Compatible" content="IE=edge">
6    <meta name="viewport" content="width=device-width,initial-scale=1.0">
7    <title>绘制圆</title>
8    </head>
9    <body>
10   <canvas id="cas" width="1000" height="300">
```

```
11        您的浏览器不支持 canvas 标签。
12  </canvas>
13  </body>
14  </html>
15  <script>
16      var context = document.getElementById("cas").getContext('2d');
17      context.arc(150,40,100,0,1*Math.PI);
18      context.strokeStyle='#00f';
19      context.stroke();  //定义描边
20      context.beginPath();
21      context.arc(150,25,100,0.05*Math.PI,0.95*Math.PI);
22      context.strokeStyle='#00f';
23      context.stroke();  //定义描边
24  </script>
```

在例 7-4 中，第 17 行代码用于绘制大弧形，第 21 行代码用于绘制小弧形。通过大弧形和小弧形的位置关系，拼合出月牙。

运行例 7-4，月牙效果如图 7-20 所示。

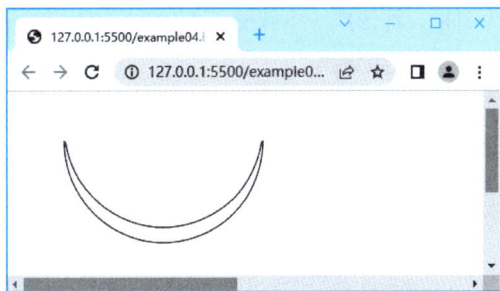

图 7-20　月牙效果

■ 任务实现

下面按照搭建页面结构和绘制图形的顺序完成火柴人的制作。

1. 搭建页面结构

根据上面的分析，使用相应的 HTML 标签来搭建网页结构。新建 task7-2 文件夹，在 task7-2 文件夹里新建一个名称为 task7-2.html 的 HTML 文件。在 HTML 文件中编写页面结构代码，具体代码如下。

```
1   <!doctype html>
2   <html>
3   <head>
4   <meta charset="utf-8">
5   <title>火柴人</title>
6   </head>
7   <body>
8       <canvas id="cas" width="1000" height="1000"></canvas>
9   </body>
10  </html>
```

在 task7-2.html 中，通过 <canvas> 标签定义了一块 id 名为 cas 的画布，并为画布设置宽度和高度。

运行 task7-2.html，此时网页中没有样式。

2. 绘制图形

定义好画布后，就可以在 JavaScript 中绘制图形了。这里将按照效果分析，从头部、躯干、文件夹、手臂和腿部 5 部分绘制图形，具体步骤如下。

（1）绘制头部

首先需要获取画布的 id，并制定画笔，然后通过 arc () 方法绘制头部，具体代码如下。

```
1   var cas=document.getElementById('cas');
2   var context=cas.getContext('2d');
3   //绘制头部
4   context.arc(400,100,30,0,2*Math.PI);              //绘制圆形
5   context.lineWidth='5';
6   context.stroke();
```

在上述代码中，第 4 行代码用于绘制一个圆形，其中 0，2*Math.PI 表示开始角为 0°，结束角为 360°，即形成一个圆形。

（2）绘制躯干

```
context.beginPath();              //重置路径
context.moveTo(400,130);
context.lineTo(400,140);
context.lineWidth='5';
context.stroke();
context.beginPath();              //重置路径
context.moveTo(400,140);
context.lineTo(400,260);
context.lineWidth='25';
context.stroke();
```

（3）绘制文件夹

```
context.beginPath();
context.moveTo(360,200);
context.lineTo(440,200);
context.lineTo(440,250);
context.lineTo(360,250);
context.closePath();
context.fillStyle='#fff';         //设置填充颜色
context.fill();                   //填充路径
context.lineWidth='2';
context.stroke();
```

（4）绘制手臂

```
context.beginPath();
context.moveTo(400,140);
context.lineTo(440,200);
context.lineTo(400,240);
context.lineWidth='10';
context.stroke();
context.beginPath();
context.arc(400,240,10,0,2*Math.PI);
```

```
context.fillStyle='#000';
context.fill();
```

（5）绘制腿部

```
context.beginPath();
context.moveTo(380,400);
context.lineTo(400,260);
context.lineTo(420,400);
context.lineTo(400,240);
context.lineWidth='10';
context.stroke();
context.beginPath();
context.arc(365,400,15,0,1*Math.PI,true);
context.closePath();
context.lineWidth='5';
context.stroke();
context.beginPath();
context.arc(405,400,15,0,1*Math.PI,true);
context.closePath();
context.lineWidth='5';
context.stroke();
```

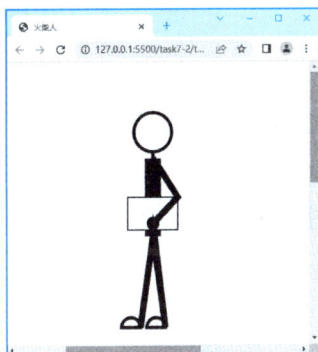

图 7-21　火柴人效果

将上述 JavaScript 代码嵌入到 HTML 页面中。绘制的火柴人效果如图 7-21 所示。

项目小结

本项目首先介绍了 JavaScript 的基础知识，包括引入 JavaScript 文件、变量和 document 对象。然后讲解了画布的用法和线的绘制方法。最后讲解了设置线的样式的方法，路径的重置、闭合、填充以及圆的绘制方法。

通过本项目的学习，能够对 JavaScript 和画布有一个基本的了解，可以运用 JavaScript 在画布中绘制不同样式的线和图形。

课后练习

学习完前面的内容，下面来动手实践一下吧。

请运用 canvas 相关知识绘制如图 7-22 所示的风车图形。

图 7-22　风车图形

综合项目——HTML5+CSS3 网页制作的综合运用

学 习 目 标

知识目标	● 熟悉网站规划的基本流程，能够整体规划网站页面。 ● 了解网站建设的准备工作，能够建立项目文件夹并完成效果图切图。 ● 掌握网站静态页面的搭建技巧，完成项目首页和子页的制作。
项目介绍	在深入学习了网页的相关知识后，相信读者已经熟练掌握了 HTML 标签、CSS 样式，能够为网页进行排版和添加动画效果。为了及时巩固所学的知识，本项目将运用前面所学的知识内容，搭建"黑马·国漫网"的部分页面。

任务 8-1　网站设计规划

■ 任务描述

在搭建网站之前，需要对网站页面进行整体的设计规划，确保网站项目建设的顺利实施。网站设计规划主要包括确定网站的主题、规划网站的结构、搜集素材、制作页面效果图4个步骤，可扫描二维码阅读实操解析，完成效果如图8-1~图8-7所示。

拓展阅读 8-1：
网站设计规划
实操解析

实操微课 8-1：
任务 8-1　网站
设计规划

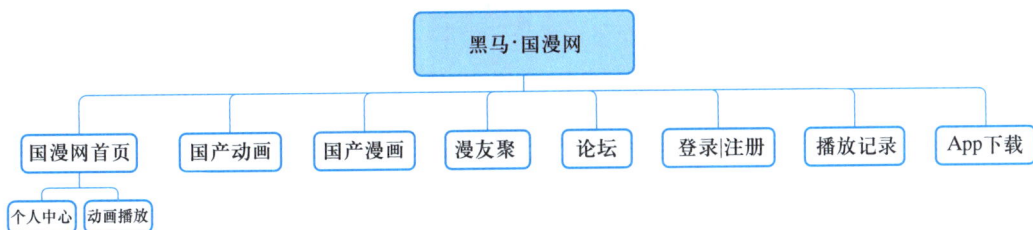

图 8-1　"黑马·国漫网"网站部分页面的关系结构

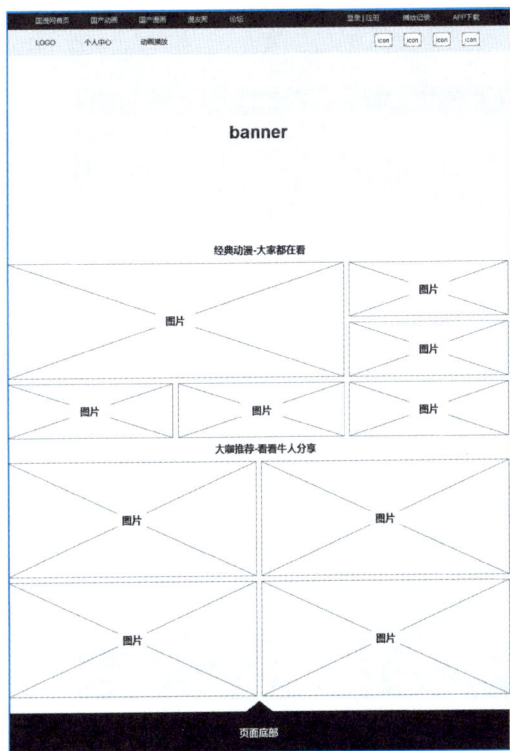

图 8-2　"黑马·国漫网"首页原型图

图 8-3　网站搜集的部分素材图片

图 8-4   首页截图（部分）

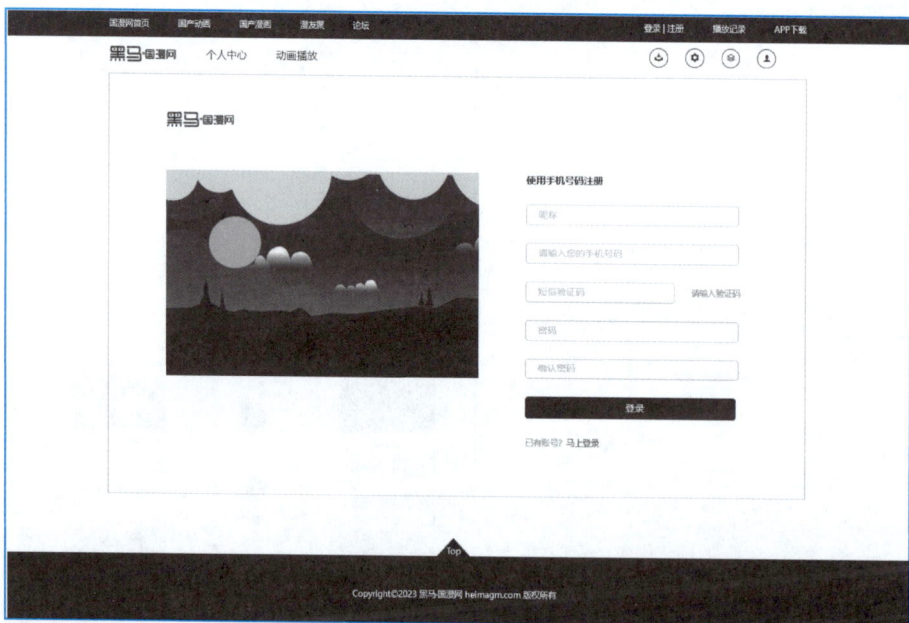

图 8-5   注册页截图

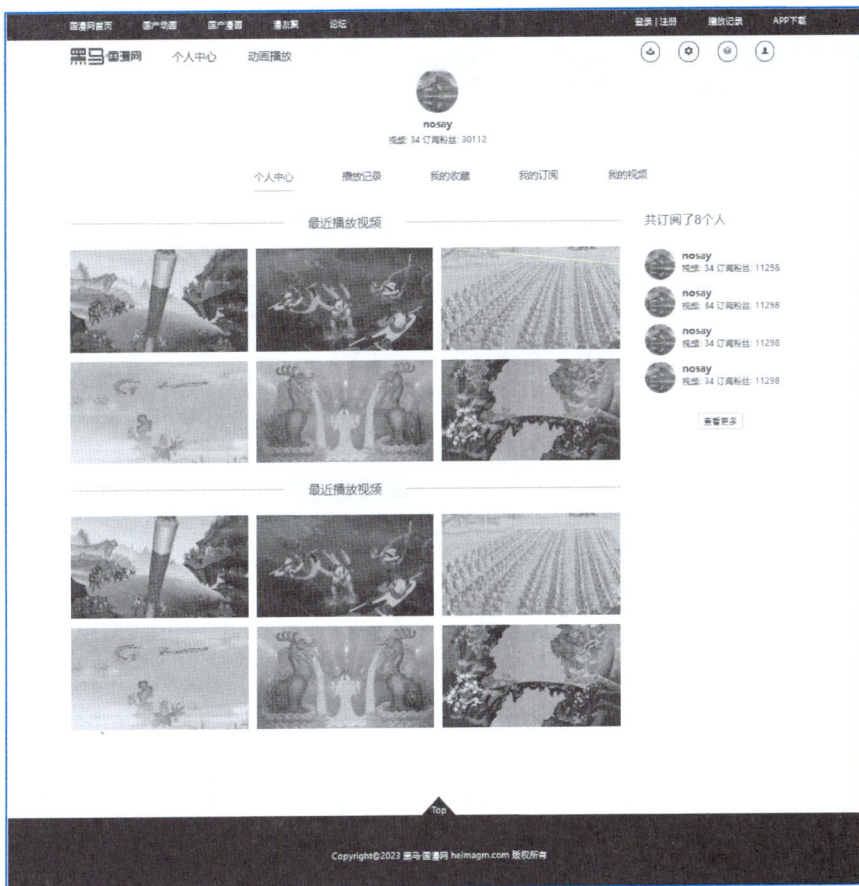

图 8-6 个人中心页截图（部分）

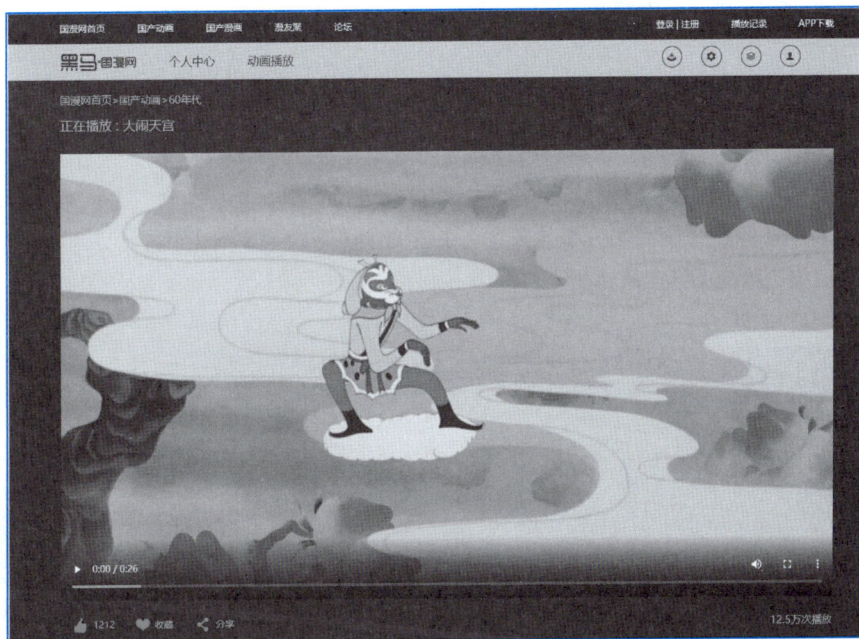

图 8-7 视频播放页截图（部分）

任务 8-2　建立项目文件夹

任务描述

在进行网站建设前，可以创建一个文件夹，用于存放收集的素材和网页文件。在这个项目文件夹中通常包含 HTML 网页文件、图片、CSS 样式、音频、视频文件等。本任务将分步骤建立项目文件夹，可扫描二维码阅读实操解析。

拓展阅读 8-2：
建立项目文件夹
实操解析

实操微课 8-2：
任务 8-2　建立
项目文件夹

任务 8-3　切图

任务描述

为提高浏览器的加载速度，以及满足版面设计的特殊要求，需要把效果图中不能用代码实现的部分裁切作为网页制作时的素材，这个过程被称为切图。切图把设计效果图转化成网页代码。本任务将以 Photoshop 的切片工具为例分步骤讲解切图技术，可扫描二维码阅读实操解析。

拓展阅读 8-3：
切图实操解析

实操微课 8-3：
任务 8-3　切图

任务 8-4　制作首页

任务描述

完成了制作网页所需的相关准备工作后，就可以进行网页制作了。本任务将带领大家分析效果图，并完成首页的制作，可扫描二维码阅读实操解析。

拓展阅读 8-4：
制作首页
实操解析

实操微课 8-4：
任务 8-4　制作
首页

任务 8-5　配置用户代码片段

任务描述

一个大型网站通常包含多个页面。浏览各页面时，会发现这些页面有很多相同的模块，如网站的头部、导航等。使用 VS Code 提供的"配置用户代码片段"功能可以将这

拓展阅读 8-5：
配置用户代码
片段实操解析

实操微课 8-5：
任务 8-5　配置
用户代码片段

些相同的模块制作成一个模板，通过自定义快捷键可快速生成模板，提高代码的编写效率。本任务将分步骤完成"黑马·国漫网"代码片段的配置，可扫描二维码阅读实操解析。

任务 8-6　制作注册页

任务描述

注册页主要由表单构成，用于供用户填写个人信息，通常包含姓名、手机号等表单模块。本任务将带领大家分析效果图，并完成注册页的制作，可扫描二维码阅读实操解析。

拓展阅读 8-6：
制作注册页
实操解析

实操微课 8-6：
任务 8-6　制作
注册页

任务 8-7　制作个人中心页

任务描述

个人中心是用户信息的汇总页面，所有与用户相关的信息都会在这个页面显示。本任务将带领大家分析效果图，并完成个人中心页的制作，可扫描二维码阅读实操解析。

拓展阅读 8-7：
制作个人中心页
实操解析

实操微课 8-7：
任务 8-7　制作
个人中心页

任务 8-8　制作视频播放页

任务描述

视频播放页用于播放网站中的视频，以及展示视频播放的列表。本任务将带领大家分析效果图，并完成视频播放页的制作，可扫描二维码阅读实操解析。

拓展阅读 8-8：
制作视频播放页
实操解析

实操微课 8-8：
任务 8-8　制作
视频播放页

项目小结

本项目首先介绍了网站设计规划的流程，然后讲解了建立项目文件夹和切图的方法，最后运用所学的 HTML5 和 CSS3 搭建了"黑马·国漫网"的首页、注册页、个人中心页和视频播放页。

通过本项目的学习，能够熟悉网站的规划流程，掌握建立站点、切图和制作模板的方法，为进一步学习前端知识打下坚实的基础。

课后练习

学习完前面的内容，下面来动手实践一下吧。

请结合所学的 HTML5 和 CSS3 的相关知识，自拟主题，制作一个至少包含 3 个页面的网站。

郑重声明

高等教育出版社依法对本书享有专有出版权。任何未经许可的复制、销售行为均违反《中华人民共和国著作权法》，其行为人将承担相应的民事责任和行政责任；构成犯罪的，将被依法追究刑事责任。为了维护市场秩序，保护读者的合法权益，避免读者误用盗版书造成不良后果，我社将配合行政执法部门和司法机关对违法犯罪的单位和个人进行严厉打击。社会各界人士如发现上述侵权行为，希望及时举报，我社将奖励举报有功人员。

反盗版举报电话　　（010）58581999　58582371

反盗版举报邮箱　　dd@hep.com.cn

通信地址　北京市西城区德外大街 4 号　高等教育出版社法律事务部

邮政编码　100120

读者意见反馈

为收集对教材的意见建议，进一步完善教材编写并做好服务工作，读者可将对本教材的意见建议通过如下渠道反馈至我社。

咨询电话　400-810-0598

反馈邮箱　zz_dzyj@pub.hep.cn

通信地址　北京市朝阳区惠新东街 4 号富盛大厦 1 座
　　　　　高等教育出版社总编辑办公室

邮政编码　100029